环境学概论

Introduction to Environmental Science

主　编　苏志华

副主编　魏　媛　彭亚君　彭娇婷

　　　　吕世勇　王　阳　田　婷

主　审　徐筑燕

贵州财经大学教材专项基金项目成果

2016 年贵州省省级本科教学工程卓越人才教育培养计划项目——卓越工程师教育培养计划项目成果

2016 年贵州省省级本科教学工程教学内容与课程体系改革项目——自然地理与资源环境专业特色课程体系建设与实践项目成果

科学出版社

北　京

内 容 简 介

本书以简洁的形式系统地阐述了环境科学的基本概念、基本原理、环境污染控制的基本策略与方法等环境科学的核心知识。全书共分为 10 章，包括绪论，大气环境，水体环境，土壤环境，固体废物与环境，物理环境，生物环境，环境管理，环境监测、评价与规划及我国的环境保护战略，力求反映环境科学的最新发展动态。全书系统地阐述了人类活动影响下的环境要素变化及污染物在各种环境要素的迁移和转化规律，同时从经济管理的视角探讨了解决环境问题的途径。

本书可作为高等学校地理类、环境类专业的基础课程教材，尤其适合作为财经类院校地理与环境类专业的课程教材，也可以作为环境科学与工程通识课程教材，还可供工程技术人员及环保从业人员参考使用。

图书在版编目（CIP）数据

环境学概论/苏志华主编. —北京：科学出版社，2018.2
ISBN 978-7-03-056462-7

Ⅰ. ①环⋯　Ⅱ. ①苏⋯　Ⅲ. ①环境科学–教材　Ⅳ. ①X

中国版本图书馆 CIP 数据核字（2018）第 019358 号

责任编辑：文　杨/责任校对：何艳萍
责任印制：张　伟/封面设计：迷底书装

科　学　出　版　社 出版
北京东黄城根北街 16 号
邮政编码：100717
http://www.sciencep.com

北京华宇信诺印刷有限公司印刷
科学出版社发行　各地新华书店经销
*
2018 年 2 月第 一 版　　开本：787×1092　1/16
2024 年 7 月第九次印刷　　印张：18 3/4
字数：432 000

定价：59.00 元
（如有印装质量问题，我社负责调换）

前　言

当前，全球环境形势依然严峻，环境问题已成为人类面临的主要问题之一，是人类社会可持续发展的重大制约因素。人类要想实现可持续发展，就必须解决日益严重的环境问题，协调人类与环境的关系。环境问题的实质是人与自然的关系问题，其产生主要与人类社会经济发展密切相关。因此，任何一项经济活动都应该把环境作为重要因素考虑，这要求各类经济管理者都应掌握一定的环境科学理论知识。近30年来，国内外已出版若干版本的《环境科学导论》和《环境学概论》教材，对环境类专业高等教育产生了广泛和积极的推动作用。但是，环境科学作为一门新兴交叉学科，集自然科学、技术科学和社会科学于一体。近些年发展很快，新知识不断涌现，学科结构不断完善，现有的教材不能及时反映国内外学科进展。另外，当前出版的《环境学概论》教材主要适用于综合性、地矿类和师范类高校。基于经济管理视角编写，适用于财经类院校的环境学教材较少。

本书在参考国内外同类教材的基础上，基于国内外环境科学发展的最新动态，系统阐述了人类活动影响下的环境要素组成、结构及变化特征，污染物在环境要素中的迁移转化规律，先进的污染治理技术，从经济管理的视角探讨了解决环境问题的途径，最后对我国的环境保护战略进行了概论性阐述。本书在编写体例上进行了有益探索：在每章之首设计了导读，以便学生了解该章的学习重点，激发学生的学习兴趣；为适应教育国际化趋势，对主要概念和专业名词适当增加了英文标注；为增强本书的可读性，方便教学，适当增加了图表的数量，图文并茂；为方便学生巩固所学知识，每章之后设计了思考题，以期促进学生进行深层次的思考。

本书由苏志华担任主编并负责全书统稿，编写工作分工如下：第1、2、9章由苏志华执笔，第3章由彭亚君执笔，第4章由田婷执笔，第5章由王阳执笔，第6章由魏媛执笔，第7章由吕世勇执笔，第8章由彭娇婷执笔，第10章由徐筑燕执笔，最后由徐筑燕审查定稿。

在本书的编写过程中，中山大学的王建华教授、贵州大学的喻理飞教授、贵州师范大学的焦树林教授提出了宝贵意见和建议，在此深表谢意。同时，作者衷心感谢所有为本书审定、修改和出版付出了辛勤劳动的相关人员。

环境科学是一门新兴学科，它涉及的学科范围非常广泛，研究成果仍在不断丰富，其资料浩如烟海。在编写过程中，我们尽量针对地学及相关专业的学科特点，在选材的知识性、科学性和新颖性方面做了尽可能的努力。但限于编者水平，书中难免存在疏漏和不当之处，敬请读者批评指正。

编　者

2017年3月

目　录

前言

第1章　绪论 ·· 1

1.1　环境概述 ·· 1

1.1.1　环境的有关概念 ··· 1

1.1.2　环境的类型 ··· 3

1.1.3　环境的功能 ··· 4

1.1.4　环境的特性 ··· 4

1.2　环境问题 ·· 5

1.2.1　环境问题的概念 ··· 5

1.2.2　环境问题的分类 ··· 6

1.2.3　环境问题的产生和发展 ·· 6

1.2.4　环境问题的特点 ··· 9

1.3　环境科学 ·· 10

1.3.1　环境科学的产生和发展 ·· 10

1.3.2　环境科学的研究对象、任务和内容 ·································· 11

1.3.3　环境科学的分科与系统 ·· 12

思考题 ··· 13

第2章　大气环境 ·· 14

2.1　大气的结构与组成 ·· 14

2.1.1　大气的组成 ··· 15

2.1.2　大气的结构 ··· 16

2.2　大气污染、污染源和污染物 ··· 18

2.2.1　大气污染和污染源 ··· 18

2.2.2　大气污染物 ··· 19

2.2.3　大气环境质量标准和污染物排放标准 ······························ 24

2.2.4　大气污染的危害 ··· 28

2.3　大气污染物的扩散和转化 ·· 30

2.3.1　大气污染物的扩散 ··· 30

2.3.2　大气污染物的化学转化 ·· 40

2.4　大气污染控制及管理 ·· 44

2.4.1　大气污染控制系统 ··· 44

2.4.2　大气污染预防的基本原则和措施 ····································· 45

2.4.3　大气污染治理技术 ··· 49

思考题 ………………………………………………………………………………… 62

第 3 章 水体环境 ……………………………………………………………………… 63

3.1 天然水的组成和性质 ………………………………………………………… 63

3.1.1 天然水的循环 ……………………………………………………… 63

3.1.2 天然水的组成 ……………………………………………………… 65

3.1.3 天然水的水质特点和性质 ………………………………………… 67

3.2 水环境污染及其评价指标 …………………………………………………… 69

3.2.1 水体污染及其污染源 ……………………………………………… 69

3.2.2 水体污染分类与危害 ……………………………………………… 71

3.2.3 水质指标与水环境质量标准 ……………………………………… 76

3.2.4 水环境容量与保护法规 …………………………………………… 81

3.3 污染物在水体中的扩散与转化 ……………………………………………… 82

3.3.1 污染物在水体中的扩散 …………………………………………… 82

3.3.2 污染物在水体中的转化 …………………………………………… 84

3.3.3 水体的富营养化过程和重金属污染 ……………………………… 89

3.4 水体污染的防治措施 ………………………………………………………… 92

3.4.1 水体污染防治原则及对策 ………………………………………… 92

3.4.2 污水的处理方法分类与处理系统 ………………………………… 93

3.4.3 常用的物理处理方法简介 ………………………………………… 95

3.4.4 常用的化学处理方法简介 ………………………………………… 98

3.4.5 常用的生物处理方法简介 ……………………………………… 103

3.4.6 常用的物理化学处理方法简介 ………………………………… 109

思考题 ……………………………………………………………………………… 111

第 4 章 土壤环境 …………………………………………………………………… 112

4.1 土壤的组成、结构和性质 ………………………………………………… 112

4.1.1 土壤的组成 ……………………………………………………… 113

4.1.2 土壤的结构 ……………………………………………………… 114

4.1.3 土壤的性质 ……………………………………………………… 115

4.2 土壤污染 …………………………………………………………………… 117

4.2.1 土壤污染的特点和类型 ………………………………………… 117

4.2.2 土壤污染物、污染源及污染危害 ……………………………… 119

4.2.3 土壤的环境容量 ………………………………………………… 121

4.2.4 土壤污染程度的量化及环境质量标准 ………………………… 122

4.3 土壤自净及其主要污染物的迁移和转化 ………………………………… 124

4.3.1 土壤的自净作用 ………………………………………………… 124

4.3.2 重金属在土壤中的迁移和转化 ………………………………… 126

4.3.3 化学农药对土壤的污染 ………………………………………… 131

4.4 土壤污染的综合防治 ……………………………………………………… 137

4.4.1 土壤污染的控制与管理 ………………………………………… 137

　　　　4.4.2　土壤污染修复技术 ································139
　　思考题 ··145
第5章　固体废物与环境 ···································146
　5.1　固体废物概述 ····································146
　　　5.1.1　固体废物来源及其种类 ·····················146
　　　5.1.2　固体废物的特点 ···························148
　　　5.1.3　固体废物的污染途径及危害 ·················149
　5.2　固体废物污染的综合防治 ··························150
　　　5.2.1　固体废物控制的原则 ························150
　　　5.2.2　固体废物的处理技术 ························152
　　　5.2.3　固体废物的处置技术 ························155
　　　5.2.4　固体废物资源化利用 ························156
　　思考题 ··157
第6章　物理环境 ··158
　6.1　声音和噪声 ······································158
　　　6.1.1　概述 ···································158
　　　6.1.2　噪声的物理量度指标与标准 ·················163
　　　6.1.3　噪声的控制 ······························168
　6.2　电磁辐射污染 ····································171
　　　6.2.1　电磁辐射污染及其来源 ·····················171
　　　6.2.2　电磁辐射的危害及控制 ·····················172
　6.3　放射性污染 ······································174
　　　6.3.1　放射性污染及其来源 ·······················174
　　　6.3.2　放射性污染分类与度量 ·····················176
　　　6.3.3　放射性污染的危害及防治 ···················178
　6.4　光污染 ··180
　　　6.4.1　光污染及其来源 ···························180
　　　6.4.2　光污染的危害与控制 ·······················180
　　思考题 ··182
第7章　生物环境 ··183
　7.1　生物环境概述 ····································183
　　　7.1.1　生物环境的概念 ···························183
　　　7.1.2　生物与环境的关系 ·························183
　　　7.1.3　生物环境的特点 ···························184
　7.2　生物多样性 ······································184
　　　7.2.1　生物多样性概述 ···························184
　　　7.2.2　生物多样性锐减 ···························187
　　　7.2.3　生物多样性保护 ···························190
　7.3　生物污染 ··192

7.3.1 生物污染及其来源 ………………………………………… 192

7.3.2 生物污染的危害 …………………………………………… 193

7.3.3 生物污染的控制 …………………………………………… 194

7.4 生物安全 ……………………………………………………… 195

7.4.1 生物安全概述 ……………………………………………… 195

7.4.2 食品安全 …………………………………………………… 195

7.4.3 转基因生物安全 …………………………………………… 199

思考题 ……………………………………………………………… 201

第8章 环境管理 ………………………………………………………… 202

8.1 环境管理概述 ………………………………………………… 202

8.1.1 环境管理的含义 …………………………………………… 202

8.1.2 环境管理的内容 …………………………………………… 203

8.2 中国环境管理方针政策 ……………………………………… 205

8.2.1 环境管理基本方针 ………………………………………… 205

8.2.2 环境管理基本政策 ………………………………………… 205

8.3 环境保护法规体系 …………………………………………… 207

8.3.1 我国环境保护法体系 ……………………………………… 207

8.3.2 环境法律责任 ……………………………………………… 209

8.4 环境管理的基本制度 ………………………………………… 210

8.4.1 环境税费制度 ……………………………………………… 210

8.4.2 环境影响评价制度与"三同时"制度 …………………… 213

8.4.3 污染物排放总量控制制度 ………………………………… 217

8.4.4 排污许可管理制度 ………………………………………… 223

8.4.5 环境保护目标责任制 ……………………………………… 224

8.4.6 城市环境综合整治定量考核制度 ………………………… 225

8.4.7 污染集中控制制度 ………………………………………… 227

8.4.8 突发环境事件应急制度 …………………………………… 228

8.5 环境标准 ……………………………………………………… 229

8.5.1 环境标准的作用 …………………………………………… 229

8.5.2 环境标准体系 ……………………………………………… 229

思考题 ……………………………………………………………… 231

第9章 环境监测、评价与规划 ………………………………………… 233

9.1 环境监测 ……………………………………………………… 233

9.1.1 环境监测概述 ……………………………………………… 233

9.1.2 环境监测的技术与方法 …………………………………… 236

9.1.3 在线监测和自动检测 ……………………………………… 243

9.2 环境评价 ……………………………………………………… 246

9.2.1 环境质量评价概述 ………………………………………… 246

9.2.2 环境质量现状评价 ………………………………………… 248

9.2.3 环境影响评价 ………………………………………………………252

9.3 环境规划 ……………………………………………………………………255

　　9.3.1 环境规划的内涵及意义 …………………………………………255

　　9.3.2 环境规划的分类与特征 …………………………………………257

　　9.3.3 环境规划的原则、技术方法和程序 ……………………………258

思考题 ……………………………………………………………………………262

第 10 章 我国的环境保护战略 ……………………………………………263

10.1 可持续发展 …………………………………………………………………263

　　10.1.1 可持续发展理论 …………………………………………………263

　　10.1.2 中国可持续发展战略 ……………………………………………272

10.2 清洁生产 ……………………………………………………………………274

　　10.2.1 清洁生产概念 ……………………………………………………274

　　10.2.2 清洁生产的发展历程 ……………………………………………275

　　10.2.3 清洁生产与末端治理的区别 ……………………………………277

　　10.2.4 清洁生产的内容及目标 …………………………………………278

　　10.2.5 清洁生产的实施步骤 ……………………………………………279

10.3 循环经济 ……………………………………………………………………280

　　10.3.1 循环经济的产生和发展 …………………………………………280

　　10.3.2 循环经济的定义和内涵 …………………………………………281

　　10.3.3 循环经济的特征 …………………………………………………282

　　10.3.4 循环经济的运行模式 ……………………………………………283

10.4 低碳经济 ……………………………………………………………………284

　　10.4.1 低碳经济的背景及概念 …………………………………………285

　　10.4.2 低碳经济的目的和意义 …………………………………………285

　　10.4.3 低碳经济的实现方法和重要途径 ………………………………286

思考题 ……………………………………………………………………………289

主要参考文献 …………………………………………………………………290

第1章 绪 论

【导读】长期以来，人类贪婪地向大自然索取资源，肆无忌惮地破坏人地系统，导致人与自然的矛盾日趋激化，人类不断遭到大自然的无情报复。由此产生了一系列的全球性环境问题——全球变暖、臭氧空洞、生物多样性减少、土地沙漠化和有毒有害化学品污染等。环境理论和污染治理技术不断取得进展和突破，一门新的学科——环境科学也随之诞生。环境科学的产生、形成和发展，标志着人类开始理性关注与之休戚相关的自然环境。通过本章的学习，应该熟练掌握环境的概念、组成、分类、功能及特征；掌握环境问题的概念和分类，以及环境问题的产生和发展过程；熟练掌握环境科学的概念、研究对象、研究内容、主要任务和特点，了解其与各分支学科的关系，从而增强保护和改善环境的责任感和自觉性，深刻理解人类发展与环境保护的辩证关系。

1.1 环 境 概 述

1.1.1 环境的有关概念

1. 环境

环境（environment），一般是相对于某一中心事物而言，作为某项中心事物的背景而存在，即围绕某一中心事物的外部空间、条件和状况，对中心事物可能产生影响的各种物质和因素。中心事物与环境之间存在着对立统一的关系，它们相互依存、相互制约、相互作用和相互转化。环境科学所研究的环境，是以人为主体的外部世界的总体。

环境对不同的对象和学科来说内容也不同。从哲学上讲，环境是一个相对于主体而言的客体，它与其主体相互依存，它的内容随着主体的不同而不同：从环境保护的宏观角度来说，环境就是人类生存的地球家园；对生物学来说，环境是指生物生活周围的气候、生态系统、周围群体和其他种群；对化学或生物化学来说，环境是指发生化学反应的溶液。根据《中华人民共和国环境保护法》，环境是指影响人类社会生存和发展的各种天然的和经过人工改造的自然因素总体，包括大气、水、海洋、土地、矿藏、森林、草原、野生动物、自然古迹、人文遗迹、自然保护区、风景名胜区、城市和乡村等。这里的环境作为环境保护的对象，具有三个特点：一是其主体是人类；二是既包括天然的自然环境，也包括人工改造后的自然环境；三是不含社会因素，如治安环境、文化环境和法律环境等。另外，自然环境指的是一切可以直接或间接影响人类生活、生产的自然界中物质和能量的总和。人类生活的自然环境，按环境要素又可分为大气环境、水环境、土壤环境、地质环境和生物环境等，主要指地球的五大圈——大气圈、水圈、土壤圈、岩石圈和生物圈。

2. 环境要素

环境要素（environmental elements）也称环境基质，是指构成环境整体的各个相对独立的、性质不同而又服从整体演化规律的基本组成部分。环境要素通常分为自然环境要素和社会环境要素。自然环境要素包括大气、水、土壤、岩石和阳光等，由它们组成环境的结构单元，环境的结构单元组成环境整体和环境系统。例如，由水组成水体，全部水体总称为水圈；由大气组成气层，全部气层总称为大气圈；由土壤构成农田、草地、林地和菜地等，由岩石构成岩体，全部土壤和岩石构成的固体壳层总称为岩石圈；由生物组成生物群落，全部生物群落总称为生物圈。社会环境要素是人类在长期的社会劳动中形成的各种社会联系和联系方式的总和，包括经济关系、文化习俗、意识形态和法律关系等。环境科学主要关注自然环境要素。

3. 环境质量

环境质量（environmental quality）是指在一个具体的环境中，环境的总体或环境的某些要素对人群健康、生存和繁衍，以及社会经济发展适宜程度的量化表达，是因人对环境的具体要求而形成的评定环境的一种概念。环境质量包括综合环境质量和各要素环境质量，如大气环境质量、水环境质量、土壤环境质量等。环境要素的优劣是根据人类要求进行评价的，所以环境质量又同环境质量评价联系在一起，即确定具体的环境质量要进行环境质量评价，用评价的结果来表征环境质量。环境质量评价是确定环境质量的手段和方法，环境质量则是环境质量评价的结果。进行环境评价必须有标准，于是就产生了与环境质量紧密相关的环境质量标准体系，如《环境空气质量标准》（GB 3095—2012）、《地表水环境质量标准》（GB 3838—2002）和《土壤环境质量标准》（GB 15618—2008）。

20 世纪 60 年代，随着环境问题的出现，常用环境质量的好坏来表示环境遭受污染的程度。例如，对环境污染程度的评价称为环境质量评价，一些环境质量评价的指数，就称为环境质量指数，如空气质量指数（AQI）。

4. 环境容量

环境容量（environmental capacity）又称环境负载容量或负荷量，是指对一定地区（一般应是地理单元），在特定的产业结构和污染源分布的条件下，在人类生存和自然生态系统不致受害的前提下，某一环境所能容纳的污染物的最大负荷量，或一个生态系统在维持生命机体的再生能力、适应能力和更新能力的前提下，承受有机体数量的最大限度。

环境容量是在环境管理中实行污染物总量控制时提出的概念。污染物浓度控制的法令规定了各个污染源排放污染物的容许浓度标准，但没有规定排入环境中的污染物的数量，也没有考虑环境净化和容纳的能力。在污染源集中的城市和工业区，尽管各个污染源排放的污染物可达到浓度控制标准，但污染物排放的总量过大，仍然会使环境受到严重污染。因此，在环境管理上开始采用总量控制法，即把各个污染源排入某一环境的污染物总量限制在一定的数值之内。采用总量控制法，必须研究环境容量问题。

5. 环境污染

环境污染（environmental pollution）通常指人类活动产生的有害物质或因子进入环境，引起环境系统的组成、结构和功能发生不利于人体健康和生物生命活动的现象。有害物质包括化学物质、放射性物质、病原体等；有害因子包括噪声、电磁辐射和光等。当有害物质和因子超过环境容量时，就会对生物正常生长和生态平衡造成破坏，从而导致环境污染。

6. 环境保护

环境保护（environmental protection）来源于 1972 年联合国人类环境会议，一般是指人类为解决现实或潜在的环境问题，协调人类与环境的关系，利用环境科学的理论和方法，保护人类的生存环境、保障经济社会的可持续发展而采取的各种行动的总称。其方法和手段包括工程技术的、行政管理的，也有经济的、宣传教育的。根据《中华人民共和国环境保护法》的规定，环境保护的内容包括"保护自然环境"和"防治污染和其他公害"两个方面。也就是说，要运用现代环境科学的理论和方法，在更好利用自然资源的同时，深入认识、掌握污染和破坏环境的根源和危害，有计划地保护环境、恢复生态，预防环境质量恶化，控制环境污染，促进人类与环境的协调发展。十八届五中全会会议提出：加大环境治理力度，以提高环境质量为核心，实行最严格的环境保护制度，深入实施大气、水、土壤污染防治行动计划，实行省以下环保机构监测监察执法垂直管理制度。

1.1.2 环境的类型

环境是一个非常复杂的系统，不同的环境在组成、结构和功能等特征上存在很大差异，环境类型的划分较为复杂，目前尚未形成一个统一的环境分类方法。一般按照环境的主体、环境的范围、环境要素、人类对环境的利用或环境的功能进行分类。

1. 按照环境的主体分类

此种分类目前有两种体系。一种是以人或人类作为主体，其他的生命物质和非生命物质都被视为环境要素，即环境指人类生存的环境，或称人类环境。在环境科学中，大多数人采用这种分类法。另一种分类法主要在生态学中采用，该法以生物体（界）作为环境的主体，把非生命物质视为环境要素，其与人类环境的差别是不把人以外的生物看成是环境要素。

2. 按照环境的范围分类

此种分类方法比较简单。通常分为居室环境、院落环境、乡村环境、城市环境、区域环境、全球环境和宇宙环境等。

3. 按照环境要素分类

此种分类方法较为复杂，如按照环境要素的属性可分成自然环境和社会环境两类。目前地球上的自然环境，虽然由于人类活动产生了巨大变化，但仍然按照自然规律发展。在自然环境中，按其主要的环境组成要素，可再分为大气环境、水体环境（如海洋环境、河流环境等）、土壤环境、生物环境（如森林环境、草原环境等）和地质环境等。社会环境是人类社会在长期的发展过程中，为了不断提高物质和文化生活水平而创造出来的。社会环境按人类对环境的利用方式或环境的功能再进行下一级分类，分为聚落环境（如院落环境、村落环境、城市环境等）、生产环境（如工厂环境、矿山环境、农场环境、林场环境、果园环境等）、交通环境（如机场环境、港口环境等）。

1.1.3 环境的功能

环境是人类生活和生产的场所，是人类存在的基础，主要具备以下功能。

1. 资源功能

环境是指影响人类社会生存和发展的各种天然的和经过人工改造的自然因素总体，由此可知，各类环境要素都是人类生产和生活所需要的资源。例如，岩石圈一方面为人类提供大量的矿产资源和能源，另一方面，地表的土壤为人类所需食物的生产提供了农作物生长所需的条件；生物圈为人类的生存和发展提供了食物、药材和大量的工业原料；洁净的空气是人类的宝贵资源；水也是人类生存的一种必需资源。

2. 调节功能

自然环境的各要素，无论是生物圈、水圈还是大气圈和岩石圈，都是复杂、动态和开放的系统，各系统间都存在着物质和能量的交换和流动。对于一定区域的环境来说，外部的各种物质和能量可以通过外部作用输入系统内部，内部的物质和能量也可以通过内部作用输出系统外部。而在一定时期内，输入和输出总是相等的，这就是通过环境的自我调节功能实现的。环境具有环境容量，只要排放的污染物和输入的影响因子不超过其限值，环境都能够逐步恢复到其初始状态。

3. 文化功能

人类社会的进步是物质文明和精神文明的统一，同时也是人与自然和谐的统一。人类的文化、艺术素质是对自然环境生态美的感受和反应。在时间上，自然美比人类存在更早，它是自然界长期协同进化的结果。秀丽的名山大川、众多的物种及其和谐而奥妙的内在联系，使人类领悟到自然界中充满着美的艺术和无限的科学规律。自古以来，对自然美的创造和欣赏一直是人类生活的重要内容，是自然美使人类整体和人格上得到发展和升华。各地独特、优美的自然环境不仅可以使人类在精神上和人格上得到发展和升华，还可以塑造不同的民族性格、习俗和文化。古往今来，奇观异景通常是艺术家们创作灵感的源泉。

1.1.4 环境的特性

1. 整体性和区域性

环境是以人为中心的，对人可能产生影响的各种因素的整体，各种环境要素之间存在着紧密的相互联系和相互制约关系。例如，环境中的大气受到污染后，污染物发生沉降，引起水体污染，然后又传递给土壤，最后，生物环境也会受到相应的影响。由于环境中物质和能量的地域分异规律，不同地区的环境存在明显的地域差异，形成不同的地域单元，称为环的区域性。环境的地域分异主要由以下因素决定：太阳辐射在地球表面的分布不均，地表组成物质和海陆分布的差异，地貌和海拔的不同，生产力、生产方式和对自然的开发利用性质不同等。

2. 变动性和稳定性

环境的变动性是指在自然或人类活动作用下，环境的内部结构和外在状态始终处于不断变化之中。例如，从大的时间尺度看，今天人类的生存环境与早期人类的生存环境有很大的差别；从小的时间尺度看，我们生活的区域环境的变化更是显而易见的。环境的稳定性，指在一定时空条件下，环境具有一定的抗干扰能力和自我调节能力，只要干扰强度不超过环境承受的界限，环境就可以借助自身的调节功能减轻这些变化的影响，环境系统的结构和功能就能逐渐得以恢复。环境的变动性和稳定性是相辅相成的，变动是绝对的，稳定是相对的。没有变动性，环境系统的功能就无法实现，生物的进化和生物多样性就不会存在，社会的进步就不能实现。但没有环境的稳定性，环境的结构和功能就不会存在，环境的整体功能就无法实现。

3. 资源性和价值性

大气、水体、土壤、生物等环境要素是人类生存和发展必不可少的资源。环境既然是一种资源，必然具有价值。近代环境问题的产生主要与人们对环境价值认识出现误区有关，这种错误让人们肆无忌惮地向环境获取自然资源，由此引发了严重的环境污染和生态破坏。

4. 综合性和滞后性

环境问题的综合性主要体现在两个方面。首先，环境问题的产生是系统内多因素综合作用的结果，甚至包括自然因素和人为因素的叠加，各种因素之间相互作用、相互影响和相互制约。另外，解决环境问题也需要多学科、多种手段的综合。例如，在治理水体污染时，通常涉及环境化学、环境生物学、环境物理学等学科方面的理论和技术知识。

环境受到影响和污染以后，其变化往往是滞后的。由于受到污染物性质（如半衰期的长短）的影响，加上污染物在生态系统内的各类生物中的吸收、转化、迁移和积累都需要时间，环境受到破坏以后，其产生的后果很难及时反映出来。例如，一条河流受到工业污水排放以后，对河水中水生生物的危害并不即刻显现出来。

1.2　环　境　问　题

1.2.1　环境问题的概念

环境问题（environmental issues）一般指自然界或人类活动作用于人们周围的环境引起环境质量下降或生态失调，以及这种变化反过来对人类的生产和生活产生不利影响的现象。

三四十年前，人们对环境问题的认识仅局限在环境污染或公害方面，当时把环境污染等同于环境问题，而地震、水灾、旱灾、风灾等则为自然灾害。随着经济社会的快速发展，人类对环境问题有了更全面的认识。环境问题泛指由自然或人为原因引起生态系统破坏，直接或间接影响人类生存和发展的一切现实或潜在的问题。从全球看，发展中国家的环境问题比发达国家严重，世界上污染最严重的 10 个城市有 7 个在中国。

环境问题的产生主要与人类不明智的社会经济活动有关，并随着人类活动的规模、广度和深度的发展而变化。人类活动主要包括自然资源开发与利用、工农业生产活动等。环境问题伴随着人类开发利用自然的强度而加剧，随着人类社会发展的加速，人口增加，生活水平提高，人类对自然界的影响和改造显著增强，消耗的物质资源越来越多的同时，人类活动向环境中排放出大量的污染物。由此导致了物质资源的枯竭和环境的污染，破坏了自然界的生态平衡，造成了一系列不良的环境影响。工业革命以后特别是第二次产业革命以后，随着机器大生产代替了人力，环境问题一直呈加速发展的态势，水土流失、土地沙化、大气污染和土壤污染等环境问题已成为人类面临的严峻挑战之一。

1.2.2 环境问题的分类

环境问题是多种多样的，按成因可以将其分为两大类，即原生环境问题和次生环境问题（表 1.1）。由自然因素引起，没有人为因素参与或很少有人为因素参与的为原生环境问题；由人类活动引起的为次生环境问题，主要是人类不合理利用资源所引起的环境衰退和工业发展带来的环境污染问题，通常包括环境污染、环境破坏和环境干扰三类。环境污染是指人类活动产生并排入环境的污染物超过了环境容量和环境的自净能力，使环境的组成或状态发生了改变，环境质量恶化，从而影响和破坏了人类正常的生产和生活。例如，工业"三废"排放引起大气、水体和土壤的污染。环境破坏是指人类开发利用自然环境和自然资源的活动超过了环境的自我调节能力，使环境质量恶化或自然资源枯竭，影响和破坏了生物正常的发育和演化，以及可更新自然资源的持续利用。环境干扰是人类活动排放的能量进入环境、超过一定程度后对人类产生的不良影响。环境干扰包括噪声、震动、电磁波干扰和热干扰等。

表 1.1 环境问题的分类

环境问题		内容
原生环境问题		火山、地震、台风、海啸、干旱、虫灾等
次生环境问题	环境污染	水污染、大气污染、土壤污染等
	环境破坏	水土流失、沙漠化、盐渍化、物种灭绝等
	环境干扰	噪声、振动、电磁波干扰、热干扰

原生环境问题不属于环境科学的范畴，灾害学主要研究的就是原生环境问题。人们常说的环境问题主要指次生环境问题，这类环境问题也是环境科学研究的对象。但值得注意的是，原生环境问题和次生环境问题往往难以分开，它们之间常常存在某种程度的因果关系，并在一定条件下相互转化。例如，大面积毁坏森林可导致降水量减小；大量排放 CO_2 可使温室效应加剧，使地球气温升高、干旱加剧。

1.2.3 环境问题的产生和发展

人们对环境问题的认识，不过是近几十年的事情。但实际上，环境问题并不是今天才发生的事情，而是伴随着人类的出现而产生的，只不过是近年来人类对环境的掠夺和破坏加剧，遭受大自然的报复之后，人类对环境问题才有了深刻的认识。环境问题由小范围、低程度的危害，发展到大范围、对人类生存环境造成不容忽视的危害，即由轻度污染、轻度破坏、轻度危害向重度污染、重度破坏、重度危害方向发展。人类产生以后，一方面依赖自然环境，一方面改变着自然环境，由此产生了一系列的环境问题，一般来说环境问题的发展大致经历了 4 个阶段。

1. 狩猎和采集阶段

在人类诞生后很长的一段时间里，人口数量很少，生产力水平极低，人类生活完全依赖于自然环境，人类只是利用自然环境而很少有意识地去改造环境。那时，人们只能聚集在水草丰盛、气候适宜的地方，过着采集和狩猎的生活，主要以生活活动及生理代谢过程与环境进行物质和能量的交换。当采集和狩猎超过一定限度以后，居住区周围的物种被消灭，人类自身的食物来源遭到破坏，人类的生存受到威胁，早期的环境问题便产生了。为了生存，人类只能从一个地方迁徙到另一个地方，寻找足够的食物以维持自身的生存和发展，这也使被破坏的自然环境得以恢复。

2. 农业文明时期

随着人类的进化和生存能力的增强，人类在土地肥沃、雨水充足的地方稳定定居下来。为满足生活的需要，人类开始驯化和饲养动物、种植植物，原始的农业和畜牧业产生。人类自身的力量开始影响和改变局部地区的自然环境，与此同时引发了相应的环境问题。例如，砍伐森林、破坏草原、刀耕火种、反复弃耕，导致水土流失、土壤沙化；又如，兴修水利、不合理灌溉，往往引起土壤的盐渍化和沼泽化，使肥沃的土壤变成了不毛之地。人口集中产生的垃圾和污水造成了早期的一些环境污染问题。但此时人类对自然的作用还远远达不到造成全球范围环境破坏的程度，加上当时的生产技术有限，人类排入环境中的污染物都是自然界已经存在的物质，土壤中的微生物通常在一定时期内将其分解掉。

3. 工业文明时期

18 世纪 60 年代，瓦特发明了蒸汽机，人类文明史进入了以使用蒸汽机为标志的工业革命阶段。生产力获得了飞跃发展，社会大生产取代了手工劳动，交通和航海的发展使人类的足迹几乎遍及地球生物圈的各个部分，人类活动影响了整个地球的生物化学循环。随着生产力的迅猛发展，人类对资源的开发利用强度迅速增加。工业化引发了大批农民进入城市，使人口更加集中，城市的规模和数量不断增长。工业化和城市化的发展造成大片植被破坏，生产和消费导致"三废"成灾，环境的严重破坏和污染是前所未有的，环境问题也开始出现新的特点并日益复杂化和全球化。到 20 世纪中叶，环境污染已发展成为公害，震惊世界的"八大公害"事件（表 1.2）就发生在 20 世纪中后期的 40 多年中，主要污染表现是 SO_2 污染、光化学污染、重金属污染和有毒物污染。

4. 生态文明时期

20 世纪 60 年代开始了以电子工程、遗传工程等新兴工业为基础的第三次工业革命，人类进入信息社会阶段。从 1984 年英国科学家发现，1985 年美国科学家证实南极上空出现臭氧空洞开始，人类环境问题发展到生态文明阶段。这一阶段的主要问题集中在酸雨、臭氧层破坏和全球变暖三大全球性大气环境问题上。

表 1.2　"八大公害"事件一览

事件和地点	时间	概况	主要原因
马斯河谷事件 比利时马斯河谷工业区	1930 年 12 月初	出现逆温、浓雾，工厂排出有害气体在近地层积累，一周内 60 多人死亡	刺激性化学物质损害呼吸道
多诺拉烟雾事件 美国工业区	1948 年 10 月底	受反气旋逆温控制，污染物积累不散，4 天内死亡约 17 人，病 5900 人	主要为 SO_2 及其氧化产物损害呼吸道
伦敦烟雾事件 英国伦敦	1952 年 12 月初	浓雾不散，尘埃浓度 4.46mg/cm³，SO_2 质量分数为 $1.34×10^{-6}$，3 天内死亡 4000 人	尘埃中的 Fe_2O_3 等金属化合物催化 SO_2 转化成硫酸烟雾
洛杉矶光化学烟雾 美国洛杉矶	1946～1955 年	城市保有汽车 250 万辆，耗油 1600 万 L/d，1955 年事件中，65 岁以上的老人死亡约 400 人，刺激眼睛，损害呼吸系统	HCN、NO_x、CO 等汽车排放物在日光下形成以 O_3 为主，并伴有醛类、过氧硝酸酯等污染物
水俣事件 日本熊本县水俣市	1953～1956 年	动物与人出现语言、动作、视觉等异常，死 60 余人，病约 300 人	化工厂排出含汞废水，无机汞转化为有机汞，主要是甲基汞，通过食物链转移、浓缩
骨痛病事件 日本富山县神通川下游	1955～1972 年	矿山废水污染河水，居民骨损害、肾损害，疼痛，死 81 人，患者 130 余人	铅锌冶炼厂排出的含镉废水污染稻米，危害人群
四日市哮喘事件 日本四日市	1961～1972 年	日本著名的石油城，哮喘发病率高，患者 800 余人	降尘酸性高，SO_2 浓度高，导致呼吸系统受损
米糠油事件 日本北九州爱知县	1968 年	食用米糠油后中毒，死 16 人，患者 5000 余人	生产米糠油过程中多氯联苯作为脱臭工艺中的热载体，混入米糠油

随着新技术的发展，突发性的环境污染事件频繁出现，如苏联切尔诺贝利核电站泄漏、日本福岛核泄漏事件等。另外，新技术和新材料的应用产生新的环境效应，如光污染等。人类生产了一系列环境中不能识别的污染物，土壤中的微生物不能将其分解，导致这些污染物在地表堆积如山，并长期污染地表水和地下水。更严重的是，许多发展中国家遵循发达国家"先污染、后治理"的发展老路，使得经济发展的同时造成了更严重的环境污染和生态破坏，引发了一系列全球环境问题。表 1.3 列出了近 40 年发生的严重公害事件次数和公害病人数。全球环境问题，是指对全球产生直接影响或具有普遍性随后又发展为危害全球的环境问题，简单来讲就是人类活动造成的环境污染反过来引起全球范围内生态环境退化的问题。

表 1.3　近 40 年发生的严重公害事件

事件	发生时间	发生地点	产生危害	产生原因
阿摩柯卡的斯油轮泄油事件	1978 年 3 月	法国西北部布列塔尼半岛	藻类、潮间带动物、海鸟灭绝	油轮触礁，22 万 t 原油入海
三里岛核电站泄漏事件	1979 年 3 月	美国宾夕法尼亚州	直接损失超过 10 亿美元	核电站反应堆严重失水
威尔士饮用水污染事件	1985 年 1 月	英国威尔士州	200 万居民的饮用水受到污染，44%居民中毒	化工公司将酚排入迪河
墨西哥油库爆炸事件	1984 年 11 月	墨西哥	4200 人受伤，400 人死亡，10 万人需要疏散	石油公司油库爆炸
博帕尔农药泄漏事件	1984 年 12 月	印度中央邦博帕尔市	2 万人严重中毒，1408 人死亡	45 t 异氰酸甲酯泄漏

续表

事件	发生时间	发生地点	产生危害	产生原因
切尔诺贝利核电站泄漏事件	1986 年 4 月	乌克兰	203 人受伤，31 人死亡，直接经济损失 30 亿美元	4 号反应堆机房爆炸
莱茵河污染事件	1986 年 11 月	瑞士巴塞尔河	事故段生物绝迹，160 km 内鱼类死亡，480 km 内水不能饮用	化学公司仓库起火，30t 硫、磷、汞等剧毒物进入河流
莫农格希拉河污染事件	1988 年 11 月	美国	沿岸 100 万居民生活受严重影响	石油公司油罐爆炸，1.3 万 m^3 原油进入河流
埃克森·瓦尔迪兹油轮漏油事件	1989 年 3 月	美国阿拉斯加	海域严重污染	漏油 4.2 万 t

为了解决全球环境持续恶化的问题，1992 年 6 月 3 日至 14 日，联合国环境与发展大会在巴西的里约热内卢举行，会议通过了《里约环境与发展宣言》和《21 世纪议程》两个纲领性文件及关于森林问题的原则性声明。这是联合国成立以来规模最大、级别最高、影响最为深远的一次国际会议。它标志着人类在环境和发展领域自觉行动的开始，可持续发展已经成为人类的共识。人类开始学习掌握自己的发展命运，摒弃了那种不考虑资源、不顾及环境的生产技术和发展模式。

1.2.4　环境问题的特点

纵观全球环境的发展和变化，当前的环境问题具有显著的时代特征，呈现出全球化、综合化、高技术化、政治化和社会化等特征。

1. 全球化

工业革命以前，环境问题的影响及危害主要集中于污染源附近的区域，对全球的环境影响不大，但近年来的环境问题已经超出国界，甚至越过大洲，其影响范围不但集中于人类居住的地球表面和低层大气空间，而且涉及高空和海洋。一个国家的大气污染，如 SO_2 污染、大气颗粒物（$PM_{2.5}$ 和 PM_{10}）污染，可能导致相邻国家和地区受到酸雨和雾霾的危害。而全球变暖、冰川消融和海平面上升，几乎对所有国家和地区，尤其是沿海国家和地区造成意想不到的灾难。

2. 综合化

工业革命阶段，环境问题主要是工业"三废"的污染和对生态环境的危害。但当代环境问题已远远超过这一范畴而涉及人类环境的各个方面，包括森林锐减、草原退化、沙漠扩展、土壤侵蚀等诸多领域。另外，环境治理和环境保护工作单一学科根本无法完成，必须采取多学科和多行业合作的方式全方位地开展研究。

3. 高技术化

原子弹、氢弹试验，核工业、信息技术和生物工程的发展，高新技术的应用，使人类制造了一系列前所未有的新物质。当某种条件下这些新物质进入环境中，环境中原有的微生物系统不能识别和分解时，就会导致污染物的累积，造成难以预测的生态灾害。

4. 政治化和社会化

环境问题已渗透到社会经济生活的各个领域，仅靠某个国家和地区越来越难解决不断涌现的环境问题，防治环境污染已经成为各种国际活动和各国政治纲领的重要内容，如《联合国气候变化框架公约》、《京都议定书》、"巴厘岛路线图"、哥本哈根世界气候大会。

1.3　环　境　科　学

环境科学（environmental science）是在环境问题逐渐凸显并日益严重的过程中产生和发展起来的一门综合性学科，它是在解决环境问题的社会需要推动下形成和发展起来的。环境科学的产生和发展虽然只有短短的几十年，但随着环境科学研究理论和技术研究的不断深入，其概念和内涵日益丰富和完善。它是一个由多学科到跨学科的庞大科学体系组成的新兴学科，也是一个介于自然科学、社会科学和技术科学之间的边缘学科，是一门新兴的问题导向型交叉学科。当前，环境科学可以定义为"研究人类社会发展活动与环境演化规律之间的相互作用关系，寻求人类社会与环境协同演化、持续发展途径与方法的学科"。

1.3.1　环境科学的产生和发展

古代人类在生产和生活中就有了保护自然的思想，逐渐积累了防治污染、保护自然的技术和知识，这就是环境科学最早的萌芽。公元前 5000 年，我国就在烧制陶瓷的瓷窑上安装了烟囱，使燃烧产生的烟气能迅速排出，这既提高了燃烧效率又改善了周围的空气环境。公元前 2300 年，我们的祖先开始采用了陶瓷的排水管道。公元前 6 世纪，古罗马已修建了地下排水道。公元前 3 世纪的春秋战国时期，我国的思想家就已经开始考虑对自然的态度，如老子说："人法地，地法天，天法道，道法自然。"在近代，英国人约翰·伊夫林 1961 年出版了《驱逐烟气》一书，指出了空气污染的危害，提出了一些防治烟尘的措施。1962 年出版的《寂静的春天》，标志着近代环境科学开始产生并发展起来。该书研究了农药污染物迁移、转化过程，阐明了人类同大气、海洋、河流、土壤、动物和植物之间的密切关系，初步揭示了环境污染对生态系统的影响。作者特别讨论了有机氯农药污染带来的严重危害，指出农药对许多生物的威胁使本来生机勃勃的春天变得"寂静"了。

环境科学作为一门学科诞生于 20 世纪 60 年代，70 年代得到迅速发展，90 年代学科体系趋于成熟，21 世纪在广度和深度上得到全面扩展。环境科学的产生和发展大致经历了两个阶段。

1. 分化发展阶段

20 世纪 50 年代，第三次工业革命兴起，工业国家的环境质量逐渐恶化，环境公害事件频发，环境问题开始受到世界各国和全人类的共同关注。为了解决这些迫切问题，历史上第一次把人类活动引起的环境问题同自然因素造成的灾害区分开来，并作为专门的科学研究领域。此时，物理、化学、生物、地学和医学等学科的学者在各自学科的基础上，直接运用地学、生物学、化学、物理学、公共卫生学、工程技术科学的原理和方法，阐明环境污染的程度、危害和机理，探索相应的治理措施和方法，由此发展出环境地学、环境生物学、环境化学、环境物理学、环境医学、环境工程学等一系列新的边缘性分支学科。从"环境问题"的提出到"环境科学"的诞生，是环境科学发展史上一次质的飞跃。但是，这些学科只是不同学科内的某一个研究领域，使用不同的理论和方法解决不同学科内部的环境问题，还没有形成一个完整的学科体系。

2. 环境科学的形成

随着科学技术的发展，环境问题日趋复杂化，人类开始认识到环境问题涉及的绝不仅是单独某一学科，要从根本上解决问题，就必须协调环境、人类活动和社会系统三者之间的关系，综合考虑人口、发展、资源和环境等诸多因素相互制约的关系，多层次探讨人与环境协调发展的途径和控制方法。环境科学和环境保护工作必须向多学科和多行业合作的方式全方位地开展研究。于是，真正意义上的环境科学产生了。

1.3.2 环境科学的研究对象、任务和内容

1. 环境科学的研究对象

环境科学的研究对象是人类-环境系统，这是一个既包括自然界又包括人类社会的复杂系统。环境科学研究人类和环境这一矛盾之间的关系，其目的是通过调整人类的社会经济活动来保护和建设环境，使环境永远成为人类社会持续发展的支持和保证。人类与环境组成的对立统一体，称为人类-环境系统。它既不是由单纯的自然因素，也不是由单纯的社会因素构成的，而是在自然背景的基础上经过人类劳动加工改造形成的，凝聚着自然因素和社会因素的交互作用，影响着人类的生产和生活。

2. 环境科学的研究任务

环境科学的基本任务，就是揭示人类与环境这一矛盾的实质，研究和掌握它们的发展变化规律，调控人类与环境的物质和能量交换过程，寻求解决矛盾的途径和方法，以改善环境质量，造福人类，促进人类与环境之间的协调和发展。在我国《国家自然科学基金项目指南》中，对于环境科学的研究任务是这样表述的："环境科学的任务在于揭示社会进步、经济增长与环境保护协调发展的基本规律，研究保护人类免于环境因素负影响，及提高人类健康和生活水平而改善环境的途径"。

3. 环境科学的研究内容

人类-环境系统是一个整体，由自然因素和社会因素组成，环境中的各种因素相互依存、相互影响。环境遭受破坏和污染，通常不是一个因素而是多个因素相互作用的结果，对环境的整体性研究是环境科学的特点。因此，环境科学的研究内容丰富多彩，涉及自然科学、社会科学和技术科学等领域。具体研究内容包括以下四方面。

（1）了解人类与自然环境的发展演化规律。了解人类与自然环境的发展演化规律是研究环境科学的前提。在环境科学诞生以前，有关的科学部门已经积累了丰富的资料，如人类学、人口学、地质学、地理学和气候学等。环境科学必须从这些相关学科中吸取营养，从而了解人类与环境的发展规律。

（2）研究人类与环境的相互依存关系。研究人类与环境的相互依存关系是环境科学研究的核心。在人类与环境的矛盾中，人类作为矛盾的主体，一方面从环境中获取其生产与生活所必需的物质与能量；另一方面又把生产与生活中所产生的废弃物排放到环境中，这就必然会引起环境污染问题。而环境作为矛盾的客体，虽然消极地承受人类对资源的开采与废弃物的污染，但这种承受是有一定限度的，不能超过环境容量。环境容量是对人类发展的制约，超过这个容量就会造成环境的退化和破坏，从而给人类带来意想不到的灾难。

（3）探索人类活动强烈影响下环境的全球变化。探索人类活动强烈影响下环境的全球变化是环境科学研究的长远目标。环境是一个多因素组成的复杂系统，其中有许多正、负反馈机制。人类活动多造成一些暂时性的、局部性的影响，常常会通过这些已知的和未知的反馈机制积累、放大或抵消，其中必然有一部分转化为长期的和全球性的影响。

（4）开发环境污染防治技术与制定环境管理法规。开发环境污染防治技术与制定环境管理法规是环境科学应用方面的任务。在这方面，西方发达国家已取得了一系列成功经验，从20世纪50年代的污染源治理，到60年代转向区域性污染综合防治，70年代则更强调预防为主，加强区域规划，合理布局工业。

综上，环境科学的研究任务主要包括两点：一是研究人类活动影响下环境质量的变化规律和环境变化对人类生存的影响；二是研究保护和改善环境质量的理论、技术和方法。

1.3.3 环境科学的分科与系统

1. 环境科学的分科

环境科学只有几十年的发展历史，是一门蓬勃发展的新兴交叉学科，人们对环境科学的分科体系迄今尚无一致的看法。其中有一种重要的分科体系将环境科学分为基础环境学、应用环境学和社会环境学三个基本学科。基础环境学是环境科学的核心，它着重于对环境科学基本理论和方法论的研究，还包括环境科学在发展过程中与各基础学科交叉后产生的交叉学科，包括环境数学、环境物理学、环境化学、环境生态学、环境地理学和环境地质学；应用环境学是环境科学在实践中发展起来的，着重于对环境的监测、评价和规划，包括环境工程学、环境监测学、环境质量评价学和环境规划学；社会环境学着重研究人类社会经济活动对环境的影响，包括环境法学、环境经济学、环境管理学、环境伦理学、环境教育学、环境美学和环境哲学等（图1.1）。

2. 环境科学的系统

环境科学是在自然科学、社会科学和技术科学交叉的基础上形成的新学科，属于一级学科。环境科学的研究领域很广，因此具有很多分支学科，各分支学科形成了一个庞大的多层次相互交错的网络结构系统。由于环境科学是20世纪70年代才形成的新兴学科，所以对其学科系统还没有一致看法。不同的学者从不同的角度提出了各种不同的分科方法。图1.2是环境科学分科的四维结构图。人类所处的生态环境是多向结构的，因而对应的研究内容也是多维的，图1.2则清楚地反映了环境科学的这一特性。

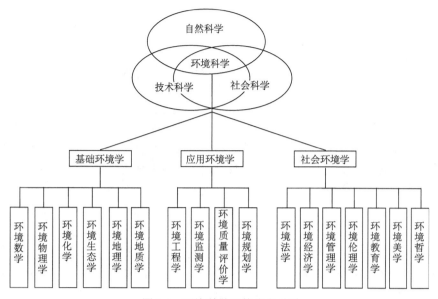

图 1.1　环境科学及其分支学科

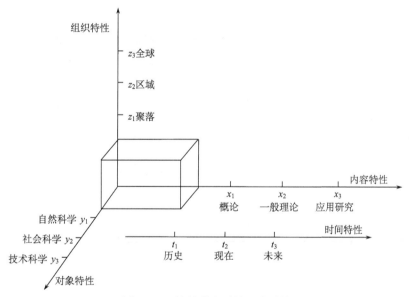

图 1.2　环境科学分科的四维结构

思考题

1. 怎样理解环境的基本概念，环境分为哪些类型？

2. 什么是环境问题？它们是如何产生和发展起来的？

3. 什么叫环境科学？它是如何产生，又是如何发展的？它与其他科学有何关系？

4. 环境科学的研究对象、任务和内容是什么？

5. 谈谈环境问题对你的启示。

6. 人类应该怎样处理自身与环境之间的关系？

7. 非环境类专业的大学生为什么要掌握环境科学的基本理论？

第2章 大 气 环 境

【导读】大气是环境的重要组成要素和地球的"外衣"，它厚厚包裹在地球表面，参与地球表面的各种活动过程，为地球上的生物生长与繁衍提供了多种多样的物质和理想的环境条件，是人类赖以生存的物质基础，对于人类具有非常重要的意义。就像鱼类离不开水一样，人类一刻也离不开大气，没有大气就没有生命，也没有生机勃勃的大千世界。大气是地球生命繁衍和人类发展的基础。它的状态和变化，时时处处影响着人类的活动与生存。

工业革命以来，人类活动对大气环境产生了更为深刻的影响，产生了严重的环境大气污染问题。从震惊世界的"比利时马斯河谷事件"、"美国多诺拉事件"、"伦敦烟雾事件"、"洛杉矶光化学烟雾事件"，到目前的温室效应、臭氧层破坏、酸雨与雾霾产生等新环境问题，说明地球大气生态系统已经失去平衡。因此，大气污染已成为当前人类面临的重要环境问题之一，大气污染控制理论、技术与应用研究已成为重要的环境课题。

通过本章的学习，应当掌握大气的成分、结构、基本性质和运动规律。能够从整个大气圈的角度来理解大气污染及污染特点，熟悉大气污染物的分类和几种常见大气污染物的特性和危害，掌握大气污染物的扩散和转化机理。并能运用所学到的理论知识解释各种不同形式的大气污染现象和污染产生的原因，熟悉和理解不同机理的大气污染控制技术和不同结构的大气污染控制设备。

2.1 大气的结构与组成

大气（atmosphere）和空气（air）是我们较为熟悉的两个术语，在许多情况下两者可以互用，在概念上并没有明确的区别。但是，在环境科学领域为了准确说明问题，两个词分别代表不同的含义。大气，通常指相对较大区域或全球性的气流，包括的空间尺度和范围比较大。而空气则指人与动物赖以生存的气体，一般是指室内或特定的某个地方的气体，所涉及的空间范围较小。某个场所和特定区域的大气污染常称为空气污染，并规定了相应的空气质量标准和评价方法。在自然地理学上，把由于地球引力而随地球旋转的大气层称为大气圈。大气圈最外层的界限是很难确切划定的，但并不是无限的，通常有三种方法确定大气圈垂直范围的最大高度。一种是着眼于大气中出现的某些物理现象。根据观测资料，在大气中极光是出现高度最高的物理现象，它可以出现在 1200 km 的高度上，因此，可以把大气的上界定位 1200 km，简称为大气的物理上界。另一种是根据大气密度随高度逐渐减小到与星际气体密度接近的高度定位大气上界。按照人造卫星探测到的资料计算，这个高度在 2000～3000 km。此外，根据在地球场内受引力而旋转的气层高度可达 10000 km，也以 10000 km 高度作为大气圈的最外层。

2.1.1 大气的组成

通常情况下，大气是围绕地球表面的一层总厚度为 1000~1400 km 的气体，其总质量约为 6×10^{18} kg，标准状况下平均密度为 1.293 g/L。由于不同高度重力的分布不同，大气密度从地表到高空迅速减小，海平面附近的密度最大。大气是多种物质的混合物，包括恒定组分、可变组分和不定组分。恒定组分主要指干洁空气，其比例在地球表面的任何地方几乎都是不变的，是大气中含量最多的部分。干洁空气是指大气中除去水汽和杂质的部分，氮、氧、氩约占干洁空气总体积的 99.97%，氖、氦、氪、氙、氢等稀有气体约占干洁空气总体积的 0.03%，干洁空气中各种组分的比例如表 2.1 所示。

表 2.1　干洁空气中各种组分及其含量

气体名称	体积百分含量/%	气体名称	体积百分含量/%
氮（N_2）	78.09	甲烷（CH_4）	$(1.0 \sim 1.2) \times 10^{-4}$
氧（O_2）	20.95	氪（Kr）	1.0×10^{-4}
氩（Ar）	0.93	氢（H_2）	0.5×10^{-4}
二氧化碳（CO_2）	0.02~0.04	氙（Xe）	0.08×10^{-4}
氖（Ne）	18×10^{-4}	二氧化氮（NO_2）	0.08×10^{-4}
氦（He）	5.24×10^{-4}	臭氧（O_3）	0.01×10^{-4}

大气中的可变组分包括二氧化碳和水蒸气。在通常情况下，二氧化碳的含量为 0.02%~0.04%，主要来自生物的呼吸作用、有机体的燃烧与分解；水蒸气的含量在 4%以下，主要来自海洋和地面水的蒸发和植物的蒸腾。它们在大气中的含量随着季节、地区、气象条件的变化，以及人们的生产和生活的影响而发生变化。大气中的水蒸气含量虽不多，但可凝结为水珠和冰晶，从而形成云、雾、雨、雪、霜等多种大气现象，对天气的变化起着重要的作用，还可以吸收地表的长波辐射，对地球起着保温作用。另外，大气中水汽含量及其变化对生物的生长和发育有重大影响。

不定组分是指排放于大气中其组成或含量不能有效地加以确定的混合气体和颗粒，其来源包括自然因素和人为因素两个方面。自然来源指自然界的火山爆发、森林火灾、海啸、地震等暂时性灾难产生的物质，包括尘埃、硫、硫化氢、硫氧化物、氮氧化物、盐类和恶臭气体等；人为来源则是人类社会经济活动排入环境中的物质，包括煤烟、粉尘、硫氧化物和氮氧化物等。自然来源的污染物可造成局部和暂时性的大气污染，对大气环境的长期影响并不大。随着科学技术的发展和生产力的提高，人为因素的不定组分排放成为大气的主要污染物，也是造成大气污染的主要根源，因而成为环境科学主要关注的焦点。

臭氧（ozone）是由氧分子离解为氧原子，氧原子再与另外的氧分子结合而成的一种无色气体。从大气层 10 km 处开始逐渐增加，在 20~25 km 高度处达到最大值，形成明显的臭氧层（ozonesphere），再向上又逐渐减少，到 55~60 km 高度上就很少了。臭氧能吸收太阳紫外线，一方面保护近地层生物免遭过量紫外辐射伤害；另一方面使平流层增暖。大气中臭氧的含量与人体健康关系极为密切。据推测，臭氧的体积分数减少 10%，就有可能导致皮肤癌患者的数量增加 1 倍。为此，环境科学家呼吁要保护大气臭氧层。

在 85 km 以上的大气中，主要成分仍然是氮和氧。但是，由于太阳紫外线的强烈照射，氮和氧产生不同程度的离解。100 km 以上，氧分子几乎全部离解为氧原子。因而，85 km 以上大气主要成分的比例发生了变化。

2.1.2　大气的结构

大气结构（atmosphere structure）指的是大气层的气象要素沿垂直方向的分布情况。因受地心引力的作用，大气的主要质量集中在下部。其质量的 50% 集中在距地表 5 km 以下的范围，75% 集中于 10 km 以下的范围，90% 集中于 30 km 以下的范围。观测表明，大气在垂直方向上的物理性质具有显著差异，根据化学成分、温度、压力和电离状况等物理性质的差异，并考虑大气的垂直运动状况，可将大气从地表到高空分为 5 层：对流层、平流层、中间层、电离层和散逸层，如图 2.1 所示。

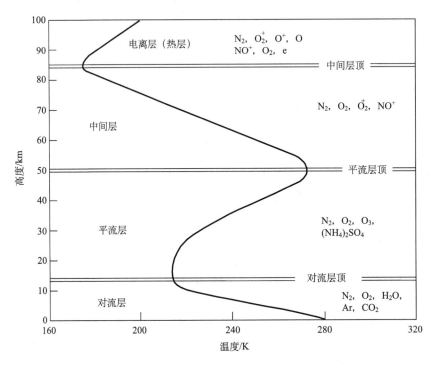

图 2.1　大气的垂直分层（散逸层在 800 km 以上，未予显示）

1. 对流层

对流层（troposphere）位于大气圈的最底层，底界为地面。对流层的厚度随纬度和季节的变化而变化，从赤道向两极减小，在赤道低纬度地区厚度为 17～18 km，在中纬度地区厚度为 10～12 km，在极地高纬度地区厚度为 8～9 km，平均厚度为 12 km。夏天大气对流旺盛，对流层厚度较厚，冬天则较薄。尽管对流层相对于整个大气层来说是很薄的，但总质量却占了整个大气层的 75%。对流层内的温度随着高度的升高而降低，大约每上升 100 m，温度降低 0.65℃，这是由于太阳辐射主要加热地面，地面的热量通过传导、对流、湍流和辐射等方式再传递给大气，因而接近地面的大气温度较高，远离地面的大气温度较低。由于贴近地面的空气受到地面辐射增温的影响而膨胀上升，上面的冷空气不断下沉，故在垂直方向上形成强烈对流，加上对流层的水汽和尘埃较多，于是形成了雨、雪、云、雾、雹和霜等天气现象与过程，这对于人类的生产和生活影响很大。另外，人类活动排放的污染物也基本聚集在这一层，尤其在近地面 1～2 km 的范围。由于受到地形和人类活动的影响，局部空气的运动更是复杂多变。

在对流层和平流层之间，有一个厚度为数百米到 1～2 km 的过渡层，称为对流层顶。这一层的主要特征是温度随高度增加降低很慢或是几乎恒温。实际工作中往往根据这种温度变化的起始高度来确定对流层顶的位置。对流层顶对垂直气流有很大的阻挡作用，上升的水汽和尘埃多聚集其下，使得能见度较差。

2. 平流层

平流层（stratosphere）是指从对流层顶至距地表 50 km 高度范围内的大气层，厚度约为 38 km。平流层的温度先是随高度增加变化很小，从对流层顶部到约 35 km 时温度基本保持在 $-55℃$ 左右，称为同温层；再往上温度随高度增加而上升，到平流层顶温度升至 $-3℃$ 左右。温度随高度升高而增加的原因主要是平流层中存在一层臭氧层，其具有吸收太阳光短波辐射的能力。在臭氧层中 O_2 在紫外线作用下可分解为化学性质极不稳定的原子氧，原子氧与氧气分子重新化合生成臭氧时释放出大量热量，使平流层的温度升高。臭氧层的范围为 10～25 km。该层 O_3 浓度极大，能吸收绝大部分紫外辐射，从而阻挡强紫外辐射到达地面，因此对地面生物和人类具有保护作用。

在平流层中大气没有对流运动，平流运动占绝对优势，空气比对流层稀薄得多且几乎没有水汽和尘埃，比较干燥，大气透明度非常好，性质非常稳定，不存在雨雪等天气现象，是现代超音速飞机飞行的理想场所。

3. 中间层

中间层（mesosphere）是指从平流层顶到约 85 km 的高度范围内的大气层，厚度约为 35 km。该层大气的气温垂直分布特点是随高度的升高迅速降低，至中间层顶部气温降到 $-83～-113℃$。在中间层中，底部由于接受了平流层传递的热量，温度最高。中间层气温随高度上升而迅速降低的特点，使得该层空气再次出现较强的垂直对流运动，所以中间层又称为高空对流层和上对流层。

4. 电离层

电离层（ionosphere）位于中间层顶部至距地表 800 km 的高度之间。由于太阳辐射和宇宙射线的作用，该层大气分子绝大部分都发生了电离，带电粒子的密度较高，所以称为电离层。电离层能将电磁波反射回地球，对全球无线电通信具有重要意义。该层从下到上，原子氧的浓度越来越大，由于原子氧吸收太阳紫外光的能量，因此温度随高度上升而迅速增加。据人造卫星观测，在 300 km 高度上气温可达到 $1000℃$ 以上，故此层又称为暖层或热层。

5. 散逸层

散逸层（exosphere）是电离层以上的大气统称，也称为外大气层。这是一个相当厚的过渡层，是大气圈与星际空间的过渡地带，厚度为 1.5 万～2.4 万 km。由于该层大气可以直接吸收太阳紫外线的热量，所以气温也随高度的升高而逐渐增加。散逸层空气极其稀薄，大气粒子很少相互碰撞。因距离的关系受地心引力极小，气体和微粒可以从这层被碰撞出地球重力场而逸入宇宙空间。

2.2　大气污染、污染源和污染物

2.2.1　大气污染和污染源

1. 大气污染

大气污染（atmospheric pollution），通常指由于自然界中的质能变化和人类生产活动改变了大气圈中某些原有成分或者向大气中排放某些物质达到足够浓度、存在足够时间并因此对人类的舒适、健康、福利和环境造成危害的现象。对人体的舒适、健康的危害，主要包括对人体正常的生活环境和生理机能的影响，从而引起急性病、慢性病甚至死亡等。而福利则指与人类共存的生物、资源、景观和财产等。简单来讲，大气污染是指大气中一些物质的含量达到有害的程度以至破坏生态系统和人类正常生存及发展的条件，对人或物造成危害的现象。大气污染物由人为源和天然源进入大气（输入），参与大气的循环过程，经过一定的滞留时间之后，又通过大气中的化学反应、生物活动和物理沉降从大气中去除（输出）。如果输出的速率小于输入的速率，就会在大气中相对集聚，造成大气中某种物质的浓度升高。当浓度升高到一定程度时，就会直接或间接地对人、生物或材料等造成急性、慢性危害，大气污染就产生了。

污染源排放污染物进入大气中，经过混合、扩散和化学转化等一系列大气运动过程，最后到达接受者，对接受者施加作用。这是大气污染的全部过程，缺少任何一个环节，都不构成大气污染。

根据大气污染影响所及的范围，可将大气污染分为四类：局部性污染、地区性污染、广域性污染和全球性污染。根据能源性质和大气污染物的组成及反应，可将大气污染划分为煤炭型、石油型、混合型和特殊型污染。根据污染物的化学性质及其存在的大气环境状况，可将大气污染划分为还原型和氧化型污染。

2. 大气污染源

大气污染源（atmosphere pollution sources）是指向大气排放足以对环境产生有害影响物质的生产过程、设备、物体或场所。它具有两层含义，一方面是指"污染物的发生源"，另一方面是指"污染物来源"。大气污染源可分为自然源和人工源两大类。自然源是指火山喷发、森林火灾、土壤风化等自然原因产生的沙尘、二氧化硫、一氧化碳等，这种污染多为暂时的和局部的。人工源是指任何向大气排放一次污染物的工厂、设备和车辆等。由人类活动造成的这种污染通常是经常性的、大范围的，一般所说的大气污染问题多是人为因素造成的。人为因素较多，根据不同的研究目的及污染源的特点，人工源分类如图 2.2 所示。

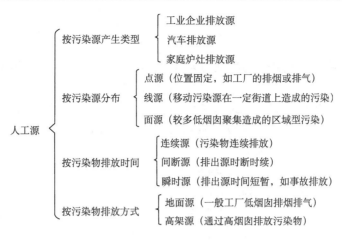

图 2.2　大气污染人工源分类

2.2.2　大气污染物

大气污染物（atmospheric pollutants），指由于人类活动或自然过程排入大气并对环境或人类产生有害影响的物质。也可以说，它们是超过了洁净空气组成中应有浓度水平的物质（表 2.2）。它们不仅对生物和人类产生危害，还会对物体和气候等产生不良的影响。排入大气的污染物越多，彼此之间越容易发生反应，从而导致更严重的二次污染。截止到目前，已知的大气污染物有 100 多种。城市大气污染物主要有粉尘、二氧化硫、一氧化碳、二氧化碳、氮氧化物、臭氧、碳氢化合物和一些有毒金属等。

表 2.2　清洁和污染空气中各种组分及其含量　　　　（单位：mg/m^3）

成分	清洁空气	污染空气
SO_2	0.0028~0.028	0.057~5.7
CO_2	608~648	687~1375
CO	<1.25	6.25~250
NO_2	0.00205~0.0205	0.0205~1.025
碳氢化合物	<0.58	0.58~11.6
颗粒物质	0.01~0.02	0.07~0.7

随着科学技术的发展和各种检测技术的进步，加上人们对大气环境质量要求的提高，人们对大气污染物的认识不断深入，一些未知的大气污染物逐渐被人类发现。为了更好地对大气污染物进行研究，科学家对大气污染物进行了各种分类，一般按照污染物的来源、形成过程和存在状态等进行分类。

1. 根据污染物的来源进行分类

根据污染物的来源可以将大气污染物划分为自然污染物和人为污染物。

1）自然污染物

自然污染物是指在未受到人为污染的大气中由自然原因产生的大气污染物，常见的自然污染物的来源包括：

（1）火山喷发。排放出 H_2S、CO_2、CO、HF、SO_2 及火山灰等颗粒物。

（2）森林火灾。排放出 CO、CO_2、SO_2、NO_2、HC 和灰分等。

（3）自然尘。风沙、土壤尘等。

（4）森林植物释放。主要为萜烯类碳氢化合物。

（5）海浪飞沫颗粒物。主要为硫酸盐与亚硫酸盐。

自然源尽管不是现代环境污染的主要原因，但在有些情况下，自然源比人为源更重要，据相关统计，全球氮排放的 93% 和硫氧化物排放的 60% 来自于自然源。

2）人为污染物

人为污染物是指由人类活动如工业生产和交通运输等向大气排放的污染物，主要污染过程由污染源排放、大气传播、人与物受害这三个环节所构成。大气的人为污染源可以概括为以下四方面。

（1）燃料燃烧。燃料（煤、石油、天然气等）的燃烧过程是向大气输送污染物的重要发生源。煤炭的主要成分是碳，并含氢、氧、氮、硫及金属化合物。燃料燃烧时除产生大量烟尘外，在燃烧过程中还会形成一氧化碳、二氧化碳、二氧化硫、氮氧化物和有机化合物等污染物质。

（2）工业生产过程的排放。如石化企业排放的硫化氢、二氧化碳、二氧化硫、氮氧化物；有色金属冶炼工业排放的二氧化硫、氮氧化物及含重金属元素的烟尘；磷肥厂排放的氟化物；酸碱盐化工业排放的二氧化硫、氮氧化物、氯化氢及各种酸性气体；钢铁工业在炼铁、炼钢和炼焦过程中排放的粉尘、硫氧化物、氰化物、一氧化碳、硫化氢、酚、苯类、烃类等。总之，大气污染物类型和组成与工业企业性质密切相关。

（3）交通运输过程的排放。汽车、船舶和飞机等排放的尾气是大气污染的主要来源。内燃机燃烧排放的废气中含有一氧化碳、氮氧化物、碳氢化合物、含氧有机化合物、硫氧化物和铅的化合物等物质。

（4）农业活动排放。田间施用农药时，一部分农药会以粉尘等颗粒物形式逸散到大气中，残留在作物体上或黏附在作物表面的仍可挥发到大气中。进入大气的农药可以被悬浮的颗粒物吸收，并随气流向各地输送，造成大气农药污染。此外还有秸秆焚烧等。

2. 根据污染物的形成过程进行分类

大气污染物按形成过程分为一次污染物和二次污染物。一次污染物是指直接从污染源排放的污染物质，其物理和化学性质均未发生变化，又称为原发性污染物；二次污染物则是由一次污染物在物理、化学因素或生物的作用下发生变化，或与环境中的其他物质发生化学反应或光化学反应形成的与一次污染物的物理化学性质完全不同的新污染物。二次污染物粒径较小，通常为 0.01～1.0 μm，毒性也比一次污染物强。二次污染的现象很多，目前受到广泛关注的主要是硫酸烟雾和光化学烟雾（photo-chemical smog）。前者是指一次污染物二氧化硫在环境中发生氧化形成硫酸盐气溶胶，其危害性大大超过了二氧化硫；后者是指汽车尾气中的氮氧化物、碳氢化合物等在太阳紫外辐射的作用下发生光化学反应产生臭氧、过氧酰基硝酸酯（PANs）、醛类等。

3. 根据污染物的存在状态进行分类

大气污染物按其存在状态，可以分为气溶胶状态污染物和气态污染物。按体积分数计算可得，气溶胶状态污染物仅占 10%左右，而 90%左右的大气污染物是以气态污染物的形式存在的。

1）气溶胶状态污染物

气溶胶（aerosol）是指固态或液态物质以小的颗粒物形式分散在气流或大气中，也称为颗粒污染物，主要包括粉尘、烟液滴、雾、降尘、飘尘、悬浮物等。直径范围在 0.0002～500 μm，由于粒径和组成成分的不同，其化学和物理性质有很大的差异。大气气溶胶中各种粒子按其粒径大小又可以分为：

（1）总悬浮颗粒物（total suspended particulates，TSP）。指悬浮在空气中，空气动力学当量直径≤100 μm 的颗粒物。总悬浮颗粒物是大气质量评价中一个通用的重要污染指标。它主要来源于燃料燃烧时产生的烟尘、生产加工过程中产生的粉尘、建筑和交通扬尘、风沙扬尘，以及气态污染物经过复杂物理化学反应在空气中生成的相应的盐类颗粒。在我国甘肃、新疆、陕西、山西的大部分地区，河南、吉林、青海、宁夏、内蒙古、山东、四川、河北、辽宁的部分地区，总悬浮颗粒物污染较为严重。

（2）粉尘（dust）。一般是指粒径小于 75 μm 的颗粒物。在这类颗粒物中，粒径大于 10 μm，靠重力作用能在短时间内沉降到地面的，称为降尘；粒径小于 10 μm，不易沉降，能长期漂浮在大气中的，称为飘尘。

（3）烟尘（fog dust）。烟尘一般是指粒径小于 1 μm 的固体颗粒物。它包括升华、焙烧和氧化等过程所形成的烟气，也包括燃料不完全燃烧所造成的黑烟以及由蒸气凝结所造成的烟雾。

（4）煤尘（coal dust）。一般是指粒径为 1～20 μm 的粉尘。这种粉尘是煤在燃烧过程中未被完全燃烧产生的，如大、中型煤码头的煤扬尘及露天煤矿的煤扬尘等。

（5）可吸入粒子（inhalable particles，IP）。国际标准化组织（ISO）建议将 IP 定义为粒径 10 μm 以下的粒子，又称为 PM_{10}、飘尘（floating dust）或细粒子（fine particle）。

（6）$PM_{2.5}$（particulate matter）。直径小于或等于 2.5 μm 的颗粒物，与较粗的大气颗粒物相比，$PM_{2.5}$ 粒径小，面积大，活性强，易附带有毒、有害物质（如重金属、微生物等），且在大气中的停留时间长、输送距离远，与灰霾现象密切相关，因而对人体健康和大气环境质量的影响更大。

（7）PM_1。空气中直径小于或等于 1 μm 的固体颗粒或液滴的总称，也称为可入肺颗粒物。PM_1 粒径小，富含大量的有毒、有害物质且在大气中的停留时间长、输送距离远，因而对人体健康和大气环境质量的影响更大。PM_1 主要来源于日常发电、工业生产和排放等过程中经过燃烧而排放的残留物，大多含有重金属等有毒物质。

粉尘对环境的危害程度不仅取决于它的暴露浓度，还在很大程度上取决于它的组成成分、理化性质、粒径和生物活性。粉尘的成分和理化性质是对人体危害的主要因素。有毒的金属粉尘和非金属粉尘进入人体后，会引起中毒以至死亡，例如，吸入铬尘能引起鼻中溃疡和穿孔、肺癌发病率增加。无毒性粉尘对人体也有危害，例如，吸入含有游离二氧化硅的粉尘后，其在肺内沉积，能引起纤维性病变，使肺组织逐渐硬化，严重损害呼吸功能，发生"矽肺病"。粉尘的粒径大小是危害人体健康的另一重要因素，它主要表现为两个方面：第一，粒径越小，越不容易沉降，长时间漂浮在大气中容易被人体吸入，且容易深入肺部；第二，粒径越小，粉尘比表面积越大，物理、化学活性越高，加剧了生理效应的发生和发展。另外，尘粒的表面可以吸附空气中的各种有害气体及其他污染物，成为它们的载体，从而促进大气中的各种化学反应，形成二次污染物。

2）气态污染物

气态污染物是指在常温常压下以气体形式分散在大气中，也包括某些在常温常压下是液体或固体的物质。由于它们的熔点和沸点低，挥发性大，因而能以蒸气态挥发到空气中。气态污染物的种类较多，常见的有五大类，即以二氧化硫为主的硫氧化合物、以二氧化氮为主的氮氧化合物、以一氧化碳为主的碳氧化合物、碳氢结合形成的碳氢化合物和含卤素化合物。具体内容如下。

（1）硫氧化合物（sulfur oxides，SO_x）。主要指二氧化硫（SO_2）和三氧化硫（SO_3）。硫以多种形式进入大气，特别作为 SO_2 和 H_2S 气体进入大气，但也有以亚硫酸、硫酸及硫酸盐微粒形式进入大气的。整个大气中的硫约有三分之二来自天然源，其中以细菌活动产生的 H_2S 最为重要。大气中的 H_2S 是不稳定的硫化物，在有颗粒物存在的条件下，可迅速地被氧化成 SO_2。人类活动释放到大气中的硫以 SO_2 最为重要，其中主要由含硫燃料在燃烧过程中作为废气被排出。冶炼厂和石油精炼厂也可以排出大量 SO_2。

SO_2 是无色、有刺激性气味的气体，其本身毒性不大，动物连续接触 30 ppm[①]的 SO_2 无明显的生理学影响，但当空气中的 SO_2 浓度达到 0.3～1 ppm 时多数人就有感觉，达到 3～10 ppm 就有了特殊刺激性气味，达到 8～10 ppm 人就会感到难受。SO_2 的危害关键是在污染大气中 SO_2 易被氧化成 SO_3，即使其含量只相当于 SO_2 的十分之一，其刺激和危害都更加显著。SO_3 进而与水分子结合形成硫酸分子，经过均相或非均相成核作用，形成硫酸气溶胶，并同时发生化学反应形成硫酸盐。硫酸和硫酸盐可以形成硫酸烟雾和酸雨。

大气中的 SO_2 主要源于含硫燃料的燃烧、硫化矿物石的焙烧、冶炼过程，以及火力发电厂、有色金属冶炼厂、硫酸厂、炼油厂和所有烧煤或油的工业锅炉、炉灶等。通常煤的含硫量为 0.5%～6%，石油含硫量为 0.5%～3%。硫在燃料中可以以无机硫化物或有机硫化物形式存在。无机硫绝大部分以硫化矿物形式存在，在燃烧时生成 SO_2：

$$4FeS_2 + 11O_2 \longrightarrow 2Fe_2O_3 + 8SO_2 \qquad (2\text{-}1)$$

有机硫包括硫醇、硫醚等，在燃烧过程中先形成 H_2S，如硫醇的燃烧产物：

$$CH_3CH_2CH_2CH_2SH \longrightarrow H_2S + 2H_2 + 2C + C_2H_4 \qquad (2\text{-}2)$$

生成的 H_2S 再被氧化为 SO_2：

---

① 1ppm=10^{-6}，编者注。

$$2H_2S + 3O_3 \longrightarrow 2H_2O + 2SO_2 \tag{2-3}$$

（2）氮氧化合物（nitrogen oxides，NO_x）。种类较多，通常由 NO、NO_2、N_2O、NO_3、N_2O_4 和 N_2O_5 组成。其中造成大气污染的氮氧化物主要是指 NO 和 NO_2。天然排放的氮氧化物起因于土壤和海洋中有机物的分解。大气中氮氧化物的人为源主要来自于燃料燃烧过程，其中三分之二来自于汽车等流动源的排放。NO_x 可以分为以下两种。第一种是燃料型 NO_x：燃料中含有的氮氧化物在燃烧过程中氧化生成 NO_x；第二种是温度型 NO_x：燃烧室空气中的 N_2 在高温（>2100℃）下氧化生成 NO_x。

NO 是无色、无刺激、不活泼的气体，在阳光照射下且有碳氢化合物存在时，能迅速地氧化为 NO_2。而 NO_2 在阳光照射下，又会分解为 NO 和 O。所以大气中 NO 和 NO_2 及 N_2O、NO_3、N_2O_5 等组成一个循环系统，统称为 NO_x。NO_2 是红棕色气体，对呼吸器官有强烈刺激作用，能引起急性哮喘病。在大气环境中，NO_2 除与碳氢化合物反应生成光化学烟雾外，也能与 SO_2、CO 等污染物并存，在这种情况下将加剧 NO_2 的危害。

大气中的 NO_x 最终转化为硝酸（HNO_3）和硝酸盐微粒，经湿沉降和干沉降从大气中去除，同时可产生酸雨污染。

（3）碳氧化合物（carbon oxides）。主要是 CO 和 CO_2，CO 是大气的主要污染物之一，又称为煤气，是一种无色无臭的气体。一般城市中的 CO 水平对植物和有关微生物均无害。但对人类来说，CO 是一种有毒气体，它能与人体内的血红蛋白发生作用而生成碳氧血红蛋白（CoHb），且血红蛋白与 CO 的结合能力比与 O_2 的结合能力强 200～300 倍，因此 CO 的危害机理为使血液携带氧的能力降低而引起人体缺氧，继而导致头痛、眩晕，使心脏过度疲劳、心血管工作困难，最终导致死亡。

CO 是城市大气中数量最多的污染物，约占大气污染物总量的三分之一。其产生的原因主要是碳氢化合物的不完全燃烧，主要的人为源是内燃机，此外还有森林火灾、农业废弃物焚烧。

CO_2 本身并没有毒性，是大气中的"正常"成分，是生命过程中的基本物质，无论什么时候，在氧存在的情况下燃料完全燃烧都可以产生 CO_2。动物是 CO_2 的天然源，它们在消耗碳水化合物燃料以后呼出 CO_2。植物和海洋是 CO_2 的天然汇，但是现今它们的消耗量已经无法和人为产生的 CO_2 增加速率相平衡，因此全球 CO_2 含量在增加。CO_2 对于地球上的碳平衡具有重大意义，因引发全球性环境演变尤其是温室效应而成为大气污染问题中的关注点。

（4）碳氢化合物（hydrocarbons，HC）。又称烃类，是形成光化学烟雾的前体物，通常是指 C_1～C_8 可挥发的所有碳氢化合物。分为甲烷和非甲烷烃（NMHC）两类，甲烷是在光化学反应中呈惰性的无害烃，非甲烷烃主要有萜烯类化合物（由植物排放，占总量 65%）。自然界中的碳氢化合物主要是生物的分解作用产生的。人为的碳氢化合物来源于不完全燃烧和有机化合物的蒸发。城市空气中的碳氢化合物能生成有害的光化学烟雾。经证明，在上午 6:00～9:00 的 3 h 内排出质量浓度达 $0.174\ mg/m^3$ 的碳氢化合物（甲烷除外），在 2～4 h 后就能产生光化学氧化剂，其质量浓度在 1 h 内可保持 $0.058\ mg/m^3$，从而引起危害。

（5）含卤素化合物（halogen-containing compounds）。大气中以气态形式存在的含卤素化合物大致分为以下三类：卤代烃、氟化物和其他含氯化合物。卤代烃主要为人为源如三氯甲烷（$CHCl_3$）、氯乙烷（CH_3CCl_2）、四氯化碳（CCl_4）等，是重要的化学溶剂，也是有机合成工业的重要原料和中间体，在生产使用中因挥发进入大气。大气中的主要含氯无机物如氯气和氯化氢来自于化工厂、塑料厂、自来水厂、盐酸制造厂、废水焚烧等。氟化物包括氟化氢（HF）、氟化硅（SiF_4）、氟（F_2）等，其污染源主要是使用萤石、冰晶石、磷矿石和氟化氢的企业，如炼铝厂、炼钢厂、玻璃厂、磷肥厂和火箭燃料厂等。

（6）臭氧（ozone，O_3）。又称为超氧，是氧气的同素异形体，在常温下，它是一种有特殊臭味的淡蓝色气体。臭氧主要分布在 10～50 km 高度的平流层大气中，极大值在 20～30 km 高度之间。在常温常压下，稳定性较差，可自行分解为氧气。臭氧具有青草的味道，吸入少量对人体有益，吸入过量对人体健康有一定危害，是已知的仅次于氟（F_2）的最强氧化剂。臭氧质量浓度在 0.214 mg/m^3 时，呼吸 2 h 将使肺活量减少 20%；在 0.623 mg/m^3 时，对鼻子和脑部有刺激；在 1～4.29 mg/m^3 时，呼吸 1～2 h 后，眼和呼吸器官发干、有急性烧灼感、头痛、中枢神经发生障碍，时间再长，思维会变紊乱。

（7）多环芳烃（polycyclic aromatic hydrocarbons，PAHs）。指多环结构的碳氢化合物，其种类很多，如芘、蒽、菲、荧蒽、苯并蒽、苯并[b]荧蒽及苯并[a]芘等。这类物质大多数有致癌作用，其中苯并[a]芘是国际公认的致癌能力很强的物质，并作为计量大气多环芳烃（PAHs）污染的依据。

城市大气中的苯并[a]芘主要来自煤、油等燃料的不完全燃烧，以及机动车的排气。大气中的苯并[a]芘主要通过呼吸道侵入肺部，并引起肺癌。实测数据说明，肺癌与大气污染、苯并[a]芘含量的相关性是显著的，从世界范围来看，城市肺癌死亡率约比农村高两倍，有的城市高达九倍。

2.2.3 大气环境质量标准和污染物排放标准

大气环境标准按其用途可分为大气环境质量标准、大气污染物排放标准、大气污染控制技术标准及大气污染警报标准等，按其适用范围可分为国家标准、地方标准和行业标准。

1. 大气环境质量标准

大气环境质量标准是以保障人体健康和一定的生态环境为目标而对各种污染物在大气环境中的容许含量所做的限制性规定。它是进行大气环境质量管理，制定大气污染防治规划和大气污染物排放标准的依据，是环境管理部门进行环境管理的执行依据。

制定大气环境质量标准的原则，首先要考虑保障人体健康和保护生态环境这一大气质量目标，为此需综合这一目标的污染物容许浓度。其次要合理地协调与平衡实现标准所需的代价与社会经济效益之间的关系。为此需进行损益分析，以求得为实施环境质量标准投入的费用最少，收益最大。此外，还应遵循区域差异的原则。特别是像我国这样地域广阔的大国，要充分注意各地区的人群构成、生态系统结构功能、技术经济发展水平等的差异性。因此，除了制定国家标准外，还应根据各地区的情况，制定地方大气环境质量标准。

为了准确地认识和评价大气质量状况，以及对大气环境进行必要的管理，我国陆续制定和颁发了有关的大气质量标准。根据《中华人民共和国环境保护法》的规定，1982 年制定了《环境空气质量标准》（Ambient Air Quality Standards）（GB 3095—1982），1996 年进行了第一次修订，2000 年进行了第二次修订，2012 年进行了第三次修订，形成了最新的《环境空气质量标准》（GB 3095—2012），自 2016 年 1 月 1 日起在全国实施。标准中把环境空气质量功能区分为两类：一类区为自然保护区、风景名胜区和其他需要特殊保护的地区，二类区为居住区、商业交通居民混合区、文化区、工业区和农村地区。

一类区适用一级浓度极限值，二类区适用二级浓度极限值。一、二类环境空气功能区质量要求见表 2.3 和表 2.4。

表 2.3 环境空气污染物基本项目浓度限值

序号	污染物项目	平均时间	浓度限值		单位
			一级	二级	
1	二氧化硫（SO_2）	年平均	20	60	$\mu g/m^3$
		24 小时平均	50	150	
		1 小时平均	150	500	
2	二氧化氮（NO_2）	年平均	40	40	
		24 小时平均	80	80	
		1 小时平均	200	200	
3	一氧化碳（CO）	24 小时平均	4	4	mg/m^3
		1 小时平均	10	10	
4	臭氧（O_3）	日最大 8 小时平均	100	160	
		1 小时平均	160	200	
5	颗粒物（粒径≤10 μm）	年平均	40	70	$\mu g/m^3$
		24 小时平均	50	150	
6	颗粒物（粒径≤2.5 μm）	年平均	15	35	
		24 小时平均	35	75	

表 2.4 环境空气污染物其他项目浓度限值

序号	污染物项目	平均时间	浓度限值		单位
			一级	二级	
1	总悬浮颗粒物（TSP）	年平均	80	200	
		24 小时平均	120	300	
2	氮氧化物（NO_x）	年平均	50	50	
		24 小时平均	100	100	
		1 小时平均	250	250	$\mu g/m^3$
3	铅（Pb）	年平均	0.5	0.5	
		季平均	1	1	
4	苯并[a]芘（BaP）	年平均	0.001	0.001	
		24 小时平均	0.0025	0.0025	

各级人民政府制定地方环境空气质量标准时参考 GB 3095—2012 附录 A，见表 2.5。

表 2.5　环境空气中镉、汞、砷、六价铬和氟化物参考浓度限值

序号	污染物项目	平均时间	浓度限值		单位
			一级	二级	
1	镉（Cd）	年平均	0.005	0.005	μg/m³
2	汞（Hg）	年平均	0.5	0.5	
3	砷（As）	年平均	0.006	0.006	
4	六价铬[Cr（Ⅵ）]	年平均	0.000025	0.000025	
5	氟化物（F）	1 小时平均	20[a]	20[a]	
		24 小时平均	7[a]	7[a]	
		月平均	1.8[b]	3.0[c]	μg/(dm²·d)
		植物生长季平均	1.2[b]	2.0[c]	

a. 适用于城市地区；b. 适用于牧业区和以牧业为主的半农半牧区、蚕桑区；c. 适用于农业和林业区。

2. 大气污染物排放标准

大气污染物排放标准是以大气环境质量标准为目标，对从污染源排入大气的污染物容许含量所做的限制规定。它是控制大气污染物的排放量，实行净化装置设计的依据，同时也是环境管理部门的执法依据。

要控制大气污染，必须制定污染气体的排放标准及其相应的法规和监测手段。但是对污染气体排放标准的制定是一个复杂的过程，它涉及各国的环境政策及经济、技术发展水平。目前在排放标准的制定上有两种不同的原则。一种原则是制定一个减少污染气体总排放量的总目标，以此为基准制定排放标准，在技术上则必须去寻找、采用和发展符合排放标准的方法，这是技术强制法，是高标准的，德国、奥地利和瑞典采用这个原则；另一种原则是选择现有的、合适的降低污染气体的技术，根据现有技术能达到的水平来制定排放标准，英国采取这个原则。介于这两者之间的方案是，根据排放后的情况，制定污染气体排放减少量的总目标，允许选择实际上达到目标的技术措施，这个方案为丹麦等国所采用。

排放标准的制定方法大体上有两种，即按最佳适用技术确定的方法和按污染物在大气中扩散规律推算的方法。最佳适用技术是指在现阶段效果最好且经济合理的实际应用的污染物控制技术。按最佳适用技术确定污染物排放标准的方法就是根据污染现状、最佳控制技术的效果，对控制得好的污染源进行损益分析来确定的标准。这类排放标准的形式，可以是浓度标准、林格曼黑度标准和单位产品容许排放量标准等。按污染物在大气中扩散规律推算排放标准的方法是以大气环境质量为依据，应用污染物在大气中的扩散规律模式推算出烟囱高度不同时的污染物容许排放量或排放浓度，或者以污染物排放量反推烟囱高度。为了适应环境保护工作的实际需要，我国于 1983 年颁布了《制定地方大气污染物排放标准的技术原则和方法》（GB 3840—1983），它是在总结国内外经验的基础上，考虑到我国经济和技术的可能性等制定出来的。该标准包括总则、制定二氧化硫排放标准的技术原则和方法、制定其他有害气体排放标准的技术原则和方法、无组织排放与防护距离标准的制定原则和方法等。方法中还规定了允许的排放量，规定了 SO_2、颗粒状物质及其他有害气体的排放量计算方法。

从我国的大气污染源排放标准体系看，可以将大气污染物的排放标准分为国家标准和地方标准。

1）国家排放标准

为了保护大气环境，我国陆续制定（修订）了不少有关大气污染控制的排放标准，主要有以下几种：《大气污染物综合排放标准》（GB 16297—1996）、《锅炉大气污染物排放标准》（GB 13271—2014）、《工业炉窑大气污染物排放标准》（GB 9078—1996）、《恶臭污染物排放标准》（GB 14554—1993）、《轻型汽车污染物排放标准》（GB 14761—1993）。另外，还有一些其他方面的污染物排放标准，具体可参考有关环保法规。

2）地方排放标准

不同地区在地理位置、气象条件及功能等方面有其不同的特点，为适应地区特点而制定了地方污染物排放标准，如北京市废气排放标准，上海市工业废气排放试行标准，辽宁省、四川省、重庆市及广东省茂名市等也都制定了各地区的地方排放标准。

随着人们对污染气体危害的认识逐步加深，全球气候变化及臭氧层破坏问题日益引起各国政府的关注，控制污染气体排放的各种技术逐渐推出，工业发达国家正在分阶段地制定越来越严格的污染气体排放标准，促使工业部门去开发、寻找并采用新技术，以适应新的更严格的污染物排放标准，从而有力地推动了技术的进步，使能源消耗与原材料消耗进一步降低。因此在环保与发展的问题上，不应简单地认为环保标准的严格会影响工业企业的发展，而应看到严格的环保标准是推动企业技术进步和经济结构调整的重要动力。对于发展中国家，环保标准制定的同时也要切实考虑国民经济发展水平和技术水平等方面的问题。

根据我国《大气污染防治法》（2015 年）和《环境空气质量标准》（GB 3095—2012）的规定，从我国的经济、技术条件出发，制定了若干重要的大气污染物排放标准。

（1）《大气污染物综合排放标准》（GB 16297—1996）。

该项标准从 1997 年 1 月 1 日起实施，规定了 33 种大气污染物的排放限值，设置了三项指标体系：通过排气筒排放的废气，规定了最高允许排放浓度；通过排气筒排放的废气，除规定了排气筒高度外，还规定了最高允许排放速率；任何一个排气筒必须同时遵守上述两项指标，超过其中任何一项均为超标排放。

以无组织方式排放的废气，规定了其排放的监控点及相应的监控浓度限值；对排放速率标准进行了分级，将现有污染源分为一、二、三级，新污染源分为一、二级，按污染源所在的环境空气质量功能区分类别，执行相应级别的排放速率标准，即位于一类区的污染源执行一级标准，位于二类区的污染源执行二级标准，位于三类区的污染源执行三级标准。该标准对现有污染源与新污染源产生的大气污染物中的二氧化硫、氮氧化合物和颗粒物给出了排放限值。

（2）火电厂大气污染物排放标准（GB 13223—2011）（2012 年 1 月 1 日实施）。

为贯彻《中华人民共和国环境保护法》和《中华人民共和国大气污染防治法》等法律法规，保护环境，改善环境质量，防止火电厂大气污染物排放造成污染，促进火力发电行业的技术进步和可持续发展，制定本标准。本标准适用于现有火电厂的大气污染物排放管理以及火电厂建设项目的环境影响评价、环境保护工程设计、竣工环境保护验收及其投产后的大气污染物排放管理。本标准不适用于各种容量的以生活垃圾和危险废物为燃料的火电厂。

（3）锅炉大气污染物排放标准（GB 13271—2014）（2014 年 7 月 1 日实施）。

为贯彻《中华人民共和国环境保护法》《中华人民共和国大气污染防治法》《国务院关于加强环境保护重点工作的意见》等法律法规，保护环境，防治污染，促进锅炉生产、运行和污染治理技术的进步，制定本标准。本标准规定了锅炉大气污染物浓度排放限值、监测和监控要求。锅炉排放的水污染物、环境噪声适用相应的国家污染物排放标准，产生固体废物的鉴别、处理和处置适用国家固体废物污染控制标准。本标准 1983 年首次发布，1991 年第一次修订，1999 年和 2001 年第二次修订，2014 年为第三次修订。本标准将根据国家社会经济发展状况和环境保护要求适时修订。

2.2.4　大气污染的危害

1. 大气污染对人体的危害

大气污染物侵入人体的途径有呼吸道吸入、随食物和饮用水摄入、与体表接触侵入等，如图 2.3 所示。

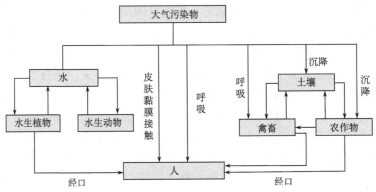

图 2.3　大气污染物侵入人体的途径

大气污染物对人体的影响分为急性和慢性两方面。

1）急性影响（acute effects）

通常以急性中毒的形式表现出来，使患有呼吸系统疾病和心脏病的患者病情恶化，进而加速这些患者的死亡。大气污染事故的主要特征可以归纳如下。

（1）气象条件为逆温层和低风速，空气处于停滞状态。

（2）烟、二氧化硫及其他污染物含量增大引起咳嗽、眼疼及其他疾病。污染水平达高峰时死亡率增大。

（3）各种年龄的死亡人数均增加，通常年龄越大，死亡越多，且死亡主要是由于呼吸系统和心脏疾病引起。

（4）多种污染物的结合，使各种疾病增加。

（5）事故持续 5～7 d。

2）慢性影响（chronic effects）

大气污染对人体的慢性影响主要指以二氧化硫和飘尘为主的大气污染，与慢性呼吸道疾病密切相关，患病率随大气污染程度增加而增加。空气污染引起急性死亡显而易见，但低水平污染对健康的持续慢性影响则很难得到精确的结论。对于这种情况，一般采用流行病学和毒理学的方法进行分析研究。

流行病学（epidemiology）是研究疾病分布规律及影响因素，借以探讨病因，阐明流行规律，制订预防、控制和消灭疾病的对策和措施的科学。它是预防医学的一个重要学科。但此法因素复杂，不能证明直接的因果关系，死亡率的增加可能是由于每一个单独因素分别在起作用，也可能是由于二者相结合而产生的影响。

毒理学（toxicology）是一门研究外源因素（化学、物理、生物因素）对生物系统的有害作用的应用学科，是一门研究化学物质对生物体的毒性反应、严重程度、发生频率和毒性作用机制的学科，也是对毒性作用进行定性和定量评价的学科。毒理学预测化学物质对人体和生态环境的危害，为确定安全限值和采取防治措施提供科学依据。此法能取得结论性的因果关系，但与实际情况可能有出入，使结论不能完全适用。

2. 大气污染物对植物的危害

植物容易受大气污染的危害。首先，因为它们有庞大的叶面积同空气接触并进行活跃的气体交换。其次，植物不像高等动物那样具有循环系统，可以缓冲外界的影响，为细胞提供比较稳定的内环境。最后，植物一般是固定不变的，不像动物可以避开污染。

大气污染对植物的危害可以分为急性危害、慢性危害和不可见危害三种情况。急性危害是指在高浓度污染物影响下短时间内产生的危害，使植物叶子表面产生伤斑，或者直接使叶片枯萎脱落；慢性危害是指在低浓度污染物长期影响下产生的危害，使植物叶片褪绿，影响植物生长发育，有时还会出现与急性危害类似的症状；不可见危害是指在低浓度污染物影响下，植物外表不出现受害症状，但植物生理已受影响，使植物品质变坏，产量下降。大气污染除对植物的外观和生长发育产生上述直接影响外，还产生间接影响，主要表现为由于植物生长发育减弱，降低了对病虫害的抵抗能力。表 2.6 列出了不同植物对 SO_2 和氟化物的最高允许浓度。

表 2.6　保护农作物的大气污染物最高允许浓度

污染物	敏感程度	单位	季平均浓度	日平均浓度	任何一次浓度	农作物种类
SO_2	敏感作物	mg/m^3	0.05	0.15	0.5	冬小麦、春小麦、大麦、荞麦、大豆、甜菜、芝麻、菠菜、青菜、白菜、莴苣、黄瓜、南瓜、西葫芦、马铃薯、苹果、梨、葡萄、苜蓿、三叶草、鸭茅、黑麦草
	中等敏感作物	mg/m^3	0.08	0.25	0.7	水稻、玉米、燕麦、高粱、棉花、烟草、番茄、茄子、胡萝卜、桃、杏、李子、柑橘、樱桃
	抗性作物	mg/m^3	0.12	0.3	0.8	蚕豆、油菜、向日葵、甘蓝、芋头、草莓
氟化物	敏感作物	$\mu g/(dm^2 \cdot d)$	1	5		冬小麦、花生、甘蓝、菜豆、苹果、梨、桃、杏、李子、葡萄、草莓、樱桃、桑葚、紫花苜蓿、黑麦草、鸭茅
	中等敏感作物	$\mu g/(dm^2 \cdot d)$	2	10		大麦、水稻、玉米、高粱、大豆、白菜、芥菜、花椰菜、柑橘、三叶草
	抗性作物	$\mu g/(dm^2 \cdot d)$	4.5	15		向日葵、棉花、茶、茴香、番茄、茄子、辣椒、马铃薯

3. 大气污染物对器物的危害

大气污染对金属制品、油漆涂料、皮革制品、纸制品、纺织品、橡胶制品和建筑物等的损害也是严重的。这种损害包括玷污性损害和化学性损害两个方面。玷污性损害主要是粉尘、烟等颗粒物落在器物表面或材料中造成的，有的可以通过清扫冲洗除去，有的很难除去，如煤油中的焦油等。化学性损害是指由于污染物的化学作用，使器物和材料腐蚀或损坏。

大气中的 SO_2、NO_x 及其生成的酸雾、酸滴等，能使金属表面产生严重的腐蚀，使纺织品、纸制品、皮革制品等腐蚀破损，使金属涂料变质，降低其保护效果。造成金属腐蚀最为有害的污染物一般是 SO_2，已观察到城市大气中金属的腐蚀率约是农村环境中腐蚀率的 1.5～5 倍。含硫物质或硫酸会侵蚀多种建筑材料，如石灰石、大理石、花岗岩、水泥砂浆等，这些建筑材料先形成较易溶解的硫酸盐，然后被雨水冲刷掉。尼龙织物，尤其是尼龙管道等，对大气污染物也很敏感，其老化显然是由 SO_2 或硫酸气溶胶造成的。光化学氧化剂中的臭氧，会使橡胶绝缘性能的寿命缩短，使橡胶制品迅速老化脆裂。臭氧还侵蚀纺织品的纤维素，使其强度减弱。所有氧化剂都能使纺织品发生不同程度的褪色。

2.3　大气污染物的扩散和转化

2.3.1　大气污染物的扩散

大气扩散（atmospheric diffusion）是指气体在空中借助大气湍流和分子运动，在大气中进行区域迁移的过程。在这一过程中可能会把有害物质稀释到允许浓度以下。大气扩散是污染物产生到发生环境效应之间的必经环节，它有利于减轻局部地区的大气污染状况。但是，大气扩散会导致污染的影响范围扩大。一个地区的大气污染程度，不仅取决于污染物的排放量、物理化学性质、与污染源距离远近和污染途径等，还取决于污染物所在的大气状态，包括温度、风级、气压和湍流程度等。大气性质的不同会对污染物形成不同程度的混合稀释作用，从而影响污染物浓度在时空分布上的变化。而大气性质的不同主要取决于气象条件的不同。大量研究表明，气象条件是决定大气污染物浓度水平、化学组成和污染特征的基本因素。在排放源一定的条件下，大气污染的状况主要由气象条件决定。气象条件的基本要素一般包括温度、降水量和有效湿度、风向和风速、气压等。

1. 风和大气湍流对污染物扩散的影响

空气的水平运动称为风，包括风向和风速两个要素。风向影响着污染物的扩散方向，决定污染物排放以后所遵循的路径。风速常用风压表示，在气象学中，常用风力等级（分为13级）表示风速的大小。风速大小不仅决定着污染物的扩散和稀释的速度，还影响着污染物输送距离。通常风速越大越有利于空气中污染物质的稀释扩散，风速越小，水平输送能力越差，扩散能力也越差，长时间的微风或静风则会抑制污染物的扩散，易造成污染物的局部堆积，从而加重污染。在一定的风速范围内，污染源确定的情况下，大气污染物浓度与风速呈负相关关系。污染物进入大气以后，在风的作用下沿着下风向被输送到其他地区。风速越大，单位时间内污染物被水平输送的距离越远，污染物和空气的混合可能性就越大。在其他条件不变的前提下，污染物浓度与风速成反比。因此，在污染源的下风向污染总是比上风向严重。基于此，城市规划布局要把污染源布设在城市的下风方向，以减轻污染。

一般情况下，采用风向频率和污染系数来表示风向与风速对空气污染物扩散的影响。风向频率就是某方向的风占全年各风向总和的百分率。污染系数表示风向、风速联合作用对空气污染物的扩散影响。其值可由下式计算：

$$F_i = \frac{f_i}{u_i} \tag{2-4}$$

式中，F_i——污染系数，表示来自 i 方向的污染程度；

f_i——i 方向的风向频率；

u_i——i 方向的平均风速。

由上式可知，风向频率越低、平均风速越大，污染系数越小，意味着污染物对大气造成的污染程度越轻；相反，则越重。但因为上式 f_i 是无因次量，而分母 u_i 是有因次量，两者不方便比较，故提出各方向的污染风频 R_i，定义某方向的污染风频为该方向的污染系数与该地平均风速的乘积，公式如下：

$$R_i = f_i \frac{\bar{u}}{u_i} = F_i \bar{u} \tag{2-5}$$

式中，$\bar{u}$——该地的平均风速。

由上式可知，R_i 的数值在 $0 \sim 1$ 之间。污染风频越大，其下风向受污染越严重。通过各风向的污染风频，绘制出污染风频玫瑰图，据此可直观判断出污染严重的方位。因次，作为污染源的工厂应布设在污染风频最低的方位。

低层大气平均风速一般随高度的增加而增大，风速随高度的变化可以用下式表示：

$$u = u_1 \frac{\ln Z - \ln Z_0}{\ln Z_1 - \ln Z_0} \tag{2-6}$$

式中，u——所求高度 Z 处的风速，m/s；

u_1——参考高度 Z_1 处的风速，m/s；

Z_1——已知高度，m；

Z——所求高度，cm；

Z_0——下垫面的粗糙度，cm。

表 2.7 给出了一些典型条件下的有代表性的 Z_0 的值。

表 2.7 各种典型条件下垫面粗糙度 Z_0 值

下垫面类型	Z_0/cm	下垫面类型	Z_0/cm
平坦地面	0.001	耕地（高 4～5 m）	2.0
雪面	0.05	短草地	3.0
短草积雪面（积雪高度 10 cm）	0.1	长草地（高 11～20 m）	4.0
半沙漠	0.3	市镇	100
裸露土地	1.0	城市	200

大气湍流（atmospheric turbulence）是大气中一种无规则、杂乱无章的运动，表现为气流的速度和方向随着时间和空间位置的不同呈现随机变化，由此引起压强、速度、温度等物理特性等随机涨落。大气湍流最常发生的三个区域是大气底层的边界层内，对流云的云体内部，大气对流层上部的西风急流区内。大气湍流的发生需具备一定的动力学和热力学条件：其动力学条件是空气层中具有明显的风速切变；热力学条件是空气层必须具有一定的不稳定性，其中最有利的条件是上层空气温度低于下层的对流条件。

大气湍流有极强的扩散作用，当污染物进入大气中后，高浓度的污染物由于湍流不断与周围空气混合，同时又无规则地分散到其他地方，使污染物不断地被稀释和冲淡。

总之，风和湍流是决定污染物在大气中扩散状况的最直接和最本质的因子，一切气象因素都是通过风和湍流的作用来影响扩散和稀释的。风速越大，湍流越强，污染物的扩散速度就越快，污染物的浓度就越低。一般来说，在主风向上，平均风速比脉动风速大得多，所以在主导风向上污染物以平流输送为主，这导致污染源的下风向污染物的浓度远远高于上风向的浓度。

2. 温度层结对污染物扩散的影响

温度层结（temperature stratification）是指大气温度随高度的变化情况，即大气温度的垂直分布。大气的温度层结影响着大气的稳定程度，进一步决定湍流的强弱，因此影响着大气中污染物的迁移和扩散。一般情况下，气温是随着高度的增加而降低，导致低层大气向上运动，使低层特别是近地面层空气中的污染物向高空移动扩散，从而减轻低层大气的污染程度。相反，当出现逆温时，不利于大气污染物的扩散，污染物的浓度增加，从而加重大气污染。

1）气温垂直递减率

大气中的某些组分如臭氧、氧、二氧化碳、水、微尘等可以吸收太阳辐射，使大气增温。地表也能吸收太阳的辐射能，使地表增温，增温后又会向近地层大气释放出辐射能。由于近地层大气吸收地表辐射的能力比直接吸收太阳辐射的能力强。因此，地面成了近地层大气的主要热源。这样，在正常的气象条件（标准大气状态）下，近地层的气体温度总要比其上层气体温度高。因此，对流层内气温垂直变化的总趋势是随高度的增加而逐渐降低，这个规律用气温的垂直递减率 γ 来表示。γ 通常是分层分布的，在不同的高度范围 γ 有不同的数值。对于标准大气，在对流层下层 γ 值在 0.3~0.4℃/100 m 之间，在对流层中层 γ 值在 0.5~0.6℃/100 m 之间，在对流层上层 γ 值在 0.65~0.75℃/100 m 之间，整个对流层 γ 值平均为 0.65℃/100 m。

由于近地层实际大气的情况非常复杂，各种气象条件都可能影响到气温的垂直递减率，因此大气的垂直分布因时因地而异。归纳起来有以下几种情况。

（1）气温随高度的增加而降低，其温度垂直分布与标准大气相同，此时 $\gamma > 0$。这种现象一般发生在晴朗白天、风速不大时。地面由于受太阳辐射，贴近地面的空气增温较快，热量不断由低层向高层传递但速度有限，形成了气温下高上低的状况。

（2）随着高度增加气温保持不变，符合这样特点的大气层为等温层，此时 $\gamma = 0$。这种现象一般出现在多云或阴天、风速比较大的情况，白天太阳辐射较小，地面增温较慢，夜间由于云的存在，地面有效辐射受到抑制，地面降温慢，加上风速大，湍流强，大气的混合较好，遂形成气温随高度变化不明显的状况。

（3）气温随高度的增加而上升，其温度垂直分布与标准大气相反，简称逆温，出现逆温的气层称为逆温层，此时 $\gamma<0$。这种现象一般出现在少云无风的夜晚，夜间太阳辐射等于零，地面无热量收入但地面辐射仍然存在，而少云天气的地面有效辐射不受影响，地面大量辐射失去热量而不断降温，近地面空气温度也随之降低，热量又不断地由上到下传递，由下到上不断冷却，从而形成温度下低上高的现象。如图 2.4 所示。

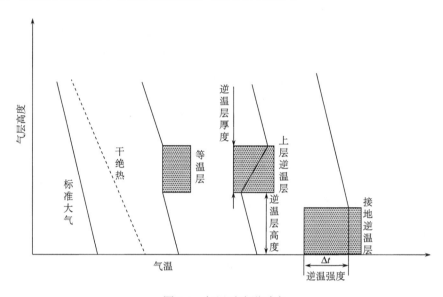

图 2.4　气温垂直递减率

2）逆温的影响

由气温垂直递减率的定义可知，其值小于零时，说明气温随高度的增加而增加，出现了逆温现象，出现逆温的大气层称为逆温层，也称为阻挡层。逆温层的出现将阻止气团的上升运动，使逆温层以下的污染物难以穿透逆温层而向高空扩散，只能在近地面扩散，容易造成低层大气能见度变差、污染物累积、空气质量下降。在城市和工业区的上空，逆温层的形成可以加剧大气污染，使有毒物质不易扩散，造成很大的危害。逆温强度越大，厚度越厚，维持时间越长，污染物越不易扩散和稀释，造成的危害也越大。大多数的空气污染事件都是发生在有逆温的静风条件下。如美国洛杉矶的光化学烟雾的发生除了它的盆地地形以外，还与它的特定地理位置经常有强的逆温有关。洛杉矶处于副热带纬度的美国西海岸，位于北太平洋副热带高压东侧，因大气强烈的下沉作用，一年约有 300 天左右会出现下沉逆温，加上海岸又有冷洋流经过，流经其上的空气受冷洋流的影响，低层接触冷却，所以气层特别稳定，这就是洛杉矶多严重烟雾的一个很重要的气象原因。

逆温层的上下高度差称为逆温强度。根据逆温层出现的高度不同，可将逆温层分为接地逆温层和上层逆温层（图 2.4）。接地逆温指从地面开始就出现逆温，这时把从地面到某一高度的气层称为接地逆温层。根据逆温发生原因的不同，可以将逆温分为辐射逆温、下沉逆温、平流逆温、地形逆温、锋面逆温、湍流逆温和海岸逆温等。

（1）辐射逆温（radiation inversion）。经常发生在晴朗无云的夜空，由于地面有效辐射很强，近地面层气温迅速下降，而高处大气层降温较少，从而出现上暖下冷的逆温现象。这种逆温现象黎明前最严重，日出后自上而下消失。

（2）下沉逆温（subsidence inversion）。在高压控制区，高空存在着大规模的下沉气流，气流下沉的绝热增温作用，致使下沉运动的终止高度出现逆温。这种逆温多见于副热带反气旋区。它的特点是范围大，不接地而出现在某一高度上。这种逆温有时像盖子一样阻止了向上的湍流扩散，如果延续时间较长，对污染物的扩散很不利。

（3）平流逆温（advection inversion）。暖空气水平移动到冷的地面或气层上，暖空气的下层受到冷地面或气层的影响而迅速降温，上层受其影响较小，降温较慢，下层受其影响较大，降温较快，从而形成逆温。主要出现在中纬度沿海地区。

（4）地形逆温（topography inversion）。主要由地形造成，在盆地和谷地中，由于山坡散热快，冷空气循山坡下沉到谷底，谷底原来的较暖空气被冷空气抬挤上升，从而出现气温的倒置现象。

（5）锋面逆温（frontal inversion）。对流层的冷暖空气团相遇时，暖空气团因密度较小会抬升到密度较大的冷空气团上方，形成一个倾斜的过渡区，称为锋面。在锋面上，如果冷空气与暖空气的温度差较大，也会出现自下而上的温度升高现象，这种逆温称为锋面逆温。

3）干绝热递减率

在物理上，一系统在与周围物体没有热量交换而进行状态变化时，称为绝热变化，状态变化所经历的过程称为绝热过程。在大气中，做垂直运动的气团状态变化接近于绝热变化。一个干燥的气团（或未饱和的湿空气团）在大气中绝热垂直上升（或下降）100 m 时，其温度降低（或升高）的数值就称为气温干绝热垂直递减率（temperature dry adiabatic gradient），以 γ_d 表示，通常 $\gamma_d=1℃/100\ m$，如图 2.5 中虚线所示。这就是说，在干绝热过程中，气团每上升 100 m，温度约降低 1℃。

注意，γ（气温递减率）与 γ_d 的含义是完全不同的，γ_d 是干空气团在绝热上升过程中气团本身的递减率，它近似为常数；而 γ 表示环境大气的温度随高度的分布情况，在大气系统中随地-气系统之间热量交换的变化，γ 可以有不同的数值，即可以大于、小于或等于 γ_d。因此，比较 γ_d 和 γ 的大小，就可以判断大气层结的性质。

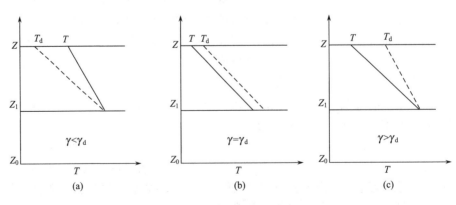

图 2.5　气温垂直递减率

4) 大气稳定度的影响

大气稳定度是指垂直方向上大气的稳定程度。气层中的气团受到某种外力的作用后，会产生向上或向下的运动。但当外力消失时，气团的运动趋势会出现三种情况：第一种情况是气团的运动速度减慢，有返回原来高度的趋势，此时的气层对该气团是稳定的；第二种是气团加速上升或下降，表明此时的气层是不稳定的；第三种是气团被推到某一高度就停留在那里保持不动，表明此气层是中性的。

大气的稳定度与气温的垂直递减率和干绝热递减率有密切关系，可以通过对气温垂直递减率和干绝热递减率的计算来判断空气团是加速、减速或是等速，即判断大气是否处于稳定状态（图 2.5）。

现以大气中的某一空气块为例，介绍判断大气是否稳定的方法。假设空气块的状态参数为 T_i、P_i 和 ρ，周围大气状态参数为 T、P 和 ρ，则单位体积空气块所受周围大气的浮力为 ρg，本身所受的重力为 $-\rho_i g$，在二力的共同作用下产生的向上的加速度为

$$a = \frac{g(\rho - \rho_i)}{\rho_i} \qquad (2\text{-}7)$$

利用准静力条件下 $P_i = P$ 和理想气体状态方程，可将上式变换为

$$a = \frac{g(T_i - T)}{\rho_i} \qquad (2\text{-}8)$$

假设气块在运动过程中满足绝热条件，则气块移动 ΔZ 高度时，其温度 $T_i = T_{i0} - \gamma_d \cdot \Delta Z$，而同样高度的周围空气的温度 $T = T_0 - \gamma \cdot \Delta Z$。再假设起始温度相同，即 $T_i = T_{i0}$，则有

$$a = g\frac{\gamma - \gamma_d}{T}\Delta Z \qquad (2\text{-}9)$$

从上式能清楚地判断大气的稳定状况，现从三方面加以分析。若 $\gamma > \gamma_d$，则 $a > 0$，说明空气块在做加速运动，大气不稳定；若 $\gamma < \gamma_d$，则 $a < 0$，说明空气块做减速运动，大气稳定；若 $\gamma = \gamma_d$，则 $a = 0$，说明空气块保持原有状态不变，断定大气是中性的。所以，大气稳定度的判断可以通过气温垂直递减率和干绝热递减率的差值来实现。

而且，γ 越大，大气越不稳定；γ 越小，大气越稳定。如果 γ 很小，甚至等于零（等温）或小于零（逆温），那将是对流发展的障碍。所以大气污染中，常将逆温、等温和 γ 很小的气层称为阻挡层。大气稳定度和一个地方的大气污染状况有着密切的关系。大气不稳定，湍流和对流充分发展，扩散稀释能力强，在同样的排放条件下，一般不会形成大气污染；大气稳定，对流和湍流不容易发展，污染物不容易扩散开，容易形成大气污染。另外，因大气稳定度有明显的日变化规律，所以导致污染物含量也有相应的日变化。

大气稳定度与大气污染物扩散的关系非常密切。现以大气稳定度对一个高架源连续排放的烟云形状的影响为例来说明二者之间的关系，如图 2.6 所示。

第一种类型是波浪型（翻卷型），烟流呈波浪状，排放轨迹是弯弯曲曲的，并在上下左右各个方向波动翻滚，污染物扩散性良好，烟流的到达范围很广，在距离污染源不远处烟流即可到达地面，在下风向较远处污染物浓度较低甚至没有。此时大气状况 $\gamma > \gamma_d$，大气处于不稳定状态。这种状态一般处于晴朗白天的中午前后，温度层结处于强烈递减，温度随高度

的增加而减小，气流上下混合剧烈。

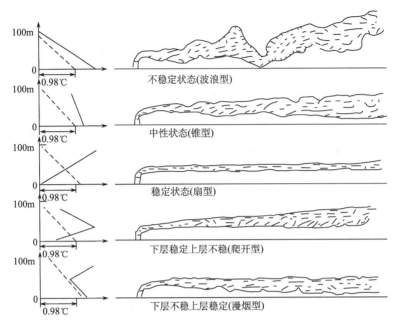

图 2.6　大气稳定度与大气污染物扩散的关系

第二种类型是锥型，烟气沿主导风向呈锥形流动，横向和竖向的扩散速度差不多，因此烟型越扩大越形成锥形。烟气的扩散速度比波浪型扩散速度低。此时大气状况 $\gamma = \gamma_d$，温度层结接近中性，污染物落地的浓度低于波浪型，但污染距离长。这种状况多发生在多云的白天和冬季的夜晚。

第三种类型是扇型（平展型），这种烟型在垂直方向扩散很小，只是沿水平方向缓慢扩散，像一条带子飘向远方，从上方或者下方看宛如扇子般的形状。此时大气状况 $\gamma < \gamma_d$，大气处于逆温控制，湍流受到抑制，特别是在垂直方向上的扩散受到严重影响。烟型一般出现在日落前后，持续时间较短。污染状况因污染源的有效源高不同而不同。当污染源较低时会对近处地面造成严重污染，当污染源很高时在近处地面不会造成污染，但远处地面会造成严重污染。

第四种类型是爬升型（屋脊型），排出的烟流呈屋脊型扩散。在烟气排放口上方 $\gamma > \gamma_d$，大气处于不稳定状态；在烟气排放口下方 $\gamma < \gamma_d$，大气处于稳定状态，气温为逆温层。因此，排出的烟流只能向上扩散，而不能向下扩散。这种烟型对地面通常不会造成很大的污染。一般出现在日落前后，持续时间较短。此时地面由于有效辐射放热较快，温度下降也快，在低层形成逆温，导致烟气不能抬升。而高空仍然保持递减的温度层结，烟气能向上抬升扩散。

第五种类型是漫烟型（熏蒸型）。在存在辐射逆温的条件下，日出后由于地面增温，低层空气被加热，使逆温从地面上逐渐消失，此时排放口上方仍然存在逆温，$\gamma < \gamma_d$，大气处于稳定状态，犹如上方盖上了一层顶盖，阻止了烟气的向上扩散。而排放口下方，逆温已消失，大气不稳定，$\gamma > \gamma_d$，造成烟气下沉，发生熏烟现象，对排烟口下风向附件地面会造成强烈的污染危害，很多污染事件就是在这种情况下发生的。这种烟流多发生在上午 8：00～

10：00，持续时间较短。

以上对各种烟型产生的原因，从温度层结和大气稳定度方面做了粗略分析，模型非常理想化，实际的烟流形状和变化要复杂得多，影响因素也更为复杂。一般是一种因素主导，多种因素共同作用，或者是其他因素的作用等。但是，这五种类型的烟流可以作为判定大气稳定的基本依据。

3. 其他气象因素对污染物扩散的影响

1）降水对大气污染物扩散的影响

各种形式的降水，如雨、雪等，通常使大气中的污染物得到清除而返回到地面上来，这个过程称为降水的洗脱过程。洗脱的效率与降水方式、降水速率等因素有关。降雨及有效湿度是影响大气中污染物浓度的重要因素。一般干燥的空气条件比较有利于污染物的输送扩散，而高湿的空气比较有利于污染物凝聚沉降，降水对悬浮于空气中的颗粒物具有明显的"冲刷"作用，可以自然净化大气。降水时段越长，颗粒物浓度降低幅度越大。但降水与有效湿度相比，存在不连续性特征，在进行相关性分析时会出现很高的同分率，从而对检验结果产生不利影响，所以在研究气象条件对大气环境的长期连续影响时，一般不考虑降水因素，仅以相对湿度代替。

2）雾对大气污染物扩散的影响

雾的存在往往会加重大气污染，因为有雾存在的天气，多数是高湿无风或微风天气，不利于污染物的扩散，而空气中的污染物（如粉尘）往往为雾的形成提供充分的条件，反过来又加重了污染。城市车辆的增多、城市建设的加快，以及不合理清扫都会引起城市粉尘增多，粉尘悬浮在空中落不下来，形成了悬浮物，为雾的形成提供充分的条件。而光化学烟雾就是雾的一种。在重污染的城市中，晴朗的夏季，在强日光、低风速和高湿度都具备的条件下，就极易形成光化学烟雾。

3）气压对大气污染物扩散的影响

气压与大气污染物浓度存在显著的相关性。气压的高低与大气环流形势密切相关。当地面受低压控制时，四周高压气团流向中心，使中心形成上升气流，形成加大风力，利于污染物向上疏散，使颗粒物浓度较低。相反，若地面受高压控制，中心部位出现下沉气流，抑制污染物向上扩散，在稳定高压的控制下，污染物积累，颗粒物浓度加剧。研究证明，颗粒物质量浓度和气压呈显著负相关。

4）混合层高度对大气污染物扩散的影响

混合层高度实质上是表征污染物在垂直方向被热力湍流稀释的范围，即低层空气热力对流与湍流所能达到的高度。混合层高度随时随地变化，污染物稀释的速度也在随时随地变化。在一天中，早晨的混合层高度一般较低，表明早晨铅直稀释能力较弱；下午的混合层高度达最高值，意味着午后铅直稀释能力最强。这是因为日出以后，地面受热后对流发展，垂直混合的高度升高，地面排放的污染物可以在较大的空间范围内扩散，对降低地面污染浓度十分有利。

但是，各气象要素对大气污染物质量浓度的影响并不是彼此孤立，而是相互影响的，在一定条件下往往是其中的一个因子起主导作用，其他因子起协调作用。

4. 局部环流对污染物扩散的影响

1）山谷风

山谷风发生于山区，是以 24h 为周期的局地环流。白天，山坡接受太阳光热较多，成为一只小小的"加热炉"，空气增温较多。与山顶相同高度的山谷上空，因离地较远，空气增温较少。于是山坡上的暖空气不断膨胀上升，在山顶近地面形成低压，并在上空从山坡流向谷地上空，谷地上空空气收缩下沉，在谷底近地面形成高压，谷底的空气则沿山坡向山顶补充，这样便在山坡与山谷之间形成一个热力环流。下层风由谷底吹向山坡，称为谷风[图 2.7（a）]。到了夜间，山坡上的空气受山坡辐射冷却影响，"加热炉"变成了"冷却器"，空气降温较多；而同高度的谷地上空，空气因离地面较远，降温较少。于是山顶空气收缩下沉，在近地面形成高压，冷空气下沉使空气密度加大，顺山坡流入谷地，谷底的空气被迫抬升，并从下面向山顶上空流去，形成与白天相反的热力环流。下层风由山坡吹向谷地，称为山风[图 2.7（b）]。

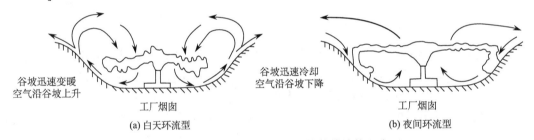

谷坡迅速变暖　　　　　　　　　　　　　　谷坡迅速冷却
空气沿谷坡上升　　　　　　　　　　　　　空气沿谷坡下降

工厂烟囱　　　　　　　　　　　　　　　　工厂烟囱

(a) 白天环流型　　　　　　　　　　　　　(b) 夜间环流型

图 2.7　谷地昼夜空气环流对污染物排放的影响

谷风的平均速度为 2～4m/s，有时可达 7～10m/s。谷风通过山隘的时候，风速加大。山风比谷风风速小一些，但在峡谷中，风力加强，有时会吹损谷地中的农作物。谷风所达厚度一般为谷底以上 500～1000m，这一厚度还随气层不稳定程度的增加而增大，因此，一天之中，以午后的伸展厚度为最大。山风厚度比较薄，通常只及 300m 左右。若有大量的污染物排入山谷中，由于风向的摆动，污染物不易扩散，在山谷中停留时间很长，很可能造成严重的大气污染。

2）海陆风

海陆风的水平范围可达几十公里，垂直高度达 1～2 km，周期为一昼夜。白天，地表受太阳辐射而增温，由于陆地土壤热容量比海水热容量小得多，陆地升温比海洋快得多，因此陆地上的气温显著比附近海洋上的气温高。陆地上空气柱因受热膨胀，地面风从水面吹向陆地，形成海风。海风从每天上午开始直到傍晚，风力以下午为最强。日落以后，陆地降温比海洋快；到了夜间，海上气温高于陆地，就出现与白天相反的热力环流而形成低层陆风和铅直剖面上的陆风环流（图2.8）。海陆的温差，白天大于夜晚，所以海风较陆风强。如果海风被迫沿山坡上升，常产生云层。在较大湖泊的湖陆交界地，也可产生和海陆风环流相似的湖陆风。海风和湖风对沿岸居民都有消暑热的作用。在较大的海岛上，白天的海风由四周向海岛辐合，夜间的陆风则由海岛向四周辐散。因此，海岛上白天多雨，夜间多晴朗。例如，中国海南岛，降水强度在一天之内的最大值出现在下午海风辐合最强的时刻。如果在海陆风影响的地区建厂，由于海陆交替的影响容易造成近海地区的污染。

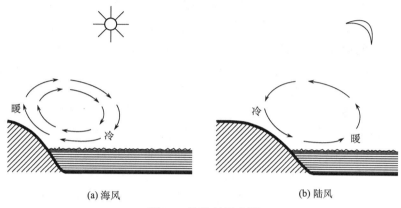

(a) 海风   (b) 陆风

图 2.8　海陆风示意图

3）城市热岛环流

城市人口集中、工业发达，居民生活、工业生产和汽车等交通工具每天要消耗大量的煤、石油和天然气等化石燃料，释放出大量的废热，导致城市的气温高于郊区，使城市犹如一个温暖的岛屿，人们称之为城市热岛。通常，城市的年平均气温比郊区高出 0.5～1℃。当大气环流微弱时，城市热岛的存在引起空气在城市上升，在郊区下沉，在城市与郊区之间形成了小型的热力环流，称为城市热岛环流。从周围农村来的气流不断流向城市补充，因此这种城市热岛环流的地面部分被称为乡村风。乡村风的风速一般只有 1～2m/s。

由于城市热岛环流的出现，城区工厂排出的污染物随上升气流而上升，笼罩在城市上空，并从高空流向郊区，到郊区后下沉。下沉气流又从近地面流向城市中心，并将郊区工厂排出的污染物带入城市，造成二次污染，致使城市的空气污染更加严重（图 2.9）。

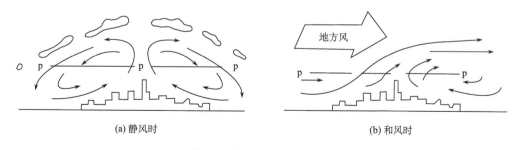

(a) 静风时   (b) 和风时

图 2.9　城市与乡村间的环流

5. 地形对污染物扩散的影响

地形作为气象条件的重要影响因素，对大气污染具有显著影响。同样程度的大气污染物在不同的地区，由于地形特征的不同污染程度也会不同。世界上著名的污染事件都是在特定的地形和气象条件下发生的。例如，马斯河谷烟雾事件发生在地势低洼的地方。特殊的地形影响当地的气象条件不利于污染物的扩散和稀释。

2.3.2 大气污染物的化学转化

污染物由污染源排放到大气中，在扩散和输送过程由于自身物理、化学性质的影响，在一定的条件如光、温度、湿度等参数的影响下，污染物自身、污染物之间，以及污染物与空气中某些组成分之间会发生一系列的化学反应，形成物理化学性质与原有污染物完全不同的新的污染物质，这种反应过程称为大气污染物的化学转化。新生成的二次污染物通常颗粒很小，粒径一般在 $0.01 \sim 0.1\ \mu m$ 之间，且往往具有比原来污染物更强的腐蚀性和刺激性，对动植物生存和人类健康造成更严重的危害。由于自然和人为双重因素的影响，向大气中排放的污染物种类越来越多，污染物的二次转化途径和方式也日趋复杂，生成二次污染物的危害更难以预料。因此，对大气污染物在扩散和输送过程中的转化规律进行研究显得至关重要，这对于大气污染的预防和治理有非常重要的意义。

就污染物对大气造成的污染过程来看，大气污染有其非常明显的特点。大气中的污染物含量低，常以百万分率表示；污染物在大气中的反应速度缓慢，常以每小时每天变化百分之几或者千分之几表示；污染物的扩散范围和输送距离都很大。大气中的污染物数量繁多、组成复杂，常随污染源的排放量多少而变化。此外还受到气象条件、太阳辐射等因素的影响。目前，备受关注的如气溶胶、硫酸烟雾、光化学烟雾、酸雨和臭氧变化等问题，都与大气污染的化学转化相关。下面以硫酸烟雾、光化学烟雾为例，介绍大气污染物的化学转化过程。

1. 硫酸烟雾的形成

硫酸烟雾（sulfuric acid smog）也称为伦敦烟雾，因为其最早发生在英国伦敦。它主要是燃煤排放出来的二氧化硫（SO_2）、颗粒物，以及由 SO_2 氧化所形成的硫酸盐颗粒物所造成的大气污染现象。

SO_2 是污染大气中最主要的酸性污染物，在大气中性质比较稳定。SO_2 在洁净的大气中氧化速率很低，而在被污染的大气中由于污染催化作用其氧化速率非常快，可以达到洁净空气中氧化速率的 $10 \sim 100$ 倍。其首先在雾滴中依靠锰、铁、氨的催化作用被氧化成三氧化硫（SO_3），再通过成核作用形成硫酸烟雾或硫酸盐气溶胶。当然 SO_2 的氧化速率还会受到其他污染物、温度及光强等的影响。这种污染一般发生在冬季，气温低、湿度高和日光弱的天气条件下。硫酸烟雾通过大气的传输扩散，烟雾的影响面积逐渐扩大，形成更大范围的大气污染。降水淋洗作用使烟雾降落到地面，使土壤和水体酸化，从而进一步影响生物和生态环境。

SO_2 在大气中主要通过触媒氧化和光氧化两个途径形成硫酸烟雾。当污染的空气中存在触媒物质时，SO_2 通过大气扩散作用与其接触发生触媒氧化反应，最终生成硫酸，这一过程称为 SO_2 触媒氧化过程。在阴云密布、湿度大、粉尘含量高的大气中最容易发生，且发生在颗粒物的表面。反应方程式如下：

$$2SO_2 + 2H_2O + O_2 \xrightarrow{\text{Fe,Mn}} 2H_2SO_4 \qquad (2\text{-}10)$$

实际上，上述反应可以分解为两个步骤，首先是 SO_2 在空气中溶解于水滴生成亚硫酸，其次是亚硫酸在铁、锰的硫酸盐和氧化物触媒下氧化成硫酸。反应式分别如下：

$$SO_2 + H_2O \longrightarrow H^+ + HSO_3^- \tag{2-11}$$

$$2HSO_3^- + 2H^+ + O_2 \xrightarrow{Fe,Mn} 2H_2SO_4 \tag{2-12}$$

以上反应是可逆的，SO_2 的触媒氧化速率取决于二氧化硫向铁、锰所在粉尘中扩散的速度；而 SO_2 溶于水滴的速率取决于触媒的种类、空气的温度、湿度及大气中氮的含量。

SO_2 在污染的大气中发生触媒氧化反应的同时，也会在光的作用下发生光氧化反应，最终生成三氧化硫（SO_3），SO_3 再与空气中的水滴结合即可生成硫酸气溶胶。发生光氧化作用的前提是大气湿度和太阳辐射同时存在。当大气湿度在 10% 以上，太阳直射时，SO_2 形成硫酸的有效系数为 $0.28 \times 10^{-6}/s$。在大气湿度增加、太阳辐射增强时，有效系数也会相应提高，而提高的快慢直接与湿度增加和太阳辐射增强的快慢相一致。如果大气中同时存在碳氢化合物和氮氧化物，SO_2 转化为 SO_3 的速率也会显著提高。在洁净的大气中，SO_2 的光化学氧化速率会大大降低，一般在（$0.023\% \sim 1.0\%$）/h 之间。但是，在碳氢化合物和氮氧化物同时存在于大气中时，SO_2 氧化为 SO_3 的速率会明显提高，可达到（$48\% \sim 294\%$）/h。

SO_2 发生氧化作用的前提是 SO_2 对光必须有吸收作用，没有吸收作用就没有光氧化条件而无法实现光氧化反应。研究表明，SO_2 在大气中有两个吸收光谱，一个吸收光谱的波长为 2900 nm，另一个吸收光谱的波长为 3800 nm。在吸收不同波长的光时，SO_2 可形成不同激发态的 SO_2。SO_2 在可见光作用下可形成光量子，形成激发态的 SO_2，然后与 O_2 化合形成 SO_3，后者与水结合形成硫酸。反应式如下：

$$SO_2 + h\nu \longrightarrow SO_2^* \tag{2-13}$$

$$SO_2^* + O_2 \longrightarrow SO_3 + [O] \tag{2-14}$$

$$SO_3 + H_2O \longrightarrow H_2SO_4 \tag{2-15}$$

在 SO_2 与 O_2 化合成 SO_3 后，进一步形成硫酸和硫酸盐气溶胶。反应如下：

$$SO_3 \xrightarrow{H_2O} H_2SO_4 \xrightarrow{H_2O} (H_2SO_4)_m \cdot (H_2O)_n \tag{2-16}$$

硫酸气溶胶的形成主要包括物理过程和化学过程。物理过程包括成核、凝结、吸水、吸附和碰撞聚集等作用，这些作用的大小取决于原始微粒的物理性质，如单位体积内微粒的个数、颗粒大小分配、光学性质、沉降性能等。所谓成核作用，就是大气中各种大小的微粒在运动时相互结合形成气溶胶的胶核。成核作用包括均质成核作用和非均质成核作用。均质成核作用是指同一物质的分子在气相中相互膨胀、凝并形成微粒，并进一步结合成胶核。非均质成核作用则是指外来微粒存在于气相中，将各种气体、液体吸附在其表面而形成气溶胶。化学过程主要是指硫酸气溶胶中含有大量的硫酸盐，其中以硫酸铵为主。大气中的微粒上吸附氨（NH_3）、SO_2、水汽和 O_2 等。包括以下反应：

$$NH_3(气) + SO_2 \longrightarrow NH_3 \cdot SO_2(气) \longrightarrow NH_3 \cdot SO_2(固，黄色) \tag{2-17}$$

$$NH_3 \cdot SO_2(气) + NH_3 \longrightarrow (NH_3)_2 \cdot SO_2(固，白色) \tag{2-18}$$

$$(NH_3)_2 \cdot SO_2(固) + \frac{1}{2}O_2 \longrightarrow NH_4 \cdot SO_3 \cdot NH_2(固) \tag{2-19}$$

$$NH_4 \cdot SO_2 \cdot NH_2(固) + H_2O（气）\longrightarrow (NH_3)_2 SO_4(固) \tag{2-20}$$

微粒上的 NH_3 与硫酸也可能直接结合，发生如下反应：

$$NH_3 + H_2SO_4 \cdot nH_2O \longrightarrow NH_4^+ \cdot HSO_4^- \cdot nH_2O \tag{2-21}$$

$$NH_3 + NH_4^+ \cdot HSO_4^- \cdot nH_2O \longrightarrow (NH_4^+)_2 SO_4^{2-} \cdot nH_2O \tag{2-22}$$

如果在硫酸气溶胶形成过程中大气中含有有机化合物，则硫酸与有机化合物相互作用而形成有机硫微粒，如（$C_3H_4S_2O_3$）$_{3n}$ 和（C_5H_8SO）$_n$ 等。

硫酸气溶胶所造成的环境污染问题最典型的就是伦敦烟雾事件，其最早的一次事故发生在 1873 年 12 月英国伦敦市，当时受害死亡者达 263 人，最严重的一次发生在 1952 年 12 月 5 日，污染持续 4 天，死亡达 4000 人。

2. 光化学烟雾的形成

光化学烟雾是汽车、工厂等污染源排入大气的碳氢化合物（HC）和氮氧化物（NO_x）等一次污染物在紫外线作用下发生光化学反应生成二次污染物，参与光化学反应过程的一次污染物和二次污染物的混合物（其中有气体污染物，也有气溶胶）所形成的烟雾污染现象，是碳氢化合物在紫外线作用下生成的有害浅蓝色烟雾。光化学烟雾可随气流漂移数百公里，使远离城市的农作物也受到损害。光化学烟雾多发生在阳光强烈的夏秋季节，随着光化学反应的不断进行，反应生成物不断蓄积，光化学烟雾的浓度不断升高，在 3～4 h 后达到最大值。光化学烟雾对大气造成很多不良影响，对动植物也有影响，甚至对建筑材料也有影响，并且大大降低能见度，影响出行。

光化学烟雾的反应过程十分复杂，通过对光化学烟雾的形成过程进行模拟实验，目前已经基本确定光化学反应过程包括三个方面：臭氧生成、碳氢化合物氧化、自由基 HO· 等形成，以及过氧乙酰硝酸酯（PAN）生成。

O_3 的生成主要发生在低层大气中，光化学作用在可见光中进行。在低层大气中，只有 NO_2 吸收紫外辐射。O_3 的形成过程从过氧自由基（HO_2· 和 RO_2·）氧化 NO 产生 NO_2，NO_2 在光子能量的作用下 N—O 键发生断裂，最先生成活化氧原子，活化氧原子进而与 O_2 反应形成 O_3。O_3 是光化学烟雾的主要污染物之一，它是强氧化剂并且能与 NO 发生反应，重新生成 NO_2 和 O_2，使得以上反应形成封闭循环。因此，光化学烟雾的形成与 NO_2 的光分解直接相关，而 NO_2 的光分解必须在 290～430 nm 波长的太阳辐射作用下才能实现。所以，纬度高低、季节变化和日变化对光化学烟雾的形成影响很大。一般来说，天顶角越小紫外线辐射越强。地理纬度超过 60° 的地区由于天顶角较大，小于 430 nm 的光很难到达地球表面，因此这些地区不容易产生光化学烟雾。在北半球夏季的天顶角比冬天小，夏季中午前后的太阳光线强，出现光化学烟雾的可能性大。

$$HO_2 + NO \longrightarrow NO_2 + OH· \tag{2-23}$$

$$RO_2 + NO \longrightarrow \varphi NO_2 + HO_2· \tag{2-24}$$

$$NO_2 + h\nu \longrightarrow NO + [O] \tag{2-25}$$

$$O_2 + [O] \longrightarrow O_3 \tag{2-26}$$

$$O_3 + NO \longrightarrow NO_2 + O_2 \tag{2-27}$$

$$O_3 + h\nu \longrightarrow O^1D + H_2O \longrightarrow 2OH\cdot \tag{2-28}$$

$$O_3 + OLE（烯烃）\longrightarrow 产物 \tag{2-29}$$

$$O_3 + OH\cdot \longrightarrow HO_2 + O_2 \tag{2-30}$$

$$O_3 + HO_2\cdot \longrightarrow OH\cdot + 2O_2 \tag{2-31}$$

自由基的形成是光化学反应的重要过程。自由基在化学上也称为游离基,是指化合物的分子在光热等外界条件下,共价键发生均裂而形成的具有不成对电子的原子或基团。在自由基的形成过程中,CO、NO_x 和碳氢化合物发挥重要作用。NO_x 与水相互作用形成亚硝酸,亚硝酸光解可形成羟基自由基(HO ·)。CO 与 HO· 发生系列反应:

$$CO + HO\cdot \longrightarrow CO_2 + H\cdot \tag{2-32}$$

$$HO_2\cdot + NO \longrightarrow HO\cdot + NO_2 \tag{2-33}$$

$$HO_2\cdot + NO_2 \longrightarrow H_2O_2 + O_2 \tag{2-34}$$

$$H_2O_2 \xrightarrow{h\nu} 2HO\cdot \tag{2-35}$$

由此可见,CO 对促进过氧自由基 $HO_2\cdot$ 的生成具有重要作用。自由基在光化学反应中相当活泼,从而使光化学作用不断活化。从反应式还可以看出,NO 转变成 NO_2 不仅需要消耗 O_3,而且为 O_3 的形成提供了原料 NO_2,导致了 O_3 源源不断地生成。

当大气中含有碳氢化合物时,光化学作用会加速进行,反应也会更加复杂化。碳氢化合物和大气中的 HO· 形成的过氧化基团加速了 NO 向 NO_2 的转化,也就加速了光化学烟雾的形成。当 NO 和碳氢化合物被消耗殆尽,光化学反应的循环停止。已经产生的醛类、O_3、PAN 等二次污染物是光化学烟雾的最终产物。

$$RH + HO\cdot \longrightarrow RO_2（过氧烷基）+ H_2O \tag{2-36}$$

$$RCHO + HO\cdot \longrightarrow RC(O)O_2\cdot（过氧酰基）+ H_2O \tag{2-37}$$

$$RCHO + h\nu \longrightarrow RO_2\cdot + HO_2\cdot + CO \tag{2-38}$$

$$HO_2\cdot + NO \longrightarrow NO_2 + HO\cdot \tag{2-39}$$

$$RO_2\cdot + NO \longrightarrow NO_2 + RCHO + HO_2\cdot \tag{2-40}$$

$$RC(O)O_2\cdot + NO \longrightarrow NO_2 + RO_2\cdot + CO_2 \tag{2-41}$$

$$HO\cdot + NO_2 \longrightarrow HNO_3 \tag{2-42}$$

$$RC(O)O_2 + NO_2 \longrightarrow RC(O)O_2NO_2（过氧乙酰硝酸酯,PAN）\tag{2-43}$$

光化学烟雾造成的危害主要是由于其中的 O_3、PAN 和自由基等氧化剂直接与人体和动植物相接触,其极高的氧化性能刺激人体的黏膜系统,人体短期暴露其中能引起咳嗽、喉部干燥、胸痛、黏膜分泌增加、疲乏、恶心等症状；长期暴露其中，则会明显损伤肺功能。同时，光化学烟雾中的高浓度 O_3 还会对植物系统造成损害。此外，光化学烟雾对材料（主要是高分子材料，如橡胶、塑料盒涂料等）也产生破坏作用，并严重影响大气能见度，造成城市的大气质量恶化。

2.4　大气污染控制及管理

大气污染已成为全世界城市居民生活中一个无法逃避的现实。工业文明和城市发展，在为人类创造巨大财富的同时，也把数十亿吨计的废气和废物排入大气之中，人类赖以生存的大气圈成了空中垃圾库和毒气库。当大气中的有害气体和污染物达到一定浓度时，就会对人类和环境带来巨大灾难。大气环境问题的严重性已受到各国重视，各国均已投入了大量人力、物力和财力进行大气环境治理。自 20 世纪 70 年代以来，世界各国经过严格控制、综合治理，使大气环境得到了明显改善。但是，随着城市中汽车保有量的不断增加，汽车尾气的排放成为新时期大气环境的重要污染源，给大气环境的治理增加了新的难度。

纵观世界各国出现的各种大气污染物治理技术，大多是在污染物质对大气造成污染之后再利用各种技术加以控制和治理，以尽量减轻大气污染对人类、植物和建筑物等造成的损害。但这些技术往往重点强调如何对产生的污染物进行处理，而不是从源头上进行控制，尽量减少或避免产生大气污染物质。在生产和生活过程中产生的大气污染物质不仅造成了能源和资源浪费，而且治理这些污染物质的技术措施也需要投入大量资金，这给企业和国家造成很大的经济压力。

鉴于污染产生后再进行治理存在的种种不利因素，发达国家首先提出了从源头着手，在生产的全过程对污染物进行控制，尽量避免污染物质产生，以实现清洁生产。也就是说，在对目前已经存在的大气污染进行治理的同时，各国均通过各种措施对大气污染进行预防和控制，使各个生产企业在生产过程中尽量不产生或少产生污染物质，减轻大气污染的压力，减少污染后治理所需的投入，将一部分资金运用到源头控制上，同时实现经济健康发展和环境治理改善。

2.4.1　大气污染控制系统

大气污染的根源是排放源（emission source），同排放源相连的是源控制，它是利用净化设备或源自身处理过程来减少排放到大气中的污染物数量。污染物经过源控制设备出来后进入大气中，被大气稀释，并发生迁移、扩散和化学转化。随后污染物就被监测器或人、动植物和材料感应到，发出反馈信息，对污染源进行自动控制或公众施加压力经过立法再进行控制。典型的大气污染控制系统如图 2.10 所示。

由图 2.10 可以看出，控制大气污染应从三个方面着手：第一，对排放源进行控制，以减少大气中的污染物数量；第二，直接对大气进行控制，如采用大动力设备改变空气的流向和流速；第三，对接收者进行保护，如使用防尘、防毒面罩。在这三种防治途径中，只有第一种既是可行又是实际的。由此可见，控制大气污染的最佳途径是阻止污染物进入大气中。完全、彻底消灭大气污染物的产生是不可能的。科学合理的做法是将大气中的污染物削减到人类能承受的水平。那么这个承受水平是多少呢？这需要研究污染物对人类的影响效应，还与

社会经济发展水平、人类对环境质量的要求有关。大气是污染物的载体，它对污染物起着稀

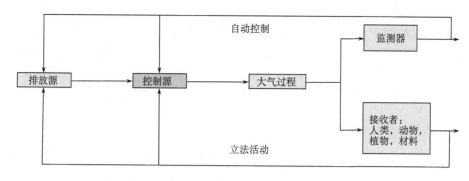

图 2.10 大气污染控制系统

释、扩散、转化的作用，所以也必须对污染物在大气中的运动变化规律作研究。因此，大气污染控制工程的研究内容主要分布在三个领域：大气污染物从污染源的产生机制及控制技术，大气污染物在大气中的迁移、扩散和化学转化，大气污染物对人类、生态环境、材料等的影响。

2.4.2 大气污染预防的基本原则和措施

预防大气污染可以通过两个方面来实现。第一是改变原材料和工艺技术，减少污染物的产生；第二是合理利用环境的自净作用，通过稀释、扩散和转化等途径减少污染物在大气中的浓度和存留时间。

1. 减少污染物产生量的基本原则和措施

污染物产生后进入环境中，治理的难度非常大，目前各国的经济技术条件还达不到彻底根除污染物的能力。因此需要通过各种措施对污染物的产生进行预防，阻止和减少污染物的产生，切除大气污染的源头。要实现此目标，需要坚持以下原则。

1) 改变能源结构

燃煤排放被证实是大气污染和雾霾的首要来源，当下中国能源结构中煤炭消费比重超过60%，实施天然气、电力替代煤炭、石油等化石能源，是实现节能减排和结构优化的重要途径。曾经深受雾霾困扰的英国，在 20 年的时间里，使石油替代了 20%的煤炭，用天然气替代了 30%以上的煤炭，最终使煤炭占能源结构的比例从 90%下降到了 30%，从而使大气质量取得明显改善。抑制不合理能源消费，优化能源供应结构，大力提高清洁能源供应比例，推动能源技术革命，是预防大气污染的一项根本性措施。

2) 燃料燃烧前的预处理

污染源排放的大气污染物主要是燃料在燃烧过程中产生的。对于燃料本身来说，由于其含碳量不是 100%，而是含有各种杂质，燃烧时除了排放出二氧化碳外还排放出二氧化硫、一氧化碳、粉尘等大气污染物质。就技术而言，经过洗选、筛分、成型和添加脱硫剂等一系列

加工处理，原煤中的硫含量可大大降低，燃烧时便会减少二氧化硫的排放量，而且有非常可观的环境效益和经济效益。实践表明，民用固硫型煤与燃用原煤相比可节煤25%左右，一氧化碳排放量可减少70%~80%，粉尘排放量可减少90%，二氧化硫排放量可减少40%~50%。虽然原煤的洗选需要投入资金，提高了煤的成本，但是洗煤带来的直接和间接经济效益非常明显，可达洗煤成本的3~4倍。所以，从整体而言，原煤的预处理不仅可提高燃煤热量、节省能源，而且还可带来可观的环境效益，是预防煤烟型污染的有效方法。

3）改善燃料燃烧过程条件和优化设备

由于技术原因，燃料在燃烧时因条件控制不当或燃烧设备不完善而造成燃料燃烧不完全，产生大量大气污染物，这也是造成大气污染的另一不可忽视因素。通过对燃煤锅炉进行改造，改变燃料燃烧方式，使燃料充分燃烧，在获得同样热量的情况下减少燃煤量，可相应地减少燃煤排出的大气污染物。燃煤锅炉设备优化和燃烧过程控制的方法很多，例如，控制空气过剩系数、有时序地增加二次风、炉内增设导风器、革新煤炉炉排和燃油煤嘴，以及用燃油制成水乳器喷入炉内等，都是很有效的技术措施，均能达到消烟、除尘或既消烟又除尘的目的。在燃料燃烧过程中采用以上任何一种方法加以改良，都能不同程度地提高锅炉热效率从而节约能源。

对于城市大气污染而言，主要污染源之一是汽车尾气。城市交通迅猛发展导致汽车数量不断增加，向大气中排放污染物的量也日益剧增。通过改进机动车辆内燃机、尾部排气系统，开发新式引擎方法，可以减少一氧化碳、氮氧化物、碳氢化合物等大气污染物的排放量。内燃机的改进包括调节燃料与空气的配比、延迟点火、降低压缩比、减少燃油中的铅防爆剂、曲柄箱装上通风系统等。改进尾部排气系统包括采用较浓的燃料与空气配比并另设一热反应器，使尾气能保温足够时间；或者增设接触转化器使 HC 与 CO 氧化成 H_2O 和 CO_2；或使部分尾气（约25%）返回燃烧，降低燃烧室温度，减少 NO_x 排放量。对于新式引擎的开发研制，目前我国有燃气透平旋转式气缸引擎，此类型引擎的特点是燃料与空气分别进料，从而可降低大气污染物的排放量。

4）加强区域采暖，实现集中供热

大气烟尘的主要污染源还有分散于千家万户的炉灶和市区密集的矮烟囱，每个炉灶和烟囱都是一个独立的大气污染源，不仅造成了很大的能源浪费，而且根本无法进行污染控制。在城市郊区建立热电站，实现区域采暖，集中供热，以替代千家万户的炉灶，这样做不仅可以提高锅炉设备的热效率、降低燃料消耗量、减少燃料运输量，而且可以利用热电厂废热提高热能利用效率。从环境保护方面来说，集中供热的大锅炉适于采用高效率除尘器，容易实现自动化，从而大大减少粉尘排放量，有利于有效控制大气污染。

利用集中供热取代分散供热锅炉，是城市基础设施建设的重要内容，是预防大气污染的有效途径，对发展生产、节约能源、改善大气环境质量、方便人民生活等具有重要意义。目前，国家环保部为了控制大气环境质量，决定对各大型城市加大力度拆除小型锅炉，用大型锅炉取而代之，把区域采暖和集中供热列为重点支持对象。我国现阶段集中供热的方式有热电联产集中供热和余热利用两种。

热电联产集中供热，是指把位于城市或城市附近的凝汽式机组改为抽气式或背压式汽轮机组，实行热电联产，对节省能源、保护大气环境具有显著效果。以沈阳发电厂为例，该厂投资 1400 万元将原有 2 台 2.5 万 kW 凝汽式机组改为低空真空供热机组，用循环热水供热取代分散供热采暖锅炉，一个采暖期即节约原煤 10 万 t、节电 80 万 kW·h，减少烟尘排放 8000 t、二氧化硫 1000 t，使供热区内大气的颗粒物含量由 1.413 mg/m³ 下降到 0.49 mg/m³，二氧化硫浓度由 0.15 mg/m³ 下降到 0.045 mg/m³。

在余热利用方面，如炼钢、焦化、化工和熔炉等许多过程排放出的废水温度特别高，含有大量余热，直接向外排放不仅造成环境污染，而且浪费宝贵热能。若将这些余热加以充分利用实现集中供热，将有明显投资少、见效快的优点。利用余热集中供热或供暖可减少原煤的消耗量、节省电源、减少烟尘和二氧化硫的排放量，环境效益和经济效益均好。如果一个城市是没有建设区域热电厂的条件，没有余热资源可以利用而又以采暖负荷为主的城市，可以考虑城市建设与锅炉房改造相结合，统筹规划、发展区域锅炉房，实行集中供热，尽量避免大面积出现单位供热、私人采暖的现象。

5）严格控制监管，减少机动车尾气污染

强化机动车排气监管，实施机动车环保分类标志管理。开展在用车辆定期环保检测，不达标车辆强制维修，对排气污染控制技术差的机动车（高排放车辆）实行黄色标志。严格实施"黄标车"限行措施，扩大限行区域面积，加速老旧车及"黄标车"淘汰。推动低碳能源、新能源、可再生能源在交通部门中的应用，鼓励在用车改用清洁燃料，加快推进清洁油品供应，加快推进燃气汽车占有率及双燃料汽车加气站建设。推进"畅通交通"工程，倡导绿色出行方式，进一步优化交通智能管理，加强路网建设，改善公交乘坐条件，低碳出行。严格划定货车、农用车进城路段、时间，扩大中心城区单向交通范围。

2. 合理利用环境的自净作用

大气对污染物具有稀释、扩散和转化作用，在环境容量以下可以净化污染物。因此，可以通过准确评估大气的环境容量，结合该区域大气自净作用的强弱，定量（总量控制原则）、定点（地点）、定时（时间）地向大气中排放污染物质，从而保证大气中污染物的总量和浓度不超过环境目标。这样既能合理利用大气环境又能节省大气环境治理费用，从而实现经济发展和环境保护相协调。

1）合理工业布局

在对区域进行总体规划时，首先要明确区域的性质，即区域的经济发展方向和产业结构，如以政治和文化为主的城市生活区、以轻工业和重工业为主的工业区等。区域的布局要合理，工业区、生活区、商业区等应区分明显，不同小区之间应尽可能留出空地，建成绿化带以减轻污染，提高居民身心健康水平。区域总体规划中的工业合理布局，就是按照不同环境要求如人口密度、能源消费密度、气象、地形等条件来合理安排布置工业发展。例如，工业区一般布置在城市的下风向，山区工厂要充分利用谷口的山谷风等。在工业布局时，不仅要充分考虑工业结构和工业项目位置的选择，而且要从大气环境保护角度将工业进行分类。例如，燃煤电厂、建材、冶金等工业是能源消耗大户，属于重污染型工业；纺织、机械等属于轻污染型工业。根据工业类型不同，合理地为各个企业选择在区域中的位置，做到经济发展和社会发展相协调。在区域性质、工业布局确定后，区域的发展方向才能明确，才能进行区域环境规划。区域环境规划是区域经济和社会发展的重要组成部分，其主要任务是解决区域经济发展与环境保护的矛盾，对已造成的环境污染和环境问题提出改善和控制污染的最优化方案。进行区域环境规划时，可能由于保护环境的需要而制约某些经济效益较好的企业在该区域的投资，也有可能造成该区域的发展受到环境保护的影响，但是从大气污染防治和整个社会经济长远发展来看，这是完全必要的，符合整个社会健康发展的要求。现在我国和世界大多数国家都立法规定，在兴建大中型工业企业时必须先进行环境影响评价并提交环境质量评价报告书，对该区域是否能兴建企业作详细论证，同时提出兴建企业时应采取环境保护措施，以及企业建设投产后对周边环境可能造成的影响进行评估。同时，在进行区域建设时，应完善区域的基础设施建设，以节约大量能源，减少污染物排放量。例如，发展公共交通事业，应尽量减少汽车的数量和流量，防止汽车作为流动污染源排放尾气对大气造成严重污染。发展地铁、推广环保汽车、环保节能、改善道路环境、规范交通秩序，既可减少堵车、频繁变速和刹车现象，又可以达到节约能源、减少污染物排放的目的。

2）科学选择污染物排放方式

排放方式不同，其扩散效果也不一样。一般地面污染物含量与烟囱高度的平方成反比。因此，提高烟囱有效高度有利于烟气的稀释扩散，减轻地面污染。排放源的高度超过 100 m，地面污染物浓度可以减至最小。因此，有些国家根据 SO_2 排放量规定了烟囱高度，以控制地面 SO_2 浓度。1965 年，日本建造了 150 m 的烟囱，后来美国建造了世界上最高的烟囱（360 m）。然而，建造过高烟囱的可行性也遭到了质疑，有评论指出，烟囱合理的经济高度不应超过 200 m，超过 200 m 后，烟囱每增加 20 m 污染物在地面的浓度只减少 1 ppb（1 ppb=10^{-9}），根本没有什么实际意义。而且，烟囱的造价与烟囱高度的平方呈正比例关系，超过 100 m 后烟囱造价增加十分迅速。例如，日本建造 120 m 的烟囱造价为 2 亿日元，而建造 200 m 的烟囱造价就需要 6 亿～7 亿日元。

目前，广泛采用的污染源排放形式主要是高烟囱排放和集合烟囱排放。集合烟囱排放，就是将多个污染排放源集中到一个烟囱排放。其优点是可以提高烟气温度（增加到 130℃以上）和出口速度（提高到 30～50 m/s），降低污染物的落地浓度，减轻当地的地面污染，达到与增加烟囱有效高度同等效果的目的，从而节省烟囱高度的建筑投资；其缺点是扩大了污染物的扩散范围，可能会造成大面积的大气污染。根据总量控制的原则，该方法并不能从根源上解决大气污染问题。但在气象条件和大气状况较好的地区，若存在个别污染物排放量和排放浓度较大的污染源，高烟囱排放和集合烟囱排放也可以作为一种权宜之计。

3）发展绿色植物

绿化造林是防治大气污染的一个经济有效的方法。绿色植物能吸收 CO_2，通过光合作用释放 O_2。所以扩大绿化面积能够起到固碳作用，降低大气中的 CO_2 含量，减缓温室效应。

绿色植物本身有调节气候、过滤和吸附大气颗粒物、降低环境噪声等功能，此外，还可以吸收大气中的有害污染物质，起到长时间、连续地净化和缓冲大气污染的作用，特别适用大气中的污染物影响范围广、浓度相对比较低的情况。研究表明，1 hm^2 林木可以有相当于 75 hm^2 过滤粉尘的叶面积，吸附颗粒物的能力很强。就吸收有毒气体来说，阔叶林强于针叶林，而落叶阔叶林又强于常绿阔叶林。垂柳、悬铃木和夹竹桃等对 SO_2 有较强的吸收能力；而泡桐、梧桐和女贞等树木不仅抗氟能力强，而且吸收氟能力也很强；乔本科草类也可吸收较多的氟化物。种植大面积树木等绿色植物，可大大增加植物叶片对大气污染物的接触面积，不仅可起到吸附和控制污染的作用，而且可相应地减轻大气污染的负荷、提高大气的自净能力、增加大气环境容量。各种植物对不同污染物有不同的吸附和控制能力，所以，结合区域大气环境的污染特点，可以相应地筛选各种对大气污染物有较强抵抗和吸附能力的绿色植物并大面积地加以种植。另外，种植绿色植物的代价很低，不会因为种植过多而对环境造成任何负面影响。只要土地面积允许，就应尽可能多地增加绿化面积，从而提高大气环境的自我调节能力，经济地避免或尽可能地减少大气污染发生。

2.4.3　大气污染治理技术

　　大气污染治理是生产过程中施以某种技术措施，使污染源尽可能少地排放污染物，或使污染物转化为有用的物质形态得以回收利用，或将其转化为无害状态的过程。具体过程可以分为产前、产中和产后 3 个阶段。产前是指生产之前选用清洁的原料，例如，清洁煤的选用会很大程度上减少 SO_2 的排放；产中是在生产过程中选用清洁的生产过程，改变生产工艺条件，减少废物的排放量；产后就是污染物一旦产生，在排入大气之前采取一系列的技术对其进行治理的过程。表 2.8 列举了工厂治理生产废气的一些常用方法，图 2.11 所示为典型的空气污染控制流程。

表 2.8　大气污染物的治理方法

方法类型	含颗粒物废气的治理方法	含气体污染物废气的治理方法
清洁生产法和预防污染法	减少或消除固体颗粒物生成： 革除生成过程中可能产生固体颗粒物的单元操作 将固体物转变为液态 将干的固态物转变为湿态 固态粒子粗大化	减少或消除气体污染物的产生： 革除生成过程中可能产生气体污染物的单元操作 将气态污染物转化为固态或无害化形态
终端污染控制法	除尘技术： 重力除尘、离心力除尘、电除尘等 过滤 洗涤	净气技术： 直接燃烧、催化燃烧或焚烧 吸附、吸收或冷凝

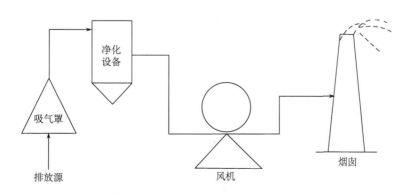

图 2.11　典型的空气污染控制流程

本部分重点介绍大气污染末端治理技术。根据大气污染物的存在状态可将其分为颗粒污染物和气态污染物两大类，大气污染物的治理技术也可以根据对这两种不同类型污染物的治理分为颗粒污染物治理技术和气态污染物治理技术。

1. 颗粒污染物治理技术

颗粒污染物治理技术通常称为除尘技术，所用设备主要是除尘装置和除尘器，其定义是从含尘气流中将粉尘分离出来并加以捕集的装置。除尘器是除尘系统的重要组成部分，其性能如何与整个系统的除尘效果有直接关系。

除尘器按分离捕集粉尘颗粒的主要机制不同，可以分为机械式除尘器、电除尘器和过滤式除尘器、湿式除尘器四类。机械式除尘器是指利用质量力（重力、惯性力和离心力等）作用使粉尘颗粒与气流分离沉降的装置，包括重力沉降室、惯性除尘器和旋风除尘器等。电除尘器是指利用高压电场使尘粒荷电，在库仑力作用下使粉尘与气流分离沉降的装置。过滤式除尘器是指使含尘气流通过织物或多孔填料进行过滤分离的装置，包括袋式除尘器、颗粒层除尘器等。湿式除尘器则是指利用液滴或液膜洗涤含尘气流而使粉尘与气流分离沉降的装置。湿式除尘器既可用于气体除尘也可用于气体吸收。专用于气体除尘时，通常称为湿式除尘器。以上各种除尘器是按除尘机理加以分类的，但在实际运用中，某一种除尘器可能利用一种除尘器机理也可能同时利用多种除尘器机理，在除尘命名中往往按其中主要的除尘机理确定。

1）机械式除尘器

机械式除尘器是依靠机械力（重力、惯性力、离心力等）将尘粒从气流中去除的装置。特点是结构简单，设备费和运行费均较低，但除尘效率不高。按除尘粒的不同可设计为重力除尘器、惯性除尘器和旋风除尘器。适用于含尘浓度高和颗粒粒度较大的气流。广泛用于除尘要求不高的场合或用作高效除尘装置的前置预除尘器。

重力除尘器（gravity separators）是利用重力作用使尘粒从气流中自然沉降的除尘装置。其机理为含尘气流进入沉降室后，扩大了流动截面积而使得气流速度大大降低，使较重颗粒在重力作用下缓慢向灰斗沉降。重力除尘器只对粒径 50 μm 以上的微粒有较好的捕集作用，除尘效率相对低，只有 40%～60%，一般只作为高效除尘装置的预除尘装置。但重力除尘器具有结构简单、投资少、压力损失小的特点，维修管理较容易，而且可以处理高温气体。某一尘粒在水平气流中的重力沉降轨迹如图 2.12 所示。

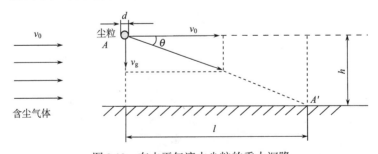

图 2.12　在水平气流中尘粒的重力沉降

v_0：气体的水平流速，d：尘粒粒径，v_g：尘粒自由沉降速度

　　惯性除尘器（inertial separators）亦称惰性除尘器，是使含尘气体与挡板撞击或者急剧改变气流方向，利用惯性力分离并捕集粉尘的除尘设备（图 2.13）。由于运动气流中尘粒与气体具有不同的惯性力，含尘气体急转弯或者与某种障碍物碰撞时，尘粒的运动轨迹将分离出来使气体得以净化。惯性除尘器分为碰撞式和回转式两种。前者是沿气流方向装设一道或多道挡板，含尘气体碰撞到挡板上使尘粒从气体中分离出来。显然，气体在撞到挡板之前速度越高，碰撞后速度越低，则携带的粉尘越少，除尘效率越高。后者是使含尘气体多次改变方向，在转向过程中把粉尘分离出来。气体转向的曲率半径越小，转向速度越大，则除尘效率越高。

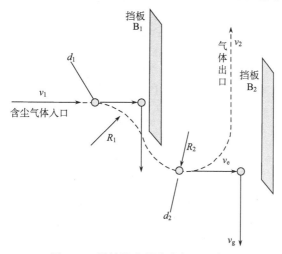

图 2.13　惯性除尘器分离机理示意图

v_1：气体速度，d：尘粒粒径，R：曲率半径，v_g：尘粒自由沉降速度，v_e：该点切向速度

　　旋风除尘器（centrifugal separators）是使含尘气流做旋转运动，借助于离心力将尘粒从气流中分离并捕集于器壁，再借助重力作用使尘粒落入灰斗（图 2.14）。旋风除尘器的各个部件都有一定的尺寸比例，每一个比例关系的变动都能影响旋风除尘器的效率和压力损失，其中除尘器直径、进气口尺寸、排气管直径为主要影响因素。在使用时应注意，当超过某一界限时，有利因素也能转化为不利因素。另外，有的因素对于提高除尘效率有利，但却会增加压力损失，因而对各因素的调整必须兼顾。

　　旋风除尘器结构简单，易于制造、安装和维护管理，设备投资和操作费用都较低，已广泛用于从气流中分离固体和液体粒子，或从液体中分离固体粒子。在普通操作条件下，作用于粒子上的离心力是重力的 5～2500 倍，所以旋风除尘器的效率显著高于重力沉降室。利用该原理基础成功研究出了一款除尘效率为 90% 以上的旋风除尘装置。在机械式除尘器中，旋风式除尘器是效率最高的一种。它适用于非黏性及非纤维性粉尘的去除，大多用来去除 5 μm 以上的粒子，并联的多管旋风除尘器装置对 3μm 的粒子也具有 80%～85% 的除尘效率。选用耐高温、耐磨蚀和腐蚀的特种金属或陶瓷材料构造的旋风除尘器，可在温度高达 1000℃，压力达 5000 万 Pa 的条件下操作。从技术和经济诸方面考虑旋风除尘器压力损失控制范围一般为 500～2000 Pa。因此，它属于中效除尘器，且可用于高温烟气的净化，是应用广泛的一种除尘器，多应用于锅炉烟气除尘、多级除尘及预除尘。它的主要缺点是对细小尘粒（<5 μm）的去除效率较低。

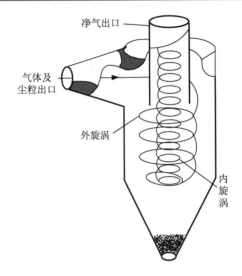

图 2.14　旋风除尘器结构图

2）湿式除尘器

　　湿式除尘器（wet scrubbers）俗称除雾器，它是使含尘气体与液体（一般为水）密切接触，利用水滴和颗粒的惯性碰撞或者利用水和粉尘的充分混合作用捕集颗粒，或使颗粒增大而留于固定容器内达到水和粉尘分离效果的装置。湿式除尘器把水浴和喷淋两种形式合二为一。先是利用高压离心风机的吸力，把含尘气体压到装有一定高度水的水槽中，水浴会把一部分灰尘吸附在水中。经均布分流后，气体从下往上流动，而高压喷头则由上向下喷洒水雾，捕集剩余部分的尘粒。其过滤效率可达85%以上。湿式除尘器可以有效地将直径为0.1～20 μm的液态或固态粒子从气流中除去，同时，也能脱除部分气态污染物。它具有结构简单、占地面积小、操作及维修方便和净化效率高等优点，能够处理高温、高湿的气流，将着火、爆炸的可能减至最低。但采用湿式除尘器时要特别注意设备和管道腐蚀及污水和污泥的处理等问题。湿式除尘过程也不利于副产品的回收。如果设备安装在室内，还必须考虑设备在冬天可能冻结的问题。再者，欲使去除微细颗粒的效率也较高，则需使液相更好地分散，但能耗增大。该除尘器对粒径小于 5 μm 粉尘的除尘效率高，使用寿命长达5～8 年。除尘器结构紧凑、占用空间小、耗水量小，每秒处理5～7 m^3 含尘气流的占地面积约为4 m^2，耗水约 1 t/h。

　　目前，最常用的湿式除尘器有七大类。包括重力喷雾洗涤器、旋风洗涤器、自激喷雾洗涤器、板式洗涤器、填料洗涤器、文丘里洗涤器和机械诱导喷雾洗涤器。几种主要的湿式除尘装置的性能和操作范围如表2.9所示。其中，文丘里洗涤器是使用广泛、效率较高的一种。

　　文丘里除尘器的除尘机理是使含尘气流经过文丘里管的喉径形成高速气流，与在喉径处喷入的高压水所形成的液滴相碰撞，使尘粒黏附于液滴上，从而达到除尘的目的。

　　文丘里洗涤器一般常应用在高温烟气的降温和除尘上，其结构见图2.15。

表 2.9　主要湿式除尘装置的性能和操作范围

装置名称	气流速度/(m/s)	液气比/(L/s³)	压力损失/Pa	分割直径/μm
喷淋塔	0.1～2	2～3	100～500	3.0
填料塔	0.5～1	2～3	1000～2500	1.0
旋风洗涤器	15～45	0.5～1.5	1200～1500	1.0
转筒洗涤器	300～750(r/min)	0.7～2	−500～1500	0.2
冲击式洗涤器	10～20	10～50	0～150	0.2
文丘里洗涤器	60～90	0.3～1.5	3000～8000	0.1

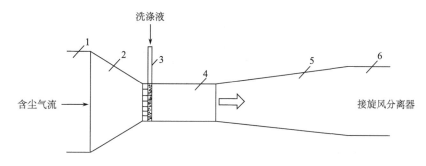

图 2.15　文丘里洗涤器结构图

1.进气管；2.收缩管；3.喷嘴；4.喉管；5.扩散管；6.连接管

含尘气体由进气管进入收缩管后，流速逐渐增大，气流的压力能转变为动能，在喉管入口处，气流速度达到最大，一般洗涤液（一般为水）通过沿喉管周边均匀分布的喷嘴进入，液滴被高速气流雾化和加速。在液滴加速进程中，由于液滴与粒子之间惯性碰撞，实现微细尘粒的捕集。文丘里洗涤器常用于燃煤电站、冶金和造纸等行业的烟气除尘。

文丘里洗涤器的压力损失为 2.941～14.710 kPa（300～1500 mm H_2O），它的除尘性能与袋式除尘器相近，除尘效率可达 99% 以上，如此高的效率和简单的结构，不仅能减少安装面积，而且还能脱除烟气中部分硫氧化物和氮氧化物。其缺点是压力损失大、动力消耗大及需要污水处理装置。

3）过滤式除尘器

过滤式除尘器（dividing collection devices），又称空气过滤器，其除尘原理是使含尘气体通过多孔滤料，把气体中尘粒截留下来，使气体得到净化。因过滤式除尘器一次性投资比电除尘器少，运行费用又比高效湿式除尘器低，所以得到重视。

目前在除尘技术中运用的过滤式除尘器可分为内部过滤式和外部过滤式两种基本类型。颗粒层除尘器就是利用颗粒状物料（如硅石、砾石、焦炭等）作为填料层的一种内部过滤式除尘装置。其最大特点是耐高温（可达 400℃）、耐腐蚀、耐磨损、滤材可以长期使用、除尘效率高、维修费用低，适用于冲天炉和一般的工业窑炉。其除尘机理主要为靠惯性、截留和扩散作用等，使粉尘颗粒与气流分离开以达到净化的效果。过滤效率随颗粒层厚度及其上面沉积的粉尘层厚度的增加而提高，压力损失也随之增大。

　　布袋式除尘器则属于外部过滤式，粉尘在滤料表面被截留，其性能不受尘源粉尘浓度、粒度和气体流量变化影响，对于粒径为 0.5 μm 的尘粒捕集效率可高达 98%～99%。袋式除尘器的构造如图 2.16 所示。含尘气流从下部进入圆筒形滤袋，在通过滤料孔隙时，粉尘被捕集于滤料上，透过滤料的清洁气体由排气口排出，沉积在滤料上的粉尘可在外力的作用下从滤料表面脱落，落入灰斗中。

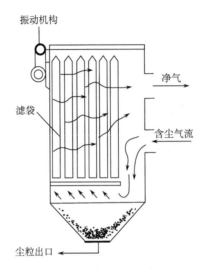

图 2.16　布袋式除尘器结构图

　　虽然布袋式除尘器是最古老的除尘方法之一，但由于它效率高、性能稳定可靠、操作简单，因而得到越来越广泛的应用。同时，在结构型式、滤料、清灰方式和运行方式等方面亦得到了不断发展。

　　4）电除尘器

　　电除尘器（electrostatic precipitators）是含尘气流在高压直流电源产生的不均匀电场中使尘粒荷电，荷电的尘粒在电场库仑力的作用下集向集尘极而达到除尘目的的一种除尘装置。图 2.17 是电除尘器的除尘机理示意图。电除尘器除尘效率高，可达 99.9%以上；能捕集粒径为 0.1 μm 或更小的烟雾；阻力损失小，干式电除尘器的阻力降大约为 98.07 Pa，湿式电除尘器约为 196.14 Pa；维护简单、处理烟气量大、操作费用低，多用于大烟气量、含微细粉尘的气体净化。可处理各种不同性质的烟雾，工作温度可达 500℃，湿度可达 100%，也能处理易燃易爆气体。

　　电除尘器有多种分类方法。根据尘粒荷电与集尘是否在同一区域中完成，电除尘器分单区和双区两种，根据电极形状的不同，电除尘器分为平板式和圆筒式两种。此外，根据在除尘过程中是否采用液体或蒸汽介质，又分为湿式和干式。影响干式电除尘器性能的最主要因素之一是粉尘的电阻率。湿式电除尘器通过连续不断地向集尘极喷射液体，使其表面上形成液膜，以防止粉尘飞扬。半湿式电除尘器是间歇地向集尘极表面增湿来防止粉尘再飞扬。这两种形式除尘器具有如下优点。集尘极表面经常被液体冲洗，所以能获得较强的电场；不会因为烟尘的电阻率大而发生反电晕，并且也不会因为烟尘的电阻率小而发生二次飞扬；清灰

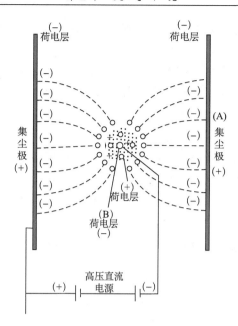

图 2.17　电除尘器的除尘机理示意图

不用撞击振动电极；干式电除尘器的烟气流速一般为 0.5~2 m/s，而湿式电除尘器中烟气流速可以达 2 m/s，一般地，湿式比干式电除尘器处理的烟气量大。但是，湿式、半湿式电除尘器有大量乳浊液需要处理的问题。

上面介绍的几种除尘器，对粒径大于 3 μm 的粉尘颗粒的净化效率非常高，但对颗粒粒径小于 3 μm，特别是对于 0.13~3 μm 之间的微粒的净化效果并不理想，而这些颗粒对人体健康和环境危害非常大。所以，近年来各国对这一粒径范围粉尘颗粒的新的控制装置研究非常重视，除了利用质量力、静电力、过滤、洗涤等除尘机制外，还利用泳力（热泳、扩散泳、光泳等）、磁力、声凝聚、冷凝和蒸发等机理，或是在同一个装置中同时利用几种机理共同作用，试图将新的除尘器对该粒径范围微粒的净化效率提高到最大。

2. 气态污染物治理技术

气态污染物种类繁多，化学性质各异，对其控制要视具体情况采用不同的方法。目前用于气态污染物控制的方法按原理分为：吸收法、吸附法、催化转化法、燃烧净化法、冷凝净化法、生物净化法、膜分离法和电子束照射法等。

1）从烟气中去除 SO_2 的技术

常用的 SO_2 去除的方法有回收法和抛弃法。抛弃法是将脱硫的生成物作为废物抛掉，方法简单、费用低廉，并且同时用于除尘。回收法是将 SO_2 转变成有用的物质回收，成本高，所得副产品存在着应用和销路问题，且通常需在脱硫系统前面配套高效除尘系统。在我国，从国情的长远观点考虑，应以回收为主。

烟气脱硫（flue gas desulfurization，FGD）方法按脱硫剂是液态还是固态分为湿法和干法两种。湿法脱硫是用液体吸收剂洗涤 SO_2，其工艺包括氨法、石灰石-石膏法、钠碱法等。湿法工艺所用设备简单，操作容易，脱硫效益高；但脱硫后烟气温度较低，不利于烟气的排放与扩散。干法脱硫采用固体吸收剂、吸附剂或催化剂除去废气中的 SO_2，干法脱硫包括活性炭法、氧化法等。其优点是脱硫过程无废水、废酸排出，不会造成二次污染，并且节水；缺点是效率低，设备庞大。下面主要介绍几种有代表性的脱硫工艺。

（1）湿式石灰石-石膏法。湿式石灰石-石膏法（wet limestone-gypsum flue gas desulfurization, WFGD）最早由英国皇家化学公司在 20 世纪 30 年代提出，是目前应用最广泛、技术最为成熟的一种烟气脱硫方法，占湿法烟气脱硫的 70%以上。该工艺是用含石灰石的浆液洗涤烟气，SO_2 与浆液中的碱性物质发生化学反应生成亚硫酸盐和硫酸盐，新鲜石灰石或石灰浆液不断加入脱硫液的循环回路。浆液中的固体（包括燃烧灰分）连续从浆液中分离出来并排往沉淀池。总的化学反应式如下：

$$SO_2 + CaCO_3 + 2H_2O \longrightarrow CaSO_3 \cdot 2H_2O + CO_2 \tag{2-44}$$

$$SO_2 + CaO + 2H_2O \longrightarrow CaSO_3 \cdot 2H_2O \tag{2-45}$$

湿式石灰石-石膏法的特点是硫的脱除率高，效率可达 90%以上，能适应大气量、高浓度烟气的脱硫。该法存在的主要问题是吸收系统容易结垢、堵塞，另外设备体积大、操作费用高、水的消耗量大、投资费用高。

（2）氨法。氨法（ammonia absorption desulfurization）是以氨水（$NH_3 \cdot H_2O$）为吸收剂吸收废气（或烟气）中的 SO_2，是较为成熟的方法，已较早地应用于化学工业。氨法脱硫虽然有很多方法，但其吸收过程所涉及的化学反应原理基本是相同的。所不同的是由于吸收液采取再生方法及工艺技术路线的不同，将会得到不同的副产物。

用氨水作吸收剂吸收 SO_2，由于氨容易挥发，实际上是用氨水与 SO_2 反应后生成亚硫酸铵水溶液作为吸收 SO_2 的吸收剂，主要反应如下：

$$(NH_4)_2 SO_3 + SO_2 + H_2O \longrightarrow 2NH_4HSO_3 \tag{2-46}$$

通入氨后的再生反应为

$$NH_4HSO_3 + NH_3 \longrightarrow (NH_4)_2 SO_3 \tag{2-47}$$

对吸收后的混合液用不同方法处理可得到不同的副产物。若用浓硫酸或浓硝酸等对吸收液进行酸解，所得到的副产物为高浓度的 SO_2、$(NH_4)_2SO_4$、NH_4NO_4，该法称为氨-酸法。

若用 NH_3、NH_4HCO_3 等将吸收液中的 NH_4HSO_3 中和为 $(NH_4)_2SO_3$ 后，经分离可得到结晶的 $(NH_3)_2SO_3$，此法不消耗酸，称为氨-亚氨法。

若将吸收液用 NH_3 中和，使吸收液中的 NH_4HSO_3 全部变为 $(NH_4)_2SO_3$ 后，再用空气对 $(NH_4)_2SO_3$ 进行氧化，则可得副产品 $(NH_4)_2SO_4$，此法称为氨-硫铵法。

氨法工艺成熟，流程、工艺简单，操作方便，可将烟气中的有害成分 SO_2 转化成化肥硫酸铵，既可消除 SO_2 对环境的污染，又缓解了生产化肥过程中对 SO_2 的消耗，可谓变废为宝，在我国具有很好的应用前景。

（3）海水脱硫法。海水脱硫法（seawater desulfurization）是利用海水的碱度达到脱除烟气中 SO_2 的一种脱硫方法。在脱硫吸收塔内，大量海水喷淋洗涤进入吸收塔内的燃煤烟气，烟气中的 SO_2 被海水吸收而除去，净化后的烟气经除雾器除雾、经烟气换热器加热后排放。

吸收 SO_2 后的海水与大量未脱硫的海水混合后，经曝气池曝气处理，使其中的 SO_3^{2-} 被氧化成为稳定的 SO_4^{2-}，并使海水的 pH 与化学需氧量（COD）调整达到排放标准后排入大海。海水脱硫工艺一般适用于靠海边、扩散条件较好、用海水作为冷却水、燃用低硫煤的电厂。海水脱硫工艺在挪威比较广泛用于炼铝厂、炼油厂等工业炉窑的烟气脱硫，先后有 20 多套脱硫装置投入运行。近几年，海水脱硫工艺在电厂的应用取得了较快的进展。此种工艺最大问题是烟气脱硫后可能产生重金属沉积，以及其对海洋环境的影响需要长时间的观察才能得出结论，因此在环境质量比较敏感和环保要求较高的区域需慎重考虑。

（4）活性炭法。在有氧及水蒸气存在的条件下，用活性炭吸附 SO_2，不仅存在物理吸附且存在化学吸附。由于活性炭表面具有催化作用，使吸附的 SO_2 被烟气中的 O_3 氧化为 SO_3，SO_3 再和水蒸气反应生成硫酸[式（2-48）]。生成的硫酸可用水洗涤下来，或用加热的方法使之分解生成高浓度的 SO_2。

$$SO_2 + \frac{1}{2}O_2 + H_2O \longrightarrow H_2SO_4 \tag{2-48}$$

活性炭吸附法虽然不消耗酸、碱等原料，过程简单，又无污水排出，但由于活性炭吸附容量有限，因此对吸附剂要求不断再生，操作麻烦。另外为保证吸附率，烟气通达吸附装置的速度不宜过大（一般为 $0.3 \sim 1.2$ m/s）。当处理气量大时，吸附装置体积必须够大才能满足要求，因而不适于大气量烟气的处理，而所得副产物硫酸浓度较低，需进行浓缩才能应用，因此限制了该法的普遍推广应用。

（5）接触氧化法。接触氧化烟气脱硫法（contact oxidation flue gas desulfurization）与工业接触法制酸一样，是以硅石为载体，以五氧化二钒或硫酸钾等为催化剂，使 SO_2 氧化成无水或 78% 的硫酸。此法由于是高温操作，不论操作费还是建设费用都比较高。但由于此法技术上比较成熟，国内外对高含量 SO_2 烟气的治理多采用此法。

（6）炉内燃烧脱硫法。炉内燃烧脱硫（furnace combustion desulfurization）的典型方法是石灰石直接喷射法，将固体石灰石粉直接喷入炉膛，在炉膛内进行脱硫，石灰石粉直接喷入锅炉炉膛后在高温下被煅烧成 CaO，烟气中的 SO_2 就被 CaO 所吸收，当炉内有足够的氧气存在时，吸收的同时还发生氧化反应，由于石灰石粉在炉膛内的停留时间很短，所以，必须在短时间内完成煅烧、吸收、氧化三个过程。该方法投资少、经济性高、工艺设备简单、维修方便、占地面积小，对于一般煤种，脱硫率可达到 40% 左右，可满足排放限额要求，有效地减少对环境的污染，国内外均有少数成功应用实例。

2）从烟气中去除氮氧化物的技术

从烟气中去除 NO_x 的过程简称烟气脱氮（flue gas denitrification）。它与烟气脱硫相似，也需要应用液态或固态的吸收剂或吸附剂来吸收或吸附 NO_x 以达到脱氮的目的。烟气脱氮技术有气相反应法、液体吸收法、吸附法、液膜法、微生物法等几类。

气相反应法又包括三类：电子束照射法和脉冲电晕等离子体法；选择性催化还原法、选择性非催化性还原法和炽热碳还原法；低温常压等离子体分解法等。第一类是利用高能电子产生自由基将 NO 氧化为 NO_2，再与 H_2O 和 NH_3 作用生成 NH_4NO_3 化肥并加以回收，可同时脱硫脱氮；第二类是在催化或非催化条件下，用 NH_3、C 等还原剂将 NO_x 还原为无害 N_2 的方法；第三类则是利用超高压窄脉冲电晕放电产生的高能活性粒子撞击 NO_x 分子，使其化学键断裂分解为 O_2 和 N_2 的方法。

液体吸收 NO_x 的方法较多，应用也较广。NO_x 可以用水、碱溶液、稀硝酸、浓硫酸吸收。由于 NO 极难溶于水或碱溶液，因而湿法脱氮效率一般不很高。于是采用氧化、还原或络合吸收的办法以提高 NO 的净化效果。与干法相比，湿法具有工艺及设备简单、投资少等优点，有些方法还能回收 NO，具有一定的经济效益。缺点是净化效果差。

吸附法脱除 NO_x，常用的吸附剂有分子筛、活性炭、天然沸石、硅胶及泥煤等。其中有些吸附剂如硅胶、分子筛、活性炭等，兼有催化的性能，能将废气中的 NO 催化氧化为 NO_2，然后可用水或碱吸收而得以回收。吸附法脱硝效率高，且能回收 NO_x，但因吸附容量小、吸附剂用量多、设备庞大、再生频繁等，应用不广泛。

总的看来，目前工业上应用的方法主要是气相反应法和液相吸收法两类。这两类方法中又分别以催化还原法和碱吸收法为主，前者可以将废气中的 NO 排放浓度降至较低水平，但消耗大量 NH_3，有的还消耗燃料气，经济亏损大；后者可回收 NO_x 为硝酸盐和亚硝酸盐，有一定经济效益，但净化效率不高，不能把 NO_x 降至较低水平。因此，要找到一种或几种技术上可行、经济上合理、适合我国国情的脱氮技术，还需作出更大的努力。

（1）催化还原法。催化还原法分为非选择性催化还原法和选择性催化还原法（selective catalytic reduction，SCR）两类。

非选择性催化还原法是在一定温度和催化剂（一般为贵金属 Pt、Pd 等）作用下，废气中的 NO_2 和 NO 被还原剂（H_2、CO_2、CH_4 及其他低碳氢化合物等燃料气）还原为 N_2，同时还原剂还与废气中 O_2 作用生成 H_2O 和 CO_2。反应过程放出大量热能。该法燃料耗量，需贵金属作催化剂，还需设置热回收装置，投资大，国内未见使用，国外也逐渐被淘汰，多改用选择性催化还原法。

选择性催化还原法用 NH_3 作还原剂，加入氨至烟气中，NO_x 在 $300\sim400℃$ 的催化剂层中分解为 N_2 和 H_2O。因没有副产物，并且装置结构简单，所以该法适用于处理大气量的烟气。以氨作为还原剂的脱氮反应可表示如下：

$$4NO + 4NH_3 + O_2 \longrightarrow 4N_2 + 6H_2O \qquad (2\text{-}49)$$

运行中，通常取 $NH_3 : NO_x$（摩尔比）为 $0.81\sim0.82$，NO_x 的去除率约为 80%。该方法可用于直接从锅炉引入烟气的情况（高烟尘法），也可用于引入预先除去烟尘烟气的情况（低烟尘法）。高烟尘法的缺点为：催化剂因烟尘而磨耗；氨黏附于飞灰上。前者表示进气口附近的催化剂会产生表面硬化而磨损，这可通过控制进气速度小于 5 m/s 而加以防止；后者可通过维持氨的泄漏浓度在 5 ppm 以下而得到控制。高烟尘法不产生颗粒物黏附于催化剂上的问题，因此硫酸铵和大部分挥发凝缩成分是沉积在烟尘上的，它们会随烟尘一起通过催化剂层和空气加热器进入集尘器除去。低烟尘法的缺点为：烟尘黏附于催化剂上，沉积于空气加热器；通过了高温静电集尘器的细灰（$50\sim100$ mg/m^3）容易黏附于催化剂表面，因此相对较多的挥发凝缩物黏附在细灰上。所以，这种细灰必须用吹灰器或其他办法除去。此外，由于硫酸铵易沉积于空气加热器中，因此必须控制氨的泄漏。高温静电集尘器由于处理气体体积增加而大型化，导致价格上升。

在脱氮装置中催化剂大多采用多孔结构的钛系氧化物，烟气流过催化剂表面，由于扩散作用进入催化剂的细孔中，使 NO_x 的分解反应得以进行。催化剂有许多种形状，如粒状、板状和格状，主要采用板状或格状以防止烟尘堵塞。

选择性非催化还原法（selective non-catalytic reduction，SNCR）是当前 NO_x 治理中广泛采用且具有前途的技术之一。SNCR 通过注入 NH_3 或尿素等还原剂在没有催化剂的情况下发生还原反应。SNCR 通过烟道气流中产生的氨自由基与 NO_x 反应，达到去除 NO_x 的目的，反应式如下：

$$4NH_3 + 4NO + O_2 \longrightarrow 4N_2 + 6H_2O \qquad (2\text{-}50)$$

该反应主要发生在 950℃左右的温度范围内，当温度更高时则可发生正面的竞争反应：

$$4NH_3 + 3O_2 \longrightarrow 2N_2 + 6H_2O \qquad (2\text{-}51)$$

因此在 SNCR 中温度的控制是至关重要的。由于没有催化剂加速反应，故其操作温度高于 SCR 法。为避免 NH_3 被氧化，温度又不宜过高。目前的趋势是以尿素代替 NH_3 作还原剂。SNCR 法的除硝效率为 50%～60%，低于 SCR 法。但 SNCR 的费用（包括设备费和操作费用）仅为 SCR 的 1/5 左右。

（2）碱液吸收法。碱性溶液和 NO_2 反应生成硝酸盐和亚硝酸盐，和 N_2O_3（$NO+NO_2$）反应生成亚硝酸盐。碱性溶液可以是钠、钾、镁、铵等离子的氢氧化物或弱酸盐溶液。当用氨水吸收 NO_2 时，挥发的 NH_3 与 NO_x 和水蒸气还可反应生成气相铵盐。这些铵盐是 0.1～10 μm 的气溶胶微粒，不易被水或碱液捕集，逃逸的铵盐形成白烟；吸收液生成的 NH_4NO_2 也不稳定，当浓度较高、吸收热超过一定温度或溶液 pH 不合适时会发生剧烈分解甚至爆炸，因而限制了氨水吸收法的应用。

碱液吸收法的优点是能将 NO_x 回收为有销路的亚硝酸盐或硝酸盐产品，有一定经济效益。工艺流程和设备也较简单。缺点是吸收效率不高，对 NO_2/NO 的比例也有一定限制。

碱液吸收法广泛用于我国常压法、全低压法硝酸尾气处理和其他场合的 NO_x 碱液吸收法废气治理。但该法在我国应用的技术水平不高，吸收后尾气浓度仍很高，常达（1000～8000）$\times 10^{-4}$ 之多，无法达到排放要求。

因此，我国碱液吸收法有待技术改造，以发挥它具有经济效益的优点，克服吸收效率低的缺点。改造的途径，一是有效控制废气中 NO_x 的氧化度；二是强化吸收操作，改进吸收设备和吸收条件。

（3）微生物法。微生物法烟气脱硝的原理：适宜的脱氮菌在有外加碳源的情况下，利用 NO_x 作为氮源，将 NO 还原成最基本的无害的 N_2，而脱氮菌本身获得生长繁殖。其中 NO_2 先溶于水中形成 NO_3 及 NO_2 再被生物还原为 N_2，而 NO 则是吸附在微生物表面后直接被微生物还原为 N_2。在废气的生物处理中，微生物的存在形式可分为悬浮生长系统和附着生长系统两种。悬浮生长系统即微生物及其营养物配料存在于液相中，气体中的污染物通过与悬浮物接触后转移到液相中而被微生物所净化，其形式有喷淋塔、鼓泡塔等生物洗涤器，如图 2.18 （a）所示。附着生长系统，如图 2.18（b）所示，废气在增湿后进入生物滤床，通过滤层时，污染物从气相中转移到生物膜表面并被微生物净化。悬浮生长系统及附着生长系统在净化 NO_x 方面各具有优势。前者相对后者来说，微生物的环境条件及操作条件易于控制，但因 NO_x 中的 NO 占有较大的比例，而 NO 又不易溶于水，使得 NO 的净化率不高。

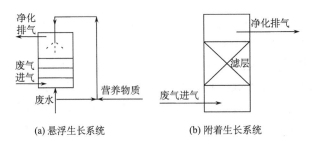

(a) 悬浮生长系统　　　　　　　　　(b) 附着生长系统

图 2.18　喷淋塔生物洗涤器和生物滤床示意图

微生物法处理污染物是一个自然过程，人类所研究的只是强化和优化该过程，主要是从强化传质和控制有利于转化反应过程的条件两方面着手：凭借细胞固定化技术，可提高单位体积内微生物浓度；通过对温度、湿度、pH 等环境因素的控制，可使微生物处于最佳生长状态，提高其对 NO_x 的净化率；通过合适的支撑材料的选择可有效改善气流条件、增强传质能力等。随着研究的不断深入，该技术将会从各方面得到全面的发展。

（4）液膜法。液膜法净化烟气是美国能源部匹兹堡能源技术中心（PETC）开发的。国外如美国、加拿大、日本等国都对液膜法进行了大量的研究。液膜为含水液体，原则上对 NO_x 有吸附作用的液体均可作为液膜，但需经实验证明气体在其中渗透性良好才能使用。

综上，烟气脱氮新技术的研究与开发为进一步治理 NO_x 污染提供了许多新的途径，各种经济有效的高技术烟气脱氮方法将会不断出现。随着生物技术的高速发展，微生物烟气脱硝技术作为一种实用性强、技术新颖的生物工程技术，将具有十分诱人的前景。

3）挥发性有机化合物控制技术

挥发性有机化合物（volatile organic compounds, VOCs）是一类有机化合物的统称。在常温下它们的蒸发速率大，易挥发。有些 VOCs 是无毒无害的，有些则是有毒有害的，如常见的甲苯、对二甲苯、苯乙烯、甲醛、乙醛等。VOCs 的危害正在被人们逐渐认识，许多污染现象与危害都与其有关。VOCs 部分来源于大型固定源（如化工厂等）的排放，大量来自交通工具、电镀、喷漆及有机溶剂使用过程中所排放的废气。VOCs 是复合型大气污染的重要前体物，目前已成为仅次于颗粒污染物的第二大气污染物，控制 VOCs 排放是减少雾霾和光化学烟雾的有效措施。目前对这类污染物的控制尚缺少经济有效的技术手段，我国已从法规、标准、税费等多方面治理 VOCs 的排放。下面仅在分析 VOCs 特征的基础上，简要介绍几种VOCs 污染控制技术。

（1）燃烧法。燃烧法（combustion）又分直接燃烧、热力燃烧和催化燃烧。直接燃烧是把可燃的 VOCs 废气当作燃料来燃烧的一种方法。该法适合处理高含量 VOCs 废气，燃烧温度控制在 1100℃以上时去除效率可达 99%以上。但这种方法不仅造成浪费还将产生的大量污染物排入大气，近年来已较少使用。热力燃烧是当废气中可燃物含量较低时，使其作为助燃气或燃烧对象，依靠辅助燃料产生的热力将废气温度提高，从而在燃烧室中使废气氧化销毁。催化燃烧是在系统中使用合适的催化剂，使废气中的有机物质在较低温度下氧化分解的方法，催化燃烧技术是近几十年对环保与节能的要求日益迫切的形势下应运而生的一门新型技术。此方法主要优点有起燃温度低，能耗低，处理效率高，无二次污染，对有机物浓度和组分处理范围宽，启动能耗低并能回收输出的部分热能，所需设备体积小，造价低；主要缺点是当有机废气含量太低时，需要大量补充外加的热量才能维持催化反应的进行。

（2）吸附法。吸附法（adsorption）是利用比表面积非常大的具有多孔结构的吸附剂将 VOCs 分子截留。当废气通过吸附床时，VOCs 就被吸附在孔内，使气体得到净化，净化后的气体排入大气。吸附效果主要取决于吸附剂的性质，VOCs 的种类、含量和吸附系统的操作温度、湿度、压力等因素。常用的吸附剂有颗粒活性炭、活性炭纤维、沸石、分子筛、多孔黏土矿石、活性氧化铝、硅胶和高聚物吸附树脂等。但是此方法也存在不足之处，吸附剂的容量小、所需的吸附剂量较大，从而导致气流阻力大、设备投资高、占地面积大、吸附后的吸附剂需要定期再生处理和更换。

（3）吸收法。吸收法（absorption）是利用 VOCs 的物理和化学性质，使用液体吸收剂与废气直接接触而将 VOCs 转移到吸收剂中。通常对 VOCs 的吸收为物理吸收，使用的吸收剂主要为柴油、煤油、水等。任何可溶解于吸附剂的有机物均可以从气相转移到液相中，然后对吸收液进行处理。吸收效果主要取决于吸收剂的性能和吸收设备的结构特征。吸收剂选取的原则是对 VOCs 溶解度大、选择性强、蒸气压低、无毒、化学性质稳定性好等。吸收装置有喷淋塔、填充塔、各类洗涤器、气泡塔、筛板塔等。根据吸收效率、设备本身阻力及操作难易程度来选择塔、器等装置的种类，有时可选择多级联合吸收。此方法的不足之处在于吸收剂后期处理投资大，对有机成分选择性大，易出现二次污染。

（4）冷凝法。冷凝法（condensation）是最简单的回收方法，它是将废气冷却到低于有机物的露点温度，使有机物冷凝成液滴而从气体中分离出来。主要使用的冷却介质有冷水、冷冻盐水和液氨。通常该技术仅用于 VOCs 含量高、气体量较小的有机废气回收处理。其回收率与有机物的沸点有关，沸点较高时，回收率高，沸点较低时，回收效果不好。若回收的产品无使用价值时，还需要二次处理，从而增加了处理费用。由于操作温度低于 VOCs 的凝结点，因此需要不断除霜以免冻结在蛇形冷凝管上。该法往往与其他方法结合使用，如冷凝-吸收法、冷凝-压缩法等。

4）从排烟中去除氟化物的技术

随着炼铝工业、磷肥工业、硅酸盐工业及氟化学工业的发展，氟化物的污染越来越严重。由于氟化物易溶于水和碱性水溶液中，因此去除气体中的氟化物一般多采用湿法。但是湿法的工艺流程及设备较为复杂。20 世纪 50 年代出现了用干法从烟气中回收氟化物的新工艺。

（1）湿法净化流程分为地面排烟净化系统和天窗排烟净化系统。地面排烟净化系统净化电解槽上方，由集气罩抽出含氟化物多的烟气；而天窗排烟净化系统主要用于净化由于加工操作或集气罩等装置不够严密而泄漏在车间的含氟化物烟气。

（2）干法净化用固态氧化铝为吸附剂，吸附后含氟化物的氧化铝可作为炼铝的原料。干法净化多用于地面排烟系统，也应用于磷矿石生产磷、磷酸、磷肥等过程所发生的氟化物治理。干法的净化效率达 98% 以上。氟化物的治理除上述方法外，还有如下三种方法：第一，先用水吸收，然后用石灰乳中和法，此法回收产物为氟化钙；第二，用硫酸钠水溶液为吸收剂的吸收法，此法回收产物为氟化氢；第三，用稀氟硅酸溶液吸收烟气中氟化氢和氟化硅法，此法回收产物为 10%～25% 的氟硅酸。

思考题

1. 什么是气溶胶？气溶胶粒子有哪些基本类型？

2. 何为一次污染物？何为二次污染物？相比较而言其危害程度如何？试举例说明。

3. 大气中存在的主要污染物可分成哪几类？

4. 什么是温度层结？请列出温度层结的类型及其出现的天气情况。

5. 什么是光化学烟雾？其形成条件是什么？对人体有什么危害？

6. 气象条件与大气污染的关系是什么？请举例说明。

7. 如何通过科学规划来减轻城市大气污染？

8. 试述化学吸收和化学吸附的定义及两者之间的区别。

9. 试述重力除尘、湿式除尘、旋风除尘装置的工作原理。

第3章 水体环境

【导读】水是人类生活和生产活动中不可缺少的物质资源，水资源对于社会可持续发展具有重要的影响。目前，全世界的淡水资源仅占总水量的 2.5%，其中 70% 以上被冻结在南极和北极的冰盖中，加上难以利用的高山冰川和永冻积雪，有 86% 的淡水资源难以利用。人类真正能够利用的淡水资源是江河湖泊和地下水中的一部分，仅占地球总水量的 0.26%。我国是一个干旱、缺水严重的国家。我国的淡水资源总量为 28000 亿 m^2，占全球水资源的 6%，仅次于巴西、俄罗斯和加拿大，名列世界第四位。但是，我国的人均水资源量只有 2300 m^3，仅为世界平均水平的 1/4，是全球人均水资源最贫乏的国家之一。由于人类过度使用水资源，全球的大河如尼罗河、黄河、科罗拉多河一般在旱季难以流入海洋，导致湿地和内陆水系干涸。此外，我国水污染问题日益突出，全国废水排放量由 1980 年的 315 亿 t 增加到 2014 年的 695.4 亿 t，50% 的城市地下水受到不同程度的污染。大型淡水湖泊和城市湖泊、水库均达到中等以上的污染程度。赤潮发生频率增加，海洋污染日益严重，严重的水环境污染问题已经成为制约我国社会和经济发展的重大问题。积极开展水污染控制技术研究，对于推动我国水污染控制技术的跨越发展，控制水污染、改善水环境、确保水安全，以及促进社会、经济和环境的协调发展具有重要意义。本章比较系统地介绍了水体污染的污染源和污染物、水质指标和水质标准、水污染产生的原因和危害、水体的污染特点和扩散转化规律，最后介绍了水污染的控制技术。在编写中力求理论联系实际，培养分析问题和解决问题的能力。

3.1 天然水的组成和性质

3.1.1 天然水的循环

1. 水循环及其过程

水循环（water cycle）又称水文循环（hydrologic cycle 或 water cycle），是自然界中各类水体相互联系的过程。具体来讲是指地球上各种形态的水，在太阳辐射、重力等作用下，通过蒸发、水汽输送、凝结降水、下渗及径流等环节，不断地发生相态转换和周而复始运动的过程。降水、蒸发和径流是水循环过程的三个最重要环节，这三个环节构成的水循环决定着全球的水量平衡，也决定着一个地区的水资源总量。据估计，全球总的循环水量约为 4961012 m^3/a，不到全球总储水量的万分之四。在这些循环水中，约有 22.4% 为陆地降水，这其中的约 2/3 又从陆地蒸发掉了。蒸发量小于降水量，形成了地面径流。

地球上不同地方的水，通过水循环形成了一个连续而有序的整体，根据不同途径与规模，可以分为大循环和小循环，前者又称外循环或海陆间循环，后者又称内部循环，包括陆地小循环和海洋小循环（图 3.1）。

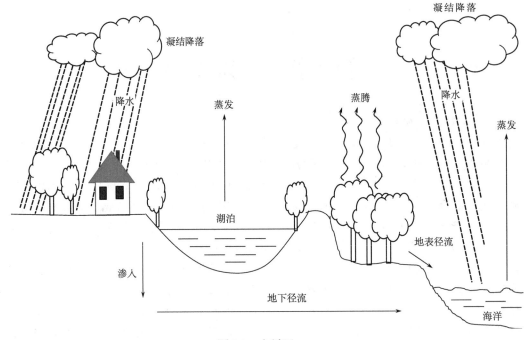

图 3.1　水循环

1）大循环

大循环又称外循环或海陆间循环，是指发生在全球海洋和陆地之间的水交换过程。海水蒸发后，经气流输送到陆地上空，在一定条件下形成降水落到地面，大部分沿地表流动，形成地表径流，一部分下渗形成地下径流，还有一部分被植物截流。在这一过程中，除了一部分通过蒸发、蒸腾作用返回大气，绝大部分最终都汇入海洋，从而维持着海陆间水量的相对平衡。

2）小循环

小循环也称内部循环。陆地与大气之间的水交换过程，称为陆地小循环。海洋与大气之间的水交换过程，称为海洋小循环。前者是指陆地表面和植物蒸腾蒸发的水汽，在陆地上空形成降雨，降落至地表的循环过程。这种循环缺少直接流入海洋的河流，因此与海洋水交换较少，具有一定的独立性。后者是指从海洋表面蒸发的水汽，在海洋上空凝结致雨，直接降落到海面的过程。

在过去的几个世纪里，人类已有能力干预水的循环，而且现在可以改变这一循环，在全球规模上影响环境。人类对水循环最重要的影响是对水的消耗性使用，人们从河流或含水层中抽水用于工业、农业和生活。虽然其中一部分仍返回河流，但很多却被直接蒸发或被作物吸收，减少了河水流量，从而人为改变了水循环。

2. 水循环机理

（1）水循环服从质量守恒定律。水循环的实质是物质和能量的传输、贮存和转化过程，并且在过程中具有连续性。

（2）水循环的基本动力是太阳辐射和重力作用。水的三相变化是水循环的前提条件，地理环境、海陆分布等外部环境制约着水循环的路线、规模和强度。

（3）水循环涉及整个水圈，并深入大气圈、岩石圈及生物圈，同时通过无数条路线实现循环和相变。

（4）水循环从全球尺度上看是闭合系统，但从局部地区看却是开放系统。

（5）水循环仅指水分的循环，水在循环过程中所携带的一些物质，并不像水那样构成完整的循环系统。

3. 水循环的意义

水循环是地球上最重要的物质循环之一，它实现了地球系统水量、能量和地球生物化学物质的迁移和转换，构成了全球性的连续有序的动态大系统。水循环联系着海陆两大系统，塑造着地表形态，制约着地球生态环境的平衡和协调，不断提供再生的淡水资源。因此，水循环对于地球表层结构的演变和人类可持续发展都意义重大。

（1）水循环深刻影响着地球表层结构的形成与演化。水循环不仅将地球上的各种水体组合成连续、统一的水圈，而且在循环过程中渗入大气圈、岩石圈和生物圈，形成相互联系、相互制约的统一整体。

（2）水循环使不同纬度热量收支不平衡的矛盾得到缓解。水循环蕴藏着巨大的物质和能量流动，可以对地表太阳辐射能进行重新分配，是具有全球意义的能量传输过程。

（3）水循环是海陆间联系的主要纽带。海洋通过蒸发，将水汽源源不断地向大陆输送，在一定条件下形成降水，进而影响陆地上一系列的物理、化学和生物过程；而陆地上的径流，又源源不断地向海洋输送大量的泥沙、有机质和各种营养盐类，从而影响海水的性质、海洋沉积和海洋生物等。

（4）水循环不断塑造地表形态。水循环过程中的流水以其持续不端的冲刷和侵蚀作用、搬运和堆积作用，以及水的溶蚀作用，在地质构造的基底上重新塑造了全球的地貌形态。

（5）正因水循环的存在，水才能周而复始地被重新利用，成为可再生资源。水循环的强弱和时空变化，是制约一个地区生态环境平衡和失调的关键，是影响地区生物体活动的主要因子，也可能是造成区域洪、涝、旱等自然灾害的主要原因。

3.1.2 天然水的组成

水是自然界最好的溶剂。天然水在循环过程中不断地和周围物质相接触，或多或少地溶解了一些物质，使天然水成为了一种溶液，成分十分复杂。不同来源的天然水由于自然背景的不同，其水质状况也各不相同。天然水在特定的自然条件下形成，它溶解和混杂了某些固体物质和气体，这些物质大多以分子态、离子态或胶体悬浮态存在于水中，它们组成了各种水体的天然水质。因此，除水本身外，天然水中的物质组成主要包括溶解的气体、各种离子、微量元素、生源物质、胶体物质及悬浮颗粒等（表 3.1）。

1. 主要气体

水中溶解的主要气体是氮气（N_2）、氧气（O_2）、二氧化碳（CO_2）等。此外还有甲烷（CH_4）、氢气（H_2）、硫化氢（H_2S）等微量气体。

表 3.1 天然水体中的物质

溶解气体	主要气体	N_2、O_2、CO_2
	微量气体	CH_4、H_2、H_2S
溶解物质	主要离子	Cl^-、SO_4^{2-}、HCO_3^-、CO_3^{2-}、Na^+、Ca^{2+}、Mg^{2+}
	生物生成物	NH_4^+、NO_3^-、NO_2^-、HPO_4^{2-}、$H_2PO_4^-$、PO_4^{3-}、Fe^{2+}、Fe^{3+}
	微量元素	Br^-、I^-、F^-、Ni^{2+}、Zn^{2+}、Ba^{2+}等
胶体物质	有机胶体	SiO_2、$Fe(OH)_3$、$Al(OH)_3$
	无机胶体	腐殖质胶体
悬浮物质		细菌、藻类及原生动物、黏土和其他不溶物质

O_2 和 CO_2 的意义最大。它们影响水生生物的生存和繁殖，以及水中物质的溶解、反应等化学行为和微生物的生化行为。水生动物吸收 O_2，放出 CO_2。水生植物吸收 CO_2，进行光合作用放出 O_2。水中动、植物残骸的腐烂也消耗 O_2。天然水中 O_2 含量的变动范围一般是 $0\sim14$ mg/L，河水和湖水中 CO_2 的含量一般低于 $20\sim30$ mg/L。

天然水中还含有少量的 H_2S，其来源于含硫蛋白质的分解及硫酸盐类的还原作用，还有火山喷发等。但一般地表水中 H_2S 含量极低，深层地下水、矿泉水中 H_2S 含量较高。

2. 主要离子

水中溶解的离子主要有九种：钾离子（K^+）、钠离子（Na^+）、钙离子（Ca^{2+}）、镁离子（Mg^{2+}）、铁离子（Fe^{3+}）、氯离子（Cl^-）、硫酸根离子（SO_4^{2-}）、碳酸氢根离子（HCO_3^-）、碳酸根离子（CO_3^{2-}）等。这九种离子可占水中溶解固体总量的 $95\%\sim99\%$。

天然水中氢离子（H^+）含量较低，大多数天然水的 pH 在 $6.8\sim8.5$ 之间。

3. 微量元素

天然水中的微量元素有 Br、I、F 及含量极微的 Cu、Co、Ni、Cr、As、Hg、V、Mn、Zn、Mo、Ag、Cd、B、Sr、Ba、Al、Au、Be、Se 等微量元素及放射性元素如 Ra、Rn 等。例如，天然水中 Hg 的含量介于 $0.001\sim0.1$ mg/L 之间，Cr 含量小于 0.01 mg/L，在河流和淡水湖中 Cu 的含量平均为 0.02 mg/L，Co 为 0.0043 mg/L，Ni 为 0.001 mg/L。

4. 生源物质

天然水中有磷酸根（PO_4^{3-}）、硝酸盐（NO_3^-）、亚硝酸盐（NO_2^-）、铵盐（NH_4^+）等水生植物必需的养分，其中含 N 离子在一定条件下可以相互转化。

5. 胶体

天然水中还存在着主要由动植物残骸分解产生的有机物质，土壤中胡敏酸、富里酸等也可进入水体，它们多数以胶体状态存在，少数溶解在水中，其成分非常复杂。

6. 悬浮物质

水中的悬浮物质主要是沙粒、黏土等，也包括浮游动物和浮游植物、各种细菌类等。

受人类活动影响的水体，其水中所含的物质种类、数量、结构均与天然水质有所不同。以天然水中所含的物质作为背景值，可以判断人类活动对水体的影响程度，以便及时采取措施，提高水体水质，使之朝着有益于人类的方向发展。

3.1.3　天然水的水质特点和性质

1. 水质特点

1）大气降水

大气降水（atmospheric precipitation）由海洋和陆地蒸发的水蒸气凝结而成，以雨、雪等形式降落地面，包括液态水或固态水。它的组成很大程度上取决于地区条件，例如，靠近海岸处的降水可能混入风卷入的海水飞沫，其中 Na^+、Cl^- 含量较高；内陆降水可能混入大气中的灰尘、细菌及各种污染物质。一般初降雨水或干旱地区雨水中杂质较多，而长期降雨或细润地区雨水中杂质较少。但总的来说，大气降水是杂质很少而矿化度很低的软水。

2）河水

河水（river water）的化学成分受多种因素的影响，如河流集水面积内被侵蚀的岩石性质、流动过程中补给水源的成分、流域面积内的气候调节及水生生物活动等。河水的含盐量多在 $100 \sim 200$ mg/L，一般不超过 500 mg/L。河水中各种主要离子的比例为 $Ca^{2+} > Na^+$，$HCO_3^- > SO_4^{2-} > Cl^-$，但也有例外。河水中的溶解氧通常呈饱和状态，但当河水受到有机物和无机还原性物质的污染时会出现缺氧，这些污染物被氧化分解后仍可恢复正常。

3）湖泊水

湖泊水（lake water）是由河流和地下水补给而形成的，水的组成成分与湖泊所处的水文、气候、地质、生物等条件密切相关。湖泊有着与河流不同的水文条件，湖水流动缓慢而蒸发面积大，通常水体相对稳定，在蒸发量大的地区可形成咸水湖。湖水中主要离子的比例一般为 $Ca^{2+} > Na^+$，$HCO_3^- > SO_4^{2-} > Cl^-$，少量 $Na^+ > Ca^{2+}$，个别的有 $SO_4^{2-} > HCO_3^-$，而 $Cl^- > HCO_3^-$ 是咸水湖的特点。

湖水中的生物营养元素 N、P 非常重要，过多地排入 N、P 会造成湖泊的富营养化，使藻类大量繁殖，藻类死亡分解要消耗大量溶解氧，使湖泊水质恶化。

水库是人工形成的湖泊，其水质规律基本与湖泊相似，但在水交换时，水质规律类似于河流。

4）地下水

地下水（ground water）是指赋存于地面以下岩石空隙中的水，狭义上是指地下水面以下饱和含水层中的水。在国家标准《水文地质术语》（GB/T 14157—1993）中，地下水是指埋藏在地表以下各种形式的重力水。地下水是降水经过土壤和底层的渗流而成的。部分河水和湖水也会通过河床和湖床的渗流而成为地下水的一个来源。

地下水经过土壤和底层的渗透、过滤，几乎全部去除了从空气和地面带来的颗粒杂质，因此，地下水是比较透明、无色的，有极少悬浮物质、极少细菌，温度较低且变化幅度小。但水可溶解与其接触的土壤和地层，溶入较多的矿物质。而且在渗透过程中，一些有机物会被细菌分解为无机盐类，这也增加了地下水的含盐量。分解产生的 CO_2、H_2S 等还会使水具有还原性，可溶解 Fe、Mn 等金属，使它们以低价离子进入水中。因此，有的地下水含 Fe、Mn 较多。此外，水中原有的溶解氧常在地层下被有机物氧化所耗尽，故地下水往往缺少溶解氧。

地下水是水资源的重要组成部分，其由于水量稳定、水质好，是农业灌溉、工矿和城市的重要水源之一。但在一定条件下，地下水的变化也会引起沼泽化、盐渍化、滑坡、地面沉降等不利自然现象。

2. 天然水的性质

1）碳酸平衡

CO_2 在水中形成酸，可与岩石中的碱性物质发生反应，并可通过沉淀反应变为沉积物而从水中除去。在水和生物体之间的生物化学交换中，CO_2 占有独特的地位，溶解的碳酸盐化合态与岩石圈、大气圈进行均相、多相的酸碱反应和交换反应，对于调节天然水的 pH 和组成起着重要作用。

在水体中存在着 CO_2、H_2CO_3、HCO_3^- 和 CO_3^{2-} 四种化合态，常把 CO_2 和 H_2CO_3 合并为 $H_2CO_3^*$。因此，水中 $H_2CO_3^*$—HCO_3^-—CO_3^{2-} 体系可用下面的反应表示：

$$CO_2 + H_2O \rightleftharpoons H_2CO_3^* \tag{3-1}$$

$$H_2CO_3^* \rightleftharpoons HCO_3^- + H^+ \tag{3-2}$$

$$HCO_3^- \rightleftharpoons CO_3^{2-} + H^+ \tag{3-3}$$

2）碱度和酸度

碱度是指水中能与强酸发生中和作用的全部物质，即能接受质子 H^+ 的物质的总量。组成水中碱度的物质可以归纳为三类：①强碱，如 NaOH、$Ca(OH)_2$ 等，在溶液中全部电离成 OH^-；②弱碱，如 NH_3、$C_6H_5NH_2$ 等，在水中部分发生反应生成 OH^-；③强碱弱酸盐，如各种碳酸盐、重碳酸盐、硅酸盐、磷酸盐、硫化物和腐殖酸盐等，它们水解时生成 OH^- 或者接受质子 H^+。弱碱及强碱弱酸盐在中和过程中不断继续产生 OH^-，直到全部中和完毕。

和碱相反，酸度是指水中能与强碱发生中和作用的全部物质，即放出 H^+ 或经过水解能产生 H^+ 的物质的总量。组成水中酸度的物质也可归纳为三类：①强酸，如 HCl、H_2SO_4、HNO_3 等；②弱酸，如 CO_2、H_2CO_3、H_2S、蛋白质及各种有机酸类；③强酸弱碱盐，如 $FeCl_3$、$Al(SO_4)_3$ 等。

3）缓冲性

天然水体的 pH 一般在 6～9 之间，而且对某一水体，其 pH 几乎保持不变，这表明天然水体具有一定的缓冲能力，是一个缓冲体系。一般认为，各种碳酸化合物是控制水体 pH 的主要因素，并使水体具有缓冲作用。但最近研究表明，水体与周围环境之间发生的多种物理、化学和生物化学反应，对水体的 pH 也有着重要的作用。但无论如何，碳酸化合物仍是水体缓冲作用的重要因素。因而，人们时常根据它的存在情况来估算水体的缓冲能力。

3.2 水环境污染及其评价指标

3.2.1 水体污染及其污染源

1. 水体

水体（water body）一般是指地面水和地下水的总称。在环境学中，水体不仅包括水本身，还包括水中的悬浮物、溶解物质、胶体物质、底质（泥）和水生生物等，应把它看作完整的生态系统或完整的综合自然体。水体按其类型不同可分为陆地水体和海洋水体及地表水体和地下水体等。

水体还可按类型和区域划分。

按类型可分为：①海洋水体，包括海和洋；②陆地水体，包括地表水体（河流、湖泊、沼泽和水库等）和地下水体。

按区域就是按某一具体的被水覆盖的地段而言的，如太湖、洞庭湖、鄱阳湖。按类型划分，它们同属于陆地水体中的地表水体内的湖泊；按区域划分，它们是三个区域的三个不同的水体。又如长江、黄河、珠江，按类型划分它们同属于陆地水体中的地表水体内的河流；但按区域概念，它们是分属三个流域的三条水系。

在水环境污染的研究中区分水与水体的概念十分重要。例如，重金属污染物易于从水中转移到底泥中，水中重金属的含量一般都不高，若着眼于水，似乎未受污染，但从水体看，可能受到较严重的污染，使该水体成为长期的初生污染源。

2. 水体污染

水体污染（water body pollution）是指污染物进入河流、海洋、湖泊或地下水等水体后，使其水质和沉积物的物理、化学性质或生物群落组成发生变化，从而降低了水体的使用价值和使用功能，并达到了影响人类正常生产、生活以及影响生态平衡的现象。

水体污染根据来源的不同，可以分为自然污染（nature pollution）和人为污染（man-made pollution）两大类。

自然污染是指自然界自行向水体释放有害物质造成有害影响的现象。例如，岩石和矿物的风化和水解、大气降水及地面径流挟带的各种物质、天然植物在地球化学循环中释放出的物质进入水体后，都会对水体水质产生影响。通常把自然原因造成的水中杂质的含量称为天然水体的背景值或本底浓度。

人为污染是指人类生产和生活活动中产生的废物对水体的污染，对水体造成较大危害的现象，包括工业废水、生活污水和农田水的排放等。此外，固体废物在地面上堆积或倾倒在水中、岸边，废气排放到大气中，经降水的淋洗及地面径流挟带污染物进入水体，都会造成水体污染。

3. 水体污染源

水体污染源（water body pollution sources）是指向水体排放或释放污染物的场所、设备和装置等。各种水体及其循环过程中几乎涉及各种污染源。污染源的类型很多，从环境保护的角度可将水体污染源分为天然污染源和人为污染源。天然污染源是指自然界自行向水体释放有害物质或者造成有害影响的场所，如岩石和矿物的风化和水解、火山喷发、水流冲蚀地面等；人为污染源是指人类活动形成的污染源。在当前的条件下，工业、农业和交通运输业高度发展，人口日益增多并大量集中于城市，水体污染主要是人类的生产和生活活动造成的，因此，水体人为污染是环境保护研究和水污染防治的主要对象。

人为污染源十分复杂。按人类活动可以分为工业、农业、生活、交通等污染源；按污染物种类可以分为物理性、化学性和生物性污染源，以及同时排放多种污染物的混合污染源；按污染物排放的空间分布方式可以分为点源和非点源（或面源）。

1）点源

点源（point source）是指以点状形式排放而使水体造成污染的发生源，污染物由排水沟、渠、管道进入水体，污染物浓度和含量高，成分复杂。工业废水和生活污水是重要的点源，其变化规律呈季节性和随机性。

（1）工业废水。工业废水是水体最重要的污染源。其量大、面广、含污染物多、成分复杂，在水中不易净化，处理也比较困难。不经处理的水具有下列特性：悬浮物质含量高，最高可达 3000 mg/L；需氧量高，COD 为 400～10000mg/L，BOD 为 200～5000mg/L，有机物一般难以降解，对微生物起毒害作用；pH 为 2～13，变化幅度大；温度较高，排入水体可引起热污染；易燃，常含有低燃点的挥发性液体如汽油、苯、甲醇、酒精、石油等；含有多种多样的有害成分，如硫化物、氟化物、Hg、Cd、Cr、As 等。

（2）生活污水。生活污水是指居民在日常生活活动中所产生的废水，它包括由厨房、浴室、厕所等场所排出的污水和污物。其中，99%以上是水，固体物质不到 1%，多为无毒的无机盐类（如氯化物、硫酸盐、磷酸和 Na、K、Ca、Mg 等重碳酸盐）、需氧有机物（如纤维素、淀粉、糖类、脂肪、蛋白质和尿素等）、各种微量金属（如 Zn、Cu、Cr、Mn、Ni、Pb 等）、病原微生物及各种洗涤剂。城市和人口密集的居住区是生活污水的主要来源。

生活污水的水质成分呈较规律的日变化，其水量则呈较规律的季节变化。不经处理的生活污水一般具有以下性质：悬浮物质较低，一般为 200～500 mg/L；属于低浓度的有机废水，一般其 BOD 为 210～600 mg/L；呈弱碱性，一般 pH 为 7.2～7.6；含 N、P 等营养物质较多；含有多种微生物，含有大量细菌，包括病原菌。

2）非点源

非点源（non-point source）在我国多称为水污染面源，是指污染物以面形式分布和排放而造成水体污染的发生源。污染物无固定出口，是以较大范围形式通过降水、地面径流的途径进入水体，具有面广、分散、难以收集、难以治理的特点。坡面径流带来的污染物和农业灌溉水是重要的水体污染非点源。据统计，农业灌溉用水量约占全球总用水量的 70%。随着农药和化肥的大量使用，农田径流排水已成为天然水体的主要污染来源之一。资料表明，一个饲养 1.5 万头牲畜的饲养场雨季时流出的污水中，其 BOD 相当于一个 10 万人口城市的排泄量。

施用于农田的农药和化肥一部分被农作物吸收，其余都残留在土壤和漂浮于大气中，经过降水的淋洗和冲刷，尤其是农田灌溉的排水，这些残留的农药（杀虫剂、除草剂、植物生长调节剂等）和化肥（N、P 等）会随着降水和灌溉排水的径流和渗流汇入地面水和地下水中。有的农药难以降解，在自然界残存相当长的时间，对环境造成了严重危害。面源污染的变化规律主要与农作物的分布和管理水平有关。

3.2.2　水体污染分类与危害

1. 水体污染分类

水体遭到污染，会给人类健康和工农业生产及自然环境造成严重的危害，危害程度取决于污染物质的浓度、特性等多种因素。根据污染物的性质，将水体污染分为三大类，即物理性污染、化学性污染和生物性污染。

1）物理性污染

常见的物理污染有固体物污染、热污染和色度污染等。

（1）固体物污染。包括悬浮态（直径大于 100 nm）或胶体态（直径介于 1～100 nm）两类。悬浮物是水体主要污染物之一。各类废水中均有悬浮杂质，排入水体后影响水体外观和透明度，降低水中藻类的光合作用，对水生生物生长不利。悬浮物还有吸附凝聚重金属及有毒物质的能力。

水体被悬浮物污染，造成的危害主要有以下几个方面：浊度增加，透光性减弱，影响水生生物的生长；水中悬浮物可能堵塞鱼鳃，导致鱼类的死亡；降低了光的穿透能力，减少了水的光合作用，妨碍了水体的自净作用；沉于河底的悬浮物固体形成污泥层，会危害底栖动物的繁殖，影响渔业的生产；产生的污泥层主要由有机物组成，易出现厌氧状态，恶化环境；水中的悬浮物可能成为各种污染物的载体，吸附水中的污染物并随水漂流迁移，扩大了污染区域。

近年来，石油开始成为水体的主要污染物质之一。水体中油类物质主要来自石油运输、近海海底石油开采、油轮事故、工业含油废水的排放、邮轮压舱洗舱，以及铁路内燃机务段、车辆段、铁路油罐车洗刷污水的排放。石油由于密度比水小，在水面上形成一层油膜，从而使大气与水面隔绝，破坏正常的复氧条件，导致水体缺氧，降低水体的自净能力。另外，油还能堵塞鱼的鳃引起鱼窒息死亡，甚至还能使鸟类遭到危害。石油所含的多环芳烃，可通过食物链进入人体，对于人体有致癌作用。

海洋石油污染的最大危害是对海洋生物的影响。水中含油 0.1～0.01 ml/L 时对鱼类及水生生物就会产生有害影响。油膜和油块能粘住大量鱼卵和幼鱼，有人做过实验，将比目鱼的鱼卵放在含石油或石油产品 10^{-3}～10^{-2} ml/L 的海洋水中，经两昼夜即死亡；当油的浓度为 10^{-5}～10^{-4} ml/L

时，只有 55%～89%的鱼卵出壳的瞬间有生活能力。在含石油的水中，破壳而出的大多数前仔鱼是畸形的，身体基本上是歪曲的，没有生活能力。在含油浓度为 10^{-4} ml/L 时，所有破卵壳而出的幼鱼都有缺陷，并在一昼夜内死亡。在石油浓度为 10^{-5} ml/L 时，畸形前仔鱼的数量是 23%～40%。所以说，石油污染对幼鱼和鱼卵的危害最大。石油污染短期内对成鱼危害不明显，但石油对水域的慢性污染会使渔业受到较大的危害。同时，海洋石油污染还能使鱼虾类产生石油臭味，降低海产品的食用价值。

水体受溶解性固体污染后，无机盐浓度增加，如作为给水水源，水味涩口，甚至引起腹泻，危害人体健康，工农业用水对此也有严格要求。

（2）热污染。热污染（thermal pollution）是指高温废水排入水体后，使水温升高，水的物理性质发生变化，危害水生动植物繁殖和生长的现象。热污染主要来源于工矿企业向江河排放的冷却水，当热水排入水体时，造成的后果主要有：水温升高，溶解氧的含量下降，造成水生生物的窒息死亡；导致水中化学反应速度加快，引起水体的物理化学性质急剧变化和臭味加剧；某些有毒物质的毒性作用增加，对鱼类及水生生物的生长有不利的影响；加速水体中细菌和藻类的繁殖。

（3）色度污染。城市污水，特别是有色工业废水（印染、造纸、农药、焦化和有机化工等排放的废水）排入水体后，使水体形成色度，引起人们感官的不悦。水体色度加深，使透光性降低，影响水生生物的光合作用，抑制其生长，妨害水体的自净作用。

2）化学性污染

常见的化学性污染有酸、碱污染，重金属污染，营养物质污染，需氧性有机物污染，持久性有机污染物污染，油脂类污染等。

（1）酸、碱污染。污染水体中的酸主要来源于矿山排水及许多工业废水，如化肥、农药、黏胶纤维、酸法造纸等工业的废水。例如，美国水体中，酸的 70%来自矿山排水，主要由硫化矿物的氧化作用产生：

$$4FeS_2 + 15O_2 + 14H_2O \Longrightarrow 8H_2SO_4 + 4Fe(OH)_3 \downarrow \qquad (3\text{-}4)$$

碱性废水主要来自碱法造纸、化学纤维制造、制碱、制革等工业废水。

酸、碱污染会改变水体的 pH，使微生物的生长受到抑制，水体的自净能力受到影响；还会腐蚀船舶和水下建筑物，影响渔业，破坏生态平衡，并使水体不适于做饮用水源或其他工、农业用水。渔业水体规定的 pH 范围为 6～9.2，超过此范围，鱼类的生殖率下降，鱼类死亡；农业用水的 pH 范围为 5.5～8.5；工业用水对 pH 也有严格的要求。

（2）重金属污染。重金属是构成地壳的物质，在自然界分布非常广泛，是指比重大于或等于 5.0 的金属。重金属在自然环境的各部分均存在着本底含量，在正常的天然水中含量均很低。在环境污染方面所说的重金属主要指 Hg、Cd、Pb、Cr 等生物毒性显著的重金属元素，还包括具有重金属特性的 Zn、Cu、Co、Ni、Sn 等。

重金属对人体健康及生态环境的危害极大。重金属污染最主要的特性是：不能被生物降解，有时还可能被生物转化为毒性更大的物质（如无机汞被转化成甲基汞）；能被生物富集于体内，既危害生物，又能通过食物链，成千上万倍地富集，从而对人体产生相当高的危害。例如，Hg 可被淡水鱼富集 1000 倍，Cr 可被富集 4000 倍。

Hg 俗称水银，还有白澒、姹女、澒、神胶、元水、铅精、流珠、元珠、赤汞、砂汞、灵液、活宝、子明等别称，是常温常压下唯一以液态存在的金属。Hg 是银白色闪亮的重质液体，化学性质稳定，不溶于酸也不溶于碱。Hg 常温下即可蒸发，Hg 蒸气和 Hg 的化合物多有剧毒（慢性）。有机汞比无机汞的毒性更大，更容易被吸收和积累，长期毒性的后果很严重。人的致死剂量为 1～2 g。Hg 浓度为 0.006～0.01 mg/L 时可使鱼类或其他水生植物死亡，浓度为 0.01mg/L 时可抑制水体的自净作用。甲基汞能大量积累于脑中，引起乏力、动作失调、精神错乱甚至死亡。最著名的例子就是日本水俣病事件。水体 Hg 的污染主要来自生产 Hg 的厂矿、有色金属冶炼及使用 Hg 的生产部门排出的工业废水，尤以化工生产中 Hg 的排放为主要污染来源。

Cd，有泥土的意思，于 1817 年发现，和 Zn 一同存在于自然界中。它是一种吸收中子的优良金属。Cd 是一种积累富集型毒物，且在人体内代谢较慢，进入人体后，主要积累于肝、肾和骨骼中。能引起骨节变形、自然骨折、腰关节受损，有时还引起心血管病。这种病潜伏期为 10 年多，发病后难以治疗。Cd 浓度为 0.2～1.1 mg/L 时可使鱼类死亡，浓度为 0.1 mg/L 时对水体的自净作用有害，如日本富士山事件。

工业含 Cd 废水的排放，大气 Cd 尘的沉降和雨水对地面的冲刷，都可使 Cd 进入水体。Cd 是水迁移性元素，除了 CdS 外，其他 Cd 的化合物均能溶于水。进入水体的 Cd 还可与无机和有机配位体生成多种可溶性配合物。

Pb 是原子量最大的非放射性元素，也是一种积累富集型重金属毒物，如摄取 Pb 量每日超过 0.3～1.0 mg/L，Pb 就可在人体内积累，引起贫血、肾炎、神经炎等症状。Pb 浓度 0.1 mg/L 时，可破坏水体自净作用。

由于人类活动及工业的发展，几乎在地球上每个角落都能检测出 Pb。矿山开采、金属冶炼、汽车废气、燃煤、油漆、涂料等都是环境中 Pb 的主要来源。岩石风化及人类的生产活动，使 Pd 不断由岩石向大气、水、土壤、生物转移，从而对人体的健康构成潜在威胁。

（3）营养物质污染。N、P 是植物的营养物质，随污水排入水体后，会产生一系列的转化过程。硝酸盐在缺氧、酸性的条件下，可以还原为亚硝酸盐，而亚硝酸盐与仲胺作用，会形成亚硝胺，这是一种"三致"（致癌、致畸、致突变）物质，这种反应也能在人胃中进行。水体的 N、P 污染主要表现在水体富营养化的促进上。富营养化是湖泊分类和演化的一种概念，是湖泊水体老化的自然现象。在自然条件下，湖泊由贫营养湖演变为富营养湖，进而发展成沼泽地，直至最后的旱地，这个过程需要几万年甚至几十万年。但受 N、P 等植物营养物质污染后，水体中藻类（主要是裸藻及甲藻）和其他浮游生物（如夜光虫）大量繁殖生长，呈胶质状藻类覆盖水面。因占优势的浮游生物的不同而使水面呈现出蓝色、红色、棕色和乳白色等。在江河、湖泊和水库中称为水华，在海洋中称为赤潮。覆盖在水面的藻类隔绝了大气对水体的复氧，加上藻类自身的死亡和腐化，消耗水中大量的溶解氧。藻类还会堵塞鱼鳃，加上缺氧的环境，造成鱼类的窒息死亡，死亡的藻类与鱼类不断沉积于水体底部，逐渐淤积，最终导致水体演变成沼泽和旱地，从而使富营养化进程大大加速。这种演变同样可以发生在近海、水库甚至水流速度较为缓慢的江河。日本濑户内海频繁发生赤潮，造成鱼类大量死亡。1972 年 8 月 17～21 日，发生了一次严重的赤潮，死鱼达 1420 万尾，损失达 71 亿元。我国武汉东湖、杭州西湖、南京玄武湖、昆明滇池等湖泊也出现过富营养化污染，渤海湾、珠江口附近的海域时有赤潮发生。

水体中 N、P 营养物质的最主要来源有以下几方面。

雨水：众多统计资料表明，雨水中的硝酸盐含量在 0.16～1.06 mg/L，氨氮含量在 0.04～1.70 mg/L，P 含量在 0.10 mg/L 至不可检测的范围内。由此可见，大面积湖体或水库中，从雨水受纳氮营养物质的数量还是相当大的。

农业排水：首先是天然固氮作用和农用 N、P 肥的作用，使土壤中积累了相当数量的营养物质，它们可随农田排水流入邻近的水体。当庄稼生长期很短而没有充分吸取农田中的肥料或者农田有很大坡度时，这种流失就更为严重。此外，饲养家畜过程中所产生的废物也含有相当高浓度和相当数量的营养物质，有可能通过排水进入邻近水体。

生活污水：生活污水含有丰富的 N、P 等营养物质，经济发达国家的调查表明，每人每天排入生活污水的 P、N 量分别为 12～14 g 和 1.3～5.0 g。

工业废水：某些工业废水，如化肥、制革、造纸等工业废水中常含有一定数量的 N、P 等营养物质。

（4）需氧性有机物污染（耗氧性有机物污染）。有机物可分为自然形成的有机物和人工合成的有机物两类。自然形成的有机物主要包括糖、蛋白质、脂肪、有机酸类、醇类等，易于生物降解，在此过程中，需要消耗水中的溶解氧。有氧条件下，有机物在好氧微生物作用下转化，主要产物为 CO_2、H_2O 等稳定物质；无氧条件下，有机物则在厌氧微生物作用下转化，主要产物为 CH_4、CO_2、H_2O、H_2S、NH_3 等，其产物既有毒害作用，又有恶臭味，严重影响卫生环境，造成公害。生活污水和很多工业废水，如食品工业、石油化工工业、制革工业、焦化工业等废水中都含有这类有机物。

虽然好氧分解的产物无害，但在分解过程中要消耗水体或者环境中的溶解氧，故有机物又称为好氧物质，当水体中的有机物浓度较高时，微生物耗氧量很大，从大气中补充的氧不再需要，会使水中溶解氧的含量下降，从而导致鱼类和水生物的死亡。如果完全缺氧，则有机物将转入厌氧分解。

大量需氧性有机物排入水体，会引起微生物繁殖和溶解氧的消耗。当水中溶解氧降低至 4 mg/L 以下时，鱼类和水生生物将不能在水中生存。水中的溶解氧耗尽后，有机物降解由于厌氧微生物的作用而发酵，生成大量的 NH_3、H_2S、硫醇等带恶臭的气体，使水质变黑发臭，造成水环境严重恶化。需氧有机物污染是水体污染中最常见的一种污染。

（5）持久性有机污染物污染。按照《关于持久性有机污染物的斯德哥尔摩公约》界定，可以将有机污染物分为持久性有机污染物（persistent organic pollutants, POPs）和其他有机污染物，基本类别如图 3.2 所示。

持久性有机污染物是指通过各种环境介质（大气、水、生物体等）能够长距离迁移并长期存在于环境，具有长期残留性、生物蓄积性、半挥发性和高毒性，且能通过食物网积聚，对人类健康和环境具有严重危害的天然或人工合成的有机污染物质。国际 POPs 公约首批持久性有机污染物分为有机氯杀虫剂、工业化学品和非故意生产的副产物三类。

2009 年 4 月 16 日，环境保护部会同国家发展和改革委员会等 10 个相关管理部门联合发布公告（2009 年 23 号），决定自 2009 年 5 月 17 日起，禁止在中国境内生产、流通、使用和进出口滴滴涕、氯丹、灭蚁灵及六氯苯（滴滴涕用于可接受用途除外），兑现了中国关于 2009 年 5 月停止特定豁免用途、全面淘汰杀虫剂 POPs 的履约承诺。

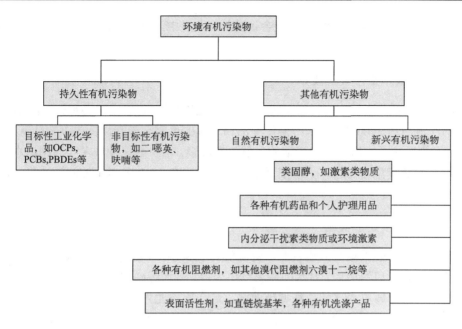

图 3.2 环境有机污染物的基本类别

（6）油脂类污染。含油废水的排放和石油产品的泄漏是这类污染的主要来源。水体受到油脂类物质污染后，会呈现出五颜六色，感官性状差。油脂含量高时，水面上结成油膜，能隔绝水面与大气，影响水生生物的生长与繁殖，破坏水体的自净功能。油脂还会堵塞鱼鳃，造成鱼类窒息而死亡。

3）生物性污染

生物性污染主要指致病病菌及病毒的污染。生活污水，特别是医院污水和某些工业（如生物制品、制革、酿造、屠宰等）废水污染水体，往往带入大量病原菌、寄生虫卵和病毒等。常见的致病病菌是肠道传染病菌，如伤寒、霍乱和细菌性疾病等。它们可以通过人畜粪便的污染而进入水体，随水流而传播。一些病毒（常见的有肠道杆菌和肝炎病毒等）及某些寄生虫（如吸血虫、蛔虫等）也可通过水流传播。这些病原微生物随水迅速蔓延，给人类健康带来极大威胁。例如，印度新德里市 1955～1956 年发生了一次传染性肝炎，将近 10 万人患肝炎，其中黄疸肝炎 29300 人。

2. 水环境污染的危害

水环境污染的危害是多方面的，主要表现为以下几方面。

1）严重影响人的身体健康

据 2004 年资料表明，全国有 70%以上的河流、湖泊受到不同程度的污染，目前全国有 3亿多人饮水不安全，其中 1.9 亿人饮用水中有害物质含量超标。不清洁的饮用水正在威胁着我国许多地区居民的健康。污染水对人体的危害一般有两类：一类是污水中的致癌微生物、病毒等引起传染性疾病；另一类是污水中含有的有毒物质（如重金属）和致癌物质导致人中毒或死亡。据 1992 年联合国环境与发展会议估计，发展中国家有 80%的疾病和 1/3 的死亡与饮用污染水有关。

2）水污染造成水生态系统破坏

水环境的恶化破坏了水体的水生环境，导致水生生物资源的减少或绝迹。据统计，全国鱼虾绝迹的河流约达 2400 km。水污染使湖泊和水库的鱼类有异味，体内毒物严重超标，无法食用。水污染恶化了水域原有的清洁的自然生态环境。水质恶化使许多江河湖泊水体浑浊，气味变臭，尤其是富营养化加速了湖泊衰亡。全国面积在 11 km^2 以上的湖泊数量，在 30 年间减少了 543 个。

3）水污染加剧了缺水状况

中国是一个缺水的国家，人均占有水资源仅为 2330 m^3，相当于世界人均拥有量的 1/4。随着经济的发展和人口的增加，对水的需求将更为迫切。水污染实际上减少了可用水资源量，使中国面临的缺水问题更为严峻。在城市地区，这一问题尤为突出，例如，北京人均水资源占有量仅有我国人均占有量的 1/6。目前，中国缺水城市有 300 多个。南方城市因水污染导致的缺水占这些城市总缺水量的 60%～70%，在北方和沿海城市缺水则更为严重。显然，如果对水污染趋势不加以控制，我国今后的缺水状况将更加严重。

4）水污染对农作物的危害

我国是一个农业大国，农业灌溉用水量超过全国总用水量的 3/4。目前，引用污染水灌溉农田而危害农作物的情况不容忽视。如果灌溉水中的污染物质浓度过高会杀死农作物，有些污染物又会引起农作物变种，如只开花不结果、只长秸不结籽等，引起减产。

3.2.3　水质指标与水环境质量标准

1. 水质指标

水质指标（water quality index）是指水与其所含杂质共同表现出来的物理学、化学和生物学的综合特性，是水质性质及其量化的具体表现，还是控制和掌握污水处理设备的处理效果与运行状态的重要依据。水质指标表示生活饮用水、工农业用水及各种受污染水中污染物质的最高容许浓度或限量阈值的具体限制和要求。它是判断水污染程度的具体衡量尺度。

水体污染有时可以直接地察觉到，例如，水改变了颜色，变得浑浊，散发出难闻的气味，某些生物的减少或死亡，某种生物的出现或骤增等。但有时水体污染是直观察觉不出的，需要借助于仪器观察分析或调查研究。通常采用水质指标来衡量水质的好坏和水体被污染的程度。水质指标项目繁多，可以分为四大类：

第一类，物理性水质指标，包括感官性物理性状指标，如温度、色度、嗅和味、浑浊度和透明度等；其他物理性状指标，如总固体、悬浮固体、可见固体和电导率等。

第二类，化学性水质指标，包括一般的化学性水质指标，如 pH、碱度、硬度、各种阳离子、各种阴离子、总含盐量和一般有机物质等；有毒的化学性水质指标，如重金属、氰化物、多环芳烃和各种农药等；有关氧平衡的水质指标，如溶解氧、化学需氧量、生物化学需氧量、总需氧量等。

第三类，生物学水质指标，包括细菌总数、总大肠菌群数等。

第四类，放射性指标，包括总 α 射线、总 β 射线、铀、镭、钍等。

有些指标用某一物理参数或某一物质的浓度来表示，是单项指标，如温度、pH、溶解氧等；而有些指标则是根据某一类物质的共同特性来表明在多种因素的作用下所形成的水质状况，称为综合指标。例如，生化耗氧量表示水中能被生物降解的有机物的污染状况，总硬度表示水中含钙、镁等无机盐类的多少。

以下是对污染防治工作中常用的一些水质指标的简要说明。

1）悬浮物（suspended solid，SS）

它是指 1 L 水中被标准滤膜（0.45 μm）截留的悬浮固态物质，单位为 mg/L。其中既有有机颗粒（如动植物组织碎片），也有无机固体颗粒（如泥沙各种矿物等）。悬浮物的多少与水体的浑浊度直接相关，也与水体的用途关系密切。例如，自来水厂取水口等对此指标十分关注，在造纸废水、皮革废水、选矿废水等工业废水中，悬浮物指标均较高，大量排放会造成水体污染。

2）溶解氧（dissolved oxygen，DO）

水中的溶解氧是水生生物生存的基本条件，一般含量低于 4 mg/L（与水温有关）时鱼类就会窒息死亡。溶解氧高，适于微生物生长，水体自净能力强。水中缺乏溶解氧时，厌氧细菌大量繁殖，水体发臭。因此，溶解氧是判断水体是否污染和污染程度的重要指标。影响溶解氧的因素很多，如水温、水压、水气接触面积等，但对于某一特定的水体在一定时期内，上述影响因素是相对稳定的。影响水中溶解氧数量的因素主要是水中的光合作用、曝光作用等；呼吸作用、有机物分解耗氧等又可减少溶解氧的作用。两方面作用的平衡，决定了水中溶解氧的多少。

3）pH

pH 反映水的酸碱性质，被列为检验污水水质的重要指标之一。天然水的 pH 一般在 6～9，决定于水体所在环境的物理、化学和生物特性。饮用水的适宜 pH 应在 6.5～8.5。生活污水一般呈弱碱性，而工业污水的 pH 偏离中性范围较大，其排放会对天然水体的酸碱特性产生较大影响。污水的 pH 对污水处理及综合利用，对水中生物的生长繁殖等都有很大影响。此外，大气中的污染物质（如 SO_2，NO_x 等）也会影响水体的 pH。

4）有机物含量

水体中有机物种类繁多，组成较为复杂，依靠现有的技术难以分类测定其含量，而且实际运用中也没有必要。于是，从有机污染物消耗水中溶解氧的共性出发，以某些间接指标反映其总量或分类含量较为实用。因此，实际中一般以化学需氧量（COD）、生物化学需氧量（BOD）、总需氧量（TOD）及总有机碳（TOC）等指标反映这类污染物。除 TOD 外，常把 COD、BOD 和 TOC 称为三氧。

（1）化学需氧量（chemical oxygen demand，COD）。指用化学氧化剂氧化水中有机污染物和无机物时所需的氧量，以每升水消耗氧的毫克数表示，单位为 mg/L。COD 值越高，表示水中有机污染物污染越重。目前常用的氧化剂主要是高锰酸钾和重铬酸钾。高锰酸钾（COD_{Mn}）适用于测定一般地表水。重铬酸钾（COD_{Cr}）氧化能力较强，对有机物反应较完全，适用于分析污染较严重的水样。目前，国际标准化组织（ISO）规定，化学需氧量指 COD_{Cr}，而称 COD_{Mn} 为高锰酸盐指数。

COD 所测定的内容范围是不含氧的有机物和含氧有机物中碳的部分，实际上是反映有机物中碳的耗氧量。另外，COD 不仅氧化了有机物，而且对各种还原态的无机物（如硫化物、亚硝酸盐、氨、低价铁盐等）亦具氧化作用。

（2）生物化学需氧量（bio-chemical oxygen demand，BOD）。表示水中有机物被好氧微生物分解时所需的氧量，简称生化需氧量，单位为 mg/L。它反映在有氧条件下，水中可生物降解的有机物的量。BOD 越高，表示水中需氧有机物质越多。有机物经微生物氧化分解的过程一般可分为两个阶段：第一阶段为碳化阶段，主要是有机物被转化成为 CO_2、H_2O 和氨等；第二阶段为硝化阶段，主要是氨被转化为亚硝酸盐和硝酸盐。因为微生物的活动与温度有关，一般以 20℃作为测定的标准温度。当温度为 20℃时，一般生活污水中的有机物需要 20d 左右才能完成第一阶段的氧化分解过程，在实际工作中是有困难的。为了使测定结果有可比性，通常采用在 20℃的条件下培养 5d，作为测定 BOD 的标准，简称五日生化需氧量，用 BOD_5 表示。目前已颁布了微生传感器快速测定法（HJ/T 86—2002），此时以 BOD 表示，而不使用 BOD_5。

（3）总有机碳（total organic carbon，TOC）和总需氧量（total oxygen demand，TOD）。TOD 是指水中被氧化的物质（主要是有机碳氢化合物，含 S、N、P 等化合物）燃烧变成稳定的氧化物所需的氧量。TOC 是指水中所有有机污染物质中的碳含量，耗氧过程是高温燃烧氧化过程，即把有机碳氧化成 CO_2，然后测得所产生的 CO_2 的量，就可算出污水中有机碳的量。TOC 和 TOD 这两个指标均可用仪器快速测定，几分钟可完成。由于用 BOD 和 COD 两个指标不能全部反映难以分解的有机物的含量，加上测定 BOD 和 COD 都比较费时间，不能快速测定水体被需氧有机物污染的程度，国内外正在提倡用 TOC 和 TOD 作为衡量水质有机物污染的指标。在水质状况基本相同的情况下，特定水质 BOD 与 TOC 或 TOD 直接存在一定的相关关系。特别是 TOC 和 TOD 与 BOD 之间，通过实验建立相关系数，则可快速测定出 TOC，从而推算出 BOD 或 COD 指标。

5）污水的细菌污染指标

1 mL 污水中的细菌数要以千万计。其中大部分是寄生在已丧生活机能的机体上，这些细菌是无害的；另一部分细菌，如霍乱菌、伤寒菌、痢疾菌等则寄生在有生活机能的活的有机体上，它们对人、畜是有害的。对污水进行细菌分析是一项很复杂的工作，在水处理工程中，用两种指标表示水体被细菌污染的程度：1 mL 水中细菌（杂菌）的总数与水中大肠菌的多少。大肠菌群的值可以表明水样被粪便污染的程度，间接表明有肠道病菌存在的可能。

6）有毒有害物质指标（toxic and harmful substances index）

有毒有害物质指标是防止长期累积导致慢性病和癌症的指标，确定的原则是人终身摄入而无觉察的健康风险。一般是根据动物试验及人群调查，由联合国粮农组织，世界卫生组织食品添加剂联合专家委员会，农药残留量联合会议推导出终身摄入而无觉察健康风险的可接受日摄入量（mg/kg 体重计），然后考虑摄入量中分配到水的部分。确定指标值是再除去四个不确定因素：物种间变异（人与动物之间）、物种内变异（物种个体之间）、研究或数据充分程度，以及影响健康作用的性质和程度。每个因素由专家在 1～10 间选择一个数字，即总不确定因素最大为 10000。因为导入了较大的不确定因素值，故短时间超过标准值不会有有害影响和急性中毒。

我国已制定了"地表水中有害物质的最高允许浓度"的标准，列出 Hg、Cd、Pb、Cr、Cu、Zn、Ni、As、氰化物、硫化物、氟化物、挥发性酚、石油类、六六六、DDT 等 40 种有毒物质。在 GB 3838—2002 中，又增加 80 种有毒物质的水环境质量标准。

以上 6 个指标是表示水体污染情况的重要指标。此外，还有温度、颜色、放射性物质浓度等，也是反映水体污染情况的指标。

2. 水环境质量标准（water environmental quality standards）

水的用途很广，在生活、工业、农业、渔业和环境（如景观用水）等各个方面都会使用大量的水。世界各国针对不同的用途，对用水的水质建立起相应的物理、化学和生物学的质量标准。保护地面水体免受污染是环境保护的重要任务之一，它直接影响水资源的合理开发和有效利用。这就要求一方面要制定水体的环境质量标准，以便保护水体并合理安全开发水资源；另一方面要控制污水的排放标准，控制污水排放，保护水体。

1）地面水环境质量标准

我国已有的水环境质量标准有《地表水环境质量标准》（GB 3838—2002）、《生活饮用水卫生标准》（GB 5749—2006）、《渔业水质标准》（GB 11607—1989）、《景观娱乐用水水质标准》（GB 12941—1991）、《农田灌溉水质标准》（GB 5084—2005）、《海水水质标准》（GB 3097—1997）等。这些标准详细说明了各类水体中污染物的允许最高含量，以保证水环境及用水质量。

《地表水环境质量标准》（GB 3838—2002）按照地表水环境功能分类和保护目标规定了水环境质量应控制的项目及限值，以及水质评价、水质项目的分析方法和标准的实施与监督。该标准适用于我国领域内江河、湖泊、运河、渠道、水库等具有使用功能的地表水水域。根据地面水域使用的目的和保护目标，我国将地表水划分为五类（表 3.2）。

表 3.2　地表水水域环境功能分类

类别	功能
Ⅰ类	主要适用于源头水、国家自然保护区
Ⅱ类	主要适用于集中式生活饮用水地表水源地一级保护区、珍稀水生生物栖息地、鱼虾类产卵地、仔稚幼鱼的索饵场等
Ⅲ类	主要适用于集中式生活饮用水地表水源地二级保护区、鱼虾类越冬场、洄游通道、水产养殖区等渔业水域及游泳区
Ⅳ类	主要适用于一般工业用水区及人体非直接接触的娱乐用水区
Ⅴ类	主要适用于农业用水区及一般景观要求水域

对应地表水上述五类水域功能，将地表水环境质量标准基本项目标准值分为五类，不同功能类别分别执行相应类别的标准值。水域功能类别高的标准值严于水域功能类别低的标准值。同一水域兼有多类使用功能的，执行最高功能类别对应的标准值。表 3.3 列出了地表水环境质量标准基本项目的标准限值。

表 3.3　地表水环境质量标准基本项目标准

序号	项目	标准值/（mg/L）				
		Ⅰ 类	Ⅱ 类	Ⅲ 类	Ⅳ 类	Ⅴ 类
1	水温/℃	人为造成的环境水温变化应限制在：周平均最大温升≤1，周平均最大温降≤2				
2	pH	6～9				
3	溶解氧≥	饱和率 90%（或 7.5）	6	5	3	2
4	高锰酸盐指数≤	2	4	6	10	15
5	化学需氧量（COD）≤	15	15	20	30	40
6	五日生化需氧量（BOD_5）≤	3	3	4	6	10
7	氨氮（NH_3-N）≤	0.15	0.5	1.0	1.5	2.0
8	总磷（以 P 计）≤	0.02	0.1	0.2	0.3	0.4
9	总氮（湖、库，以 N 计）≤	0.2	0.5	1.0	1.5	2.0
10	铜≤	0.1	1.0	1.0	1.0	1.0
11	锌≤	0.05	1.0	1.0	2.0	2.0
12	氟化物（以 F^- 计）≤	1.0	1.0	1.0	1.5	1.5
13	硒≤	0.01	0.01	0.01	0.02	0.02
14	砷≤	0.05	0.05	0.05	0.1	0.1
15	汞≤	0.00005	0.00005	0.0001	0.001	0.001
16	镉≤	0.001	0.005	0.005	0.005	0.01
17	铬（六价）≤	0.01	0.05	0.05	0.05	0.1
18	铅≤	0.01	0.01	0.05	0.05	0.1
19	氰化物≤	0.005	0.05	0.2	0.2	0.2
20	挥发酚≤	0.002	0.002	0.005	0.01	0.1
21	石油类≤	0.05	0.05	0.05	0.5	0.1
22	阴离子表面活性剂≤	0.2	0.2	0.2	0.3	0.3
23	硫化物≤	0.05	0.1	0.2	0.5	1.0
24	粪大肠菌群（个/L）≤	200	2000	10000	20000	40000

2）污水排放标准（wastewater discharge standards）

为了控制水体污染，保护江河、湖泊、运河、渠道、水库和海洋等地面水体及地下水体水质的良好状态，必须严格控制污水排放。根据我国的自然条件、经济发展水平和科技发展水平，全面规划，充分考虑可持续发展的需要，有重点、有步骤地控制污染源，保护水环境质量，并为此制定了污水的各种排放标准。包括一般排放标准和行业排放标准。

一般排放标准有《污水综合排放标准》（GB 8978—1996）、《农用污泥中污染物控制标准》

（GB 4284—1984）等；我国的造纸、纺织、钢铁、肉类加工等行业也都制定了相应的行业排放标准。

《污水综合排放标准》（GB 8978—1996）适用于排放污水和废水的一切企事业单位，并将排放的污染物按其性质分为两类。

第一类污染物是指能在环境或动植物体内积累，对人体健康产生长远不良影响者，含有此类有害污染物的污水，一律在车间或车间处理设施排出口取样，其最高允许排放浓度必须符合排放标准，不得用稀释的方法代替必要的处理。该类污染物最高允许排放浓度见表 3.4。

第二类污染物是指长远影响小于第一类的污染物质，这些物质包含石油类、挥发酚、氰化物、硫化物、甲醛、苯胺类、硝基苯类等，同时还有 BOD、COD 等综合性指标。在排污单位排出口取样，其最高允许排入浓度必须符合排放标准的规定。对此类污染物要求较松，可用稀释法。

当废水用于灌溉农田时，应持积极慎重的态度，废水水质应符合《农田灌溉水质标准》（GB 5084—2005）；废水排向渔业水体或海洋时，水质应符合《渔业水质标准》（GB 11607—1989）及《海水水质标准》（GB 3097—1997）。需要指出，我国除实行上述对污水排放的浓度控制外，还要实施污染物排放总量的控制。

表 3.4 第一类污染物最高允许排放浓度 （单位：mg/L）

序号	污染物	最高允许排放浓度	序号	污染物	最高允许排放浓度
1	总汞	0.05	8	总镍	1.0
2	烷基汞	不得检出	9	苯并[a]芘	0.00003
3	总镉	0.1	10	总铍	0.005
4	总铬	1.5	11	总银	0.5
5	六价铬	0.5	12	总 α 放射线	1Bq/L
6	总砷	0.5	13	总 β 放射线	10Bq/L
7	总铅	1.0			

3.2.4 水环境容量与保护法规

1. 水环境容量

水体所具有的自净能力就是水环境接纳一定量污染物的能力。一定水体所能容纳污染物的最大负荷称为水环境容量（water environmental capacity），即某水域所能承担外加的某种污染物的最大允许负荷量。水环境容量与水体所处的自净条件（如流量、流速等）、水体中的生物类群组成、污染物本身的性质有关。一般来说，污染物的物理化学性质越稳定，其环境容量越小；易降解有机物的水环境容量比难降解有机物的水环境容量大得多；而重金属污染物的水环境容量则甚微。

水环境容量与水体的用途和功能有十分密切的关系。水体功能越强，对其要求的水质目标越高，其水环境容量将越小；反之，当水体的水质目标不甚严格时，水环境容量可能会大一些。水体对某种污染物质的水环境容量可用下式表示：

$$W = V(C_s - C_b) + C \tag{3-5}$$

式中，W——某地面水体对某污染物的水环境容量，kg；

　　　　V——该地面水体的体积，m^3；

　　　　C_s——地面水中某污染物的环境标准值（水质目标），g/L；

　　　　C_b——地面水中某污染物的环境背景值，g/L；

　　　　C——地面水对该污染物的自净能力，kg。

2. 水环境保护法规

我国政府高度重视环境保护工作，自 1979 年制定并颁布实施了《中华人民共和国环境保护法》（1989 年修正，2014 年再次修订）以来，我国的水环境保护工作取得了长足进展。随着经济建设的快速发展，我国加大了环境保护的法制化进程。为保护水体环境，规范水资源开发利用秩序，实现社会经济可持续发展，我国先后制定了《中华人民共和国水污染防治法》、《水污染物排放许可证管理暂行办法》、《中华人民共和国防止拆船污染环境管理条例》、《饮用水水源保护区污染防治管理规定》、《中华人民共和国防治海岸工程建设项目污染损害海洋环境管理条例》、《中华人民共和国水土保持法》等水环境与资源保护的法律、法规。通过实施"循环经济战略"和《中华人民共和国清洁生产促进法》，开展"一控双达标"，创建"国家环境保护模范城市"，建立"生态示范区"等环保活动及防止水污染的综合治理工程，在一定程度上减缓了经济建设和水资源开发所带来的水环境压力，促进了社会经济的可持续发展。

3.3　污染物在水体中的扩散与转化

3.3.1　污染物在水体中的扩散

污染物进入水体后，水的流动、污染物本身的分散运动，使污染物在水中得以稀释和扩散，从而降低了污染物在水体中的污染浓度，起着一种重要的自净作用。污染物在水体中的扩散作用主要包括推流迁移、分散作用和沉淀三种。

1. 推流迁移

推流迁移是指污染物在水流作用下产生的迁移作用。推流作用只改变水中污染物的位置，并不能降低污染物的浓度。

在推流作用下污染物的迁移通量可按下式计算：

$$f_x = u_x c, \; f_y = u_y c, \; f_z = u_z c \tag{3-6}$$

式中，f_x、f_y、f_z——x、y、z 方向上的污染物推流迁移通量；

　　　　u_x、u_y、u_z——在 x、y、z 方向上的水流速度分量；

　　　　c——污染物在河流水体中的浓度。

2. 分散作用

污染物在河流水体中的分散作用包括三个方面：分子扩散、湍流扩散和弥散。

在确定污染物的分散作用时，假定污染物质点的动力学特性与水的质点一致。这一假设对于多数溶解污染物或呈胶体状的污染物质是可以满足的。

1）分子扩散

由分子的随机运动引起的质点分散现象。分子扩散过程服从菲克（Fick）第一定律，即分子扩散的质量通量与扩散物质的浓度梯度成正比，即

$$Q_x = -D_m \frac{\partial c}{\partial x_x} \tag{3-7}$$

式中，Q_x——x 方向单位时间通过单位面积的扩散物质的质量，简称通量；

c——扩散物质的浓度（单位体积流体中的扩散物质质量）；

$\frac{\partial c}{\partial x_x}$——扩散物质在 x 方向的浓度梯度；

D_m——分子扩散系数，与扩散物的种类和流体温度有关，具有（L^2/T）的量纲。
式中的负号表示扩散物质的扩散方向为从高浓度向低浓度，与浓度梯度相反。

2）湍流扩散

湍流扩散指在河流水体的湍流场中，质点的各种状态（流速、压力、浓度等）的瞬时值相对于其平均值的随机脉动而导致的分散现象。

由于湍流的特点，湍流扩散系数是各向异性的。湍流扩散作用是计算中采用时间平均值描述湍流的各种状态导致的，如果直接用瞬时值计算，就不会出现湍流扩散项。

3）弥散

弥散是由横断面上实际的流速分布不均匀引起的。在用断面平均流速描述实际的运动时，就必须考虑一个附加的、由流速不均匀引起的作用——弥散。弥散作用可以定义为由空间各点湍流流速（或其他状态）的时平均值与流速时平均值的空间平均值的系统差别所产生的分散现象。

由于在实际计算中一般都采用湍流时平均值，因此必然要引入湍流扩散系数。分子扩散系数的数值在河流中为 $10^{-5} \sim 10^{-4}$ m²/s；而湍流扩散系数要大得多，在河流中的量级为 $10^{-2} \sim$ 10 m²/s。弥散作用只有在取湍流时平均值的空间平均值时才发生，因此弥散作用大多发生在河流中。一般河流中弥散作用的量值为 $10 \sim 10^4$ m²/s。

3. 沉淀

沉淀是从液相中产生一个可分离的固相的过程，或是从过饱和溶液中析出的难溶物质。沉淀作用表示一个新的凝结相的形成过程，或由于加入沉淀剂使某些离子成为难溶化合物而沉积的过程。污染物沉淀于水体底泥中，使水中的污染物浓度降低，但增加了水体底泥的污染浓度。如果长期沉淀积累，一旦受到暴雨冲刷，可造成对水体的二次污染，故需慎重对待沉淀作用。

水体的迁移、分散和沉淀三种机制往往同时发生，并相互交织在一起。哪一方面起主导作用，取决于污染物性质、水体的水文学特征等。三者共同作用的结果，使水体中污染物的浓度降低（图 3.3）。

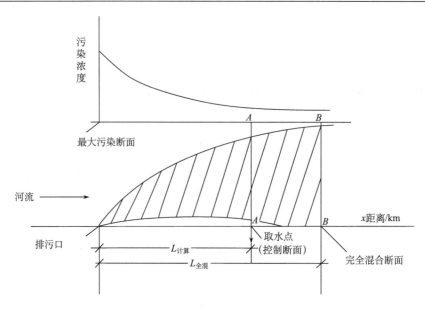

图 3.3　水体物理净化作用过程图

3.3.2　污染物在水体中的转化

1. 化学转化

化学转化是指污染物在水体中以简单或复杂的离子或分子状态迁移，并发生了化学性质或形态、价态上的转化，使水质发生了化学性质的变化，减少了污染危害，如酸碱中和、氧化还原、分解化合、吸附、溶胶凝聚等过程。这些过程能改变污染物在水体中的迁移能力和毒性大小，亦能改变水环境化学反应条件。影响化学自净的环境条件有酸碱度、氧化还原电势、温度、化学组分等。污染物自身的形态和化学性质对化学自净也有很大影响。

1）氧化还原作用

这是水体自净的主要化学作用。水体中的溶解氧可与污染物发生激烈的氧化反应，使水中某些重金属离子被氧化成难溶物而沉淀，例如，Fe、Mn 等被氧化成 $Fe(OH)_3$、$Mn(OH)_2$ 而沉淀。有些被氧化成各种酸根而随水迁移（如 S^{2-} 被氧化成 SO_4^{2-} 等）。还原反应也对水体起着净化作用，但多数情况下是由微生物作用进行的。

2）酸碱反应

天然水体由于含有多种物质，故不呈中性，pH 一般在 6～8 之间。当含酸或含碱污水排入后，pH 发生变化，发生对污染物的净化作用。例如，在碱性条件下，已沉淀于底泥的 Cr^{3+} 可氧化为 Cr^{6+}。又如，AsS 在酸性或中性的天然水中是难溶性物质，沉淀到底泥中，在碱性天然水中能够生成硫代亚砷酸盐成为溶解性物质。

3）吸附与凝聚

吸附与凝聚属于物理化学作用。产生这种净化作用的原因在于天然水中存在着大量具有很大表面能并带电荷的胶体微粒，胶体微粒有使能量变为最小及同性相斥、异性相吸的物理现象，它们将吸附和凝聚水体中各种阴、阳离子，然后聚散或沉降，达到净化目的。

2. 生物化学转化

生物转化是指水体中的污染物经生物吸收和降解作用而发生含量降低，有机污染物向无机物转化，有害物向无害物转化的过程。如污染物的生物分解、生物转化和生物富集等作用。水中一些特殊的微生物种群和高等水生植物如浮萍、凤眼莲、水花生等，能吸收并浓缩水中的 Hg、Cd 等重金属元素或难降解的人工合成有机物，使水逐渐得到净化。本节主要介绍水体中好氧有机物的生物化学转化。

水体中好氧有机物主要指动、植物残体，生活污水，以及某些工业废水中的碳水化合物、脂肪、蛋白质等易分解的有机物，它们在分解过程中要消耗水中的溶解氧，使水质恶化。有机物在水体中的降解是通过化学氧化、光化学氧化和生物化学氧化来实现的，其中生物化学氧化具有最重要的意义。

1）有机物生物化学分解

有机物生物化学分解基本反应可分为两大类。

（1）水解反应。水解反应是指复杂的有机物分子在水解酶的参与下，加以水分子而分解为较简单化合物的反应。其中一类反应可发生在细菌体外，例如，蔗糖本身包含葡萄糖和果糖两部分，在水解后即分为两个分子；另一类水解反应可在微生物细胞内进行，例如，化合物的碳链双键在加水后转化为单键。

（2）氧化反应。有机物的生物氧化作用主要有两类：脱氢作用和脱羧作用。

脱氢作用又可分两种。一种是从—CHOH—基团脱氢，如乳酸形成丙酮酸的反应：

$$CH_3CHOHCOOH \Longleftrightarrow CH_3COCOOH + 2H^+ + 2e^- \qquad (3\text{-}8)$$

另一种是从—CH$_2$CH$_2$—基团脱氢，如由琥珀酸脱氢形成延胡索酸的反应：

$$HOOCCH_2CH_2COOH \Longleftrightarrow 2HOOCCH + 2H^+ + 2e^- \qquad (3\text{-}9)$$

脱羧作用是生物氧化中产生 CO_2 的主要过程。

2）代表性好氧有机物的生物降解

（1）碳水化合物的降解。碳水化合物是由 C、H、O 组成的不含氮的有机物，一般以通式 $C_n(H_2O)_m$ 表示，碳水化合物根据分子构造的特点通常分为三类：单糖、二糖和多糖。细菌或其他微生物首先在细胞膜外通过水解使碳水化合物从多糖至少转化为二糖后，才能透过细胞膜内。例如，淀粉可由淀粉糖化酶参与水解成为乳糖，纤维素可由纤维素水解酶参与转化为纤维二糖等。在细胞外部或内部，二糖可以再水解而成为单糖。例如，乳糖、纤维二糖都可以转化为葡萄糖：

$$C_{12}H_{22}O_{11} + H_2O \longrightarrow 2C_6H_{12}O_5 \qquad (3\text{-}10)$$

（2）脂肪和油类的降解。脂肪和油类也是不含氮的有机物，是由脂肪酸和甘油生成的酯类物质。常温下为固体的是脂肪，多来自动物；液体状态的是油，多来自植物。这类物质比碳水化合物更难以被生物降解，可能是不溶于水的原因而聚集成团，因缺少其他元素，细菌不易生长和繁殖，如果有乳化剂将它们分散开，将有利于发生降解。脂肪的降解也首先在细胞外发生水解，生成甘油和相应的各种脂肪酸。甘油进一步降解转化为丙酮酸，并在有氧条件下达到完全氧化，反应为

$$C_3H_5(OH)_3 \longrightarrow CH_3COCOOH + 4H \qquad (3-11)$$

在有氧条件下丙酮酸继续进入三羟酸循环，达到完全氧化：

$$2CH_3COCOOH + 4H + 6O_2 \longrightarrow 6CO_2 + 6H_2O \qquad (3-12)$$

在无氧条件下，就会进行发酵过程，生成各种有机酸，与碳水化合物相类似。

（3）含氮有机物降解。含氮有机物是指除 C、H、O 外，还含有 N、P、S 等元素的有机化合物，其中包括蛋白质、氨基酸及尿素、胺类、腈类、硝基化合物等。一般来说，含氮有机物的生物降解难于不含氮有机物，其产物污染性强。同时，它的降解产物与不含氮有机物的降解产物发生相互作用，影响整个降解过程。

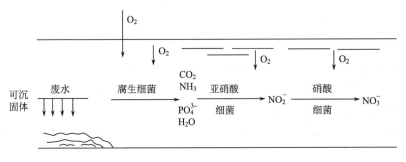

图 3.4　天然水体生物化学净化示意图

有机污染物在水中好氧微生物的作用下氧化分解。微生物利用氧化分解的产物作为养料能量繁殖生长。于是，氧化分解使一部分有机物转变为活的细菌机体；另一部分转变为无机物，有机物得到降解。有机物的氧化分解要消耗一定数量的氧，但是与此同时，通过水面的复氧作用，水体从大气中得到氧的补充（图 3.4）。如果排入水体的有机物在数量上没有超过水体的环境容量（即自净能力），水体中的溶解氧会始终保持在允许的范围内，有机物在水体内进行好氧分解。

如果排入水体的有机物过多，大量地夺取了水中的溶解氧，从大气补充的氧也不能满足需要，说明排入的有机污染物在数量上已经超过了水体的自净能力，水体将出现由于缺氧而产生的一些现象。若完全缺氧，有机物在水体内即将转入厌氧分解。

有机物是水体重要的污染物质。它对于水体的影响与水体中的溶解氧含量有关，保持一定的 DO 含量是使水体中生态系统保持自然平衡的主要因素之一。溶解氧完全消失或其含量低于某一限值时，有机物对水体的污染是严重的。

图 3.5 是接纳大量生活污水的河流的 DO 和 BOD 的变化曲线。

污水集中于 0 点排放，假定排放后立即与河流完全混合。在排放之前，河水中的溶解氧接近饱和（8 mg/L），BOD 值处于正常状态，即低于 4 mg/L，水温为 25℃。

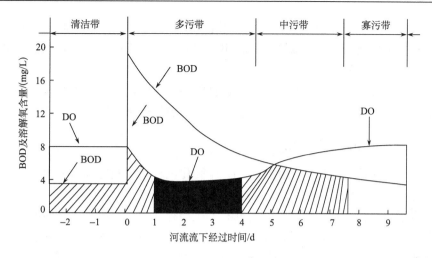

图 3.5 DO 与 BOD 的变化曲线

随着污水排放，在 0 点处 BOD 值急剧上升，高达 20 mg/L，随着河水流动，有机污染物被分解，BOD 值逐渐降低，经过 7.5 d 后，又恢复了原来状态。

污水排放后，河水中的溶解氧被有机物的降解消耗，开始下降，并从流入的第一天开始，含量即低于地表水最低允许含量的 4 mg/L，在流下的 2.5 d 处，降至最低点，以后逐渐回升，在流下的 7.5 d 后，才恢复到原有状态。

人们将接纳大量有机性污水的河流从污水排放后的 BOD 及 DO 曲线，划分为三个相接连的河段（带）：严重污染的多污带、污染较轻的中污带（中污带又可分为强、弱两带）和污染不重的寡污带。每一带除有各自的物理化学特点外，还有各自的生物学特点。各污染带特征见表 3.5。

表 3.5 各污染带特征

项目	多污带	强中污带	弱中污带	寡污带
有机物	水中含有大量有机污染物，多是未分解的蛋白质和碳水化合物	由于蛋白质等有机物的分解，形成了氨基酸和氨	由于氨的进一步分解，出现亚硝酸和硝酸，有机物含量减少	沉淀的污泥也进行分解，形成硝酸盐，水中残余的有机物极少
溶解氧	极少或全无，处于厌氧状态	少量（兼性）	多（好氧）	很多（好氧）
BOD_5	很高	高	低	很低
生物种属	很少	少	多	很多
细菌数/（个/mL）	数十万至数百万	数十万	数万	数百至数十
主要生物群	细菌、纤毛虫	细菌、真菌、绿藻、蓝藻、纤毛虫、轮虫	蓝藻、硅藻、绿藻、软体动物、甲壳动物、鱼类	硅藻、绿藻、软体动物、甲壳动物、鱼类、水昆虫

多污带耗氧有机物污染严重，完全没有溶解氧，生物种类单调，主要是细菌，个体数极多，有时每毫升中细菌数可达几亿个之多。

强中污带开始有一些溶解氧，但生物种类仍然不多，主要是细菌，每毫升水中可达数十万个，但已出现吞食细菌的纤毛虫和轮虫类。

弱中污带由于产生了硝酸盐，藻类大量出现，溶解氧逐步回升，生物种类开始丰富起来，主要是各种藻类（绿藻、硅藻、蓝藻）及轮虫、甲壳动物，细菌数量显著减少，每毫升水中只有数万个，开始出现鱼类。

寡污带耗氧有机物已完全分解，溶解氧已恢复为正常值，藻类的种类和数量增加，出现大量的昆虫，细菌数目极少，鱼类逐渐增多，并出现多种维管束植物。

3. 污染物在水体中衰减和转化

水体中污染物的扩散、化学转化和生物化学转化三种机制往往同时发生，并相互交织在一起。哪一方面起主导作用，取决于污染物性质、水体的水文学和生物性特征。

水体污染恶化过程和水体自净过程是同时产生和存在的。但在某一水体的部分区域或一定的时间内，这两种过程只有一种是相对主要的过程。它决定着水体污染的总特征。这两种过程的主次地位在一定条件下可相互转化。例如，离污水排污口近的水域，往往表现为污染恶化过程，形成严重污染区。在下游水域，则以污染净化过程为主，形成轻度污染区，再向下游最后恢复到原来水体质量的状态（图3.5）。所以，当污染物排入清洁水体之后，水体一般呈现三个不同的水质区，即水质恶化区、水质恢复区和水质清洁区。

进入水环境中的污染物可以分为两大类：保守物质和非保守物质。

保守物质进入水环境以后，随着水流的运动而不断变换所处的空间位置，还由于分散作用不断向周围扩散而降低其初始浓度，但它不会因此而改变总量。重金属、很多高分子有机化合物都属保守物质。对于那些对生态系统有害，或暂时无害但能在水环境中积累，从长远来看是有害的保守物质，要严格控制排放，因为水环境对它们没有净化能力。

非保守性物质进入水环境以后，除了随着水流流动而改变位置，并不断扩散而降低浓度外，还因污染物自身的衰减而加速浓度的下降。非保守性物质的衰减有两种方式，一种是由其自身的运动变化规律决定的，另一种是在水环境因素的作用下，由于化学的或生物的反应而不断衰减，例如，可以生化降解的有机物在水体中的微生物作用下的氧化分解过程。

河流水的推流迁移作用、污染物的分散作用和衰减过程可用图3.6来说明。

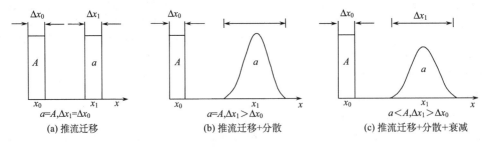

图3.6　推流迁移、分散和衰减作用

假定在 $x=x_0$ 处，河流中的污染物质总量为 A，其分布为直方状，全部物质通过 x_0 的时间为 Δt[图3.6（a）]；经过一段时间，污染物的重心移至 x_1，污染物质的总量为 a。如果只存在推流作用，则 $a=A$，且在 x_1 处的污染物分布形状与 x_0 相同。如果存在推流迁移和分散的双重作用[图3.6（b）]，则仍有 $a=A$，但在 x_1 处的污染物分布形状与初始时不一样，延长了污染物的通过时间。如果同时存在推流迁移、分散和衰减的三重作用，则不仅污染物的分布形状发生了变化，且 $a<A$。

3.3.3　水体的富营养化过程和重金属污染

1. 水体富营养化过程

水体的富营养化是当今人类面临的诸多环境问题之一。当一些流动缓慢的水体，如湖泊、河流、水库及近海水域，水中 N、P 等营养盐类和有机物含量增高时，在适宜条件（主要是光照和温度）下，水生生物（主要是浮游植物）会大量繁殖，在水面成层或水中成团分布。水体出现富营养现象时，浮游生物大量繁殖，水面往往呈现蓝色、红色、棕色、浮白色等，视占优势的浮游生物而异。这种现象在江河湖泊中称为水华，在海中称为赤潮。发生水华或赤潮的水体与大气的气体交换受阻，加之水中生物呼吸作用对溶解氧的消耗，使水体溶解氧严重缺乏（特别是日落后至日出前），造成鱼类、贝类等水生动物窒息死亡；同时因大量有机物质进行厌氧分解，产生各种还原性化合物（如甲烷、硫化氢等），危害水生生物，使水体变黑发臭，甚至失去功能。此外，许多水华或赤潮生物能释放有毒物质，毒害水中其他生物，对于长期饮用此水的动物（包括人类）也会造成毒害。目前，世界上有 30%～40% 的湖泊、水库遭受不同程度的富营养化影响，本不充足的淡水资源变得更加紧缺，人类的生存与发展受到很大影响。

目前公认的富营养化形成原因，主要是适宜的温度，缓慢的水流流态，总 P、总 N 等营养盐相对充足，能给水生生物（主要是藻类）大量繁殖提供丰富的物质基础，导致浮游藻类（或大型水生植物）爆发性增殖。尽管对于不同的水域，由于区域地理特性、自然气候条件、水生生态系统和污染特性等诸多差异，会出现不同的富营养化表现症状，但是，影响水体富营养化发生的主要因素基本是一致的，即温度、水流流态和营养盐。

富营养化可分为天然富营养化和人为富营养化。在自然条件下，湖泊也会从贫营养状态过渡到富营养状态，沉积物不断增多，不过这种自然过程非常缓慢，常需几千年甚至上万年。而人为排放含营养物质的工业废水和生活污水所引起的冰体富营养化现象，可以在短时期出现。

根据测定的项目，富营养化的指标大致可分为物理、化学和生物学 3 种指标，这些指标是衡量富营养化的尺度，但富营养化现象是复杂的，必须把这些因子的复杂性交织在一起才能表示富营养化状态，目前判断水体富营养化一般采用的指标是：N 含量为 0.2～0.3 mg/L 及以上、P 含量大于 0.01～0.02 mg/L、BOD 大于 10 mg/L、pH 7～9 的淡水中，细菌总数超过 10 万个/mL，叶绿素 a 含量大于 10 μg/L。

藻类和一些光合细菌能利用无机盐类制造有机质，称为自养型生物。自然水体中的 P 和 N（特别是 P）在一定程度上是浮游生物数量的控制因素。生活污水、化肥和食品等工业的废水及农田排水中都含有大量 N、P 及其他无机盐类。纳入这些废水后，水体中营养物质增多，促使自养型生物——大型绿色植物和微型藻类旺盛生长。藻类主要分布于水体上层，随着水体富营养化的发展，藻类的个体数量迅速增加，而种类逐渐减少。水体本来以硅藻和绿藻为主，红色颤藻的出现是富营养化的征兆，随着富营养化的发展，最后变为以蓝藻为主。藻类繁殖迅速，生长周期短，有限的营养物质在短期内一再被重复利用，一遇适宜环境就暴发性地繁殖，以致出现水华现象。死亡的水生生物在微生物作用下分解，消耗氧或在厌氧条件下分解，产生硫化氢臭气，使水质不断恶化。同时湖泊逐渐变浅，直到成为沼泽。

富营养化状态一旦形成，水体中营养素就被水生生物吸收，成为其机体的组成部分。在水生生物死亡后的腐烂过程中，营养素又释放入水中，再次被生物利用，形成植物营养物质的循环。因此，富营养化的水体，即使切断外界营养物质的来源，也很难自净和恢复。

水体富营养化最直观的表现是藻类数量的增多和种类的变化。藻类的变化是由于 N、P 等含量过多引起的，这些植物营养物质进入水体，刺激藻类增殖，最终导致恶化。现代湖沼学把这一现象当作湖泊演化过程中逐渐衰亡的一种标志。

天然水体中藻类合成的基本反应式可写为

$$106CO_2 + 16NO_3^- + HPO_4^{2-} + 122H_2O + 18H^+ + 微量元素 \xrightarrow{光} C_{106}H_{263}O_{110}N_{16}P + 138O_2 \quad (3\text{-}13)$$

根据 Justus Liebig（1894）提出的植物生长最小限制因子定律，植物生长繁殖的速度取决于其所需养料中数量最少的那一种。可以看出，在藻类分子式中各种成分所占的质量分数中 P 最小，N 次之。表明 P 是限制水体藻类生长繁殖的最主要因素，N 则次之。当水体中 P、N 等限制因子在内的各方面条件充分满足的情况下，水体的藻类种群就会发生变化，数量大幅度上升，引起水体富营养化的发生。

1）含 N 化合物在水体中的转化

含 N 化合物在水体中的转化分为两步进行，第一步是含 N 化合物如蛋白质、多肽、氨基酸和尿素等有机氮转化为无机氮中的氨氮；第二步则是氨氮的亚硝化和硝化，使无机氮进一步转化。这两步转化反应都是在微生物作用下进行的。

蛋白质的降解首先是在细菌分泌的水解酶的催化作用下进行水解而形成氨，这个过程称为氨化。氨进一步在亚硝化菌的作用下，被氧化为亚硝酸，继而亚硝酸在硝化菌的作用下，进一步氧化为硝酸。

在缺氧的水体中，硝化反应不能进行，却可能在反硝化细菌的作用下，产生反硝化作用而形成 N_2，返回到大气中，这就是反硝化。

一方面从含 N 污染物在水体中的转化过程来看，有机氮→NH_3→NO_2→NO_3 可作为需氧污染物自净过程的判断标志；但从另一方面考虑，这一过程又是耗氧有机物向营养污染物的转化过程，在水中它们提供了藻类繁殖所需的 N 元素。

2）含 P 化合物在水体中的转化

废水中的 P 根据废水的类型而以不同的形式存在，最常见的有磷酸盐、聚磷酸盐和有机磷。生活污水中 70% 的 P 是可溶性的。P 在水体中的转化只能进行固、液之间的循环。水体中的可溶性磷很容易与 Ca^{2+}、Fe^{3+}、Al^{3+} 等离子生成难溶性沉淀物而沉积于水体底泥中。沉积物中的 P，通过湍流扩散再度释放到上层水体中去；或者当沉积物中的可溶解性磷大大超过水中 P 的浓度时，则可能再次释放到水层中去。这些 P 又会被各种水生生物加以利用。

P 在水体中的转化可以看做是一个动态的稳定体系，而 P 又是水体藻类生长的最小控制因子，因此，控制水体富营养化，最重要的是控制 P 污染物进入水体。国内外的大多数研究结果认为，在湖泊水体中 P 的含量超出 0.05 mg/L 时，就会出现藻类迅速增殖现象。若要防止湖泊水体发生富营养化，水体中 P 的含量应控制在 0.02 mg/L 以下，无机氮含量应控制在

0.3 mg/L 以下。

2. 重金属在水体中的迁移转化规律

重金属在水体中不能为微生物所降解，只能产生各种形态之间的相互转化及分解和富集，这种过程称为重金属的迁移。重金属在水环境中的迁移，按照物质运动的形式，可分为机械迁移、物理化学迁移和生物迁移三种基本类型。

机械迁移是指重金属离子以溶解态或颗粒态的形式被水流机械搬运，迁移过程服从水力学原理。

物理化学迁移是指重金属以简单离子、配离子或可溶性分子，在环境中通过一系列物理化学作用（水解、氧化、还原、沉淀、溶解、吸附作用等）所实现的迁移与转化过程。这是重金属在水环境中最重要的迁移转化形式。这种迁移转化的结果决定着重金属在水环境中的存在形式、富集状况和潜在生态危害程度。

重金属在水环境中的物理化学迁移主要包括下述三种作用。

1）沉淀作用

重金属在水中可经过水解反应生成氢氧化物，也可以与相应的阴离子生成硫化物或碳酸盐。这些化合物的溶度积都很小，容易生成沉淀物。沉淀作用的结果，使重金属污染物在水体中的扩散速度和范围受到限制，从水质自净方面看这是有利的，但使大量重金属沉积于排污口附近的底泥中。

2）吸附作用

重金属离子由于带正电，在水中易被带负电的胶体颗粒所吸收。吸附重金属离子的胶体，可以随水流向下游迁移，但大多会很快地沉降下来。因此，这也使重金属容易富集在排水口下游一定范围内的底泥中。

沉淀作用和吸附作用都会造成大量重金属沉积于排污口附近的底泥中。沉积在底泥中的重金属是一个长期的次生污染源，很难治理，当环境条件发生变化时有可能重新释放出来，成为二次污染源。

3）氧化还原作用

氧化还原作用在天然水体中有较重要的地位。氧化还原作用使得重金属在不同条件的水体中以不同的价态存在，而价态不同其活性与毒性也不同。无机汞在水体底泥中或在鱼体中，在微生物的作用下，能够转化为毒性更大的有机汞（甲基汞）；Cr^{6+} 可以还原为 Cr^{3+}，Cr^{3+} 也可能转化为 Cr^{6+}，从毒性上看，Cr^{6+} 的毒性远大于 Cr^{3+}。

生物迁移是指重金属通过生物体的新陈代谢、生长、死亡等过程所进行的迁移。这种迁移过程比较复杂，它既是物理化学问题，也服从生物学规律。所有重金属都能通过生物体迁移，并由此使重金属在某些有机体中富集起来，经食物链的放大作用，构成对人体的危害。

3.4　水体污染的防治措施

3.4.1　水体污染防治原则及对策

水环境污染防治的原则就是"减少污染负荷，增加环境自净能力"，将污染处理和增加水环境自身稀释能力相结合。解决我国水污染问题要从多方面着手，综合考虑，采取有效的防治对策和措施。

1. 减少耗水量，开发新水源

企业技术改造、推行清洁生产、降低单位产品用水量、一水多用、提高水的重复利用率等都是行之有效的节水方法。修建水库、开采地下水、净化海水等可缓解日益紧张的用水压力，但同时要充分考虑对生态环境和社会环境的影响。

2. 产业结构和布局调整

我国的产业结构和布局状况与水资源的空间分布很不匹配。我国的主要农业灌溉区和需水工业大多集中于北方，而水资源分布却是南多北少，导致北方水环境严重恶化。因此调整我国产业结构和布局势在必行。具体来说，一是在北方地区加速发展高新技术产业、第三产业，尽量少建或不建能耗高、污染重的产业；二是加强对老企业的改造和管理，降低其能耗和污染，关、停、并、转耗水量大、污染重、治污代价高的企业；三是遵守"分散集团式"的产业布局原则；四是对耗水量大的农业结构进行调整，走节水农业与可持续发展之路。

3. 建立水资源保护区

为从整体上解决我国水环境恶化的问题，必须有计划地建立不同类型不同级别的水资源保护区，并采取有效措施加以保护。水资源保护区包括流域水资源保护区、山区和平原水资源保护区、大型水利工程水资源保护区和重点城市水资源保护区。

4. 改变原有的水资源管理状态，建立统一的管理、价格体系

原有的水资源管理体系条块分割，水资源的使用和治理分家，利益与义务背离，使我国水环境恶化。应当及时改变原有的管理办法，从部门内调整优化到跨部门的整体管理，逐步形成集开发利用和保护管理于一体的企业化管理体制。另外，还要改变原有的水资源无偿使用的局面和观念，明确水资源的产权，建立起一个合理的水资源价格体系，逐步推行排污总量控制，应用市场机制，有偿使用环境容量。

5. 加强宣传教育，提高人们的水环境保护意识

加强水环境和生态环境保护，实施可持续发展战略，让碧水蓝天再现，是一项极其复杂的系统工程，涉及工、农、林、交通、市政、环保等各行业，需要采用各种行之有效的形式，深入、持久、广泛地开展宣传教育，提高公民的环境保护意识，促进各阶层人士热爱并积极投身于环境保护事业。

水污染防治是一个庞大的系统工程，涉及国家政策、管理技术、市场调节、全民配合等各方面，必须同国民经济和社会发展密切结合，统筹规划，综合治理，建立和完善水污染治理机制，调动全社会的积极性，依靠全社会的力量，才能做好水污染防治工作。

3.4.2 污水的处理方法分类与处理系统

污水处理（wastewater treatment）指为使污水达到排入某一水体或再次使用的水质要求对其进行净化的过程。污水处理被广泛应用于建筑、农业、交通、能源、石化、环保、城市景观、医疗、餐饮等各个领域，也越来越多地走进寻常百姓的日常生活。污水处理的基本任务，就是采用各种技术与手段，将污水中所含的污染物质分离去除回收利用，或将其转化为无害物质，使水得到净化。

污水处理一般分为生产污水处理和生活污水处理。生产污水包括工业污水、农业污水及医疗污水等，而生活污水就是日常生活产生的污水，是指各种形式的无机物和有机物的复杂混合物，包括漂浮和悬浮的大小固体颗粒、胶状和凝胶状扩散物和纯溶液。

1. 污水的处理方法分类

1）按处理原理分类

现代污水处理技术，按原理可分为物理处理法、化学处理法和生物处理法三类（表 3.6）。

表 3.6 各污染带特征

分类	处理方法		处理对象
物理法	稀释		污染物含量低、毒性低
	均衡调节		水质、水量波动大
	沉淀		可沉固体悬浮物
	离心分离法		悬浮物，污泥脱水
	隔油		大颗粒油滴、浮油
	气浮		乳化油和相对密度接近于 1 的悬浮物
	过滤分离法	格栅	粗大悬浮物
		筛网	较小悬浮物和纤维类悬浮物
		砂滤	细小悬浮物和乳油类物质
		布滤	细小悬浮物，沉渣脱水
		微孔管	极细小悬浮物
		微滤机	细小悬浮物
		超滤	相对分子质量较大的有机物
		反渗透	盐类和有机油类
		电渗析	可离解物质，如金属盐类
		扩散渗析	酸碱废液
	热处理法	蒸发	高浓度废液
		结晶	有回收价值的可结晶物质
		冷凝	吹脱、气提后回收高沸点物质
		冷却、冷冻	高温水、高浓度废液
	磁分离法		可磁化物质

续表

分类	处理方法		处理对象
化学法	投药法	混凝	胶体和乳化油
		中和	稀酸性或碱性废水
		氧化还原	溶解性有害物质，如氰化物、硫化物
		化学沉淀	溶解性重金属离子
	传质法	吸附	溶解性物质（分子）
		离子交换	溶解性物质（离子）
		萃取	溶解性物质，如酚类
		吹脱	溶解性气体，如硫化氢、二氧化碳
		蒸馏	溶解性挥发物质，如酚类
		气提	溶解性挥发物质，如酚类、苯胺、甲醛
	电解法		重金属离子
	水质稳定法		循环冷却水
	自然衰变法		放射性物质
	消毒法		含病原微生物废水
生物法	人工	活性污泥法	胶体状和溶解性有机物、氮和磷
		生物膜法	胶体状和溶解性有机物、氮和磷
		厌氧生物处理法	高浓度有机废水和有机污泥
	自然	稳定塘法	胶体状和溶解性有机物
		土地处理法	胶体状、溶解性有机物、氮和磷等

（1）物理处理法。要利用物理作用分离污水中的非溶解性物质，在处理过程中不改变污水的化学性质。常用的有重力分离、离心分离、反渗透、气浮等。物理法处理构筑物较简单、经济，用于村镇水体容量大、自净能力强、污水处理程度要求不高的情况。

（2）化学处理法。是利用化学反应作用来处理或回收污水中的溶解物质或胶体物质的方法，多用于工业废水。常用的有混凝法、中和法、氧化还原法、离子交换法等。化学处理法处理效果好、费用高，多用作生化处理后出水的进一步处理，提高出水水质。

（3）生物处理法。是利用微生物的代谢作用，使污水中呈溶解状态和胶体状态的有机污染物转化为稳定的无害物质。生物处理的主要作用者是微生物，特别是其中的细菌。根据生化反应中 O_2 的需求情况把细菌分为耗氧菌、兼性厌氧菌和厌氧菌。主要依赖好氧菌和兼性厌氧菌的生化作用来完成处理过程的工艺，称为好氧菌处理法；主要依赖厌氧菌和兼性厌氧菌的生化作用来完成处理过程的工艺，称为厌氧生物处理法。常用的生物处理法有活性污泥法、生物膜法、自然生物处理法等。

2）按处理程度分类

现代污水处理技术，按处理程度划分，可分为一级、二级和三级处理。

（1）一级处理（primary treatment）是去除废水中的漂浮物、悬浮物和其他固体物，调节废水的pH，减少废水的腐化和后续处理工艺的负荷。一般经过一级处理后，悬浮物固体的去除率为70%～80%，而 BOD_5 的去除率为25%～40%。废水的净化程度不高，一般达不到排放标准。对二级处理来说,一级处理就是预处理。

(2)二级处理(secondary treatment)可以大幅度地去除废水中的悬浮物、有机污染物和部分金属污染物。长期以来,将生物处理作为污水二级处理的主体工艺。一般通过二级处理后,废水的 BOD_5 和 SS 的去除率分别为90%和88%以上,处理后 BOD_5 含量可以降到20～30 mg/L。废水基本具备排放标准的要求。但还有部分微生物不能降解的有机物、N、P、病原体及一些无机盐等尚不能除去。

(3)三级处理(tertiary treatment)又称深度处理,三级处理的主要对象是营养物质(N、P)及其他溶解性物质,以防止受纳水体发生富营养化和受到难降解有毒化合物的污染。它是将二级处理未能除去的部分进一步净化处理,常用超滤、活性炭吸附、离子交换、电渗析等方法。根据三级处理出水的具体去向和用途,其处理流程和组成单元有所不同。由于三级处理的基础费用和运行费用较为昂贵,因此其发展和推广应用受到一定的限制,目前仅适用于严重缺水区。

污泥(sludge)是污水处理过程中的产物。城市污水处理产生的污泥含有大量有机物,富有肥分,可以作为农肥使用,但又含有大量细菌、寄生虫卵及从工业废水中带来的重金属离子等,需要做稳定与无害化处理。污泥处理的主要方法是减量处理(如浓缩、脱水等)、稳定处理(如厌氧消化、好氧消化等)、综合利用(如生物气利用、污泥农业利用等)、最终处置(如干燥焚烧、填地投海、建筑材料等)。

2. 污水处理系统

污水中的污染物是多种多样的,其性质十分复杂,因此不可能只用一种方法就可以将所有的污染物都去除干净,往往需要将几种单元处理操作联合成一个有机的整体,并合理配置其主次关系和前后次序,才能最经济有效地完成处理任务。这种由单元处理设备合理配置的整体,称为污水处理系统,有时也称为污水处理流程。

污水处理流程的组合,一般应遵循先易后难、先简后繁的规律,即首先去除大块垃圾和漂浮物质,然后再依次去除悬浮固体、胶体物质及溶解性物质。即首先使用物理处理法,然后使用化学处理法和生物处理法。

对于某种污水,采用哪几种处理方法组成系统,要根据污水的水质、水量,回收其中有用物质的可能性、经济性、受纳水体的具体条件,并结合调查研究与经济技术比较后决定,必要时还需进行试验。城市污水处理的典型流程见图3.7。

3.4.3 常用的物理处理方法简介

1. 截流法

截流法就是利用过滤介质截流污水中的悬浮物。过滤介质有钢条、筛网、砂布、塑料、微孔管等。常用的过滤方法有格栅、栅网、微滤机、砂滤机、真空滤机、压滤机等(后两种滤机多用于污泥脱水)。

筛网(screen)多用于纺织、造纸、化纤等类的工业废水处理。近年来,由于城市污水中纤维状污染物日益增多,为有效拦截纤维状污染物,城市污水处理中也越来越多地使用筛网。采用筛网的主要优点有:可截留所有对后续处理构成困难的纤维状污染物,从而减小后

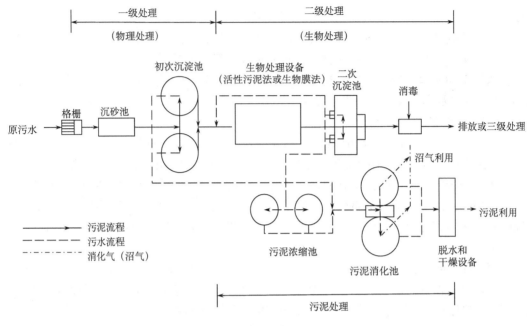

图 3.7　污水处理的典型流程

续设备的维护工作量；可截留大颗粒的有机污染物，从而减小初次沉淀池的污泥量；可使后续处理中的污泥更为均质，有利于污泥的农用与消化。同时也存在着缺点：网渣含水率高，因此需要脱水，网渣水中的有机污染物浓度较高；筛网过水能力低，为避免网前壅水，必须设置多个筛网。

筛网按网眼尺寸分为粗筛网（≥1 mm）、中筛网（1～0.05 mm）和微筛网（≤0.05 mm）。按其运行方式有固定式和旋转式；按筛网形状有转鼓式和带式等。

格栅（bar screen）一般由互相平行的金属栅条、格栅框和清渣耙三部分组成。倾斜放置在污水渠道、泵房集水井的进口处或污水处理厂的前端部（图 3.8）。用以截留较大的悬浮物或漂浮物，如纤维、碎皮、毛发、木屑、果皮、蔬菜、塑料制品等，减轻后续处理构筑物的处理负荷，使之正常运行。被截留的物质称为栅渣，其含水率为 70%～80%，堆密度约为 750 kg/m³。

2. 重力固液分离——沉淀法

重力分离法是一种物理处理方法。利用污水中呈悬浮状的污染物和水相对密度不同，许多悬浮固体的密度比水大。因此，借重力沉降作用，使水中悬浮物分离出来。密度大于水的颗粒将下沉，小于水的则上浮，沉淀法一般只适用于去除 20～100 μm 以上的颗粒（与颗粒的性质和密度有关）。胶体不能用沉淀法去除，需经过混凝处理后，使颗粒尺寸变大，才具有下沉速度。

1）沉淀的基本类型

悬浮颗粒在水中沉淀，可根据其浓度及特征，分为四种基本类型。

（1）自由沉淀。颗粒在沉淀过程中呈离散状态，其形态、尺寸、质量均不改变，下沉不受干扰。典型的例子是砂粒在沉淀池中的沉淀。显然，形成自由沉淀的条件是水中悬浮固体的含量很低，且固体颗粒不具有絮凝特性。

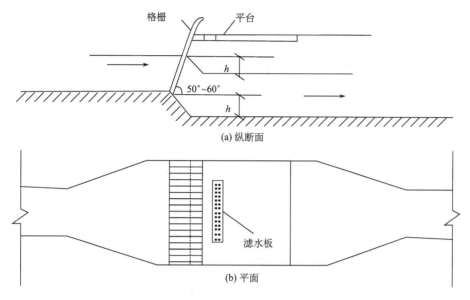

图 3.8　人工清渣的格栅示意图

（2）絮凝沉淀。颗粒在沉淀过程中，其尺寸、质量均会随深度的增加而增大，沉速亦随深度而增加。典型的例子是活性污泥在二次沉淀池中的沉淀。形成絮凝沉淀的条件是，悬浮固体的含量较高，且具有絮凝特性。

（3）拥挤沉淀。又称为分层沉淀，颗粒在水中的浓度较大时，在下沉过程中将彼此干扰，在清水与浑水之间形成明显交界面，并逐渐向下移动。典型的例子是活性污泥在二次沉淀池下部的沉淀过程。形成拥挤沉淀的条件是悬浮固体颗粒粒径大体相等，或悬浮固体含量很高。

（4）压缩沉淀。颗粒在水中的浓度增高到颗粒相互接触并部分地受到压缩物支撑，发生在沉淀池底部。典型的例子是活性污泥在浓缩池中的浓缩过程。形成压缩沉淀的条件是悬浮固体的含量很高，这时通常以固体的含水率来描述。

2）沉降设施

沉淀处理的设备主要有沉砂池和沉淀池。

（1）沉砂池（grit chamber）。作用是去除污水中比重较大的无机颗粒，如泥砂、煤渣等（相对密度约为 2.65）。沉砂池一般设于泵站、倒虹管前，以便减轻无机颗粒对水泵、管道的磨损；也可设于初次沉淀池前，以减轻沉淀池负荷及改善污泥处理构筑物的处理条件。沉砂池按水流流态不同分为平流沉砂池、竖流沉砂池和曝气式沉砂池等。

（2）沉淀池（sedimentation chamber）。按工艺布置不同，分为初沉池和二沉池。初沉池是一级污水处理厂的主体处理构筑物，也可作为二级污水处理厂的预处理构筑物，设在生物处理构筑物的前面。其主要作用是去除有机固体颗粒，一般可除去废水中悬浮固体的 40%～50%，同时可以除去悬浮性的 BOD_5，一般占总 BOD_5 的 20%～30%，从而可以改善生物处理构筑物的运行条件并降低 BOD_5 负荷。二沉池设在生物处理构筑物的后面，用于泥水分离，它是生物处理系统的重要组成部分。

根据池内水流的方向不同，沉淀池的形式可分为五种：平流式沉淀池、竖流式沉淀池、辐流式沉淀池、斜管式沉淀池和斜板式沉淀池等。平流式沉淀池是采用最多的一种。

在污水处理与利用方法中，沉淀法与上浮法常作为其他处理方法前的处理。例如，用生物处理处理污水时，一般需事先经过初沉池去除大部分悬浮物质，减少生化处理构筑物的处理负荷，而经生物处理后的水仍要经过二沉池的处理，进行泥水分离保证出水水质。

3. 离心分离法

当废水在容器绕轴线旋转时，由于废水与悬浮固体颗粒的密度差，重者（悬浮固体）将做离心运动集中至容器壁部分，轻者（废水）将做向心运动集中于容器中心部分，从而达到悬浮固体与废水的分离。

根据离心力产生方式的不同，离心分离设备可分为水旋和器旋两类。水力旋流器、旋流离心池都属于前者，其特点是器体固定不动，而沿切向高速进入器内的物料产生离心力；后者则指离心机，其特点是高速旋转的转鼓带动物料产生离心力。

1）水力旋流器

水力旋流器简称水旋器。根据产生水流旋转能量的来源不同，又可分为压力式和重力式两种，均由钢板或其他耐磨材料制成。压力式水力旋流器上部呈圆筒形，下部是倒置截头圆锥体。进水管以渐收方式，按切线方向与圆筒相接。待处理废水经水泵加压从上部以切线方向进入旋流器后发生高速旋转。首先沿器壁的切线方向，自上而下旋转（一次涡流），至接近锥底后再自下而上旋转（二次涡流）。废水中的悬浮固体颗粒在旋转过程中由于离心力的作用而被甩向器壁，并在重力作用下沿壁下滑，在底部的排泥口排出；而较轻的液体则形成内层旋流自下而上螺旋上升，从中心溢流管流出后再经排水管排出。

重力式水力旋流器又称水力旋流沉淀池。旋流沉淀池有周边配水和中心筒旋流配水两种。在处理废水时，废水也是切向进入容器内，并借助进、出水的压力差在容器内做旋转运动，这种旋流器中，离心力的作用并不重要，固液分离基本上是由重力决定的。重力式水力旋流器具有运行费用低、管理方便，与压力式旋流分离器相比有设备磨损小、动力消耗省等优点。其缺点是沉淀池下部深度较大、施工难度大。

2）离心机

离心机（centrifugal machine）依靠一个可以随轴转动的圆筒（通常称为转鼓），在外界传动设备的驱动下产生高速旋转，圆筒旋转的同时也带动需进行分离的液体一起旋转，由于在液体中不同组分的密度差产生力的差异，从而达到分离污染物的目的。中低速离心机多用于分离纤维类悬浮物和污泥脱水等固液分离，而高速离心机则适于分离乳化油和蛋白质等密度较小的细微悬浮物。

3.4.4　常用的化学处理方法简介

1. 混凝沉淀法

混凝沉淀法（coagulation）简称混凝法，是指向废水中投加混凝剂，使废水中细小的悬浮物和胶体污染物絮凝变大，通过自然沉淀或过滤予以分离。它作为水处理的一个重要工艺，应用十分广泛。混凝沉淀工艺去除的对象是污水中呈胶体和微小悬浮状态的有机盐及无机污染物。从表观而言，就是去除污水的色度和浊度。混凝沉淀还可以去除污水中的某些溶解性物质，如 As、Hg 等，也能够有效地去除能够导致缓流水体富营养化的 N、P 等。与其他处理方法相比，混凝沉淀法设备简单，处理效果较好，但运行费用高，沉淀量大。

1）混凝原理

废水中的微小悬浮物和胶体粒子能在水中长期保持分散悬浮状态，具有一定的稳定性。混凝法就是向水中加入混凝剂来破坏这些细小粒子的稳定性，首先使其相互接触而凝聚，然后形成絮状物并下沉分离。前者称为凝聚，后者称为絮凝，一般将这两个过程合称为混凝。

混凝的机理至今仍未完全清楚，它是混合、反应、凝聚、絮凝等几种过程综合作用的结果，是一个非常复杂的过程。根据所用混凝剂的不同，混凝目前有以下两个方面的作用。

（1）压缩双电层作用。水中胶粒的 ζ 电位（图 3.9）是其保持稳定分散的主要原因。向溶液中投加电解质时，溶液中的反离子浓度增高，这些离子与胶体吸附的反离子发生交换，挤入扩散层，扩散层厚度缩小，更多地挤入滑动面与吸附层，使胶粒带电荷数减少，ζ 电位降低。胶粒间的排斥力减小，吸引力增大，胶粒得以迅速凝聚。当 ζ 电位降低到某一程度，胶体便失去了稳定性，在分子作用下，凝聚成大颗粒而下沉。

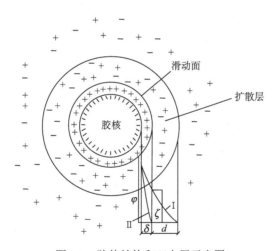

图 3.9　胶体结构和双电层示意图

（2）吸附架桥作用。吸附架桥作用主要是指高分子物质与胶粒的吸附与桥连，还可理解成两个大的同号胶粒中间由于有一个异号胶粒而连接在一起。胶粒表面的吸附来源于各种物理化学作用，如范德华力、氢键、配位键等。这个机理可解释高分子絮凝剂具有较好的絮凝效果的现象。例如，三价铝或铁盐及其他高分子混凝剂溶于水后，经水解和缩聚反应形成高分子聚合物，具有线型结构。这类高分子物质对胶粒有吸附作用，因其线性长度较长，当它的一端吸附某一胶粒后，另一端又吸附另一胶粒，在相距较远的两胶间进行吸附架桥，使颗粒逐渐变大，形成肉眼可见的粗大絮凝体。

2）混凝剂

混凝剂的正确选用是采用混凝沉淀技术的关键环节。目前采用的混凝剂有：硫酸铝、碱式氯化铝，铁盐（主要指硫酸亚铁、三氯化铁及硫酸铁）等。在某些情况下，单独使用混凝剂不能取得良好效果时，可投加辅助药剂来调节、改善混凝条件，提高处理效果，这种辅助药剂通常称为助凝剂。较常用的助凝剂有聚丙烯酰胺（PAM）、活化硅胶、骨胶、海藻酸钠等。

3）混凝工艺流程及设备

混凝处理是一个综合操作过程，包括药剂的制备、投加、混凝、絮凝和沉淀分离几个过程。其简单的工艺流程如图 3.10 所示。混凝剂的投加有干投法和湿投法两种。其中干投法目前很少使用。常用的是湿投法是将混凝剂先溶解，再配制成一定浓度的溶液后定量投加。混凝剂的配制先要在溶解池中进行溶解，然后进入溶液池，用清水稀释到一定的浓度备用。混凝剂的投加过程中需要有计量设备，并能随时调节投加量。混凝剂与废水的混合在混合池中完成。常用的混合方式有水泵混合、隔板混合和机械混合三种。对混合池的最基本要求就是快速均匀。混合完毕后，废水与混凝剂的混合液进入反应池。为了使反应过程得以充分，要求废水在池内有足够的停留时间。常用的反应池有隔板反应池、旋流反应池和机械反应池等。最后，反应后的废水进入沉淀池沉淀。

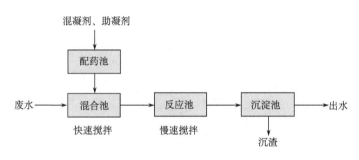

图 3.10 混凝工艺流程图

2. 化学沉淀法

化学沉淀法是指向废水中投加某些化学物质，使它和废水中欲去除的污染物发生直接的化学反应，生成难溶于水的沉淀物而使污染物分离除去的方法。这种处理常用于含重金属、氟化物等工业生产污水的处理。进行化学沉淀的必要条件是能生成难溶盐。加入污水中促使产生沉淀的化学物质称为沉淀剂。按使用沉淀剂的不同，化学沉淀法可分为石灰法（又称氢氧化物沉淀法）、碳化物和钡盐法。例如，处理含 Zn 污水时，一般投加石灰沉淀剂，pH 控制在 9～11 范围内，使其生成氢氧化锌沉淀；处理含 Hg 污水时，可采用硫化钠沉淀剂进行处理；对于含 Cr 污水，可采用碳酸钡、氯化钡、硝酸钡、氢氧化钡等为沉淀剂，生成难溶的铬酸钡沉淀，而使污水去除掉铬离子的污染。由于化学法普遍要加入大量的化学药剂，并以沉淀物的形式沉淀出来。这就决定了化学法处理后会存在大量的二次污染，如大量废渣的产生，而这些废渣目前尚无较好的处理处置方法，所以对其在工程上的应用和以后的可持续发展都存在巨大的负面作用。基于此，该方法在使用过程中应注意以下事项。

（1）增加沉淀剂的使用量，可以提高废水中离子的去除率，但沉淀剂的用量也不宜加得过多，否则会导致相反的作用，一般不要超过理论用量的 20%～50%。

（2）采用化学沉淀法处理工业废水时，产生的沉淀物一般不会形成带电荷的胶体，因此沉淀过程会变得简单，采用普通的平流式沉淀或竖流式沉淀即可，而且停留时间要比生活废水或有机废水处理中的沉淀时间要短，一般要通过实验确定。

（3）当用于不同的处理目标时，所需的投药和反应装置也不相同。有些药剂可以干式投加，而另一些则需要先将药剂溶解并稀释成一定浓度，然后按比例投加。

（4）有些废水或药剂有腐蚀性，采用的投药和反应装置要充分考虑满足防腐要求。

3. 中和法

中和法是利用化学酸碱中和反应的原理消除污水中过量的酸或碱，使其 pH 达到中性的过程。很多工业废水往往含酸或碱。根据我国工业废水和城市污水的排放标准，排放废水的 pH 应在 6.5～8.5 之间。凡是废水含有酸碱而使 pH 超出规定范围的都应加以处理。工业废水含酸、碱的量往往差距很大。通常将酸的含量大于 3%～5% 的含酸废水称为废酸液，将碱的含量大于 1%～3% 的含碱废水称为废碱液。废酸液和废碱液应尽量加以回收利用。低浓度的含酸废水和含碱废水回收的价值不大，可采用中和法处理。

1）酸性废水中和处理

（1）酸性废水和碱性废水混合。若有酸性与碱性两种废水同时均匀地排出，并且两者各自所含的酸、碱量又能够互相平衡，那么，两者可以直接在管道内混合，不需设中和池。但是，对于排水情况经常被动变化时，则必须设置中和池，在中和池内进行中和反应。

（2）投药中和。投药中和可处理任何性质、任何浓度的酸性废水。由于氢氧化钙对废水杂质具有凝聚作用，通常采用石灰乳法，因此它也适用于含杂质多的酸性废水。

（3）过滤中和。中和剂为颗粒时，采用过滤的形式使酸性废水与中和剂充分接触，得到中和。过滤中和一般适用于处理少量含酸浓度低的酸性废水。但对含有大量悬浮物、油、重金属盐类和其他有毒物质的酸性废水，不宜采用。

2）碱性废水中和处理

对碱性废水，一般采用以下中和处理。
（1）向碱性废水中鼓入酸性废气，如烟道气。
（2）向碱性废水中鼓入压缩 CO_2 气体。
（3）向碱性废水中投入酸性或碱性废水。

4. 氧化还原法

氧化还原法（oxidation reduction）是指通过向废水中投加适量的氧化剂或还原剂，利用溶解于废水中的有毒有害物质在氧化还原反应中能被还原或氧化的性质，将其转化为无毒无害新物质的废水处理方法。水处理中常用的氧化剂有 O_2、Cl_2、O_3、$KMnO_4$ 等。常用的还原剂有亚铁盐、Fe（铁粉，铁屑）、Zn、SO_2 和亚硫酸盐等。

氧化还原法又可分为氧化法和还原法。

1）氧化法

氧化法（oxidation process）主要用于处理废水中的氰化物、硫化物、有机物及造成色度、嗅和味的污染物，也可以氧化某些金属离子，还可以杀菌防腐。常用的氧化剂有空气、氧气、臭氧、氯、次氯酸钠、二氧化氯、漂白粉和过氧化氢等，在实际处理过程中，还可根据污染物的特征，选择其他适合的氧化剂。特别是近年来发展起来的高级氧化工艺已引起人们的广泛关注。主要工艺如下。

（1）湿式氧化。湿式氧化（wet air oxidation）工艺是在较高的温度和压力下，利用空气中的氧氧化废水中溶解态和悬浮态有机物的一种污水处理方式，适用于高浓度难降解有机废水和污泥的处理。

（2）臭氧氧化。臭氧分子中的氧原子具有强烈的亲电子或亲质子性，而光能分解产生新生态的氧原子，故臭氧具有较强的氧化性。它对水中有机物具有强烈的氧化分解能力，同时具有较强的杀菌消毒功能，不仅对于一般的细菌，而且对于病毒和芽孢等也有很强的杀伤作用。采用臭氧可以有效地处理炼油废水、印染废水、造纸废水、氨基酸废水、含多环芳烃的废水等。

（3）超临界水氧化。当温度、压力发生变化时，任何一种物质都会相应地呈现固、液、气三种相态，在纯流体的关系图中，固、液、气三相共存的温度和压力即所谓的三相点。从三相点出发，沿着气液饱和线，将某一纯流体升温至临界点，超过临界点以上，气、液两相的分界面消失，成为一个均相体系，此时的流体就称为超临界流体。例如，将水的温度和压力升高到临界点（T_c=374.3℃，P_c=22.05 MPa）以上，便得到超临界水，水的存在状态如图3.11所示。

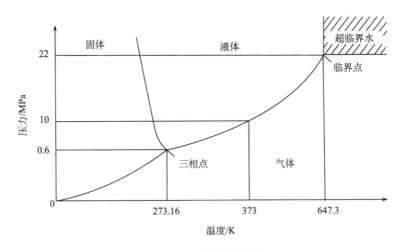

图 3.11　水的存在状态

超临界水具有常态水没有的性质，它对非极性有机物的溶解能力较强，而对于无机物的溶解度则大幅下降，导致原来溶解在水中的无机物从水中析出，超临界水氧化技术是对湿式氧化处理难降解有机废水的改进，是一种绿色的水处理技术。

2）还原法

还原法（reduction）目前多用于去除废水中无机离子，特别是重金属离子的还原，也用于水中染料、含氯有机污染物质的还原处理，如用还原法处理含有六价铬和汞化合物的废水。废水中的六价铬可用硫酸亚铁、焦亚硫酸钠、二氧化硫、亚硫酸钠、亚硫酸氢钠等还原为三价铬，生成的三价铬可投加石灰或其他碱性物质使其生成 $Cr(OH)_3$ 沉淀加以分离。对含有汞的废水，可用硼氢化钠、甲醛、联氨、铁屑、锌粉等还原。反应时，生成金属汞从水中析出，用沉淀法或过滤法予以回收。

3.4.5 常用的生物处理方法简介

1. 好氧生物处理

好氧生物处理是利用好氧微生物（包括兼性微生物）在有氧气存在的条件下进行生物代谢，以降解有机物，使其稳定、无害化的处理方法。微生物利用水中存在的有机污染物为食物进行好氧代谢，经过一系列的生化反应，逐级释放能量，最终以低能位的无机物稳定下来，达到无害化的要求，以便返回自然环境或进一步处理。污水处理工程中，好氧生物处理法有活性污泥法和生物膜法两大类。

好氧生物处理中，污水的一部分有机物被微生物吸收，氧化分解成简单无机物，例如，有机物中的 C 被氧化成 CO_2，H 与 O 化合成 H_2O，N 被氧化成氨、亚硝酸盐和硝酸盐，P 被氧化成磷酸盐，S 被氧化成硫酸盐等。同时释放出能量，作为微生物自身生命活动的能源。另一部分有机物则作为微生物生长繁殖所需的构造物质，合成新的细胞物质。

在废水好氧生物处理过程中，氧是有机物氧化时的最后氢受体。正是这种氢的转移，才使能量释放出来，成为微生物生命活动和合成新细胞物质的能量，所以，必须不断地供给足够的溶解氧。好氧生物处理法由于其处理效率高、效果好，广泛用于处理城市污水及有机性生产污水。

1）活性污泥法

活性污泥（active sludge）是微生物群体及它们所依附的有机物质和无机物质的总称，1912年由英国的克拉克（Clark）和盖奇（Gage）发现。活性污泥可分为好氧活性污泥和厌氧颗粒活性污泥，活性污泥主要用来处理污废水。活性污泥法（activated sludge process）是利用悬浮生长的微生物絮体处理有机污水的一类好氧处理方法。

活性污泥法原理的形象说法是微生物"吃掉"了污水中的有机物，这样污水变成了干净的水。它本质上与自然界水体自净过程相似，只是经过人工强化，污水净化的效果更好。

活性污泥法于 1914 年在英国曼彻斯特建成试验厂以来，已有百年的历史。活性污泥法既适用于大流量的污水处理，也适用于小流量的污水处理。运行方式灵活，日常运行费用较低，但管理要求较高。当前，活性污泥法已成为污水，特别是有机性污水生物处理技术的主体技术，是应用最为广泛的技术之一。历经几十年的发展与革新，活性污泥处理法现已有多种运行方式：传统活性污泥法、AB 两段活性污泥法、延时曝气法、缺氧-好氧活性污染法等。

（1）传统活性污泥法。传统活性污泥处理系统主要由曝气池、二次沉淀池、污泥回流系统和曝气及空气扩散系统组成，如图3.12所示。

污水和回流的活性污泥一起进入曝气池形成混合液。从空气压缩机站送来的压缩空气，通过铺设在曝气池底部的空气扩散装置，以细小气泡的形式进入污水中，目的是增加污水中的溶解氧含量，还使混合液处于剧烈搅动的状态。溶解氧、活性污泥与污水互相混合、充分接触，使活性污泥反应得以正常进行。处理过程包括两个阶段。

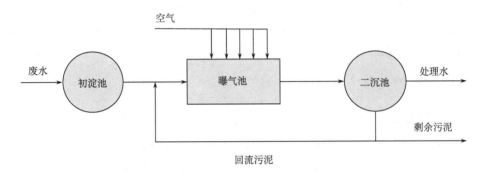

图3.12　活性污泥处理系统的基本流程

第一阶段，污水中的有机污染物被活性污泥颗粒吸附在菌胶团的表面上。同时一些大分子有机物在细菌胞外酶作用下分解为小分子有机物。

第二阶段，微生物在氧气充足的条件下，吸收这些有机物，并氧化分解，形成二氧化碳和水。活性污泥反应进行的结果是，污水中有机污染物得到降解而去除，活性污泥本身得以繁衍增长，污水则得以净化处理。

经过活性污泥净化作用后的混合液进入二沉池，混合液中悬浮的活性污泥和其他固体物质在这里沉淀下来与水分离，澄清后的污水作为处理水排出系统。经过沉淀浓缩的污泥从沉淀池底部排出，其中大部分作为接种污泥回流至曝气池，以保证曝气池内的悬浮固体浓度和微生物浓度；增殖的微生物从系统中排出，称为剩余污泥。事实上，污染物很大程度上从污水中转移到了这些剩余污泥中。

（2）AB两段活性污泥法。AB两段活性污泥法将曝气池分为高低负荷两段，各有独立的沉淀和污泥回流系统。高负荷段A段停留时间为20～40 min，以生物絮凝吸附作用为主，同时发生不完全氧化反应，生物主要为短世代的细菌群落，去除BOD达50%以上。B段与常规活性污泥相似，负荷较低。图3.13是AB两段活性污泥法的系统示意图。

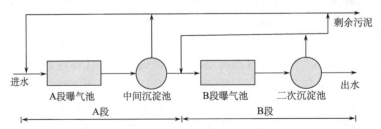

图3.13　AB两段活性污泥法系统图

与普通的活性污泥相比，AB两段活性污泥法具有以下特点：对污染物组成复杂、水质变化大的污水有较强的适应能力；可大幅度去除污水中的难降解物质，可作为处理复杂工业废水的预处理方法；处理效率高，出水水质好，BOD 去除率高达 90%～98%，还可进行脱氮和脱磷；总反应时间短；便于分期建设，可根据排放要求先建设 A 段再建设 B 段。

（3）延时曝气法和氧化沟。延时曝气法属于长时间曝气法，其特点是负荷低、停留时间长、处理效果稳定、出水水质好、剩余污泥量少。

在 20 世纪 50 年代创造的氧化沟，是延时曝气法的一种特殊型式（图 3.14）。氧化沟又称氧化渠或循环曝气池，因其构筑物呈封闭的沟渠状而得名。它的平面像跑道，沟槽中设置两个曝气刷。曝气刷转动时，推动溶液迅速流动，起到曝气和搅拌两个作用。氧化沟一般不设初沉池，或同时不设二沉池，因而简化了流程，同时耐冲击负荷的能力和降解能力都强。

由于处理污水出水水质好、运行稳定、管理方便，氧化沟在近 30 年来取得了迅速的发展。与传统活性污泥法相比，氧化沟工艺可以省去初次沉淀池，由于采用污泥的泥龄较长，剩余污泥量较小，而且不需再经污泥消化处理，因此，氧化沟污水处理厂的处理工艺比一般活性污泥法简单得多。

（4）缺氧-好氧活性污泥法（A/O 工艺）。A/O 工艺将前段缺氧段和后段好氧段串联在一起，A 段 DO 不大于 0.2 mg/L，O 段 DO 为 2～4 mg/L。在缺氧段异养菌将污水中的淀粉、纤维、碳水化合物等悬浮污染物和可溶性有机物水解为有机酸，使大分子有机物分解为小分子

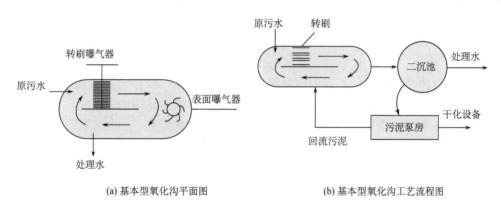

(a) 基本型氧化沟平面图　　　　　　　　(b) 基本型氧化沟工艺流程图

图 3.14　氧化沟平面示意图

有机物，不溶性的有机物转化成可溶性有机物，当这些经缺氧水解的产物进入好氧池进行好氧分解时，污水的可生化性和氧的效率均得到提高。在缺氧段异养菌将蛋白质、脂肪等污染物进行氨化（有机链上的 N 或氨基酸中的氨基）游离出氨（NH_3、NH_4^+），在充足供氧条件下，自养菌的硝化作用将 NH_3-N（NH_4^+）氧化为 NO_3^-，通过回流控制返回至 A 池，在缺氧条件下，异氧菌的反硝化作用将 NO_3^- 还原为分子态氮（N_2），完成 C、N、O 在生态中的循环，实现污水无害化处理。图 3.15 是典型的污水处理 A/O 工艺流程图。

A^2/O 工艺亦称 A-A-O 工艺，是英文 anaerobic-anoxic-oxic 的简称，寓意为厌氧-缺氧-好氧。A^2/O 工艺在 A/O 工艺基础上增设了一个缺氧区，流程最简单，是应用最广泛的脱氮除磷工艺。图 3.16 是 A^2/O 工艺流程图。

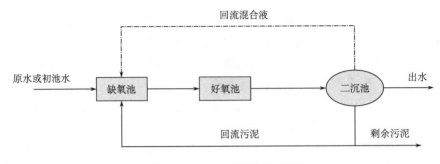

图 3.15　A/O 工艺流程示意图

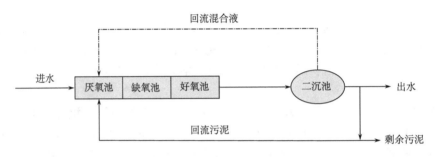

图 3.16　A²/O 工艺流程示意图

2）生物膜法

污水流过固体介质表面时，其中的悬浮物会被部分截留，胶体物质则被吸附，污水中的微生物则以此为营养物质而生长繁殖，这些微生物进一步吸附水中的悬浮物、胶体和溶解性有机污染物，在适当的条件下，逐步形成一层充满微生物的黏膜——生物膜。

污水的生物膜处理法是使细菌和菌类的微生物和原生动物、后生动物一类的微型动物附着在滤料或某些载体上生长繁育，并在其上形成生物膜。污水与生物膜接触，污水中的有机污染物作为营养物质，为生物膜上的微生物所摄取，污水得到净化，微生物自身也得到繁衍增殖。

污水的生物膜处理既是古老的，又是发展中的污水生物处理技术。迄今，属于生物膜处理法的工艺有生物滤池（普通生物滤池、高负荷生物滤池、塔式生物滤池）、生物转盘、生物接触氧化设备和生物流化床等。生物滤池是早期出现，至今仍在发展中的污水生物处理技术，而后三者是近三四十年来开发的新工艺。

（1）普通生物滤池。平面一般呈圆形、方形或矩形，多用砖石砌成或用混凝土浇筑而成。由滤池、池壁、布水系统和排水系统组成。污水通过布水器均匀分布在滤料表面，沿覆盖在滤料表面的生物膜流下，依靠生物膜吸附氧化污水中有机物，O_2 由通过滤料间隙的气流供给。

普通生物滤池具有处理效果好、运行稳定、易于管理和节省能源等特点。但它的处理负荷低，占地面积大，只适用于处理量小的场合，而且滤料容易堵塞，因此限制了它的应用。

（2）生物转盘。生物转盘（biological rotating disc）又称为旋转式生物反应器，主要组成部分有转盘（盘片）、转轴、污水处理槽和驱动装置等，如图 3.17 所示。其主体是一组固定在同一转轴上的等径圆形转盘和一个与它们配合的半圆形水槽。微生物生长并形成一层生物膜附着在转盘表面，40%～45%的转盘（转轴以下部分）浸没在污水中，上半部敞露在空气中。工作时，污水流过水槽，电动机带动转盘转动，生物膜与空气和污水交替接触，浸没时吸附水中的有机污染物，敞露时吸收空气中的氧，进而氧化降解吸附的有机污染物。在运行过程中，生物膜也不断变厚衰老脱落，随污水一起排入沉淀池。

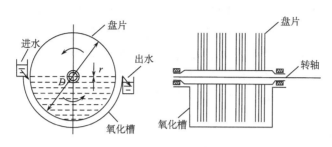

图 3.17 生物转盘构造图

转盘的材质要求质轻、耐腐蚀、坚硬且不易变形。目前多采用聚乙烯硬质塑料或玻璃钢制作的转盘。转盘直径一般为 2～3 m，最大可达 5 m，间距为 20～30 mm。当系统要求的转盘面积较大时，可分组安装，一组称为一级，串联运行。

生物转盘的特点：运动中动力消耗及费用较低，为普通活性污泥的几分之一。这主要是由于生物转盘不需要人工曝气及回流污泥；运行管理简单，没有污泥膨胀现象；运转设备简单，工作稳定，耐冲击负荷能力强；产生的污泥量少，且易于沉淀、脱水；没有蚊蝇滋生、恶臭、泡沫、噪声和滤床堵塞等问题；占地面积大，转盘上的生物膜易被冲刷，需要加以保护。

（3）生物接触氧化法。生物接触氧化法（biological contact oxidation process）又称浸没式生物滤池，是一种介于活性污泥法与生物滤池之间的生物膜法工艺，其特点是在池内设置填料，池底曝气对污水进行充氧，并使池体内污水处于流动状态，以保证污水与污水中的填料充分接触，避免生物接触氧化池中存在污水与填料接触不均的缺陷。该法中微生物所需氧由鼓风曝气供给，生物膜生长至一定厚度后，填料壁的微生物会因缺氧而进行厌氧代谢，产生的气体及曝气形成的冲刷作用会造成生物膜的脱落，并促进新生物膜的生长，此时，脱落的生物膜将随出水流出池外。

生物接触氧化法具有生物膜法的基本特点，但又与一般生物膜法不尽相同。一是供微生物栖附的填料全部浸在废水中，所以生物接触氧化池又称淹没式滤池。二是采用机械设备向废水中充氧，而不同于一般生物滤池靠自然通风供氧，相当于在曝气池中添加供微生物栖附的填料，也可称为曝气循环型滤池或接触曝气池。三是池内废水中还存在 2%～5%的悬浮状态活性污泥，对废水也起净化作用。因此生物接触氧化法是一种具有活性污泥法特点的生物膜法，兼有生物膜法和活性污泥法的优点。

2. 厌氧生物处理

厌氧生物处理（anaerobic process）是在厌氧条件下，形成了厌氧微生物所需要的营养条件和环境条件，通过厌氧菌和兼性菌代谢作用，对有机物进行生化降解的过程。厌氧生物处理法的处理对象是高浓度有机工业废水、城镇污水的污泥、动植物残体及粪便等。

在相当长的一段时间内，厌氧消化在理论、技术和应用上远远落后于好氧生物处理的发展。20 世纪 60 年代以来，世界能源短缺问题日益突出，促使人们对厌氧消化工艺进行重新认识，对处理工艺和反应器结构的设计及甲烷回收进行大量研究，使得厌氧消化技术的理论和实践都有了很大进步，并得到广泛应用。厌氧消化具有下列优点：无须搅拌和供氧，动力消耗少；能产生大量含甲烷的沼气，是很好的能源物质，可用于发电和家庭燃气；可高浓度进水，保持高污泥浓度，所以其溶剂有机负荷达到国家标准仍需要进一步处理；初次启动时间长；对温度要求较高；对毒物影响较敏感；遭破坏后，恢复期较长。污水厌氧生物处理工艺按微生物的凝聚形态可分为厌氧活性污泥法和厌氧生物膜法。厌氧活性污泥法包括普通消化池、厌氧接触消化池、升流式厌氧污泥床、厌氧颗粒污泥膨胀床（EGSB）等；厌氧生物膜法包括厌氧生物滤池、厌氧流化床和厌氧生物转盘。

1）厌氧生物滤池

厌氧生物滤池（anaerobic bio-filter），是一种内部装填有微生物载体（即滤料）的厌氧生物反应器。厌氧微生物部分附着生长在滤料上，形成厌氧生物膜，部分在滤料空隙间悬浮生长。污水流经挂有生物膜的滤料时，水中的有机物扩散到生物膜表面，并被生物膜中的微生物降解转化为沼气，净化后的水通过排水设备排至池外，所产生的沼气被收集利用。

厌氧生物滤池的主要优点是：①处理能力较高；②滤池内可以保持很高的微生物浓度；③不需另设泥水分离设备，出水 SS 较低；④设备简单、操作方便等。它的主要缺点是：①滤料费用较贵；②滤料容易堵塞，尤其是下部，生物膜很厚，堵塞后没有简单有效的清洗方法。因此，悬浮物高的废水不适用。

2）厌氧接触法

厌氧接触法（anaerobic contact process）是指在一个厌氧的完全混合反应器后增加污泥分离和回流装置，从而使污泥停留时间大于水力停留时间，有效地增加反应器中的污泥浓度的方法。厌氧接触法一般宜于高浓度的废水处理。

厌氧接触工艺的主要构筑物有普通厌氧消化池、沉淀分离装置等。废水进入厌氧消化池后，池内大量的厌氧微生物絮体将废水中的有机物降解，池内设有搅拌设备以保证废水与厌氧生物的充分接触，并促进降解过程中产生的沼气从污泥中分离出来。厌氧接触池流出的泥水混合液进入沉淀分离装置进行泥水分离。沉淀污泥按一定的要求返回厌氧消化池，以保证池内拥有大量的厌氧微生物。由于在厌氧消化池内存在着大量的悬浮态的厌氧活性污泥，从而保证了厌氧接触工艺高效能地运行。其工艺流程图如图 3.18 所示。

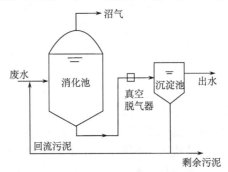

图 3.18　厌氧接触工艺流程图

厌氧接触法对于含悬浮物较多的有机废水（如肉类加工废水等）效果很好，BOD 去除率可达 90%以上。微生物可附着在悬浮颗粒上，使微生物与废水的接触表面积很大并能在沉淀池中很好地沉淀。在混合接触池中，要进行适当搅拌以使污泥保持悬浮状态。搅拌可以用机械方法，也可以用泵打循环等。

3.4.6 常用的物理化学处理方法简介

1. 吸附法

吸附法（adsorption method）是利用多孔性的固体吸附剂将水样中的一种或数种组分吸附于表面，再用适宜溶剂、加热或吹气等方法将预测组分解吸，达到分离和富集的目的。吸附法是利用多孔性固体（吸附剂）吸附污水中某种或几种污染物（吸附质）以回收或去除这些污染物，从而使污水得到净化的方法。在污水处理领域，吸附法主要用于脱除水中的微量污染物，应用范围包括脱色，除臭味，脱除重金属、各种溶解性有机物、放射性元素等。在处理流程中，吸附法可作为离子交换、膜分离等方法的预处理手段，可去除有机物、肢体物及余氯等，也可作为二级处理后的深度处理手段，以保证回用水的质量。

在水处理中，常用的吸附剂有活性炭、磺化煤、焦煤、木炭、泥煤、高岭土、硅藻土、煤渣、木屑、金属（铁粉、锌粉、活性铝）及其他合成吸附剂等。其中活性炭应用最为广泛。根据固体表面吸附力不同，吸附可分为物理吸附和化学吸附，两者的特征比较见表 3.7。

表 3.7 物理吸附和化学吸附特征比较

吸附性能	物理吸附	化学吸附
作用力	分子引力（范德华力）	剩余化学价键力
选择性	一般没有选择性	有选择性
形成吸附层	单分子或多分子吸附均可	只能形成单分子吸附层
吸附热	较小，一般在 41.9 kJ/mol 以下	较大
吸附速率	快，几乎不需要活化能	较慢，需要一定活化能
温度	放热过程，低温有利于吸附	温度升高，吸附速率增加
可逆性	较易解吸	化学价键力大时，吸附不可逆

物理吸附是指溶质与吸附剂之间由于分子间力（范德华力）而产生的吸附。其特点是没有选择性，吸附质并不固定在吸附剂表面的特定位置上，而是能在界面范围内自由移动，因而其吸附的牢固程度不如化学吸附。物理吸附主要发生在低温状态下，吸附过程放热较小，约 42 kJ/mol 或更少，可以是单分子层或多分子层吸附。影响物理吸附的主要因素是吸附剂的比表面积和细孔分布。化学吸附是指溶质与吸附剂发生化学反应，形成牢固的吸附化学键和表面络合物，吸附质分子不能在表面自由移动。化学吸附时放热量较大，与化学反应的反应热相近，为 84～120 kJ/mol。化学吸附有选择性，即一种吸附剂只对某种或特定几种物质有吸附作用，一般为单分子层吸附。化学吸附通常需要一定的活化能，在低温时吸附速度较小。这种吸附与吸附剂的表面化学性质和吸附质的化学性质有密切的关系。大多数吸附过程往往是几种吸附作用的综合结果。

2. 电渗析

电渗析法（electrodialysis）是利用电场的作用，强行将离子向电极处吸引，致使电极中间部位的离子浓度大为下降，从而制得淡水的一种方法。一般情况下水中离子都可以自由通过交换膜，除非人工合成的大分子离子。电渗析与电解不同之处在于，电渗析的电压虽高，但电流并不大，维持不了连续的氧化还原反应所需；电解却正好相反。电渗析广泛应用于化工、轻工、冶金、造纸、海水淡化、环境保护等领域。

电渗析是一种在电场作用下使溶液中离子通过膜进行传递的过程。根据所用膜的不同，电渗析可分为非选择性膜电渗析和选择性膜电渗析两类。离子交换膜是电渗析器的关键部件，它是一种具有选择透过性，带有活性离子基团的高分子薄膜。

电渗析法的基本原理如图3.19所示。在容器两端水中插入电极，把阴、阳两种离子交换膜一片隔一片交替地装在两电极之间，使阳极与阴极之间分隔成许多小室，互不相通。这种设备称为电渗析器。将被处理的水通入电渗析器内，在直流电压作用下，阴离子向阳离子方向迁移，阴离子能通过阴离子交换膜，而通过阳离子交换膜时被阻挡；阳离子向阴极方向迁移，阳离子能通过阳离子交换膜，而通过阴离子交换膜时被阻挡，水分子则不能通过离子交换膜。这样，在一部分小室（浓室）里，水中离子的浓度比被处理水高，但体积大约是被处理水的10%以上，而在另一部分小室（淡室）里，水中离子的浓度比被处理水低，这就达到了净化的目的。

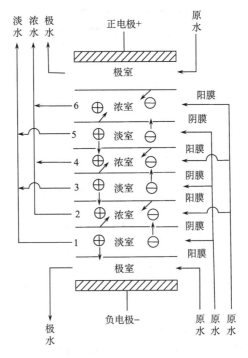

图3.19 电渗析法的工作原理

电渗析法的特点：电渗析只能将电解质从溶液中分离出去（脱盐），水中不离解及离解度小的物质难以用此方法分离去除；电渗析也不能去除有机物、胶体物质、微生物、细菌等；

电渗析使用直流电，设备操作简单，不需酸、碱再生，有利于环保；电渗析由于靠水中的离子传递电流，因而无法全部去除水中离子，无法制取高纯水。

目前在废水处理中电渗析法用于以下几方面：生活污水和某些工业废水经三级处理后，再用电渗析除盐制取再生水；从碱法制造废水中可回收烧碱和木质素，回收率可达 70%左右，从芒硝废水中回收硫酸和氢氧化钠；对电镀等工业废水用电渗析法，可达到闭路循环的目的。

思考题

1. 天然水体的组成有哪些？

2. 何谓"水体"？在环境学中，为什么区分"水"与"水体"的概念十分重要？

3. 水质指标有哪几类？水污染控制工程中常用哪些指标？

4. COD、BOD、TOC 的含义分别是什么？

5. 水环境质量标准主要解决什么问题？水环境质量标准主要有哪几类？

6. 简述重金属在水体中的污染特征。

7. 试述有机物、N、P 对水体的危害。为什么说控制水体富营养化，最重要的是控制 N、P 污染物进入水体？

8. 在实际废水处理过程中，为什么不能只采用一种水处理方法，而往往采用多种方法联合处理？

9. 污水的物理处理、化学处理、生物处理和物理化学处理在处理原理上有何不同？处理对象有何不同？

10. 污水沉淀处理的基本原理是什么？影响沉淀效果的因素有哪些？

11. 讨论一般废水的处理方法。

第4章 土壤环境

【导读】土壤是重要的自然资源，是农业发展的物质基础，没有土壤就没有农业，也就没有人类赖以生存的衣食住行等基本资料。古语说，"民以食为天""农以土为本"，道出了土壤对国民经济的重大作用。随着社会发展、人口不断增加，人们对食物的需要越来越多，土壤在人类生活中的地位越来越重要。因此人们必须深入地了解土壤、利用和保护土壤。然而，随着城乡工业的不断发展，"三废"污染越来越严重并由城市不断向农村蔓延，加之化肥、农药和农膜等物质的大量使用，土壤污染日趋严重。减少和防治土壤污染，已经成为当前环境科学和土壤科学共同面临和亟待解决的重要任务。

通过本章的学习，应该了解土壤的组成和性质，掌握土壤污染的特点、类型、危害及土壤自净作用等内容，熟悉重金属和化学农药在土壤中的累积、迁移、转化和生物效应，了解土壤污染的防治措施，熟悉各类污染土壤修复技术。

4.1　土壤的组成、结构和性质

土壤是岩石圈表面的疏松表层，是陆生植物和动物生活的基础，不仅为植物提供必需的营养和水分，也是动物和人类赖以生存的栖息场所。土壤是所有陆地生态系统的基础，土壤中的生物活动不仅影响着土壤本身，也影响着其他的生物群落。生态系统中许多重要的过程都是在土壤中进行的，尤其是分解和固氮过程。这两个过程对地球系统的物质循环和能量转化至关重要。因为生物遗体只有通过分解过程才能矿化为可被植物再利用的营养物质和转化为腐殖质，而固氮过程则是土壤氮肥的主要来源。这两个过程都是整个生物圈物质循环所必不可少的过程。

土壤是岩石风化作用的结果。风化作用使岩石破碎，理化性质改变，形成结构疏松的风化壳，其上部可称为土壤母质。如果风化壳保留在原地，形成残积物，便称为残积母质；如果在重力、流水、风力、冰川等作用下风化物质被迁移形成崩积物、冲积物、海积物、湖积物、冰碛物和风积物等，则称为运积母质。残积母质和运积母质统称为土壤母质或成土母质。成土母质是土壤形成的物质基础和植物矿质养分元素（氮除外）的最初来源。母质代表土壤的初始状态，它在气候与生物的作用下，经过上千年的时间才逐渐转变成可生长植物的土壤。母质对土壤的物理性状和化学组成均产生重要的作用，这种作用在土壤形成的初期阶段最为显著。随着成土过程进行得越久，母质与土壤间性质的差别也越大，尽管如此，土壤中总会保存有母质的某些特征。

土壤的矿物组成和化学组成深受成土母质的影响。不同岩石的矿物组成有明显的差别，其上发育的土壤的矿物组成也就不同。发育在基性岩母质上的土壤，含角闪石、辉石、黑云母等深色矿物较多；发育在酸性岩母质上的土壤，含石英、正长石和白云母等浅色矿物较多；其他如冰碛物和黄土母质上发育的土壤，含水云母和绿泥石等黏土矿物较多，河流冲积物上发育的土壤亦富含水云母，湖积物上发育的土壤中多蒙脱石和水云母等黏土矿物。从化学组成方面看，基性岩母质上的土壤一般铁、锰、镁、钙含量高于酸性岩母质上的土壤，而硅、钠、钾含量则低于酸性岩母质上的土壤，石灰岩母质上的土壤，钙的含量最高。

4.1.1 土壤的组成

土壤由岩石风化而成的矿物质、动植物，微生物残体腐烂分解产生的有机质，土壤生物及水分、空气等组成，涉及固相、液相和气相三种相态。固相物质包括土壤矿物质、有机质和微生物。其中土壤矿物质是土壤物质组成的主体部分，是土壤的"骨架"，包括原生矿物和次生矿物。原生矿物是指岩石经过物理风化所形成的矿物成分，一般颗粒较大，分选性和磨圆度均较差。次生矿物是指岩石在化学风化和成土作用过程中新形成的矿物质，如各种矿物盐类，铁、铝氧化物类和黏土矿物成分等。不同土壤类型或同一土壤类型的不同层次中，原生矿物和次生矿物的种类、数量和比例不尽相同。有机质包括腐殖质（大分子）、未分解和半分解状态的有机残体和可溶性的简单有机化合物，集中分布在土壤表层，是土壤养分的来源。其数量比例虽然不大但它是土壤环境的重要组成部分，是土壤肥力的基础。固相物质中还包括种类繁多、数量巨大的土壤微生物和土壤动物。其中微生物是生物圈最重要的分解者，而土壤动物对于维持土壤的透气和透水性，增强微生物的活性具有重要作用。土壤动物的种类数以千计，按其形态和食性可分为以下几类：大型食草动物（如鼠类、弹尾目、跳虫、蜈蚣、蚂蚁和甲虫等）、大型食肉动物（如蜘蛛、假蝎及某些昆虫等）、微型动物（如原生动物和线虫等）。液相物质主要指土壤水分，主要由地表进入土中，其中包括许多溶解物质。土壤气体是存在于土壤孔隙中的空气，绝大部分是由大气层进入的氧气、氮气等，小部分为土壤内的生命活动产生的二氧化碳和水汽等。土壤溶液（液相）和土壤空气（气相）的状况通常取决于土壤团聚体结构和土壤质地。土壤中这三类物质构成了一个矛盾的统一体。它们互相联系、互相制约，为作物提供必需的生活条件，是土壤肥力的物质基础。

按容积计算，在比较理想的土壤中矿物质占38%～45%，有机质占5%～12%，土壤空隙占50%。土壤水分和空气存在于土壤空隙内，三者之间经常变动和相互消长（图4.1）。按质

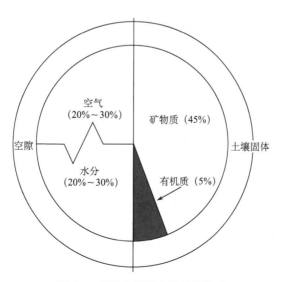

图 4.1 壤质土壤表土的体积组成

量计算，矿物质可占固相部分的 90%～95%及以上，有机质占 1%～10%。总体来看，土壤的物质组成大多是以矿物质为主的物质体系。

4.1.2　土壤的结构

土壤结构就是土壤固体颗粒的空间排列方式。自然界的土壤往往不是以单粒状态存在，而是形成大小不同、形态各异的团聚体，这些团聚体或颗粒就是各种土壤结构。根据土壤的结构形状和大小可归纳为块状、核状、柱状、片状、微团聚体及单粒结构等。土壤的结构状况对土壤的肥力高低、微生物的活动及耕性等都有很大的影响。同时一些人为的活动将很大程度上破坏土壤的结构。例如，森林采伐后，重型机械的使用将导致土壤被压实，土壤表层结构被破坏。

成土过程中，原生矿物不断风化，产生各种易溶性盐类、含水氧化铁、含水氧化铝及硅酸等，并在一定条件下合成不同的黏土矿物。同时通过土壤有机质的分解和腐殖质的形成，产生各种有机酸和无机酸。在降雨的淋洗作用下引起土壤中的这些物质的淋溶和淀积，从而形成了土壤剖面的各种发生层次。土壤的垂直断面称为土壤的剖面结构，不同的土壤类型有不同的土壤剖面结构。传统上，按道库恰耶夫的划分，土壤剖面分为 3 个基本发生层，即 A、B、C 层。后来有的学者把土壤划分得更细，但总的来说仍未脱离 A、B 和 C 三层。

天然土壤剖面过去通常采用道库恰耶夫的划分方案，即腐殖质积聚层（A）、过渡层（B）和母质层（C）。1967 年国际土壤学会提出了新的土壤发生层次划分方案，将天然土壤划分为六个发生层：有机层（O）、腐殖质层（A）、淋溶层（E）、淀积层（B）、母质层（C）和母岩层（R）（图 4.2），但不同土壤类型的物质组成和性质有很大差异。

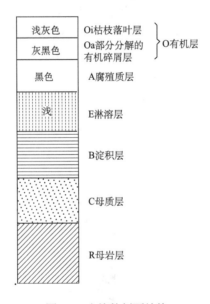

图 4.2　土壤的剖面结构

有机层（O）和腐殖质层（A）又称枯枝落叶层，由各种植物的枯枝落叶组成，覆盖在土壤表面。

淋溶层（E）：该层生物（包括高等植物、微生物和土居动物）活动最为强烈，有机物质发生转化、分解和累积，水溶性物质向下淋溶。形成了一个颜色较暗，具有粒状和团粒结构的层次。根据物质的组成、性质和形态特征，E 层又可分为腐殖层（E_1）和浅色强度淋溶层（E_2）。

淀积层（B）：此层得名于上层淋溶下来的物质常沉淀于该层，还可以进一步划分为过渡层 （B_1）和典型 B 层（B_2）。

母质层（C）：位于土壤剖面的底部，由岩石风化的残积物和运积物所构成，是形成土壤的母质，很大程度上决定着土壤的性质。

母岩层（R）：指离地表最近且已经受到不同程度风化的岩石圈层，但尚未受到成土过程的影响。

4.1.3　土壤的性质

1. 土壤的吸附性

土壤的吸附性与土壤中胶体有关。土壤胶体是指土壤中颗粒直径小于 1 μm，具有胶体性质的微粒。一般土壤中的黏土矿物和腐殖质都具有胶体性质。土壤胶体可按成分及来源分为有机胶体、无机胶体、有机-无机复合体三大类。

（1）有机胶体（organic colloid）主要是生物活动的产物，是高分子有机化合物，呈球形、三维空间网状结构，胶体直径为 20～40 nm。

（2）无机胶体（inorganic colloid）主要包括土壤矿物和各种水合氧化物，如黏土矿物中的高岭石、伊利石、蒙脱石等，以及铁、铝、锰的水合氧化物。

（3）有机-无机复合体（organic-inorganic colloid）是由土壤中一部分矿物胶体和腐质胶体结合在一起形成的。这种结合可能通过金属离子桥键，也可能通过交换阳离子周围的水分子氢键来完成。

土壤胶体具有巨大的比表面和表面能，从而使土壤具有吸附性。无机胶体中蒙脱石表面积最大（600～800 m²/g），不仅有外表面并且有巨大的内表面，伊利石次之，高岭石最小（7～30 m²/g）。有机胶体具有巨大的外表面（约 700 m²/g），与蒙脱石相当。物质的比表面越大，表面能也越大，吸附性质表现也越强。

土壤胶体微粒具有双电层，微粒的内部称微粒核，一般带负电荷，形成一个负离子层，其外部由于电性吸引而形成一个正离子层，合称为双电层。也有的土壤胶体带正电，其外部则为负离子层。土壤胶体表面吸附的离子可以和溶液中相同电荷的离子以离子价为依据做等价交换，称为离子交换吸附。鉴于胶体所带电荷性质不同，离子交换作用包括阳离子交换吸附和阴离子交换吸附两类。

土壤胶体还具有凝聚性和分散性。由于胶体比表面和表面能都很大，为减小表面能，胶体具有相互吸引、凝聚的趋势，这就是胶体的凝聚性。但是在土壤溶液中，胶体常带负电荷，具有负的电动电位，所以胶体微粒又因相同电荷而相互排斥。电动电位越高，排斥越强，胶体微粒呈现出的分散性也越强。

2. 土壤的酸碱性

土壤的酸碱性（soil acidity and basicity）是土壤的重要理化性质之一，主要取决于土壤中含盐基的情况。土壤的酸碱度一般以 pH 表示。我国土壤 pH 大多为 4.5～8.5，呈"东南酸，西北碱"的规律。

1）土壤酸度（soil acidity）

土壤中的 H^+ 存在于土壤孔隙中，易被带负电的土壤颗粒吸附，具有置换被土粒吸附的金属离子的能力。酸雨、化肥和土壤微生物都会给土壤带来酸性。土壤酸度可分为：

（1）活性酸度（active acidity）又称有效酸度，是土壤溶液中游离 H^+ 浓度直接反映出的酸度，通常用 pH 表示。

（2）潜性酸度（potential acidity）来源是土壤胶体吸附的可代换性离子，当这些离子处于吸附状态时不显酸性，但当它们通过离子交换进入土壤溶液后，可增大土壤溶液 H^+ 浓度，使 pH 降低。

土壤中活性酸度和潜性酸度是一个平衡体系中的两种酸度。有活性酸度的土壤必然会导致潜性酸度的生成，有潜性酸度存在的土壤也必然会产生活性酸度。

2）土壤碱度（soil basicity）

当土壤溶液中 OH^- 浓度超过 H^+ 浓度时就显示碱性。土壤溶液中存在着弱酸强碱性盐类，其中最多的弱酸根是碳酸根和重碳酸根，因此，常把碳酸根和重碳酸根的含量作为土壤液相碱度指标。

3）土壤的缓冲性能（soil buffer capacity）

土壤具有缓和酸碱度激烈变化的能力。首先，土壤溶液中有碳酸、硅酸、腐殖酸和其他有机酸等弱酸及其盐类，构成了一个良好的酸减缓冲体系。其次，土壤胶体吸附有各种阳离子，其中盐基离子和氢离子能分别对酸和碱起缓冲作用。土壤胶体数量和盐基代换量越大，土壤缓冲性能越强。在代换量一定的条件下，盐基饱和度越高，对酸缓冲力越大；盐基饱和度越低，对碱缓冲力越大。

3. 土壤的氧化-还原性

土壤中有许多有机和无机的氧化性和还原性物质，而使土壤具有氧化-还原特性。这对土壤中物质的迁移转化具有重要影响。

土壤中主要的氧化剂有氧气、NO、离子和高价金属离子（如 Fe^{3+}、Mn^{4+}、Ti^{6+} 等）。土壤中主要的还原剂有有机质和低价金属离子（如 Fe^{2+}、Mn^{2+} 等）。此外，植物根系和土壤生物也是土壤中氧化还原反应的重要参与者。

土壤氧化还原能力（soil oxido-reduction ability）的大小常用土壤的氧化还原电位（Eh）衡量，其值是以氧化态物质与还原态物质的相对浓度比为依据的。一般旱地土壤 Eh 值为 +400～+700 mv，水田 Eh 值为–200～+300 mv。根据土壤 Eh 值可确定土壤中有机质和无机物可能发生的氧化还原反应和环境行为。

4. 土壤的生物活性

土壤中的生物成分使土壤具有生物活性（biological activity），这对于土壤中形成物质和能量的迁移转化起着重要的作用，影响着土壤环境的物理化学和生物化学过程、特征和结果。土壤的生物体系由微生物区系、动物区系和微动物区系组成，其中尤以微生物最为活跃。

土壤环境为微生物的生命活动提供了矿物质营养元素、有机和无机碳源、空气和水分等，是微生物的重要聚集地。土壤微生物种类繁多，主要类群有细菌、放线菌、真菌和藻类，它们个体小、繁殖迅速、数量大、易发生变异。据测定，土壤表层每克土含有的微生物数目，细菌为 $10^8 \sim 10^9$ 个，放线菌为 $10^7 \sim 10^8$ 个，真菌为 $10^5 \sim 10^6$ 个，藻类为 $10^4 \sim 10^5$ 个。

土壤微生物（soil microorganisms）是土壤肥力发展的决定性因素。自养型微生物可以从阳光或通过氧化无机物摄取能源，通过同化 CO_2 取得碳源，构成有机体，从而为土壤提供有机质。异养微生物通过对有机体的腐生、寄生、共生和吞食等方式获取食物和能源，成为土壤有机质分解和合成的主宰者。土壤微生物能将不溶性盐类转化为可溶性盐类，把有机质矿化为能被吸附利用的化合物。固氮菌能固定空气中氮素，为土壤提供氮；微生物分解和合成腐殖质可改善土壤的理化性质。此外，微生物的生物活性在土壤污染物迁移转化进程中起着重要作用，有利于土壤的自净过程，并能减轻污染物的危害。

土壤动物种类繁多，包括原生动物、螨虫动物、节肢动物、腹足动物及一些哺乳动物，对土壤性质的影响和污染物迁移转化也起着重要作用。

4.2　土壤污染

土壤污染（soil pollution）是指进入土壤中的废物和有毒有害物质数量超过了土地的自净能力，破坏了土壤系统自然平衡状态从而造成土壤质量恶化和衰退的现象。当土壤中含有害物质过多，超过土壤的自净能力时，就会引起土壤的组成、结构和功能发生变化，微生物活动受到抑制，有害物质或其分解产物在土壤中逐渐积累，通过"土壤→植物→人体"或通过"土壤→水→人体"间接被人体吸收，达到危害人体健康的程度。

从上述定义可以看出，土壤污染不但要看含量的增加，还要看后果，即进入土壤的污染物是否对生态系统平衡构成危害。因此，判定土壤污染时，不仅要考虑土壤背景值，更要考虑土壤生态的变异，包括土壤微生物区系（种类、数量、活性）的变化，土壤酶活性的变化，土壤动植物体内有害物质含量，生物反应和对人体健康的影响等。

有时，土壤污染物超过土壤背景值，却未对土壤生态功能造成明显影响；有时，土壤污染物虽未超过土壤背景值，但由于某些动植物的富集作用，却对生态系统构成明显影响。因此，判断土壤污染的指标应包括两方面，一是土壤自净能力，二是动植物直接或间接吸收污染物而受害的情况（以临界浓度表示）。

4.2.1　土壤污染的特点和类型

1. 土壤污染的特点

土壤本身是一个较为复杂的体系，它与大气污染和水体污染相比具有以下明显不同的特点。

1）隐蔽性和滞后性

土壤污染往往要通过对土壤样品和农作物进行分析化验，以及对摄食后的人或动物进行健康检查才能揭示出来，土壤从污染发生到其危害被发现需要一个较长的过程，具有隐蔽性和滞后性。

2）累积性和地域性

土壤特有的结构和性质，导致污染物在土壤环境中并不像在水体和大气中那样容易扩散和稀释，因此容易不断积累而达到很高的浓度。由于不同地区土壤的类型和工业结构不同，使土壤污染具有很强的地域性。

3）不可逆性和长期性

污染物进入土壤环境以后，通常与复杂的土壤组成物质发生一系列反应且许多反应是不可逆的，很容易使污染物形成难溶性化合物而沉积于土壤中。所以，土壤一旦遭受污染就很难得到恢复。例如，我国很多污水灌溉区的污染土壤，通过采取施加土壤改良剂、深翻、清水灌溉和种植特殊作物等措施，经过数十年努力仍未能恢复到原有的土壤质量水平。

2. 土壤污染的类型

按照土壤污染源和污染物进入土壤的途径，土壤污染可分为五种类型。

1）水体污染型

指利用工业废水、城市生活污水和受污染地表水进行灌溉而导致的土壤污染。这类污染是我国土壤污染的重要类型，约占土壤污染面积的80%。污水灌溉的土壤污染物质一般首先集中于土壤表层，但随着污染时间的延长，污染物由上部土体向下扩散和迁移，甚至渗透至地下潜水层。水体污染型的污染特点是沿河流或水渠呈水系形状分布。

2）大气污染型

大气遭受污染以后，大气污染物会通过干、湿沉降过程导致土壤污染。例如，大气气溶胶中的重金属、放射性元素和酸性物质等造成的土壤污染。其污染特点是污染土壤以大气污染源为中心呈环状、扇形、椭圆形和条带状分布，污染程度和区域主要取决于大气污染物的性质、排放量、排放形式和区域气象条件等。

3）生物污染型

指病原体和带病有害生物种群从外界侵入土壤，破坏土壤生态系统的平衡，引起土壤质量下降的现象。有害生物种群来源是用未经处理的人畜粪便施肥、生活污水、垃圾、医院含有病原体的污水和工业废水（作农田灌溉或作为底泥施肥），以及病畜尸体处理不当等。通过上述主要途径把大量具传染性细菌、病毒、虫卵带入土壤，引起植物体各种细菌性病原体病害，进而引起人体患有各种细菌性和病毒性的疾病，威胁人类生存。

4）固体废弃物污染型

指工矿企业排出的废渣、污泥和城市垃圾在地表堆放或处置过程中通过扩散、降水淋溶、地表径流等方式直接或间接地造成的土壤污染。这种污染属于点源型土壤污染，其污染物的种类和性质非常复杂。

5）农业污染型

通常指农业生产过程中长期施用化肥、农药、垃圾堆肥和污泥而造成的土壤污染。主要污染物一般为化学农药、重金属和氮磷富营养化污染物等，属于面源污染类型。

4.2.2　土壤污染物、污染源及污染危害

1. 土壤污染物

土壤污染物是能使土壤遭受污染的物质，种类繁多，并可通过迁移转化污染大气和水体环境，最后经食物链影响人类健康。从污染物的属性考虑，一般可分为有机污染物、无机污染物、生物污染物和放射性污染物。

1）有机污染物

有机污染物（organic pollutants）较多的是有机农药，如在土壤中残留期可达 3～10 年的滴滴涕、狄氏剂、林丹、绿丹、碳氯特灵、七氯、艾氏剂等，残留期在 1 年以下的西玛津、莠去津、草乃敌、氯苯胺灵、氟乐灵等，以及残留期只有几天、几十天的乐果、马拉硫磷、对硫磷、西维因、呋喃丹等；此外，石油、化工、制药、油漆、染料等工业排出的"三废"中的石油、多环芳烃、多氯联苯、酚等，也是常见的有机污染物。有些有机污染物能在土壤中长期残留，并在生物体内富集，其危害非常严重。近年来，农用塑料地膜得到广泛应用，由于管理不善，部分被遗弃田间成为一种新的有机污染物。

2）无机污染物

无机污染物（inorganic pollutants）小部分来源于自然因素，如地壳变迁、火山爆发和岩石风化等，大部分来自进入土壤中的工业废水和固体废物。无机污染物多为重金属元素如汞、镉、铬、铜、锌、铅、镍、砷、硒、氟、放射性元素。硝酸盐、硫酸盐、氯化物、可溶性碳酸盐等也是常见的且大量存在的无机污染物。这些无机污染物虽然对生物的危害性不大，但会使土壤板结，改变土壤结构，引起土壤盐渍化和影响水质等。

3）生物污染物

生物污染物（biological pollutants）是指有害的生物种群，如各类病原菌、寄生虫卵等从外界环境侵入土壤，大量繁衍，破坏土壤原来的动态平衡，对土壤生态系统和人类健康造成不良影响。造成土壤生物污染的主要物质来源包括未经处理的粪便、垃圾、城市生活污水、饲养场和屠宰场的污物等，其中危害最大的是医院未经消毒处理的污水和污物。土壤生物污染不仅可能危害人体健康，而且有些长期在土壤中存活的植物病原体还能严重地危害植物，

造成农业减产。

4）放射性污染物

放射性污染物（radioactive pollutants）是由核工业、核动力、核武器生产和试验及医疗、机械、科研等单位在放射性同位素应用时排放的含放射性物质的粉尘、废水和废弃物。其中常见的放射性元素有镭（Ra_{226}）、铀（U_{235}）、钴（Co_{60}）、钋（Po_{210}）、氕（H_2）、氩（Ar_{41}）、氪（Kr_{35}）、氙（Xe_{133}）、碘（I_{131}）、锶（Sr_{90}）、钷（Pm_{147}）、铯（Cs_{137}）等，可通过各种途径进入土壤。土壤被放射性物质污染以后，通过放射性衰变，产生的放射性射线能穿透人体组织，损害细胞或造成外照射损伤，或通过呼吸系统、食物链进入人体，造成内照射损伤。

综上所述，引起土壤污染的物质及其途径都是极为复杂的，它们往往互相联系在一起。为了预测和防止土壤污染的发生，必须认识土壤的污染性质，特别是对环境污染直接或潜在危害最大的污染物质，如化学合成农药和重金属等，研究其在土壤系统中的迁移转化过程及危害机理。

2. 土壤污染源

土壤是一个开放的体系，土壤与其他环境要素间不断地进行着物质与能量的交换，因而导致污染物质来源十分广泛。有天然污染源，也有人为污染源。天然污染源是指自然界的自然活动（如火山爆发向环境排放的有害物质）。人为污染源是指人类排放污染物的活动。后者是土壤环境污染研究的主要对象。根据污染物进入土壤的途径可将土壤污染源分为污水灌溉、固体废物土地利用、农用化学品施用及大气沉降等几个方面。

（1）污水灌溉（sewage irrigation）是指利用城市生活污水和某些工业废水或生活和生产排放的混合污水进行农田灌溉。污水中含有大量作物生长需要的 N、P 等营养物质，使得污水可以变废为宝。因而污水灌溉曾一度被大力推广，然而污水中营养物质被再利用的同时，污水中的有毒有害物质却在土壤中不断积累导致了土壤污染。例如，沈阳的张氏灌区在 20 多年的污水灌溉中产生了良好的农业经济效益，但却造成了 2500 余公顷的土地受到镉污染，其中 330 多公顷的土壤镉含量高达 5～7 mg/kg，稻米含镉 0.4～1.0 mg/kg，有的高达 3.4 mg/kg。又如，京津唐地区污水灌溉导致北京东郊 60%土壤遭受污染。污染的糙米样品数占监测样品数的 36%。

（2）固体废物土地利用（land utilization of solid waste）。固体废物包括工业废渣、污泥、城市生活垃圾等。污泥中含有一定养分，因而常被用作肥料施于农田。污泥成分复杂，与灌溉相同，施用不当势必造成土壤污染，一些城市历来都把垃圾运往农村，这些垃圾通过土壤填埋或施用农田得以处置，但却对土壤造成了污染与破坏。

（3）农用化学品施用（use of agricultural chemicals）。施在作物上的杀虫剂大约有一半左右流入土壤。进入土壤中的农药虽然可通过生物降解、光解和化学降解等途径得以部分降解，但对于有机氯等这样的长效农药来说，降解过程却十分缓慢。化肥的不合理施用可促使土壤养分平衡失调，如硝酸盐污染。另外，有毒的磷肥，如三氯乙醛磷肥，是由含三氯乙醛的废硫酸生产而成的，施用后三氯乙醛可转化为三氯乙酸，两者均可毒害植物。另外，磷肥中的重金属，特别是镉，也是不容忽视的问题。世界各地磷矿含镉一般在 1～110 mg/kg，甚至有个别矿高达 980 mg/kg。据估计，我国每年随磷肥进入土壤的总镉含量约为 37 t，因而应认为含镉磷肥是一种潜在的污染源。

（4）大气沉降（atmospheric sedimentation）。在金属加工过程集中地和交通繁忙的地区，往往伴随有金属尘埃进入大气（如含铅污染物）。这些飘尘自身降落或随雨水接触植物体或进入土壤后被动植物吸收。通常在大气污染严重的地区会有明显的由沉降引起的土壤污染。此外，酸沉降也是一种土壤污染源。我国长江以南的大部分地区属于酸性土壤，在酸雨作用下，土壤进一步酸化、养分淋溶、结构破坏、肥力下降、作物受损，从而破坏了土壤的生产力。此外，还有其他重金属、非金属和放射性有害散落物也可随大气沉降造成土壤污染。

3. 土壤污染的危害

1）直接经济损失

土壤污染导致严重的农作物的污染、减产，导致直接的经济损失。但具体的损失目前尚缺乏系统的调查资料。仅以土壤重金属污染为例，全国每年因重金属污染而减产粮食 1000 多万吨，另外被重金属污染的粮食每年也多达 1200 万 t，合计经济损失至少 200 亿元。

2）食品质量下降

我国大多数城市近郊土壤都受到了不同程度的污染，有许多地方粮食、蔬菜、水果等食物中镉、铬、砷、铅等重金属含量超标和接近临界值。土壤污染除影响食物的卫生品质外，也明显地影响到农作物的其他品质。有些地区污灌已经使得蔬菜的味道变差，易烂，甚至出现难闻的异味；农产品的储藏品质和加工品质也不能满足深加工的要求。

3）危害人体健康

土壤污染会使污染物在植（作）物体中积累，并通过食物链富集到人体和动物体中，危害人畜健康，引发癌症和其他疾病等。

4）导致其他环境问题

土地受到污染后，含重金属浓度较高的污染表土容易在风力和水力的作用下分别进入大气和水体中，导致大气污染、地表水污染、地下水污染和生态系统退化等其他次生生态环境问题。

4.2.3　土壤的环境容量

1. 土壤环境背景值

土壤环境背景值（background value of soil environment）是指未受或少受人类活动（人为污染）影响的土壤本身的化学元素组成及其含量。

土壤环境背景值是一个相对的概念：当今的工业污染已充满世界的每一个角落，农用化学品的污染也是在世界范围内广为扩散。因此，"零污染"土壤样本是不存在的，现在所获得的土壤环境背景值只能是尽可能不受或少受人类活动影响的数值，是代表土壤环境发展的一个历史阶段的相对数值。

土壤环境背景值是一个范围值,而不是确定值。这是因为数万年来人类活动的综合影响,以及风化、淋溶和沉积等地球化学作用的影响和生物小循环的影响及母质成因、地质和机质含量等影响使地球上不同区域,从岩石成分到地理环境和生物群落都有很大的差异,所以土壤的背景含量有一个较大的变化幅度,不仅不同类型的土壤之间不同,同一类型土壤间相差也很大。

土壤环境背景值是环境科学的基础数据,广泛应用于环境质量评价、国土规划、土地资源评价、土地利用、环境监测与区划、作物灌溉与施肥,以及环境医学和食品卫生等领域。首先,土壤环境背景值是土壤环境质量评价,特别是土壤污染综合评价的基本依据。例如,判别土壤是否发生污染及污染程度均须以区域土壤背景值为对比基础数据。其次,土壤环境背景值是制定土壤环境质量标准的基础。再次,土壤环境背景值是研究污染元素和化合物在土壤环境中化学行为的依据。因为污染物进入土壤环境后的组成、数量、形态与分布都需与土壤环境背景值加以比较分析和判断。最后,在土地利用和规划,研究土壤、生态、施肥、污水灌溉、种植业规划,提高农、林、牧、副、渔业生产水平和品质质量、卫生等领域,土壤环境背景值也是重要的参比数据。

2. 土壤环境容量

土壤环境容量(soil environment capacity)是指土壤环境单元所容许承纳的污染物质的最大负荷量。由定义可知,土壤环境容量等于污染起始值和最大负荷值之差,若以土壤环境标准作为土壤环境容量最大允许值,则土壤环境标准值减去背景值就应该是土壤环境容量计算值。但是在土壤环境标准尚未制定时,环境工作者往往通过环境污染的生态效应试验来拟定土壤环境最大允许污染物量。这个量值可称为土壤环境的静容量,相当于土壤环境的基本容量。但是土壤环境静容量尚未考虑土壤的自净作用和缓冲性能,即外源污染物进入土壤后通过吸附与解吸、固定与溶解、累积与降解等迁移转化过程而使毒性缓解和降低,这些过程处于不断的动态变化之中,其结果会影响土壤环境中污染物的最大容纳量,因此,目前环境学界认为,土壤环境容量应当包括静容量和这部分净化量,所以将土壤环境容量进一步定义:"一定土壤环境单元,在一定范围内遵循环境质量标准,即维持土壤生态系统的正常结构与功能,保证农产品的生物学产量与质量,在不使环境系统污染的条件下,土壤环境所能容纳污染物的最大负荷值"。

对土壤环境容量的研究,有助于我们控制进入土壤污染物的数量,因此,在土壤质量评价、制定"三废"排放标准、灌溉水质标准、污泥使用标准、微量元素累积施用量等方面均发挥着重要的作用。土壤环境容量充分体现了区域环境特征,是实现污染物总量控制的重要基础,有利于人们经济合理地制定污染物总量控制规划,也可充分利用土壤环境的容纳能力。

4.2.4　土壤污染程度的量化及环境质量标准

1. 土壤污染程度的量化

鉴于土壤对生物和人体的重要性,加上工业和农业对土壤污染的加剧,评价土壤的污染程度变得越来越重要。通常以土壤的环境背景值、土壤生物的生态效应、土壤的环境效应和土壤环境基准来评价土壤的污染程度。但由于污染的复杂性,目前尚没有统一的标准。一般认为,土壤中污染物累积总量达到土壤环境背景值的 2 倍或 3 倍标准差时,就说明土壤中该污染物元素或化合物含量已属异常现象，此时土壤已经遭受了轻度污染；当土壤污染物含量达到或超过土壤环境标准时，说明污染物的输入、富集速度和强度已超过土壤环境净化能力和缓冲能力，土壤达到重度污染。

2. 《土壤环境质量标准》

《土壤环境质量标准》（GB 15618—1995）是土壤中污染物的最高容许含量。污染物在土壤中的残留积累，以不致造成作物的生育障碍，在籽粒或可食部分中的过量积累不超过食品卫生标准，或不影响土壤、水体等环境质量为界限。为贯彻《中华人民共和国环境保护法》，防止土壤污染，保护生态环境，保障农林生产，维护人体健康，制定本标准。本标准按土壤应用功能、保护目标和土壤主要性质，规定了土壤中污染物的最高允许浓度指标值及相应的监测方法。本标准适用于农田、蔬菜地、茶园、果园、牧场、林地、自然保护区等地的土壤。

1）土壤环境质量分类

根据土壤应用功能和保护目标，划分为三类：

Ⅰ类主要适用于国家规定的自然保护区（原有背景重金属含量高的除外）、集中式生活饮用水源地、茶园、牧场和其他保护地区的土壤，土壤质量基本上保持自然背景水平。这一类土壤中的重金属含量基本上处于自然背景水平，不致使植物体发生过多的累积，并使植物含量基本上保持自然背景水平。自然保护区土壤应保持自然水平，纳入Ⅰ类环境质量要求。但某些自然保护区（如地质遗迹类型），原有背景重金属含量较高，则可除外，不纳入Ⅰ类要求。为了防止土壤对地面水或地下水源的污染，集中式生活饮用水源地的土壤按Ⅰ类土壤环境质量要求。对于其他一些要求土壤保持自然背景水平的保护地区土壤，也按Ⅰ类要求。

Ⅱ类主要适用于一般农田、蔬菜地、茶园果园、牧场等土壤，土壤质量基本上对植物和环境不造成危害和污染。这一类土壤中的有害物质（污染物）对植物生长不会有不良的影响，植物体的可食部分符合食品卫生要求，对土壤生物特性不致恶化，对地面水、地下水不致造成污染。一般农田、蔬菜地、果园等土壤纳入Ⅱ类土壤环境质量要求。

鉴于一些植物茎叶对有害物质富集能力较强，有可能使茶叶或牧草超过茶叶卫生标准或饲料卫生标准，可根据茶叶、牧草中有害物质残留量，确定茶园、牧场土壤纳入Ⅰ类或Ⅱ类土壤环境质量。

Ⅲ类主要适用于林地土壤及污染物容量较大的高背景值土壤和矿产附近等地的农田土壤（蔬菜地除外）。土壤质量基本上对植物和环境不造成危害和污染。Ⅲ类尽管规定标准值较宽，但也是要求土壤中的污染物对植物和环境不造成危害和污染。一般来说，林地土壤中污染物不进入食物链，林木耐污染能力较强，故纳入Ⅲ类环境质量要求。原生高背景值土壤、矿产附近等地土壤中的有害物质虽含量较高，但这些土壤中有害物质的活性较低，一般不造成对农田作物（蔬菜除外）和环境的危害和污染，可纳入Ⅲ类；若监测有危害或污染，则不可采用Ⅲ类。

2）土壤环境质量标准分级

一级标准：为保护区域自然生态、维持自然背景的土壤质量限制值。Ⅰ类土壤环境质量执行一级标准。

二级标准：为保障农业生产，维护人体健康的土壤限制值。Ⅱ类土壤环境质量执行二级标准。

三级标准：为保障农林生产和植物正常生长的土壤临界值。Ⅲ类土壤环境质量执行三级标准。本标准规定的三级标准值，见表 4.1。

表 4.1　土壤环境质量标准值　　　　　　　（单位：mg/kg）

土壤项目	一级	二级			三级
	自然背景	<6.5	6.5～7.5	>7.5	>6.5
镉≤	0.20	0.30	0.30	0.60	1.0
汞≤	0.15	0.30	0.50	1.0	1.5
砷　水田≤	15	30	25	20	30
旱地≤	15	40	30	25	40
铜　农田等≤	35	50	100	100	400
果园≤	—	150	200	200	400
铅≤	35	250	300	350	500
铬　水田≤	90	250	300	350	400
旱地≤	90	150	200	250	300
锌≤	100	200	250	300	500
镍≤	40	40	50	60	200
六六六≤	0.05	0.50			1.0
滴滴涕≤	0.05	0.50			1.0

注：①重金属（铬主要是三价）和砷均按元素量计，适用于阳离子交换量>5 cmol（+）/kg 的土壤，若≤5 cmol（+）/kg，其标准值为表内数值的半数。

②六六六为四种异构体总量，滴滴涕为四种衍生物总量。

③水旱轮作地的土壤环境质量标准，砷采用水田值，铬采用旱地值。

4.3　土壤自净及其主要污染物的迁移和转化

4.3.1　土壤的自净作用

1. 土壤的自净作用分类

自净作用（soil self-purification）是指在自然因素作用下，通过土壤自身的作用，使污染物在土壤环境中的数量、浓度或毒性、活性降低的过程。按照不同的作用机理可将土壤自净作用划分为物理净化作用、物理化学净化作用、化学净化作用和生物净化作用四个方面。

（1）物理净化作用（physical purification）。土壤是一个多相疏松的多孔体系，因而引入土壤中的难溶性固体污染物可被土壤机械阻留；可溶性污染物可被土壤水分稀释而减少毒性，也可被土壤固相表面吸附，也可随水迁移至地表水或地下水，特别是那些呈负吸附的污染物（如硝酸盐和亚硝酸盐），以及呈中性分子态和阴离子态存在的农药等，极易随水迁移。另外，某些挥发性污染物可通过土壤空隙迁移、扩散到大气中。以上过程均属于物理过程，统称为物理净化作用。但是，物理净化只能使污染物在土壤环境中浓度降低或转至其他环境介质，而不能彻底消除这些污染物。

（2）物理化学净化作用（physical-chemical purification）。指污染物的阴、阳离子与土壤胶体表面原来吸附的阴、阳离子通过离子交换吸附使得浓度降低的作用。这种净化能力的大小取决于土壤阴、阳离子交换量。增加土壤中胶体含量，特别是有机胶体含量，可提高土壤的这种净化能力。物理化学净化也没有从根本上消除污染物，因为，经交换吸附到土壤胶体上的污染物离子，还可被其他相对交换能力更大或浓度较大的其他离子替换下来而重新进入土壤溶液恢复其原有的毒性。因此，物理化学净化实质是污染物在土壤环境中的积累过程，具有潜在性和不稳定性。

（3）化学净化作用（chemical purification）。污染物进入土壤环境后可能发生诸如凝聚、沉淀、氧化-还原、络合-整合、酸碱中和、同晶置换、水解、分解-化合等一系列化学反应，或经太阳能、紫外线辐射引起光化学降解反应等。通过这些化学反应，一方面，可使污染物稳定化，即转化为难溶性、难离解性物质，从而使其毒性和危害程度降低；另一方面，可使污染物降解为无毒物质。土壤环境的化学净化作用机理十分复杂，不同的污染物在不同的环境中有不同的反应过程。

（4）生物净化作用（biological purification）。土壤是微生物生存的重要场所，这些微生物（细菌、真菌、放线菌等）以分解有机质为生，对有机污染物的净化起着重要的作用。土壤中的微生物种类繁多，各种有机污染物在不同的条件下存在多种分解形式。主要有氧化-还原、水解、脱羧、脱卤、芳环异构化、环裂解等过程，并最终将污染物转化为对生物无毒性的残留物和二氧化碳。此外，一些无机污染物也可在土壤微生物参与下发生一系列化学反应，而失去毒性。

土壤动植物也有吸收、降解某些污染物的功能。例如，蚯蚓可吞食土壤中的病原体，还可富集重金属。另外，土壤植物根系和土壤动物活动有利于构建适于土壤微生物生活的土壤微生态系，对污染物的净化起到了良好的间接作用。

以上四种自净作用过程是相互交错的，其强度共同构成了土壤环境容量基础。尽管土壤环境具有多种自净功能，但净化能力是有限的。人类还要通过多种措施来提高其净化能力。

2. 土壤的缓冲性能

近年来国内外学者从环境化学的角度出发，提出了土壤环境对污染物的缓冲性研究。将过去土壤对酸碱反应的缓冲性延伸为土壤对污染物的缓冲性。初步将其定义为："土壤因水分、温度、时间等外界因素变化抵御污染物浓（活）度变化的性质"。

其数学表达式为

$$\delta = \Delta X(\Delta T, \ \Delta t, \ \Delta w) \tag{4-1}$$

式中，δ——土壤缓冲性；

ΔX——某污染物浓（活）度变化；

$\Delta T, \ \Delta t, \ \Delta w$——温度、时间和水分变化。

土壤污染物缓冲性（buffering effect of soil）主要是通过土壤吸附-解吸、沉淀-溶解等过程实现的。其影响因素应包括土壤质量、黏粒矿物、铁铝氧化物、$CaCO_3$、有机质、土壤 pH 和 Eh 值、土壤水分和温度等。对于土壤环境的缓冲性能研究目前尚不完善，有待于进一步探讨与明确。

4.3.2 重金属在土壤中的迁移和转化

目前土壤中污染物质种类繁多，污染情况复杂，其中危害最严重，最引人关注的是重金属和农药对土壤环境的污染。随着我国经济的高度发展，大量废气、废水和固体废物排向环境，加上大量农药的不合理使用，造成了严重的土壤污染。据估计，我国受重金属和农药等污染的土地面积达上千万公顷。

土壤重金属污染是指人类活动使重金属进入土壤中，致使土壤中的重金属含量明显高于原有含量，并造成生态环境质量恶化的现象。重金属是指密度大于 $5.0 \ g/cm^3$ 的金属，如 Fe、Mn、Cu、Zn、Ni、Co、Hg、Cd、Pb、Cr 等。As 是一种准金属，但由于其化学性质和环境行为与重金属多有相似之处，故在讨论重金属时也包括 As。由于土壤中 Fe、Mn 含量较高，一般认为它们不是土壤的污染元素，而对 Cd、Hg、Cr、Pb、Ni、Zn、Cu 等对土壤的污染则应特别关注。

矿物加工、冶炼、电镀、塑料、电池、化工等行业是排放重金属的主要工业源，这些污染物以"三废"形式使得某些工厂周围的土壤中的 Zn、Pb 含量高达 3000 mg/kg。随着汽车工业的快速发展，机动车保有量大幅增加，交通运输排放的汽车尾气及轮胎添加剂等逐渐成为城市土壤重金属污染的另一个主要来源。另外，电子垃圾的成分主要有铅、汞、铬、镍等几十种金属，而目前电子垃圾的回收处理主要是一些小规模、家庭作坊式的私营企业，采用的处理技术较为落后，如手工拆卸、露天焚烧等，残余物被直接丢弃在田地、河流和水渠中，容易导致重金属对环境的污染。

重金属属于无机污染物，它与有机污染物不同，重金属不能够被分解，其毒害作用也不会丧失，发生物理化学变化时有害作用有可能减弱，但当条件合适时又恢复其原来的毒性。因此，土壤一旦受到重金属污染，尽管可以通过某些方法把重金属除去，但是并不能把它消灭，重金属所到之处又会受到二次甚至多次污染。重金属如果不能回收，污染就不会消失。目前我国镉、砷、铬、铅等重金属污染的耕地面积近 2000 万 hm^2，约占耕地总面积的 20%。

1. 重金属在土壤中的迁移转化

重金属在土壤中的迁移与转化，是指重金属在土壤中空间位置的移动和存在形式的变化，以及由此引起的分散和富集现象。此过程决定了重金属在土壤中的存在形态、累积状况、污染程度和毒理效应。重金属在土壤中的迁移转化形式十分复杂，往往是多种形式错综复杂地混合在一起。概括起来有物理迁移、物理化学与化学迁移转化、生物固定与活化等。

1）物理迁移

物理迁移（physical migration）是指土壤中重金属的机械搬运。土壤溶液中的重金属离子和络合物可以随径流作用而迁移，形成重金属在横向和纵向上的空间分布特征。此外，水土流失和风蚀作用也可以使重金属随土壤颗粒发生位移和搬运。有的重金属也会因其相对密度大而发生沉淀或闭蓄于其他有机物和无机物沉积之中。

2）物理化学与化学迁移转化

物理化学与化学迁移转化（physical-chemical migration）指重金属在土壤中通过吸附、解吸、沉淀、溶解、氧化、还原、络合、螯合和水解等一系列物理化学与化学过程而发生的迁移转化，这是重金属在土壤中的主要运动形式。

重金属和土壤中无机胶体的结合通常分为两种类型。一类为非专性吸附，即带电的土壤胶体为达到电性平衡，在其外部因静电作用吸附一个带不同电荷的离子层作为电荷补偿的过程。另一类是专性吸附，指当重金属离子进入氧化物的金属原子配位壳中，与—OH 和—OH$_2$ 配位基重新配位，并通过共价键或配位键结合在固体表面。这种吸附不一定发生在带电体表面，亦可发生在中性体表面，甚至可在吸附离子带同号电荷的表面上进行。其吸附量大小并不仅由表面电荷的多少和强弱决定。这是专性吸附与非专性吸附的根本区别。被专性吸附的重金属离子是非交换态的，通常不能被氢氧化钠和乙酸钙等中性盐置换，只能被亲和力更强和性质相似的元素解吸或部分解吸，也可在较低的 pH 条件下解吸。

重金属可以被土壤中的有机胶体络合和螯合，或者被有机胶体表面吸附。从吸附作用来说，有机胶体的吸附容量远远大于无机胶体。但是，土壤中有机胶体的含量远远小于无机胶体的含量。土壤腐殖质等有机胶体对金属离子的吸附交换作用和络合-螯合作用同时存在。一般当金属离子浓度较高时以吸附交换作用为主，而在低浓度时以络合-螯合作用为主。当生成水溶性的络合物和螯合物时，则重金属在土壤环境中随水迁移的可能性增大。

溶解和沉淀是土壤环境中重金属元素化学迁移的重要形式。它实际上是各种重金属难溶电解质在土壤固相和液相之间的离子多相平衡。主要受溶度积的大小和土壤的环境条件（主要是 pH 和 Eh 值）控制。

3）生物固定与活化

生物固定与活化是植物通过从土壤中吸收有效态重金属，使其在植物体内积累起来的过程。植物通过主动吸收、被动吸收等方式吸收重金属。这一方面可以看作生物体对土壤重金属污染的净化，另一方面也可视为重金属通过土壤对作物的污染。一般来说，土壤中重金属含量越高，植物体内的重金属含量也越高。除植物的吸收外，土壤微生物的吸收和土壤动物啃食重金属含量较高的表土也是重金属发生生物迁移的一种途径。但是，生物残体又可将重金属归还给土壤。植物根系从土壤中吸收重金属并在体内积累受多种因素的影响，其中主要的影响因素如下。

（1）重金属在土壤中的总量和赋存状态。一般水溶态的简单离子，简单络离子最容易为植物吸收，而吸收交换态、络合态相对较难发生；难溶态则暂时不被植物吸收。由于各种赋存形态之间存在一定的动态平衡关系，一般重金属含量越高的土壤中，其水溶态、吸附交换态的含量亦相对较高，植物吸收的量也相对较多。

（2）土壤环境状况。土壤环境的酸碱度、氧化还原电位、土壤胶体的种类和数量、不同的土壤类型和土壤环境状况，可直接影响重金属在土壤环境中的赋存形态及其相互之间量的比例关系，因此不同的土壤环境状况成为影响重金属迁移的重要因子。

（3）作物种类。不同植物种类有不同的选择吸收功能，因而同一种重金属在不同的植物体内累积的程度亦有所不同。不同植物的累积有明显的种间差异，通常豆类＞小麦＞水稻＞

玉米，重金属在植物体内的浓度分布特征为根＞茎＞叶＞果壳＞籽实。

（4）伴随离子的影响。指由于其他重金属离子的存在而影响植物对某种金属离子的吸收效果。例如，在土壤处于氧化状态时 Zn^{2+} 的存在可促进植物对 Cd^{2+} 的吸收。我们把促进植物对某金属离子的吸收并增强重金属离子对作物的危害的效应称为协同作用，而把减小植物对某金属离子的吸收并减弱重金属离子对作物的危害的效应称为拮抗作用。协同作用和拮抗作用统称为交互作用。

2. 土壤主要重金属污染物的危害及其迁移转化

土壤中重金属污染物主要有汞、镉、铅、铬、砷等。同种重金属，由于它们在土壤中存在的形态不同，其迁移转化特点和污染性质也不同，因此在研究土壤中重金属的危害时，不仅要注意它们的总含量，还必须重视它们的形态。

1）汞

汞是一种金属元素，俗称水银。汞是闪亮的银白色重质液体，也是在常温、常压下唯一以液态形式存在的金属。常温下汞化学性质稳定，汞蒸气和汞的化合物多有剧毒（慢性）。汞能溶解许多金属（如金、银等），形成汞合金。汞在地壳中自然生成，通过火山活动、岩石风化或作为人类活动的结果，释放到环境中。汞在自然界中分布量极小，被认为是稀有金属。土壤的汞污染主要来自于污染灌溉、燃煤、汞冶炼厂和汞制剂厂的排放。含汞颜料的应用、用汞作原料的工厂、含汞农药的施用等也是重要的汞污染源。汞进入土壤后，95%以上能迅速被土壤吸附，这主要是由于土壤的黏土矿物和有机质有强烈的吸附作用，汞容易在表层积累，并沿土壤的纵深垂直分布递减。土壤中汞的存在形态包括金属汞、无机态和有机态，并在一定条件下相互转化。在正常的 Eh 和 pH 范围内，汞能以零价状态存在是土壤中汞的重要特点。植物能直接通过根系吸收汞，在很多情况下，汞化合物可能是土壤中先转化为金属汞或甲基汞后才能被植物吸收，无机汞有 $HgSO_4$、$Hg(OH)_2$、$HgCl_2$、HgO，它们因溶解度低，在土壤中的迁移转化能力很弱，但在土壤微生物的作用下，能转化为具有剧烈毒性的甲基汞，也称汞的甲基化。微生物合成甲基汞在好氧和厌氧条件下都可以进行。在好氧条件下主要形成脂溶性甲基汞，可被微生物吸收、累积而转入食物链，造成对人畜健康的危害；在厌氧条件和某些酶的催化作用下，主要形成二甲基汞，它不溶于水，在微酸性环境中，二甲基汞也可以转化为甲基汞。汞对植物的危害因植物种类的不同而异，汞在一定浓度下使植物减产，较高浓度下可使作物死亡。土壤中汞含量过高时，不但能在植物体内累积，还会对植物产生毒害，引起植物汞中毒，严重情况下引起叶子和幼蕾脱落。汞化合物进入人体，被血液吸收后可迅速弥散到全身各器官，当重复接触后，就会引起肾脏损害。

2）镉

镉主要来源于镉矿、冶炼厂。因镉与锌同族，常与锌共生，所以冶炼锌的排放物中必有 ZnO、CdO，它们的挥发性很强，以污染源为中心可波及数千千米。镉工业废水灌溉农田也是镉污染的重要来源。镉被土壤吸附，一般在 0～15 cm 的土壤层累积，15 cm 以下含量显著减少。土壤中的镉以 $CdCO_3$、$Cd_3(PO_4)_2$ 及 $Cd(OH)_2$ 的形态存在，其中以 $CdCO_3$ 为主，尤其是在 pH＞7 的碱性土壤中。不溶态镉在土壤中累积，不易被植物吸收，但随环境条件的改变二者可以相互转化。例如，土壤偏酸时，镉溶解度增高，且在土壤中的迁移能力增强。土壤处于氧化条件下时，镉容易变成可溶性，易被植物吸收。土壤对镉有很强的吸着力，因而镉易在土壤中蓄积。镉是植物体不需要的元素，但许多植物均能从水中和土壤中摄取镉，并在体内累积，累积值取决于环境中镉的含量和形态。土壤中过量的镉，不仅能在植物体内残留，而且也会对植物生长发育产生明显的危害。镉能使植物叶片受到严重伤害，致使其生长缓慢、植株矮小、根系受到抑制、降低产量、在高浓度镉的毒害下死亡。镉对农业的最大威胁是产生"镉米""镉菜"，人食用这种被镉污染的农作物会患骨痛病。另外，镉会损伤肾小管，出现糖尿病，镉还会造成肺部和心血管损害，甚至还有致癌、致畸、致突变的可能。

3）铅

铅是污染土壤较普遍的元素。污染源主要来自汽油里添加的抗爆剂烷基铅，汽油燃烧后的尾气中含有大量铅，飘落在公路两侧数百米范围内的土壤中。另外，矿山开采、金属冶炼、煤的燃烧等也是重要的铅污染源。随着我国乡镇企业的快速发展，"三废"中的铅大量进入农田，一般进入土壤中的铅易于与有机物结合，不易溶解，土壤铅大多发生在表土层，表土铅在土壤中几乎不向下移动。植物对铅的吸收和累积，取决于环境中铅的浓度、土壤条件和植物特性等。植物吸收的铅主要累积在根部，只有少数传到地上的部分。累积在根、茎和叶上的铅，可影响植物的生长发育，使植物受害。铅对植物的危害表现为可使叶绿素含量下降，阻碍植物的呼吸和光合作用。谷类植物吸铅量较大，但多数集中在根部，茎秆次之，籽实较少。因此，铅污染的土壤所产生的禾谷类茎秆不宜作饲料。铅对动物的危害则是积累中毒。铅是作用于人体各个系统和器官的毒物，能与体内一系列蛋白质、酶和氨基酸内的官能团络合，干扰机体多方面的生化和生理作用，甚至对全身器官产生危害。

4）铬

铬的污染源主要是铬电镀、制革废水、铬渣等。铬在土壤中主要有两个价态：Cr^{6+} 和 Cr^{3+}，其中主要以 Cr^{3+} 化合物存在。Cr^{6+} 很稳定，毒性大，其毒害程度比 Cr^{3+} 大 100 倍，土壤对 Cr^{6+} 的吸附固定能力较低，仅含 8.5%～36.2%。而 Cr^{3+} 则恰恰相反，当它们进入土壤后，90% 以上迅速被土壤吸附固定，在土壤中难以再迁移，Cr^{3+} 主要存在于土壤和沉积物中。土壤胶体对 Cr^{3+} 有强烈的吸附作用，并随 pH 的升高而增强。普通土壤中可溶性 Cr^{6+} 的含量很少，这是因为进入土壤中的 Cr^{6+} 很容易被还原成 Cr^{3+}，在这个过程中，有机质起着重要作用，并且这种还原作用随着 pH 的升高而降低。值得注意的是，实验已证明，在 pH 6.5～8.5 的条件下，土壤中的 Cr^{3+} 能氧化成 Cr^{6+}，同时，土壤中存在的氧化锰也能使 Cr^{3+} 氧化成 Cr^{6+}。因此，Cr^{3+} 转化成 Cr^{6+} 的潜在危害不容忽视。植物对铬的吸收，95% 累积于根部。据研究，低浓度 Cr^{6+} 能提高植物体内酶的活性与葡萄糖的含量，高浓度时，则阻碍水分和营养向上部输送，并破坏代谢作用。铬对人体与动物也是有利有弊。人体含铬过低会产生食欲减退等症状。而 Cr^{6+} 具有强氧化作用，对人体主要是慢性危害，长期作用可引起肺硬化、肺气肿、支气管扩张，甚至引发癌症。

5）砷

土壤中的砷主要来自大气降尘、尾矿排放和含砷农药的施用。常用砷集中在表土层 10 cm 左右，只有在某些情况下可淋洗至较深土层，施磷肥可稍增加砷的移动性。土壤中砷的形态按植物吸收的难易程度划分为水溶性砷、吸附性砷和难溶性砷，通常把水溶性砷和吸附性砷总称为可给性砷，是可被植物吸收利用的部分。土壤中大部分砷被胶体吸收和有机物络合-螯合或与土壤中铁、铝、钙质相结合，形成难溶化合物，或与铁、铝等氢氧化物发生共沉淀。植物再生长过程中，吸收有机态砷后可在体内逐渐降解为无机态砷。砷可通过植物根系和叶片吸收并转移至体内的各个部分，并主要集中在生长旺盛的器官。作物根、茎、叶和籽粒含砷量差异很大，例如，水稻含砷量的分布顺序是根＞茎＞叶＞谷壳＞稻米，呈自上而下递减变化规律。砷中毒可影响植物生长发育，砷对植物危害的最初症状是叶片卷曲枯萎，进一步是根系发育受阻，最后是根、茎、叶全部枯死。砷对人体危害很大，在体内有明显的蓄积性，它能使红细胞溶解，破坏正常的生理功能，并具有遗传性、致癌性和致畸性等。

3. 土壤重金属污染的特点

土壤重金属污染与大气和水体重金属污染相比，具有独特的性质，包括以下几点。

1）潜伏性

土壤重金属污染在一定时期内不表现出对环境的危害性，但当其含量超过土壤承受力或限度，或土壤的环境条件变化时，重金属有可能突然活化，就会使原来固定在土壤中的污染物大量释放，引起严重的生态危害，有"化学定时炸弹"之称。

2）单向性

进入土壤中的重金属易积累，不能被微生物降解，所以土壤一旦被重金属污染，很难恢复。

3）间接性

土壤重金属对人的危害主要是通过食物链或者渗滤进入地下水后实现的。

4）综合性

在生态环境中，往往多种重金属污染同时发生，形成复合污染，且污染强度显示出放大性。有研究表明，Cu 与 Pb 复合污染与单一污染相比，对土壤呼吸强度的影响依次表现为 Cu 与 Pb 复合污染＞Pb 污染＞Cu 污染。

4. 影响土壤中重金属迁移转化的因素

1）土壤腐殖质的吸附和螯合作用

土壤腐殖质能大量吸收金属离子，使金属通过螯合作用而稳定地留在土壤腐殖质中，从而使金属毒物不易迁移到水中或植物体中，减轻其危害。

2）土壤 pH

在酸性土壤中，铜、锌、镉、铬等金属离子多数变成易溶于水的化合物，容易被作物吸收或迁移；而土壤 pH 高时，多数金属离子成为难溶的氢氧化物而沉淀。所以，土壤受镉污染后用石灰调节土壤，可显著降低糙米中的镉含量。实验表明，当土壤 pH 为 5.3 时，糙米镉含量为 0.33 mg/kg；而 pH 为 8.0 时，镉含量仅为 0.06 mg/kg。

3）土壤的氧化还原状态

在氧气充足的氧化条件下砷为五价，而在还原条件下则为三价（亚砷酸盐），毒性比前者大；六价铬比三价铬的毒性大得多。另外，在还原条件下，许多重金属形成硫化物（难溶解）而固定于土壤中。

4.3.3　化学农药对土壤的污染

1. 化学农药及其污染来源

农药（pesticide）是指在农业生产中，为保障、促进植物和农作物的成长，所施用的杀虫、杀菌、杀灭有害动物（或杂草）的一类药物统称。特指在农业上用于防治病虫及调节植物生长、除草等药剂。迄今农药的品种已发展到上千种，农药的使用量也急剧增加，成为决定现代化农业生产效率和提高收获量的重要因素。同时，随着日益增加的化学农药通过生产、运输、贮存、使用、废弃等不同环节大量进入环境和生态系统，产生了一些不良后果。土壤化学农药污染主要来自以下方面。

（1）将农药直接施入土壤或以拌种、浸种和毒谷等形式施入土壤。
（2）向作物喷洒农药时，农药直接落到地面上或附着在作物上，经风吹雨淋落入土壤。
（3）大气悬浮的农药颗粒或以气态形式存在的农药经雨水溶解和淋溶，最后落到地面上。
（4）随死亡动物残体或污染灌溉而将农药带入土壤。

2. 化学农药污染的危害

同其他污染物一样，虽然土壤自身有一定的净化能力，但当进入土壤的农药量超过土壤的环境容量时就会形成土壤污染，对土壤生态系统产生严重的影响，同时还会通过食物链进入人体，对人体的健康造成危害。总之，土壤农药污染的危害可以概括为以下几个方面。

1）对农作物的影响

土壤中残留的农药会通过植物的根系活动逐渐转移至植物中，使得植物中的农药残留量增大，影响农产品的质量，造成农民的经济效益下降。

2）对土壤生物的影响

很多农药都会毒杀土壤中的生物，如蚯蚓等。蚯蚓是一种重要的土壤有益生物，可以使土壤保持疏松状态并能使土壤中的肥力提高，但是部分高毒农药会杀死蚯蚓。

3）对土壤微生物的影响

不同的农药对土壤中微生物的影响也不同，同一种农药对不同种微生物类群的影响也不同，但总的来讲农药可影响土壤微生物的种群和种群数量。杀菌剂对土壤微生物影响较大，不管是有益微生物还是有害微生物，均被其杀灭或者是抑制生长，如硝化细菌和氨化细菌。此外，土壤中残留的农药还对土壤中的微生物数量造成一定的影响，使得土壤生态系统的功能失调，营养成分不平衡、失调或缺乏，对土壤中生物的生长和代谢不利。

4）对人畜健康的影响

土壤中残留农药可被粮食、蔬菜作物吸收，使之遭受污染，并通过食物链危害人畜健康。另外，还可随着土壤表层饮用水进入人或动物体内，对人体的健康造成直接或间接的危害，影响人们的正常生活。

5）其他影响

土壤中残留的农药还会使土壤的物理性状发生改变，养分不均匀，最终导致农作物的产量和质量下降。土壤长期受农药影响，最终会使土壤明显酸化。此外，还会使土壤受重金属污染，造成不可挽回的损失。当土壤中的残留农药通过影响某种生物的数量从而影响了当地的生物链时，就会严重影响生态环境。例如，农药通过污染稻穗使鸟类数量大减从而使田鼠数量剧增，并进一步影响当地植被物种，破坏环境。除此之外，土壤中的残留农药会破坏土壤的酸碱性从而改变土壤有机物质含量，使土地沙漠化，土壤可用面积减少，进一步影响环境。

3. 主要的农药类型

人工合成的化学农药，按化学组成可以分为有机氯、有机磷、有机汞、有机砷、氨基甲酸酯类等制剂；按农药在环境中存在的物理状态可分为粉状、可溶性液体、挥发性液体等；按其作用方式可有胃毒、触杀、熏蒸等。病、虫、杂草等有害生物，在形态、行为、生理代谢等方面均有很大差异。

1）有机氯类农药

该类农药大部分是含有一个或几个苯环的含氯有机物。最主要的品种是 DDT 和六六六，其次是艾氏剂、狄氏剂和异狄氏剂等。有机氯类农药的特点是化学性质稳定，在环境中残留时间长，短期内不易分解，易溶于脂肪中，并在脂肪中蓄积，长期使用的有机氯类农药是造成环境污染的最主要农药类型。

2）有机磷类农药

有机磷类农药是含磷的有机化合物，有的还含硫、氮元素，其大部分是磷酸酯类或酰胺类化合物。一般有剧烈毒性，但比较易于分解，在环境中残留时间短，在动植物体内，因受酶的作用，磷酸酯进行分解不易蓄积，因此常被认为是较安全的一种农药。有机磷农药对昆虫哺乳类动物均可呈现毒性，破坏神经细胞、分泌乙酰胆碱、阻碍刺激的传送机能等生理作用，使之死亡。所以，在短期内有机磷类农药的环境污染毒性仍是不可忽视的。

3）氨基甲酸酯类农药

该类农药均具有苯基-*N*-烷基甲酸酯的结构，它与有机磷农药一样，具有抗胆碱酯酶作用，中毒症状也相同，但中毒机理有差别。在环境中易分解，在动物体内也能迅速代谢，而代谢产物的毒性多数低于本身毒性，因此属于低残留的农药。

4）除草剂（除莠剂）

除草剂具有选择性，只能杀伤杂草，而不伤害作物。有的是非选择性的，对药剂接触到的植物都可杀死，如五氯酸钠。有的品种只对药剂接触到的部分发生作用，药剂在植物体内不转移，不传导。大多数除草剂在环境中会被逐渐分解，对哺乳动物的生化过程无干扰，对人、畜毒性不大，也未发现在人畜体内累积。

4. 农药在土壤中的迁移转化

农药施用后，将直接或间接地进入土壤中，土壤中的农药将发生被土壤胶粒及有机质吸附、随水分向四周流动（地表径流）或向深层土壤移动（淋溶）、向大气中挥发扩散、被土壤微生物降解等一系列物理、化学和生物化学过程。农药在土壤中的残留性，主要取决于农药的降解性能，也与农药的物理行为密切相关。

1）农药在土壤中的挥发、扩散和迁移

土壤中的农药，在被土壤固相吸附的同时，还通过气体挥发和水的淋溶在土体中扩散迁移，因而导致大气、水和生物的污染。大量资料证明，无论是易挥发的农药，还是不易挥发的农药（如有机氯）都可以从土壤、水及植物表面大量挥发。农药在土壤中的挥发作用大小，主要取决于农药本身的溶解度和蒸气压，也与土壤的温度、湿度等有关。农药除以气体形式扩散外，还能以水为介质进行迁移，其主要方式有两种：一是直接溶于水，如甲胺磷、乙草胺；二是被吸附于土壤固体细粒表面上随水分移动而进行机械迁移，如难溶性农药 DDT。一般来说，农药在吸附性能小的砂性土壤中容易移动，而在黏粒含量高或有机质含量多的土壤中则不易移动，大多积累于土壤表层 30 cm 的土层内。因此有的研究者指出，农药对地下水的污染是不大的，主要是土壤遭受侵蚀，通过地表径流流入地面水体造成地表水体的污染。

2）农药在土壤中的吸附

土壤是一个由无机胶体、有机胶体及有机-无机胶体所组成的胶体体系，其具有较强的吸附性能。在酸性条件下，土壤胶体带正电荷，在碱性条件下，则带负电荷。进入土壤的化学农药可以通过物理吸附、化学吸附、氢键结合和配位价键结合等形式吸附在土壤颗粒表面。进入土壤中的农药一般被离解为有机阳离子，为带负电荷的有机胶体所吸附。其吸附容量往往与土壤胶体的阳离子吸附容量有关。研究表明，土壤胶体对农药吸附能力的顺序是：有机胶体>蛭石>蒙脱石>伊利石>高岭石。此外，土壤胶体的阳离子组成对农药的吸附交换也有影响。例如，钠饱和的蛭石对农药的吸附能力比钙饱和的大，K^+可将吸附在蛭石上的杀草快代换出 98%，而对吸附在蒙脱石上的杀草快仅能代换出 44%。

除土壤胶体的种类和数量及胶体的阳离子组成外，土壤对化学农药的吸附作用还取决于农药本身的化学性质。在各种农药分子结构中，凡是带—OH、—CONH$_2$、—NHNOR、—NHR、—OCOR 功能团的农药，其被土壤吸附的能力都能得到增强，特别是带—NH$_2$ 的农药被土壤吸附的能力更强。并且同类农药中分子量越大，吸附能力越强。在溶液中溶解度小的农药，土壤对其吸附能力则越大。

土壤 pH 的大小能够影响农药离解为有机阳离子或有机阴离子，从而决定其被带负电或带正电的土壤胶体所吸附。

农药被土壤吸附后，移动性和生理毒性随之发生变化。所以土壤对农药的吸附作用，在某种意义上就是土壤对农药的净化。但这种净化作用是有限度的，土壤胶体的种类和数量、胶体的阳离子组成，化学农药的物质成分和性质等都直接影响到土壤对农药的吸附能力，吸附能力越强，农药在土壤中的有效性越低，则净化效果越好。

3）农药在土壤中的光化学降解

光化学降解（photochemical degradation）是土壤表面接受太阳辐射的活化和紫外线的能量引起的农药完全分解或部分降解。农药吸收光能后产生光化学反应，使农药分子发生光解、光氧化、光水解和异构等，进而使农药分子结构中的碳碳键和碳氢键发生断裂，从而引起农药分子结构的转变。例如，有机磷杀虫剂对硫磷能光解为对氧磷、对硝基酚和硫己基对硫磷等。值得注意的是，光解产物的毒性可能比原化合物毒性大，例如，对氧磷毒性大于对硫磷。不过，这些光解产物在环境中仍在不断分解，最终转化为低毒或无毒成分。紫外光难以穿透土壤，所以光化学降解解毒主要对土壤表面与土壤结合的农药起作用，而对土表以下的农药作用很小。

4）化学降解

化学降解（chemical degradation）主要是指与微生物无关的水解和氧化作用。许多有机磷农药进入土壤后，便可发生水解，如马拉硫磷和丁烯磷可发生碱水解，二嗪磷则可发生酸水解，且有机磷农药的加碱水解过程能导致其脱毒。水解的强度随土壤温度升高、土壤水分加大而加强。许多含硫和含氯农药在土壤中可以氧化，例如，对硫磷可以被氧化为对氧磷，艾氏剂可以被氧化为狄氏剂等。

5）生物转化与降解

生物的生命活动可将农药分解为小分子化合物或转化为毒性较低的化合物，包括微生物、植物和动物降解。其中微生物降解是最重要的途径，目前所说的生物降解主要是指微生物降解。微生物具有氧化-还原作用、脱羧作用、脱氨作用、水解作用和脱水作用等各种化学作用能力，且对能量利用比高等生物体更有效；同时，微生物还具有种类多、分布广、个体小、繁殖快、比表面积大和高度繁殖与变异性等特点，使其能以最快的速度适应环境的变化。当环境中存在新的化合物时，有的微生物就能逐步通过各种调节机制来适应变化了的环境，它们或通过自然突变形成新的突变种，或通过基因调控产生诱导酶以适应新的环境条件。产生新酶体系的微生物就具备了新的代谢功能，从而能降解或转化那些原来不能被生物降解的污染物。

微生物能以多种方式代谢农药（表 4.2）。凡影响土壤微生物正常活动的因素（如温度、水分、有机质含量、Eh 值和 pH 等）及农药本身性质都将影响微生物对农药的代谢。因此，就一种微生物和一种农药而言，不同的环境条件可能会有不同的降解解毒方式。

表 4.2　微生物代谢农药的方式

酶促反应	1. 不以农药为能源的代谢
	（a）通过广谱酶（水解酶、氧化酶等）进行作用
	（Ⅰ）农药作为底物
	（Ⅱ）农药作为电子受体或供体
	（b）共代谢
	2. 分解代谢
	以农药为能源的代谢，多发生在农药浓度较高且农药的化学结构适合于微生物降解及作为微生物的碳源被利用的情况
	3. 解毒代谢
	微生物抵御外界不良环境的一种抗性机制
非酶反应	1. 以两种方式促进光化学反应的进行
	（Ⅰ）微生物的代谢物作为光敏物吸收光能并传递给农药分子
	（Ⅱ）微生物的代谢物作为电子的受体或供体
	2. 通过改变 pH 而发生作用
	3. 通过产生辅助因子促进其他反应进行

5. 农药在土壤中残留及其影响因素

进入土壤中的农药，易受各种化学、物理和生物的作用，并以多种途径进行反应和降解，只是不同类型的农药其降解程度和难易程度不同而已，这制约着农药在土壤中的存留时间。

农药在土壤中的存留时间常用两个概念来表示，即半衰期和残留期。半衰期是指施入土壤中的农药因降解等原因其浓度减少一半所需的时间；残留期指施入土壤中的农药因降解等原因其浓度减少 75%～100% 所需的时间。残留量指土壤中的农药因降解等原因含量减少而残留在土壤中的数量，单位为 mg/kg（土壤），残留量 R 可用下式表示：

$$R = C_0 e^{-kt} \tag{4-2}$$

式中，C_0——农药在土壤中的初始量；

　　　t——农药在土壤中的衰减时间；

　　　k——常数。

农药在土壤中的残留特征见表 4.3。

表 4.3　各类农药在土壤中的半衰期

农药种类	半衰期/a	农药种类	半衰期/a
含铅、砷、铜、汞的农药	10～30	2,4-D 和 2,4,5-T 除莠剂	0.1～0.4
DDT 等有机氯农药	2～4	有机磷农药	0.02～0.2
三嗪类除草剂	2～4		

农药在土壤中的残留和降解主要与土壤中有机质含量、湿度、pH、温度和根系分泌物等

多种因素有关，同时还与农药本身的理化性质有关。

1）有机质

土壤有机质一般分为新鲜有机质、半分解有机质和腐殖物质，其中腐殖物质占有机质总量的85%～90%。研究证明，增加土壤有机质含量，有利于提高土壤微生物种群的数量和生物活性，增强生物对农药的降解作用。土壤中的腐殖质对于农药的水解反应也起到重要作用。例如，不同来源的土壤腐殖酸均使毒死蜱的水解速度增大，水解半衰期缩短。此外，也有研究表明，施用有机肥还可以增强土壤对农药的吸附作用，农药被吸附后活性降低，从而减轻了对环境的危害。由此可见，提高土壤有机质含量不仅有利于作物生长，还可以促进土壤中残留农药的降解。

2）湿度

湿度对于土壤中农药降解的影响通过两方面实现：

（1）影响光解。潮湿的表层土壤在光照条件下容易形成大量的自由基，如过氧基、羟基、过氧化物和单重态氧，可以加速农药的光解。另外，水分能增加农药在土壤中的移动性，有利于农药的光解。研究发现，土壤湿度对于甲基对硫磷、氟乐灵和三唑酮均有加速光解速率的作用。这种影响对于氟乐灵光解最为明显。在15%的湿润土壤条件下，氟乐灵在4种土壤中的光解非常迅速，光解半衰期仅8.5～24 h，而在风干土壤中，氟乐灵则表现了很强的光稳定性，在4种土壤中的光解半衰期分别是湿润土壤中的11.2、13.4、20.5和21.2倍。由此可见，水分对一些农药在土壤中的光解确实起着重要作用。

（2）湿度也可以影响农药的微生物降解，在一定的土壤持水量范围内，随着水分含量的增高，恶唑菌酮的降解速度加快。这可能是土壤微生物的活性相对较高，从而促进了恶唑菌酮降解。当土壤持水量继续增高，特别是超过田间饱和持水量、呈淹水状态后，降解速率迅速放缓。可能是此时的土壤含水量已不适合微生物生长。因此可以通过适当调整土壤含水量来加快农药的降解，尤其是对于保护地进行栽培，灌溉设施齐备，通风排湿设备良好，易于将湿度控制在所需范围内。

3）pH

土壤pH随土壤类型、组成的不同而有较大变化，是影响农药在土壤中水解的一个重要因素。pH对土壤空隙中发生的反应有较大影响，其效果取决于反应是碱催化还是酸催化，同时也与农药的酸碱性有关。如磺酰脲类除草剂在水中溶解度受pH影响极大，因而pH对其水解有着极其重要的影响。由于磺酰脲类除草剂化合物属弱酸性，与磺酰基相连的N上的H有一定的酸性，电离后产生的负离子降低了羧基的极性，亲核试剂的进攻减弱，水解反应活化能较高；但是在酸性条件下，H可与羧基的O结合形成盐，然后重新排列成碳正离子，水解反应活化能减少。因此，磺酰脲除草剂这类化合物在酸性溶液中的水解速率较快，但是在中性环境中较为稳定。但有些农药如三唑酮，由于结构中苯氧基中的O原子和三唑基上的N原子上带有较多的负电荷，容易吸附溶液中的H^+，导致溶液OH^-的增多，对降解反应起到一定的促进作用。但缓慢增多的降解产物一方面减少了三唑酮母体分子与H^+的接触机会，另外一方面由于产物本身也带电负性基团，从而产生了竞争吸附作用，总体降低了三唑酮母体降解反应速率的持续增加。当 pH>7 时，三唑酮的降解速率大大加快，并且表现为 pH 越大，其降解速率越快。

4.4 土壤污染的综合防治

土壤是生命之基、万物之母。唯有净土，才有洁食，才可安居。当前，必须要采取系统措施，加强土壤污染综合防治，保护好土壤环境质量。由国家环保部和国土资源部承担的全国土壤现状调查及污染防治项目已经启动，计划在摸清我国土壤污染总体状况的基础上，研究和建立适合我国国情的土壤环境质量评价和监测标准，制定我国土壤污染防治的战略和对策。

4.4.1 土壤污染的控制与管理

1. 转变发展理念，加强源头控制

要从根本上扭转土壤环境质量恶化的趋势，需要转变国内生产总值（GDP）至上的发展理念，突出生态文明权重，建立和完善体现科学发展观的政府绩效考核体系，发挥考核"指挥棒"作用。强化工业污染源头治理。严格项目准入，关闭、淘汰和搬迁小冶炼、小化工等企业。改造环保设施，提高污染物排放的达标率。对污染企业实施强制性清洁生产审核，严格控制污染物的排放量和浓度。对超排偷排企业，一经发现要进行严肃查处。建立打击非法开采的长效机制，规范矿山开采秩序。改善矿山地质环境，加强矿山整合力度，进行集约化、规模化开采，便于矿业废渣、废水集中排放、收集和处理。加快生态农业和循环农业建设，对基本农田、重要农产品产地特别是"菜篮子"基地进行重点监管，严格控制主要粮食产地和蔬菜基地的污水灌溉，强化对农药、化肥及其废弃包装物，以及农膜使用的环境管理，从源头上减少农业生产、农民生活对土壤的污染。提高机动车尾气排放标准，减少因机动车尾气超标带来的大气沉降污染。

2. 健全法律法规，完善标准体系

尽快出台《土壤污染防治法》及其配套法规。立法中注意与现行的《水污染防治法》《固体废物污染防治法》《大气污染防治法》《海洋环境保护法》等法律法规的协调，还要注意与土地管理、城乡规划等法律法规的衔接。对城乡接合部及厂矿企业周边重污染耕地，严格依据土地管理法规和土地利用总体规划等有关要求，按照土地变更有关标准的规定，经法定程序调整土地用途，土地由政府收储后治理。畅通污染受害者诉求渠道，加强土壤环境应急和执法能力建设，规定严格的法律责任。健全不同土地利用方式的标准和各种土壤环境质量的指标。完善土壤污染评价、风险评估和土壤污染修复等标准体系。实行标准动态化管理，以倒逼企业转型升级。在制定土壤环境质量标准时还应注意与食品卫生标准的衔接。

3. 完善体制机制

改变土壤污染防治政出多门、职责不清的局面。理顺环保、国土、农业、粮食、发改委等部门在土壤污染防治中的职责，建立国土、农业和环保等部门联动机制，解决多头管理、

信息不通、底数不清等问题。完善跨区域、全流域的水土治理机制。统筹推进土壤污染防治工作，统一部署、统一考核。进行生态补偿、排污权交易、环境税费改革、污染责任险等环境经济政策改革试点。对严重污染的耕地，要调整种植结构，划定农产品禁止生产区并进行生态补偿。对做出历史性贡献的老工业基地加大财政支持和税收优惠力度。建立污染粮食定点收购、限定用途、定向销售价差及费用补偿机制。

4. 加强土壤环境监测

目前，中华人民共和国环境保护部、国土资源部、农业部等都开展了土壤环境质量和污染调查工作，但在调查范围、对象、技术规范、标准等方面各有异同，可能导致调查结果差异和部分重复调查。因此，必须整合现有环保、国土、农业、卫生、粮食等部门的监测网络，建立长期有效的土壤质量监测机制，构建国家土壤质量监测网络和预警体系，周期性监测土地质量变化状况，预测变化趋势，及时发出土地质量恶化警示。将土壤环境质量监测纳入例行环境监测体系，构建国家土壤环境监测网，加强国家、省、市、县四级环境监测站的土壤监测能力建设，实现对全国土壤环境质量科学化、精确化、差别化的管理和监测。在全国土壤污染普查的基础上，对重点区域开展更加周密的调查，在土壤污染严重地区进行详细尺度的土地质量地球化学评价，开展矿山及其周边生态环境评价，覆盖我国基本农田区和宜耕后备资源开发区，进行基本农田和重要农产品产地种植环境适宜性评估，对重点区域蔬菜基地土壤环境安全性划分及长期定位重金属环境质量监控。查明土壤环境质量现状，进行土壤环境质量分级，以便开展更有针对性的治理修复。

5. 实施分类防治，开展土壤修复

根据农业用地、工业用地和住宅用地等具体情况实施分区指导、分区防控。以耕地和集中式饮用水水源地为重点，划定土壤环境保护优先区域。实行土壤环境分级认定管理制度，推进生态土壤认证。根据受污染的程度分级防治。对于严重污染的农田进行封闭，治理达标后再使用，或者将农田用地改为建筑用地。对于轻度污染的农田可以种植一些不易吸收重金属或 POPs 的粮食，或者改为种植经济作物。土壤环境保护工作应以预防为主，重点放在目前还没有受到污染的土壤保护上，尽快启动"土壤环境保护工程"。制定"以奖促保"政策，对积极开展土壤污染保护和治理的地区，应加大资金奖励和技术支持力度。

6. 加强科技攻关

加强基础性研究，建立土壤污染防治科技支撑体系，建议将土壤污染防治成立专项进行攻关。开展土壤重金属和有机物风险管控和修复技术规范，加强土壤重金属残留与农作物相关性研究，研发推广污染快速检测、修复、治理等关键、可行的技术和设备。本着"边生产边治理"的原则，推广污染耕地治理经济技术可行的农艺措施，选育抗性强的农作物品种（如抗镉稻米的选育），研究可推广的综合治理技术，切断食物链，从根本上防治镉等重金属通过食物链转移到人体。推进土壤污染防治示范工程。搭建技术平台，进行相关重点技术培训。

7. 健全资金投入机制

根据"谁污染、谁治理"的原则，污染企业也应是补偿主体之一，负担相应的治理费用。同时，要根据实际，明确补偿对象（主要是农民和农村集体经济组织)）和不同污染区域补偿标准，推动耕地土壤污染治理迅速有效开展。土壤污染成因复杂，不同地区污染程度不一，加之治理难度大、周期长，需要巨大的资金支持，单靠国家财政拨款远远不够，地方政府也不可能拿出大量的资金用于治理污染的土壤。因此，必须健全生态补偿机制，完善配套政策，加快探索土壤污染修复市场化发展之路。

4.4.2 土壤污染修复技术

土壤修复（contaminated soil remediation）是指利用物理、化学和生物的方法转移、吸收、降解和转化土壤中的污染物，使其浓度降低到可接受水平，或将有毒有害的污染物转化为无害的物质。从根本上说，污染土壤修复的技术原理为：改变污染物在土壤中的存在形态或同土壤的结合方式，降低其在环境中的可迁移性与生物可利用性，降低土壤中有害物质的浓度。

经过近十多年来全球范围的研究与应用，包括生物修复、物理修复、化学修复及其联合修复技术在内的污染土壤修复技术体系已经形成，积累了不同污染类型场地土壤综合工程修复技术的应用经验，出现了污染土壤的原位生物修复技术和基于监测的自然修复技术等研究的新热点。国内外污染土壤修复技术研究现状如下。

1. 污染土壤生物修复技术

生物修复（bioremediation）是利用生物（包括动物、植物、微生物），通过人为调控，将土壤中的有毒有害污染物吸收、分解或转化为无害物质的过程。与物理、化学修复污染土壤技术相比，它具有成本低、不破坏植物生长所需要的土壤环境、无二次污染、处理效果好、操作简单、费用低廉等特点，是一种新型的环境友好替代技术。

土壤生物修复技术，包括植物修复、微生物修复、生物联合修复等技术，在进入 21 世纪后得到了快速发展，成为绿色环境修复技术之一。

1）植物修复技术

土壤植物修复（soil phytoremediation）是根据植物可耐受或超积累某些特定化合物的特性，利用绿色植物及其共生微生物提取、转移、吸收、分解、转化或固定土壤中的有机或无机污染物，把污染物从土壤中去除，从而达到移除、削减或稳定污染物，或降低污染物毒性等目的。植物修复的对象是重金属、有机物或放射性元素污染的土壤。

土壤植物修复技术主要有植物提取、植物挥发和植物固定等几种途径。植物提取是利用专性植物-超积累植物通过根系从土壤中吸取重金属，并将其转移、贮存到植物茎叶等地上部分，然后收割地上部分，连续种植超积累植物即可将土壤中的重金属降到可接受的水平。植物挥发是利用植物根系分泌的一些特殊物质或微生物使土壤中的某些重金属转化为挥发形态，或者植物将某些重金属吸收到体内后将其转化为气态物质释放到环境中。植物固定是通过耐重金属植物及其根系微生物的分泌作用螯合、沉淀土壤中的重金属，以降低其生物有效性和移动性，达到固定、隔绝、阻止重金属进入水体和食物链的途径和可能性，减少对环境和人类健康危害的风险。可被植物修复的污染物有重金属、农药、石油和持久性有机污染物、炸药、放射性核素等。其中，重金属污染土壤的植物吸取修复技术在国内外都得到了广泛研究，已经应用于砷、镉、铜、锌、镍、铅等重金属及与多环芳烃复合污染土壤的修复，并发展出包括络合诱导强化修复、不同植物套作联合修复、修复后植物处理处置的成套集成技术。这种技术的应用关键在于筛选具有高产和高去污能力的植物，摸清植物对土壤条件和生态环境的适应性。近年来，我国在重金属污染农田土壤的植物吸取修复技术应用方面，一定程度上开始引领国际前沿研究方向。但是，虽然开展了利用苜蓿、黑麦草等植物修复多环芳烃、多氯联苯和石油烃的研究工作，但是有机污染土壤的植物修复技术的田间研究还很少，对炸药、放射性核素污染土壤的植物修复研究则更少。植物修复技术不仅应用于农田土壤中污染物的去除，而且同时应用于人工湿地建设、填埋场表层覆盖与生态恢复、生物栖身地重建等。近年来，植物稳定修复技术被认为是一种更易接受、大范围应用、利于矿区边际土壤生态恢复的植物技术，也被视为一种植物固碳技术和生物质能源生产技术。为寻找多污染物复合或混合污染土壤的净化方案，将分子生物学和基因工程技术应用于发展植物杂交修复技术。利用植物的根圈阻隔作用和作物低积累作用，发展能降低农田土壤污染的食物链风险的植物修复技术正在被研究。

2）微生物修复技术

微生物能以有机污染物为唯一碳源和能源或者与其他有机物质进行共代谢而降解有机污染物。利用微生物降解作用发展的微生物修复技术是农田土壤污染修复中常见的一种修复技术。这种生物修复技术已在农药和石油污染土壤中得到应用。在我国，已构建了农药高效降解菌筛选技术、微生物修复剂制备技术和农药残留微生物降解田间应用技术；也筛选了大量的石油烃降解菌，复配了多种微生物修复菌剂，研制了生物修复预制床和生物泥浆反应器，提出了生物修复模式。总体上，微生物修复研究工作主要体现在筛选和驯化特异性高效降解微生物菌株，提高功能微生物在土壤中的活性、寿命和安全性，修复过程参数的优化和养分、温度、湿度等关键因子的调控等方面。微生物固定化技术因能保障功能微生物在农田土壤条件下种群与数量的稳定性和显著提高修复效率而受到青睐。通过添加菌剂和优化作用条件发展起来的场地污染土壤原位、异位微生物修复技术有：生物堆沤技术、生物预制床技术、生物通风技术和生物耕作技术等。运用连续式或非连续式生物反应器、添加生物表面活性剂和优化环境条件等可提高微生物修复过程的可控性和高效性。目前，正在发展微生物修复与其他现场修复工程的嫁接和移植技术，以及针对性强、高效快捷、成本低廉的微生物修复设备，以实现微生物修复技术的工程化应用。

（1）生物通风法。生物通风（bioventing）是一种强化污染物生物降解的修复工艺，一般是在受污染的土壤中至少打两口井，安装鼓风机和真空泵，将新鲜空气强行排入土壤中，然后再抽出，土壤中的挥发性毒物也随之去除。在通入空气时，有时加入一定量的 NH_3，可为土壤中的降解菌提供氮素营养；有时也可将营养物与水经通道分批供给，从而达到强化污染物降解的目的。另外还有一种生物通风法，即将空气加压后注射到污染地下水的下部，气流加速地下水和土壤中有机物的挥发和降解，有人称之为生物注射法。在有些受污染地区，土壤中的有机污染物会降低土壤中的氧气浓度，增加二氧化碳浓度，进而形成一种抑制污染物进一步生物降解的条件。因此，为了提高土壤中的污染物降解效果，需要排出土壤中的二氧化碳和补充氧气。

生物通风系统就是为改变土壤中气体成分而设计的，其主要制约因素是土壤结构，不合适的土壤结构会使氧气和营养物在到达污染区域之前就已被消耗，因此它要求土壤具有多孔结构。在向土壤注入空气时需要对空气流速有一定的限制，并且要有效地控制有机污染物质的挥发。图 4.3 为污染现场及通风系统示意图。

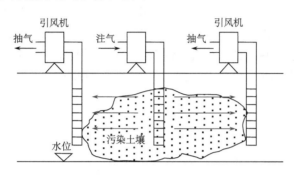

图 4.3 污染现场及通风系统示意图

生物通风法的设备和运行维护费用低，可以清除不适于蒸气浸提修复的黏稠烃类。但是它的局限性只适用于可好氧降解的有机污染物。对于挥发性化合物的修复效果不如蒸气浸提修复，但其气体处理费用仅相当于蒸气浸提修复的一半。

（2）土壤耕作（soil cultivation）。土壤耕作工艺是在非透性垫层和砂层上，将污染土壤以 10～30 cm 的厚度平铺其上，并淋洒营养物、水及降解菌株接种物，定期翻动充氧，以满足微生物生长的需要，彻底清除污染物。处理过程产生的渗滤液再回淋于土壤，以彻底清除污染物。土地耕作使用的设备是农用机械，一般只适于上层 30 cm 厚的污染土壤，深层污染土壤修复则需特殊设备。土壤耕作工艺如图 4.4 所示。

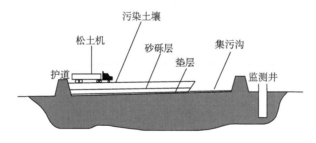

图 4.4 土壤耕作工艺示意图

2. 污染土壤物理修复技术

物理修复是指通过各种物理过程将污染物（特别是有机污染物）从土壤中去除或分离的技术。热处理技术是应用于工业企业场地土壤有机污染的主要物理修复技术，包括热脱附、微波加热和蒸气浸提等技术，已经应用于苯系物、多环芳烃、多氯联苯和二噁英等污染土壤的修复。

1）热脱附技术

热脱附是用直接或间接的热交换，加热土壤中有机污染组分到足够高的温度，使其蒸发并与土壤介质相分离的过程。热脱附技术具有污染物处理范围宽、设备可移动、修复后土壤可再利用等优点，特别对 PCBs 这类含氯有机物，非氧化燃烧的处理方式可以显著减少二噁英生成。目前，欧美国家已将土壤热脱附技术工程化，广泛应用于高污染的场地有机污染土壤的离位或原位修复，但是诸如相关设备价格昂贵、脱附时间过长、处理成本过高等问题尚未得到很好解决，限制了热脱附技术在持久性有机污染土壤修复中的应用。发展不同污染类型土壤的前处理和脱附废气处理等技术，优化工艺并研发相关的自动化成套设备正是共同努力的方向。

2）蒸气浸提技术

土壤蒸气浸提（soil vapor extraction，SVE）技术是去除土壤中挥发性有机污染物的一种原位修复技术。它将新鲜空气通过注射井注入污染区域，利用真空泵产生负压，空气流经污染区域时，解吸并夹带土壤孔隙中的 VOCs 经由抽取井流回地上；抽取出的气体在地上经过活性炭吸附法及生物处理法等净化处理，可排放到大气或重新注入地下循环使用（图 4.5）。SVE 具有成本低、可操作性强、可采用标准设备、处理有机物的范围宽、不破坏土壤结构和不引起二次污染等优点。苯系物等轻组分石油烃类污染物的去除率可达 90%。深入研究土壤多组分 VOCs 的传质机理，精确计算气体流量和流速，解决气提过程中的拖尾效应，降低尾气净化成本，提高污染物去除效率，是优化土壤蒸气浸提技术的需要。

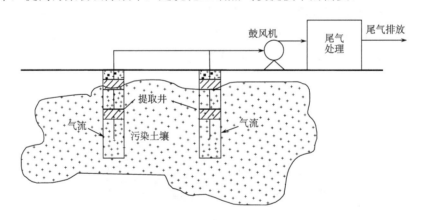

图 4.5 污染土壤的原位蒸气浸提修复过程

3. 污染土壤物理化学修复技术

相对于物理修复，污染土壤的化学修复技术发展较早，主要有土壤固化-稳定化技术、淋洗技术、氧化-还原技术、光催化降解技术和电动力学修复等。

1）固化-稳定化技术

固化-稳定化技术是将污染物在污染介质中固定，使其处于长期稳定状态，是较普遍应用于土壤重金属污染的快速控制修复方法,对同时处理多种重金属复合污染土壤具有明显的优势。该处理技术的费用比较低廉,对一些非敏感区的污染土壤可大大降低场地污染治理成本。常用的固化稳定剂有飞灰、石灰、沥青和硅酸盐水泥等,其中水泥应用最为广泛。在美国的非有机物污染的超级基金项目中大部分采用固化-稳定化技术处理。我国一些冶炼企业场地重金属污染土壤和铬渣清理后的堆场污染土壤也采用了这种技术。国际上已有利用水泥固化-稳定化处理有机与无机污染土壤的报道。目前,需要加强有机污染土壤的固化-稳定化技术研发、新型可持续稳定化修复材料的研制及其长期安全性监测评估方法的研究。

2) 淋洗技术

土壤淋洗修复技术是将水或含有冲洗助剂的水溶液、酸碱溶液、络合剂或表面活性剂等淋洗剂注入污染土壤或沉积物中,洗脱和清洗土壤中污染物的过程。淋洗的废水经处理后达标排放,处理后的土壤可以再安全利用。这种离位修复技术在多个国家已被工程化应用于修复重金属污染或多污染物混合污染的土壤。由于该技术需要用水,所以修复场地要求靠近水源,同时因需要处理废水而增加成本。研发高效、专性的表面增溶剂,提高修复效率,降低设备与污水处理费用,防止二次污染等依然是重要的研究课题。

原位化学淋洗修复是向土壤施加冲洗剂,使其向下渗透,穿过污染土壤并与污染物相互作用。在这个相互作用过程中,冲洗剂或化学助剂从土壤中去除污染物,并与污染物结合,通过淋洗液的解吸、整合、溶解或络合等物理、化学作用,最终形成可迁移态化合物。含有污染物的溶液可以用梯度井或其他方式收集、贮存,再做进一步处理,以再次用于处理被污染的土壤。图 4.6 为原位化学淋洗修复技术流程图。

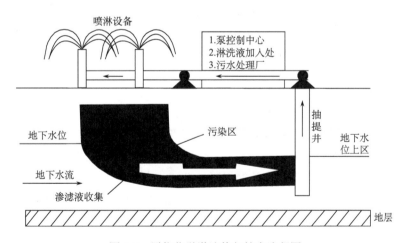

图 4.6 原位化学淋洗修复技术流程图

3) 氧化-还原技术

土壤化学氧化-还原技术是通过向土壤中投加化学氧化剂(Fenton 试剂、臭氧、过氧化氢、高锰酸钾等)或还原剂(SO_2、FeO、气态 H_2S 等),使其与污染物质发生化学反应来实现净化土壤的目的。通常,化学氧化法适用于土壤和地下水同时被有机物污染的修复。运用化学还原法修复对还原作用敏感的有机污染物是当前研究的热点。例如,纳米级粉末零价铁的强脱氯作用已被接受和运用于土壤与地下水的修复。但是，目前零价铁还原脱氯降解含氯有机化合物技术的应用还存在诸如铁表面活性的钝化、被土壤吸附产生聚合失效等问题，需要开发新的催化剂和表面激活技术。

4）光催化降解技术

土壤光催化降解（光解）技术是一项新兴的深度土壤氧化修复技术，可应用于农药等污染土壤的修复。土壤质地、粒径、氧化铁含量、土壤水分、土壤 pH 和土壤厚度等对光催化氧化有机污染物有明显的影响。高孔隙度的土壤中污染物迁移速率快，黏粒含量越低光解越快；自然土中氧化铁对有机物光解起着重要调控作用；有机质可以作为一种光稳定剂；土壤水分能调解吸收光带；土壤厚度影响滤光率和入射光率。

5）电动力学修复

电动力学修复（简称电动修复）是通过电化学和电动力学的复合作用（电渗、电迁移和电泳等）驱动污染物富集到电极区，进行集中处理或分离的过程。电动修复技术已进入现场修复应用。近年来，我国也先后开展了铜、铬等重金属、菲和五氯酚等有机污染土壤的电动修复技术研究。电动修复速度较快、成本较低，特别适用于小范围的黏质的多种重金属污染土壤和可溶性有机物污染土壤的修复。对于不溶性有机污染物，需要化学增溶，易产生二次污染。发展电动强化的复合污染土壤联合修复技术将是值得研究的课题。

4. 污染土壤联合修复技术

协同两种及两种以上修复方法，形成联合修复技术，不仅可以提高单一污染土壤的修复速率与效率，而且可以克服单项修复技术的局限性，实现对多种污染物的复合混合污染土壤的修复，这已成为土壤修复技术中的重要研究内容。

1）微生物动物-植物联合修复技术

微生物（细菌、真菌)-植物、动物（蚯蚓)-植物联合修复是土壤生物修复技术研究的新内容。筛选有较强降解能力的菌根真菌和适宜的共生植物是菌根生物修复的关键。种植紫花苜蓿可以大幅度降低土壤中多氯联苯浓度。根瘤菌和菌根真菌双接种能强化紫花苜蓿对多氯联苯的修复作用。利用能促进植物生长的根际细菌或真菌，发展植物-降解菌群协同修复、动物-微生物协同修复及其根际强化技术，促进有机污染物的吸收、代谢和降解将是生物修复技术新的研究方向。

2）化学物化-生物联合修复技术

发挥化学或物理化学修复的快速优势，结合非破坏性的生物修复特点，发展基于化学-生物修复技术是最具应用潜力的污染土壤修复方法之一。化学淋洗-生物联合修复是基于化学淋溶剂作用，通过增加污染物的生物可利用性而提高生物修复效率。利用有机络合剂的配位溶出，增加土壤溶液中重金属浓度，提高植物有效性，从而实现强化诱导植物吸取修复。化学预氧化-生物降解和臭氧氧化-生物降解等联合技术已经应用于污染土壤中多环芳烃的修复。电动力学-微生物修复技术可以克服单独的电动技术或生物修复技术的缺点，在不破坏土壤质量的前提下，加快土壤修复进程。电动力学-芬顿联合技术已用来去除污染黏土矿物中的菲，硫氧化细菌与电动综合修复技术用于强化污染土壤中铜的去除。应用光降解-生物联合修复技术可以提高石油中 PAHs 污染物的去除效率。总体上，这些技术多处于室内研究的阶段。

3）物理-化学联合修复技术

土壤物理-化学联合修复技术是适用于污染土壤离位处理的修复技术。溶剂萃取-光降解联合修复技术是利用有机溶剂或表面活性剂提取有机污染物后进行光解的一项新的物理-化学联合修复技术。例如，可以利用环己烷和乙醇将污染土壤中的多环芳烃提取出来后进行光催化降解。此外，可以利用 PdPRh 支持的催化-热脱附联合技术或微波热解-活性炭吸附技术修复多氯联苯污染土壤；也可以利用光调节的 TiO_2 催化修复农药污染土壤。

思考题

1. 试述土壤的物质组成和剖面形态。
2. 什么是土壤污染？土壤污染的基本特点有哪些？
3. 解释土壤环境背景值和土壤环境容量的概念。
4. 土壤污染物有哪些？人们应如何减少土壤中的污染物？
5. 何谓土壤自净作用和缓冲性能？土壤自净作用有哪些？意义是什么？
6. 试述农药在土壤中的迁移转化途径。
7. 试述重金属污染的特点及其环境行为。
8. 谈一谈对污染土壤生物修复的理解，讨论其应用前景。
9. 主要的土壤污染控制技术有哪些？

第5章 固体废物与环境

【导读】随着经济的发展、人口的增加，城市化进程急剧加快，固体废弃物产量日益增多，种类日益复杂。它来自人类生产和生活活动的各个环节，来源极为广泛，种类极为复杂。大量堆置的固体废物，在自然因素的作用下，其中的一些有害成分会转入大气、水体和土壤中，参与生态系统的物质循环。有些污染物质还会在生物机体内积蓄和富集，通过食物链影响人类的健康，因而具有潜在的、长期的危害性，给人类带来了很多麻烦，成为当今人类社会的四大公害之一。固体废物不仅造成严重的环境污染，而且直接影响到社会稳定和经济的发展。因此，对固体废物污染的科学处理和处置显得十分紧迫。发达国家对固体废弃物的处理方法与管理体制进行了大量的研究，已经建立了一整套有关固体废物的产生、收集、运输、贮存、处理、处置等方面的法律法规、政策、制度、管理机构等综合管理体系。我国固体废物处理方法及管理体制研究比较滞后，如何有效地防治固体废物造成的污染是目前亟待解决的问题。

通过对本章的学习，应掌握固体废物的概念、来源、分类和特点，了解固体废物的污染途径和危害，并掌握固体废物的控制原则和无害化处理技术。

5.1 固体废物概述

固体废物（solid waste）是指在生产、生活和其他活动过程中产生的丧失原有利用价值或者虽未丧失利用价值但被抛弃或放弃的固体、半固体和置于容器中的气态物品、物质，以及法律、行政法规规定纳入固体废物管理的物品、物质。不能排入水体的液态废物和不能排入大气的置于容器中的气态物质，由于大多具有较大的危害性，一般归入固体废物管理体系。根据这一定义可以看出，固体废物包括两层含义：一是"废"，即这些物质已经失去了原有的使用价值，如废汽车、废家用电器、废包装容器和绝大部分生活垃圾。或者在其产生的过程中就没有明确的生产目的和使用功能，是在生产某种产品的过程中产生的副产物，如粉煤灰、水处理污泥等大部分工业废物。二是"弃"，即这些物质是被其持有人所丢弃的，也就是说其持有人已经不能或者不愿利用其原有的使用价值，如过时的电器、服装等，当它们被丢弃后就成为固体废物。

随着工业化和城市化进程的加快，所产生的废物种类越来越多、数量越来越大、成分越来越复杂，也越来越难以通过自然降解而返回自然环境之中。如废弃的电脑、电池、合成塑料、核废料等，要么难以降解，要么对环境产生毒害，必须对其进行特殊的处理与处置，因此了解废物的产生来源、性质及处理处置方法尤为必要。

5.1.1 固体废物来源及其种类

固体废物的来源大体上可以分为两类：一类是生产过程中产生的废物，称为生产废物；

另一类是产品进入市场后在流动的过程中或使用消费后产生的固体废物，称为生活废物。固体废物的产生有其必然性。这一方面是人们在索取和利用自然资源从事生产和生活活动时，受实际需要和技术条件的限制，总要将其中的一部分作为废物丢弃；另一方面是由于任何产品都有与其性质和用途相适应的使用寿命，超过了一定的期限就自然成了废物。

固体废物有各种不同形式的分类。根据其产生来源可分为工业固体废物和生活垃圾；根据其危害特性可分为一般固体废物和危险废物；根据其形态可分为固态半固态废物、液态废物和气态废物；根据其成分可分为有机废物和无机废物等。见表 5.1。

表 5.1　固体废物分类、来源和主要物质

分类	来源	主要物质
矿业固体废物	矿山开采及选矿	废矿石、尾矿、金属、砖瓦灰石、废木等
工业固体废物	冶金、交通、机械、金属结构等	金属、矿渣、砂石、模型、陶瓷、边角料、涂料、管道、绝热绝缘材料、黏结剂、塑料、橡胶、烟尘
	煤炭	矿石、木料、金属
	食品加工	肉类、谷物、果类、菜蔬、烟草
	橡胶、皮革、塑料等	橡胶、皮革、塑料、纤维、布、染料、金属等
	造纸、木材、印刷	刨花、锯末、碎木、化学药剂、金属材料、塑料、木质素等
	石油化工	化学药剂、金属、塑料、橡胶、陶瓷、沥青、油毡、石棉、涂料等
	电器、仪器仪表类	金属、玻璃、木材、橡胶、塑料、化学药剂、研磨料、陶瓷、绝缘材料
	纺织服装业	布头、纤维、橡胶、化学药剂、塑料、金属
	建筑材料	金属、水泥、黏土、陶瓷、石膏、石棉、砂石、纸、纤维
	电力工业	炉渣、粉煤灰、烟尘
城市固体废物	居民生活	食物垃圾、纸屑、布料、木料、植物修剪物、金属、玻璃、陶瓷、塑料、燃料、灰渣、碎砖瓦、粪便、杂品
	商业机关	管道、碎砌体、沥青及其他建筑材料，废污车、废电器、废器具，含有易燃易爆、腐蚀性、放射性的废物，以及类似居民生活区内的各种废物
	市政维护、管理部门	碎砖瓦、树叶、死畜禽、金属锅炉灰渣、污泥等
农业固体废物	农林	作物秸秆、蔬菜、水果、果树枝物、糠秕、落叶、废塑料、人畜粪便、农药家禽羽毛等
	水产	腐烂水产品、水产加工业污水、添加剂等
放射性固体废物	核工业、核电站、放射性医疗单位、科研单位	金属、含放射性废渣、粉尘、污泥、器具、劳保用品、建筑材料
医疗废物	医院、医疗研究所	塑料、金属器械、化学药剂、粪便及类似于生活垃圾等废物

我国将固体废物分为工业固体废物、危险固体废物、城市垃圾和医疗废物四类，至于放射性固体废物则自成体系，进行专门管理。

1. 工业固体废物

工业固体废物是指在工业生产活动中产生的固体废物，简称工业废物，是各工业生产部门的生产、加工、储藏过程中产生的废渣、粉尘、碎屑、污泥，以及采矿过程中产生的废石

和尾矿等。

2. 危险固体废物

危险固体废物是指具有腐蚀性、毒性、易燃性、反应性等一种或一种以上危险特性的，对人类生活环境产生危害的废物。《中华人民共和国固体废物污染环境防治法》规定："危险废物是指列入《国家危险废物名录》或者根据国家规定的危险废物鉴别标准和鉴别方法认定的具有危险特性的废物"。危险固体废物应该进行特殊处理与处置。

3. 城市垃圾

城市垃圾是城市日常生活中或者为城市日常生活提供服务的活动中产生的固体废物，以及法律、行政法规规定的视为城市垃圾的固体废弃物，包括工业垃圾、建筑垃圾和生活垃圾。工业废渣的数量、性质及其对环境污染的程度差异很大，应统一管理，根据不同情况由各工厂直接或经过处理达到排放标准后，放置于划定的地区。建筑垃圾一般为无污染固体，可用填埋法处理。生活垃圾是人们在生活中产生的固体废渣，种类繁多，包括有机物与无机物，应进行分类、收集、清运和处理。

4. 医疗废物

医疗废物是指医疗卫生机构在医疗、预防、保健及其他相关活动中产生的具有直接或者间接感染性、毒性及其他危害性的废物。主要有五类：一是感染性废物，二是病理性废物，三是损伤性废物，四是药物性废物，五是化学性废物。

5.1.2　固体废物的特点

固体废物具有两个重要的特点。

1. 资源性（resource）

固体废物成分复杂、种类繁多，尤其是工业废渣，不仅量大而且便于搜集、储藏和运输，同时内含许多可以利用的物质与能量。固体废物的"废物属性"是人类的主观属性，而不是自然属性。在某些人眼中是废物的物质在另一些人眼中可能就是资源；在这里是废物的物质，在另外地区就可能具有很大的利用价值；今天是废物，明天也许就是资源。所以废物具有很强的空间和时间属性，简单来说，"废物是放错位置的资源"。这就涉及固体废物的另一个属性，即"资源属性"。废物的"资源属性"是废物的自然属性，任何废物都有可能作为资源加以利用。但是由于经济、技术的原因，我们今天还不能将所有的固体废物都加以利用，必须考虑其经济性和可行性。如果为了利用某种废物而消耗更多的能源和资源或产生更大的污染，那这种利用就丧失了其应有的功能。

2. 污染的特殊性（particularity）

人们一般都知道，废水会对水体造成污染，废气会对大气造成污染。虽然与固体废物形态相似的环境介质是土壤，但是固体废物对环境的影响却不局限于对土壤的污染。由于土壤自净能力薄弱，以及固体废物本身性质复杂，且与土壤性质差异极大，所以土壤难以直接消纳固体废物，固体废物也不可能像废水、废气那样经过处理后排放到与之形态相似的环境介质中去。因此固体废物管理就没有废水、废气管理中所使用的"排放"概念，也就不能简单地采用"达标排放"作为管理目标。固体废物具有呆滞性大、扩散性小的特点，对环境的影响主要是通过水体、大气和土壤进行，它既是大气、水体和土壤污染物的"源头"，又是大气、水体和土壤污染的"终态"。

5.1.3　固体废物的污染途径及危害

1. 固体废物的污染途径

固体废物在一定的条件下会发生化学的、物理的或生物的转化，对周围的环境造成一定的影响，如果采取的处理与处置方法不当，有害物质将通过大气、水体、土壤和食物链等途径危害环境与人体健康。固体废物的污染途径见图 5.1。

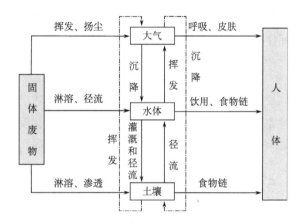

图 5.1　固体废物的污染途径

2. 固体废物的危害

1）侵占土地

固体废物堆存需要占用大量的土地。据估算，每堆积 10000 t 废物，约占地 667 m^2。随着我国经济的发展和消费水平的提高，城市垃圾收纳场地日益不足，垃圾与人类争地的矛盾日趋尖锐。

2）污染大气

固体废物堆放、运输的过程中会以扬尘的形式进入大气，在风的作用下飘散到远方；同时其中的挥发性物质可以是因自然降解而产生的挥发性气体也可以以分子状态的形式存在于大气中。另外，如果固体废物处理和处置不当也会产生有毒有害的物质进入大气环境，使大气中产生异味。例如，垃圾焚烧会产生二噁英；动物粪便露天堆放会散发臭味；煤矸石的自燃、垃圾爆炸事故等在我国曾多次发生，随着城市垃圾中有机质含量的提高和由露天分散堆放变为集中堆存，容易产生甲烷气体，使垃圾产生沼气的危害日益突出，事故不断。

3）污染水体和土壤

固体废物在雨水淋溶后通过地表径流进入地表水，通过渗透进入地下水，或者是其挥发物和悬浮颗粒物随降水进入水体，使水体污染。尤其是固体废物直接入水，危害更大。例如，垃圾倾倒于海洋之中，会造成海洋的严重污染；沿河堆放垃圾会造成河流的严重污染。固体废物堆放在土地上，垃圾不但含有病原微生物，在堆放腐败过程中还会产生大量的酸性和碱性有机污染物，并会将垃圾中的重金属溶解出来，变成有机物、重金属和病原微生物三位一体的污染源。如果没有做防渗处理和防渗措施不当，其中的有毒有害成分在雨雪淋溶、自然降解后会直接进入土壤，杀灭土壤中的微生物，破坏土壤的结构，从而导致土壤健康状况恶化，导致土壤寸草不生；固体废物也可通过水体和大气而将其污染组分间接带入土壤。

4）对人体健康的危害

固体废物尤其是危险废物中含有许多对人体有害的重金属、难以降解的高分子有机化合物，经常直接接触或者间接通过食物链进入人体，对人体具有很强的毒害作用，可以致癌、致畸、致突变等。

5）影响环境卫生

城市的生活垃圾和牲畜粪便等，如果清运不及时，便会堆积、腐烂发臭，不仅对人体健康构成潜在威胁，还会影响人们的视觉，破坏城市容貌和自然景观。

5.2　固体废物污染的综合防治

固体废物种类多、数量大，因此必须要对其采取综合防治措施。首先，固体废物污染是产生在处置过程中，因此其污染控制的基本原则是"过程控制"，而决不能采用"末端控制"；其次，固体废物造成的污染具有隐蔽性和滞后性等特点，一旦发生污染，其控制和消除的难度相当大，所以绝不能在污染发生后再进行控制和治理，重点应该在污染预防，即控制污染风险。

5.2.1　固体废物控制的原则

根据《中华人民共和国固体废物污染环境防治法》的有关规定，固体废物污染防治原则有以下四项。

1. 无害化、减量化、资源化原则

对固体废物实行无害化、减量化、资源化是防治固体废物污染环境的重要原则，简称"三化"原则。国家对固体废物污染环境的防治，实行减少固体废物的产生量和危害性、充分合理利用固体废物和无害化处置固体废物的原则，促进清洁生产和循环经济的发展；国家采取有利于固体废物综合利用的经济、技术政策和措施，对固体废物实行充分回收和合理利用；国家鼓励、支持采取有利于保护环境的集中处置固体废物的措施，促进固体废物污染环境防治产业的发展。

固体废物无害化处理是将固体废物通过物理、化学或生物工程的方法，进行无害化或低危害的安全处理与处置，达到对废弃物的消毒、解毒或稳定化、固化的目的，防止并减少固体废物污染的危害。固体废物无害化处理与处置技术是固体废物最终处置技术，是解决固体废物污染问题比较彻底的技术方法，以达到不损害人体健康，不污染周围自然环境的处理方式。

固体废物减量化是通过适当的技术手段尽量减少废物的数量和体积。减量化的途径一是前期预防，二是末端控制。前期预防主要是通过清洁生产和循环再生利用来尽可能地避免固体废物的产生，其中也包括固体废物的资源化技术；末端控制主要采取一些工程措施，如垃圾焚烧、固化等物理化学技术等无害化手段，减少废物的数量和体积。

固体废物资源化是通过回收固体废物中有用的物质与能量，使其得到再生利用。它是固体废物无害化和减量化的重要途径，也是最有前途的固体废物最终处理与处置方法。固体废物资源化的途径包括以下两种。

1）物质回收

物质回收即回收其中的有用物质进行重复利用。例如，玻璃瓶经过分选、清洗可直接利用，这种利用可以说是形态不变的利用，最为经济合理；金属经过熔融可重新制成新的产品，这种利用是通过物理方法改变其形态，需要消耗能源，但相对比较经济简单。

2）物质转化

物质转化是利用化学或生物的方法将固体废物转化成有用的物质和能量，工艺比较复杂，同时也需要相当的经济投入。例如，将作物秸秆和牲畜粪便发酵生产沼气，将粉煤灰用于制造砖和水泥，用垃圾发电和用垃圾堆肥等。目前，物质转化技术多样，这为固体废物的资源化奠定了一定的技术基础，但有些技术还由于受经济的限制不能投入使用。

当前，我国固体废物的处理、处置和利用的原则是无害化、减量化和资源化。我国在固体废物控制方面确定在今后很长一段时间内以无害化为主，从无害化向资源化过渡，无害化和减量化应以资源化为前提。

2. 全过程管理原则

《中华人民共和国固体废物污染环境防治法》有关条款对固体废物从产生、收集、贮存、运输、利用直到最终处置各个环节都有管理规定和要求，实际上就是要对固体废物从产生、收集、贮存、运输、利用直到最终处置实行全过程管理。

我国固体废物管理工作从 1982 年制定第一个专门性固体废物管理标准《农用污泥中污染物控制标准》算起，至今已有 30 多年的时间。《中华人民共和国固体废物污染环境防治法》于 1995 年 10 月 30 日正式公布，2004 年修订，2013 年再次修订，但目前仍未对固体废物进行专门的环境管理，各项行之有效的配套措施尚待完善，各工矿企业部门对固体废物处理尚需一个适应过程；特别是有害固体废物任意丢弃，缺少专门堆场和严格的防渗措施，尤其缺少符合标准的有害废物填埋场。因此，需根据我国多年来的管理实践，并借鉴国外的经验，从以下三方面来做好我国固体废物管理工作。

（1）划分有害废物和非有害废物的种类和范围。目前，许多国家都对固体废物实施分类管理，并且都把有害废物作为重点，依据专门制定的法律和标准实施严格管理。通常采用以下两种方法。

（a）名录法。根据经验与试验，将有害废物的品名列成一览表，将非有害废物列成排除表，用以表明某种废物属于有害废物或非有害废物，再由国家管理部门以立法形式予以公布。此法使人一目了然，方便使用。

（b）鉴别法。在专门的立法中对有害废物的特性及其鉴别分析方法以"标准"的形式予以规制，依据鉴别分析方法，测定废物的特性，如易燃性、腐蚀性、反应性、放射性、浸出毒性及其他毒性等，进而判定其属于有害废物还是非有害废物。

（2）完善固体废物法和加大执法力度。建立固体废物管理法规是废物管理的主要方法，这是世界上许多国家经验所证实的。现阶段，《中华人民共和国固体废物污染环境防治法》已正式颁布。根据我国国民经济发展计划和《中华人民共和国环境保护法》关于我国环境保护的目标和要求，我国陆续制定了一部分固体废物应用方面应予以控制的污染含量标准；对于固体废物的基础研究如本底调查等，也颇有成效，取得了许多宝贵的基础数据。这些都为我国固体废物法规的建立奠定了较好的基础。我国国土辽阔，各地区经济、人口发展很不平衡，自然条件千差万别，又面临较为严峻的资源形势和固体废物污染形势，因此当务之急就是加大执法力度，认真贯彻和落实固体废物法，并完善其子法，运用法律手段加强固体废物管理。

（3）建立固体废物综合管理模式。固体废物综合管理模式如图 5.2 所示，这一模式是在许多发达国家多年实践的基础上逐步形成的。其主要目标是通过促进资源回收、节约原材料和减少废物处理量，从而降低固体废物的环境影响，即达到"三化"的目的。综合管理将成为今后废物处理和处置的方向。

3. 分类管理原则

鉴于固体废物的成分、性质和危险性存在较大差异，所以，在管理上必须采取分别、分类管理的方法，针对不同的固体废物制定不同的对策或措施，防治工业固体废物、生活垃圾及危险废物三类固体废物造成对环境的污染。其中对工业固体废物、生活垃圾的污染环境防治采取一般性的管理措施，而对危险废物则规定采取严格的管理措施。

4. 污染者负责的原则

国家对固体废物污染环境防治实行污染者依法负责的原则。产品的生产者、销售者、进口者或使用者对其产生的固体废物依法承担污染防治的责任。

5.2.2　固体废物的处理技术

1. 固体废物的预处理技术

固体废物的预处理主要是将固体废物中的某些组分进行分离与浓缩，使之转变成便于贮存、运输、回收利用和处置的形态，主要技术有分选、破碎、压实、脱水和固化。

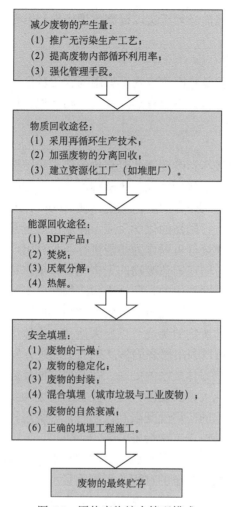

图 5.2　固体废物综合管理模式

1）分选

分选主要是将固体废物中有价值的物质根据其用途进行人力分选，如金属、塑料、纸张等，我国传承已久的"废品利用"实质上就是固体废物的人力分选过程。根据其性质（如重力、磁力、粒度等）进行机械分选，例如，利用磁力分选将铁块从其他的金属中分选出来，利用风力将密度不同的金属、木块、纸张、塑料等分离开来，利用浮力将塑料分选出来等。在生产过程中，也可采用多级分选，即将不同的分选技术结合起来使用。

2）破碎

破碎主要是利用外力将大块固体废物分裂成小块或磨碎成粉状的过程。破碎后的固体废物比表面积增加，可提高焚烧、热解、熔融、压缩、堆肥等作业的稳定性和效率，密度可增加 25%～60%，有利于贮存和运输，为后续的处理带来方便和效益。

3）压实

压实主要是通过外力加压于松散的固体废物，使其体积缩小，便于贮存和运输，同时也可节省空间，例如，垃圾填埋前必须压实以提高填埋场地利用率。

2. 固体废物的处理技术

固体废物的处理技术主要是将固体废物中有用的物质转化为有用的产品，将暂时无用的物质转化为易于处置形态的过程。主要有热处理、生物处理、化学处理和固化处理等技术。

1）热处理

热处理主要是通过高温破坏和改变固体废弃物的组成和结构，同时达到减容、无害化或综合利用目的的处理方法。主要包括焚烧、热解等。

焚烧是将固体废物作为燃料送入炉膛内燃烧，在 800～1000℃的高温条件下，固体废物中的可燃组分与空气中的氧进行剧烈的化学反应，释放出热量并转化为高温燃烧气和少量的性质稳定的固体残渣。高温燃烧气可以作为热能进行回收利用，性质稳定的残渣可直接填埋处置。经过焚烧处理可以同时实现固体废物的无害化、减量化和资源化。此法可以处理几乎所有的有机固体废物，尤其是医院中的带菌性固体废物和化工行业产生的难以治理的有毒有害的有机废物。焚烧处理技术的特点是对固体废物中的病菌进行了有效的消除，并且对固体废物进行了减量化处理，固体废物的焚烧可以极大地减少固体废物的体积，降低到原体积的10%以下。此外，焚烧处理可以利用燃烧固体产生的热能进行发电。焚烧处理技术在我国已开始应用，但通常是用于医院固体废物的处理。在其他方面焚烧处理技术之所以应用较少，主要是因为焚烧处理需要消耗大量的能源，或者要求固体废物具有较大的热值。但固体废物的热值都较低，因此该项技术的应用受到限制。同时，燃烧过程会产生大量的有毒气体，有毒气体的处理较为困难，容易造成二次污染。

热解主要是利用固体废物中大分子有机化合物的热不稳定性，在无氧或缺氧、受热 500～1000℃的条件下，将其分解成小分子的过程。影响因素主要有温度和压力。固体废物热解处理的对象主要是废塑料、废橡胶、污泥、城市垃圾和农业固体废物。

固体废物热解与焚烧相比有以下优点。一是可以将废物中的有机物转化为可燃的低分子化合物，如气态的氢、甲烷、一氧化碳，液态的甲醇、丙酮、乙酸、乙醛等有机物及焦油、溶剂油等，固态的焦炭或者炭黑；二是由于在无氧或缺氧条件下受热分解，废气产生量少，有利于减轻对大气的二次污染，废物中的硫、重金属等有害成分大部分被保留在炭灰中，便于处置。

2）生物处理

生物处理是利用微生物分解固体废物中可降解的有机物而使其达到无害化或综合利用的处理方法。固体废物经过生物处理，在体积、形态、组成等方面，均发生重大变化，因而便于运输、贮存、利用和处置。生物处理包括好氧处理、厌氧处理和兼性厌氧处理。

好氧生物处理也称好氧堆肥法，是指在有氧条件下，利用好氧微生物人为促进废物中可生物降解的有机物向稳定的腐殖质转化的微生物学过程。其产品为优质的有机肥，同时析出二氧化碳、水和热量。好氧堆肥法主要受有机物的含量及其分子组成、湿度、温度、通气量、碳氮比及 pH 的影响。好氧堆肥法因发酵周期短、无害化程度高、卫生条件好、易于机械控制等优点而被广泛推广应用。

　　厌氧发酵法也称为沼气发酵法，是在无氧条件下，利用种类繁多、数量巨大的厌氧菌的生物转化作用，使废物中的可生物降解的有机物分解为稳定的无毒物质，同时获得以甲烷为主的沼气，得到的沼液沼渣可作为有机肥料。沼气发酵在处理城市生活污泥、农业固体废物、养殖粪便中得到广泛的应用。厌氧发酵主要受原来的组成（即碳氮比）、温度、氧化还原电位及 pH 的影响。

　　3）化学处理

　　化学处理是采用化学方法破坏固体废物中的有害成分，从而使其达到无害化的处理方法。主要包括氧化、还原、中和、沉淀和溶出法。化学处理法只是在处理特殊废物时采用，而且在其过程中还可能产生新的污染物，需要进行再处理。

　　4）固化处理

　　固化处理是采用固化基材将固体废物固定和包裹起来，使有毒有害物质不能释放到环境中，以降低其对环境危害的方法，也便于进行安全的运输与处置。固化处理的主要对象是危险固体废物。固化处理包括水泥固化法、塑料固化法、水玻璃固化法和沥青固化法。

5.2.3　固体废物的处置技术

　　固体废物处置是固体废物污染控制的末端环节，是解决废物的归宿问题。医学固体废物经过处理和利用后，还是总会有残渣存在，这些残渣中往往富集了大量有毒有害成分，而且难以利用。另外，还有一些固体废物至今还无法利用，将长期存在于环境之中。为了控制其对环境的污染，消除其对环境的潜在危害，需要对其进行科学处置，以确保这些废物中的有毒有害物质不管是现在还是将来都不会对人类和环境造成危害。固体废物的处置方法分为海洋处置和陆地处置两种。海洋处置包括深海投弃和海上焚烧，随着人类对海洋保护认识程度的加深，海洋处置已受到越来越多的限制。陆地处置包括土地耕作、深井灌注和土地填埋。

1. 土地耕作

　　土地耕作是指利用表层土壤的离子交换、吸附、微生物降解及渗沥水浸出、降解产物的挥发等综合作用来处置固体废物的一种方法，该法只适用于处置含盐量低、不含毒害物、易生物降解的有机固体废物，具有工艺简单、费用低廉、能改善土壤结构、增强土壤肥力等优点。

2. 深井灌注

　　深井灌注是指把固体废物液化，将形成的真溶液或乳液、悬浮液注入地下与饮用水和矿脉层隔开的可渗性岩层内。目前该法只能用来处理那些难破坏、难转化、不能采用其他方法处理处置或采用其他方法费用昂贵的废物。

3. 土地填埋

　　土地填埋是目前采用最多的固体废物处置技术，包括场地选择、填埋场设计、施工填埋操作、环境保护和监测、场地利用等几个方面。其实质是将固体废物铺成一定厚度的薄层，压实，并覆盖土壤。近年来固体废物填埋技术不断改进与提高，从简单的倾倒、堆放，发展到卫生填埋和安全填埋，填埋的安全性逐渐提高。

　　土地填埋与其他的固体废物处置法相比，因具有工艺简单、成本较低、适于处置多种固体废物的优点，而成为固体废物最终处置的一种方法。填埋后的土地可重新用作停车场、游乐场、高尔夫球场等。其缺点是填埋在地下的固体废物通过降解可能产生易燃易爆或毒性气体，对大气产生二次污染，其渗沥水如果不能及时排出也可能污染地下水。因此需要加强监测并采取相应的控制措施，填埋场选址必须远离居民区。

5.2.4　固体废物资源化利用

　　固体废物资源化是指采取工艺技术从固体废物中回收有用的物质与能量。工业固废资源化行业将进入黄金发展时期，固废处理设备、资源回收再利用等细分领域的投资价值日益显现。设备方面，大规模、高附加值利用且具有带动效应的重大技术和装备将成为未来发展的重点，且目前我国固废处理设备以进口为主，存在很好的进口替代机会。资源回收利用方面，行业高度依赖回收利用技术，技术壁垒较高的再生加工环节有很好的投资空间。

1.　固体废物资源化的原则

（1）资源化的技术必须是可行的。

（2）资源化的经济效果比较好，有较强的利用前景。

（3）资源化所处理的固体废物应尽可能在排放源附近处理利用，以节省固体废物在存放、运输等方面的费用。

（4）资源化产品应当符合国家相应产品的质量标准。

2. 固体废物资源化的基本途径

1）提取金属

　　金属是不可再生的资源，把有价值的金属从固体废物中提取出来，是固体废物资源化的基本途径。从有色金属渣中可以提取金、银、钴、锑、硒、碲、铊、钯、铂等，其中某些稀有贵重金属的价值甚至超过其主金属的价值。粉煤灰和煤矸石中含有铁、钼、锗、钒等金属，目前在美国、日本等国已对钼、锗、钒实行工业化提取。

2）生产建筑材料

　　利用工业固体废物生产建筑材料是一条较为广阔的途径，目前主要表现在以下几个方面。一是利用炉渣、钢渣、铁合金渣等生产碎石，用作混凝土骨料、道路材料、铁路道渣等；二是利用粉煤灰、经水淬的高炉渣和钢渣生产水泥；三是在粉煤灰中掺入一定量的炉渣、矿渣等骨料，再加石灰石膏和水拌合可制成蒸汽养护砖、砌砖、大型墙体材料等硅酸盐建筑制品；四是利用冶金炉渣生产铸石，利用高炉渣或铁合金渣生产微晶玻璃；五是利用高炉渣、煤矸石、粉煤灰生产矿渣面和轻质骨料。

3）生产肥料

利用固体废物生产或代替农肥有着广阔的前景。城市垃圾、农业固体废物等可经过堆肥处理制成有机肥。粉煤灰、高炉渣、钢渣和铁合金渣可以作为硅钙肥直接施入农田，钢渣中含磷较高时可用来生产钙镁磷肥。

4）回收能源

很多工业固体废物热值很高，可以充分利用。粉煤灰中碳的质量分数在 10%以上，可以回收加以利用。德国拜尔公司每年焚烧 2.5 万 t 工业固体废物生产蒸气。有机垃圾、植物秸秆、人畜粪便经过厌氧发酵生成可燃性的沼气。

5）取代某种工业原料

工业固体废物经一定加工处理后可代替某种工业原料以节省资源。煤矸石可用来生产磷肥；高炉渣代替砂、石作滤料处理废水，还可以作吸附剂，从水面回收石油制品；粉煤灰可做塑料制品的填充剂，还可以作过滤介质过滤废水，不仅效果好而且还可以从纸浆废液中回收木质素。

思考题

1. 什么是固体废物？如何理解其概念？
2. 简述固体废物的污染特点及其对环境的危害。
3. 简述固体废物处理、处置方法和污染控制途径。
4. 试述固体废物破碎的目的、方法和设备。
5. 固体废物固化处理的方法按原理可分为哪几种？
6. 简述固体废物热解处理和焚烧处理的区别及各自的优缺点。
7. 什么是固体废物的资源化？资源化的基本原则和途径有哪些？

第6章 物理环境

【导读】声音、光和热是人类所必需的，但不适宜的声音、光和热会给人类带来危害，这就形成了噪声污染、光污染和热污染。声、光、热、电、磁、核衰变等都是物理学研究的范畴，故把噪声污染、光污染、热污染、电磁污染和放射性污染归为物理性污染。随着社会经济的快速发展，物理污染逐渐成为继大气污染、水体污染和固体废弃物污染之后人类面临的又一大环境污染问题，也是一种危害人类生存环境的公害，可对人和动物的健康及各种生产和生活活动造成严重危害。例如，噪声污染对生物的听觉影响很大，会造成人体的听觉损伤甚至死亡；电磁辐射和放射性会造成人体辐射损伤；光污染会对人和其他动物的眼睛造成刺激，导致视力下降；热污染会导致水体和大气温度升高，给生物和生态环境带来不可预测的灾难。

通过本章的学习，应该掌握噪声与声音的区别，噪声的来源，噪声的物理度量特性、度量指标，噪声标准，噪声的评价和控制措施，了解电磁辐射污染，放射性污染，光污染和热污染的概念、来源、危害和防治措施。

6.1 声音和噪声

6.1.1 概述

1. 概念

声音（sound）是由物体振动产生的声波，通过介质传播并能被人或动物听觉器官所感知的波动现象。最初发出振动的物体称为声源（sound source）。根据传播介质空气、水体和固体的不同，可以把声音相应地分为空气声、水声和固体声等。受声源作用的影响，传播介质发生振动，当振动频率在 20～20000 Hz 之间时，作用于人的耳膜所产生的感觉称为声音。通常人们所说的声音指的是空气声。

噪声（noise）是声波的一种，具有声波的一切特性，其产生、传播和接受在原理上与其他声音没有任何区别。从物理学的观点讲，噪声是指声强和频率的变化都没有规律，听起来杂乱无章的声音；从环境保护的角度看，凡是影响人们正常学习、工作和休息的声音，如机器的轰鸣声，各种交通工具的马达声、鸣笛声，人的嘈杂声及各种突发的响声等，均称为噪声；从心理学的角度看，噪声的概念是主观的、相对的，凡是使人烦躁的、讨厌的和不需要的声音都可以称为噪声。因此，针对一定时间、区域和人群而言，噪声具有相对性。

2. 噪声的来源与分类

噪声的来源多种多样，根据物体振动的原理可以分为机械振动噪声和气体动力噪声两大类。对于城市环境噪声，根据产生来源主要分为以下几类。

1）交通噪声

交通噪声（transportation noise），是指机动车辆、铁路机车、机动船舶、航空器等交通运输工具在运行时所产生的干扰周围生活环境的声音。其特点是这些噪声的噪声源是流动的，因此干扰范围大。交通运输噪声的大小受下面各种因素的影响。车流量越高的公路，噪声越大；主干道上的噪声大于次级公路上的噪声；车速越高，噪声越大，车速提高 1 倍噪声可增加 6～10 dB；重型车辆，如货柜车、集装箱车辆的噪声比轻型车噪声大，例如，载重汽车、公共汽车等重型车辆的噪声为 90 dB，而轿车、吉普车等轻型车辆噪声为 80～85 dB。噪声大小也受路面质量的影响，路面质量越差，噪声越大；同样的路面质量，有减速带也会比没有减速带的噪声大。另外，与公路的距离不同，噪声大小也不同，即离公路越近，噪声越大。同一辆重型货车经过时，离公路 10 m 位置的高 5.5 m 的住宅（平面直线距离）衰减 0.3 dB，30 m 的衰减 4 dB，50 m 的衰减 6 dB，100 m 的衰减 8.9 dB；离公路同一距离，普通住宅楼层越高的，噪声越大。

2）工业噪声

工业噪声（industry noise）是指工厂在生产过程中由于机械振动、摩擦撞击及气流扰动产生的噪声。包括机械性噪声、空气动力性噪声和电磁性噪声。机械性噪声是指由于机械的撞击、摩擦、固体的振动和转动而产生的噪声，如纺织机、球磨机、电锯、机床、碎石机启动时所发出的声音；空气动力性噪声是由于空气振动而产生的噪声，如通风机、空气压缩机、喷射器、汽笛、锅炉排气放空等产生的声音；电磁性噪声是由于电机中交变力相互作用而产生的噪声，如发电机、变压器等发出的声音。

工业噪声强度大，是造成职业性耳聋的主要原因。工业噪声声源多而分散，噪声类型比较复杂，因此治理起来相当困难。不同的行业噪声大小不同。例如，一般电子工业和轻工业的噪声均在 90 dB 以下，纺织厂噪声为 90～106 dB，机械工业的噪声为 80～120 dB，大型球磨机的噪声约为 120 dB，风铲、风镐、大型鼓风机的噪声在 120 dB 以上。一些典型机械设备的噪声级范围如表 6.1 所示。

表 6.1 一些典型机械设备产生的噪声

设备名称	噪声级/dB（A 计权）	设备名称	噪声级/dB（A 计权）
轧钢机	92～107	柴油机	110～125
切管机	100～105	汽油机	95～100
气锤	95～105	球磨机	100～120
鼓风机	95～115	织布机	100～105
空压机	85～95	纺纱机	90～100
车床	82～87	印刷机	80～95
电锯	100～105	蒸汽机	75～80
电刨	100～120	超声波清洗机	90～100

工业生产噪声的特点是噪声大、连续排放的时间长，有的设备常年运转、昼夜不停，不仅直接给生产工人带来危害，而且对附近居民的生活影响也很大。那些与中、小型企业混在

一起的高密度街区和住宅区、工厂混合地区，企业生产造成的噪声对居民生活环境的破坏尤为严重。因此，现代社会在进行区域开发或进行城市规划时，均力求将工业区、居民区和商业区隔离开，以寻求经济、环境和社会的协调发展。

3）生活噪声

生活噪声（daily living noise）主要指社会活动和家庭生活设施产生的噪声，具体包括商业、娱乐、体育、游戏、游行、庆祝、宣传等活动产生的噪声，其他如打字机、家用电器等小型机械，以及住宅区内修理汽车、制作家具和燃放爆竹等所产生的噪声也包括在内。商业、文体、游行、宣传活动等有时应用扩声设备，造成的噪声污染就更为严重，有些活动在室内造成的噪声经常在 100 dB 以上。表 6.2 列出了一些典型家庭用具噪声级的范围。随着人们生活水平的提高，家庭逐渐实现电气化，家庭常用电器设备如洗衣机、缝纫机、除尘器、电冰箱、抽水马桶等产生的噪声已受到人们的广泛关注。社会生活噪声一般在 80 dB 以下，虽然对人体没有直接危害，但却能干扰人们的工作、学习和休息。

表 6.2　家庭噪声来源及噪声级范围

设备名称	噪声级/dB（A 计权）	设备名称	噪声级/dB（A 计权）
洗衣机	50～80	电视机	60～83
吸尘器	60～80	电风扇	30～65
排风机	45～70	缝纫机	45～75
抽水马桶	60～80	电冰箱	35～45

4）建筑施工噪声

近年来，我国城市建设迅猛发展，特别是开发区兴建和旧城镇开发中的拆建、新建等工程大量进行，道路拓宽、给排水管道铺设等土木工程日益增多。除了造成道路泥泞、沙尘飞扬外，更重要的是在施工中各种机械操作带来的严重振动和噪声等环境公害。在城市中，建设公用设施如地下铁路、高速公路、桥梁，敷设地下管道和电缆，以及从事工业与民用建筑的施工现场等，都大量使用各种不同性能的动力机械，使原来比较安静的环境成为噪声污染严重的场所。某些设施现场紧邻居住建筑群，对居民的生活造成很大的干扰。常见的建筑施工噪声（construction building noise）范围如表 6.3 所示。

表 6.3　常见建筑施工噪声范围　　　　　　　　　　（单位：dB）

机械名称	距离声源 10 m		距离声源 30m	
	噪声范围	平均值	噪声范围	平均值
打桩机	93～112	105	84～103	91
地螺钻	68～82	75	57～70	63
铆枪	85～96	91	68～74	70
压缩机	32～98	88	78～80	76
破碎机	80～92	85	74～80	76

3. 噪声的特点

与大气污染、水体污染和土壤污染相比较，噪声污染具有显著不同的特征。

1) 环境噪声是感觉性公害

通常情况下，噪声是由不同振幅和频率组成的无调嘈杂声，例如，隆隆的机器声、工地上的嘈杂声、刺耳的汽笛声等都是噪声。但有的时候，好听的音乐在影响人们的工作、休息并使人感到厌烦时，也被认为是噪声。如睡眠时，悦耳的音乐也可能是噪声。当然，一般意义上的噪声指的还是过响声和妨碍声等声音，所以，声环境影响不仅取决于噪声强度的大小，而且取决于受影响人当时的行为状态，并与受影响人的生理感觉与心理感觉因素有关。不同的人，或同一人在不同的行为状态下对同一种噪声会有不同的反应。

2) 环境噪声是局限性和分散性公害

局限性主要是指环境噪声影响范围的局限性，噪声在空气中传播时衰减很快，噪声的传播距离有限，不像大气污染、水体污染影响面广。分散性是指环境噪声声源分布的分散性，例如，每辆正在行驶的汽车就是一个交通噪声源，其噪声还随着汽车的行驶而流动着。

3) 噪声污染是暂时性的，不具有积累性

与有毒有害物质引起的污染不同，噪声源停止发声，危害即消除。其他污染物排放的污染即使停止排放，污染物在较长时间内会在环境中残留，污染是持久性的；而噪声没有污染物，是一种能量污染，对环境的影响不具有积累性。

4. 噪声的危害

噪声是指一种无形污染。早在公元前 7 世纪，人们就懂得噪声可影响人的情绪、损害健康甚至引起死亡。随着生产技术迅速发展，噪声干扰范围之广、危害之深有增无减。据联合国统计，目前城市的噪声与 20 年前相比已增加了若干倍。在我国，约有 2000 万人在 90 dB 以上的环境中工作，约有 2 亿人在超过环境噪声标准的环境中生活。噪声污染的危害主要表现在以下几个方面。

1) 对人体健康的影响

一般来说，40 dB 以下的环境声音是适合的，若大于 40 dB 则可能是有害的噪声，就可能使人不得安宁，难以休息和入睡。当人辗转不能入眠时，便会心态紧张、呼吸急促、脉搏跳动加剧、大脑兴奋不止，第二天就会感到疲惫，或四肢无力从而影响工作和学习，久而久之，就会得神经衰弱症，表现为失眠、耳鸣、疲劳。研究发现，噪声超过 85 dB，会使人感到心烦意乱，人们会感觉到吵闹而无法专心工作，导致工作效率降低。

噪声对人体生理的直接危害是损害人的听觉系统。如果人长时间遭受到强烈噪声作用，听力就会减弱，进而导致听觉器官的器质性损伤，造成听力下降。强的噪声可以引起耳部不适，如耳鸣、耳痛、听力损伤。据测定，超过 115 dB 的噪声还会造成耳聋。据临床医学统计，若在 80 dB 以上的噪声环境中生活，耳聋者可达 50%。据统计，当今世界上有 7000 多万耳聋

者，其中相当一部分是由噪声所致。表 6.4 列出了不同噪声级下工人工作 40 年后噪声性耳聋发病率的统计情况。从表 6.4 中可以看出，噪声级达到 90 dB 时，耳聋发病率明显增加。但是，即使高至 90 dB 的噪声也只是产生暂时性的病患，休息后即可恢复。

表 6.4　工作 40 年后噪声性耳聋发病率

噪声级/dB	国际统计发病率/%	美国统计发病率/%
80	0	0
85	10	8
90	21	18
95	29	28
100	41	40

通常人们只知道噪声会影响听力，除此之外，噪声还可能影响视力。实验表明，当噪声强度达到 90 dB 时，人的视觉细胞敏感性下降，识别弱光反应时间延长；噪声达到 95 dB 时，有 40%的人出现瞳孔放大，产生视觉模糊；而噪声达到 115 dB 时，多数人的眼球对光亮度的适应都有不同程度的减弱。所以，长时间处于噪声环境中的人很容易发生眼疲劳、眼痛、眼花和视物流泪等眼损伤现象。同时，噪声还会使色觉、视野发生异常。调查发现，噪声可使红、蓝、白三色视野缩小 80%。所以，驾驶员应避免立体场音响噪声的干扰，以免造成交通事故。

噪声是一种恶性刺激物，长期作用于人的中枢神经系统，可以使大脑皮质的兴奋和抑制平衡失调，条件反射异常，出现头晕、头痛、耳鸣、多梦、失眠、心慌、记忆力减退、注意力不集中等症状，严重者可产生精神错乱，临床医学上称为"神经衰弱症"或"神经官能症"。这种症状只能靠药物治疗且疗效往往很差，但脱离噪声环境后症状会明显好转。曾有专家在哈尔滨、北京和长春等 7 个地区进行了为期 3 年的系统调查，结果发现噪声不仅能使女工患噪声聋，且对女工的月经和生育均有不良影响，可导致孕妇流产、早产、生殖畸胎。国外曾对某个地区的孕妇普遍发生流产和早产做了调查，结果发现她们居住在一个飞机场的周围，祸首正是起飞降落的飞机所产生的巨大噪声。

2）对动物的影响

与对人的作用一样，噪声对自然界的动物也有影响。实验证明，把一只豚鼠放在 170 dB 的强声环境中，五分钟后就死亡，解剖后发现豚鼠的肺和内脏都有出血现象；有人给奶牛播放轻音乐后，牛奶的产量显著增加，而强烈的噪声使奶牛不再产奶。

3）对物质结构的影响

声音是由于物体振动而产生的。振动波在空气中来回运动和振动时，产生了声波。强烈的声波，能毁坏建筑物。150 dB 以上的噪声能导致玻璃破碎，建筑物裂开，金属结构发生断裂等声疲劳现象。在 160 dB 以上，会导致墙体震裂以致倒塌。当然，在建筑物受损的同时，发声体本身也因声疲劳而损坏。

6.1.2 噪声的物理量度指标与标准

1. 噪声的物理量度指标

噪声就是声音，因此它具有声音的一切声学特性和规律。噪声对环境的影响和它的强弱有关，噪声越强，影响越大。下面简单介绍几个衡量噪声强弱的物理量——噪声级（noise level）。

1）声压和声压级（sound pressure and sound pressure level）

发声体在空气中振动，使周围空气发生周期性的疏密交替变化并向外传递，产生声音。声波就是振动在媒介中的传播，是空气分子有指向、有节律的运动。有声波时，媒介中的压力与静压的差值称为声压，声压是由声波引起的压力增值。声波在空气中传播时形成压缩和疏密交替变化，所以压力增值是正负交替的。从统计的观点来看，可以认为各邻近部分的分子振动有时间上的滞后，这样空气中的分子时疏时密。当某一部分分子变密时，这部分的空气压强 P 就变得比平衡状态下的大气压强（静压强）P_0 大；当某一部分变疏时，这部分空气压强 P 就变得比静压强 P_0 小。因此，可用声扰动产生的逾量压强（逾压）$p=P-P_0$ 来表示声波状态。逾压 p 就称为声压，单位为帕斯卡（Pa），1 Pa=1 N/m²。

空气疏密状态不断改变，所以声压值时时刻刻都在变。但是无论是人耳还是测量仪器都无法跟上这种变化，人耳或测量仪器能反映的只是其均方根值，或称有效值。一般所讲的声压都是指有效声压，但是为了简便起见，有效声压仍称声压。声压可用来衡量声音的大小，单位是 Pa。正常人耳刚刚听到声音（听阈）的声压为 2×10^{-5} Pa，普通说话声的声压为 $2\times10^{-7}\sim7\times10^{-2}$ Pa。当声音很强使人感到痛苦时，声压（痛阈）为 20 Pa，当声音达到数百帕以上时，可引起耳鼓膜损伤。

从上面的例子可以看出，声音变化的范围达 6 个数量级以上，所以用声压来表示声音的强弱很不方便。因此，便引出了一个成倍关系的对数量级，用以表示声音大小，即声压级。声压级就是两个声压之比取以 10 为底的对数，并乘以 20，它的数学式为

$$L_p = 20\lg \frac{p}{p_0} \tag{6-1}$$

式中，L_p——声压级，dB；

$\quad\quad p$——声压，Pa；

$\quad\quad p_0$——基准声压，其值为 2×10^{-5} Pa。

从上式可以看出，噪声每变化 20 dB，就相当于声压值变化 10 倍；噪声每变化 40 dB，就相当于声压值变化 100 倍；噪声每变化 60 dB，就相当于声压值变化 1000 倍。

2）声强和声强级（sound intensity and sound intensity level）

声强是在单位时间内（1 s），沿声波传播方向垂直通过单位面积（1 m²）上的声能量，即单位面积上的声功率，用 I 表示，单位为 W/m²。声强与声压的平方成正比，其关系式如下：

$$I = p^2 / \rho c \tag{6-2}$$

式中，ρ——介质的密度，kg/m³；

c——声音的传播速度，m/s。

声强的范围非常大，人耳正常感受的最强声强与最低声强之比达 10^{12}，直接用声强作为量度声音强度的指标是不方便的，于是定义了一个新的物理量——声强级来代替声强，用 L 表示，单位为 dB，即

$$L = \lg \frac{I}{I_0} \tag{6-3}$$

式中，I——声强，W/m²；

I_0——频率为 1000 Hz 的基准声强值或听阈声强，取为 10^{-12} W/m²。

分贝值越大，声强级越大，I_0 分贝的声音，刚刚能入耳听到，这称为听阈；120 dB 是痛阈，会引起听觉器官的痛感。

3）声功率和声功率级（sound power and sound power level）

声音传播到原来静止的媒质中，媒质质点通过平衡位置附近的来回振动获得振动能，同时在媒质中产生压缩和膨胀的疏密过程，使媒质具有形变势能，两部分能量之和就是原本静止的媒质所获得的能量并以声的波动形式传递出去。所以，声波是媒质质点振动能量的传播过程，表达式如下：

$$W = S \cdot p \cdot u \tag{6-4}$$

式中，W——声功率；

S——垂直于声波方向的面积，m²；

p——声压，N/m²；

u——质点的振动速度，m/s。

一般而言，人耳对于声的感觉是一种平均数效应而不是瞬时值，测量仪器也是测量一定时间的平均值，声功率 W 的时间平均值如下：

$$\bar{W} = \frac{1}{T} \int_0^T S \cdot p \cdot u \, \mathrm{d}t = S \cdot \frac{1}{T} \int_0^T p \cdot u \mathrm{d}t \tag{6-5}$$

式中，T——声波的周期。

声功率（W）也可以用"级"来表示，声功率级的定义如下：

$$L_w = 10\lg \frac{W}{W_0} (\mathrm{dB}) \tag{6-6}$$

式中，W——声功率的平均值。

对于空气媒质，基准声功率 $W_0 = 10^{-12}$ W，则上式可以改写为

$$L_w = 10\lg \bar{W} + 120 (\mathrm{dB}) \tag{6-7}$$

4）频率（frequency）

频率，指媒质质点每秒钟振动的次数。噪声以声波形式在介质中传播，其频率就是发声体振动的频率，单位为 Hz。频率的高低反映声调的高低，频率高声调尖锐，频率低声音低沉。人耳能听到的频率范围为 20～20000 Hz。该范围的声音称为可听声波，低于 20 Hz 的声音称

为次声波，而高于 20000 Hz 的称为超声波。人耳从 1000 Hz 起，随着频率的降低，听觉会逐渐迟钝。

5）响度和响度级（loudness and loundness level）

实验证明，若两个声源的声压相同，频率不同，人耳的主观感觉是不一样的，即人耳对声音大小的感觉不但与声压有关，而且与频率有关，人耳对于高频的声音较为敏感，而对低频声则较为迟钝。响度是人耳判别声音由轻到响的强度等级概念，不仅取决于声音的强度（如声压级），还与频率及波形有关。响度的单位为宋（sone），1 sone 的定义即声压级为 40 dB，频率为 1000 Hz，且来自听者正前方的平面波形的强度。如果另一个声音听起来比这个大 n 倍，即声音的响度为 n sone。

定义 1000 Hz 纯音声压级的分贝值为响度级 L_N 的数值，单位为方（phon）。任何其他频率的声音，当调节 1000 Hz 纯音的强度与之一样响时，则这 1000 Hz 纯音的声压分贝值就定为这一声音的响度级值。人耳听觉、声压级及频率三者的相互关系，可以用等响曲线（图 6.1）来表示。响度级既考虑了声音的物理效应，又考虑了人耳听觉的生理效应，它反映了人耳对声音的主观评价。在等响曲线图中，每一条曲线上的各点，虽然代表不同频率和声压级的声音，但是人耳主观感觉到的响度却是一样的，即响度级是相等的，所以称为等响曲线。

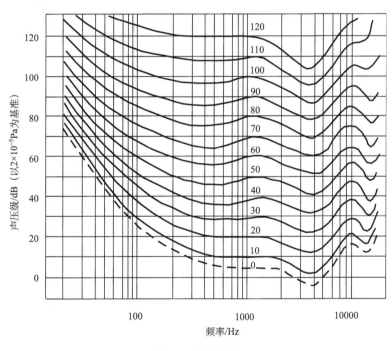

图 6.1　等响曲线

由等响曲线可知：

（1）最下面的虚线是听阈曲线，称为零响度级线。痛阈曲线是 120 phon 的响度级曲线。对应每个频率都有各自的听阈声压级和痛阈声压级。在听阈曲线与痛阈曲线之间是人耳能听到的全部声音。

（2）人耳对低频声较迟钝。频率很低时，即使有较高的声压级也不一定能听到。

（3）声压级越小和频率越低的声音，其声压级和响度级之差也越大。

（4）人耳对高频声较敏感，特别是对于 3000～4000 Hz 的声音。基于这种原因，在噪声控制中，应当首先将中、高频的刺耳声降低。

（5）当声压级为 100 dB 以上时，等响曲线渐趋水平，此时频率变化对响度级的影响不明显。

（6）计权声级（weighting sound level）。在 20 世纪 30 年代，人们为了用仪器直接测出人对噪声的响度感觉，便从等响曲线中选取了 40phon、70phon、100phon 这 3 条曲线，目的是模拟人耳听觉在不同的频率有不同的灵敏性，按这 3 条曲线的反曲线设计了由电阻、电容等电子器件组成的计权网络，设置在声级计上，使声级计分别具有 A、B、C 计权特性。通过计权网络测得的声压级称为计权声压级或计权声级，简称声级，通用的有 A、B、C 和 D 计权声级。

A 计权声级反映了人对噪声的客观强度与频率这两个因素产生的主观感受，A 声级越高，噪声引起的危害也越大。通过多年的实践发现，A 计权声级不仅可用于测量 55dB 以下的声音，也可以用于测量 55 dB 以上中、高强度声音，将所测到的 A 声级用于噪声评价时，与其他测量和评价的方法一样可靠。同时，A 计权声级和其他许多噪声评价量可以换算，使用也很方便。

B 计权声级的频响是 70 phon 等响曲线的反曲线。设置此网络的原意是用它对 55～85 dB 的声级计量。用它的读数和 A 声级、C 声级相比，可大致知道声能在各频段的分布情况。目前此声级已很少应用。

C 计权声级用来模拟高强度噪声的频率特性。

D 计权声级是对噪声参量的模拟，专用于飞机噪声的测量。

（7）等效连续声级和昼夜等效声级（equivalent continuous sound level and day-night equivalent sound level）。等效连续 A 声级 L_{eq} 是指在声级不稳定的情况下，人实际所接受的噪声能量的大小，用一个相同时间内声能与之相等的连续稳定的 A 声级来表示该段时间内的噪声的大小。如果数据符合正态分布，其积累分布在正态分布概率纸上为一直线，则可用下面近似公式计算：

$$L_{eq} \approx L_{50} + \frac{d^2}{60}, \ d = L_{10} - L_{90} \tag{6-8}$$

式中，L_{10}、L_{50}、L_{90} 为累计分布值，

　　L_{10}——测量时间内，10%的时间超过的噪声级，相当于噪声的峰值；

　　L_{50}——测量时间内，50%的时间超过的噪声级，相当于噪声的平均值；

　　L_{90}——测量时间内，90%的时间超过的噪声级，相当于噪声的本底值。

例如，L_{10}=70 dB，就是表示一天（或测量噪声的整段时间）内有 10%的时间，噪声超过了 70 dB（A），而 90%的时间，噪声都低于 70 dB（A）。

累计百分声级 L_{10}、L_{50} 和 L_{90} 的计算方法有两种：一种是在正态分布概率图上画出累计分布曲线，然后从图中求得；另一种渐变方法是将测定的一组数据（如 100 个）从小到大排列，第 10 个数据为 L_{10}，第 50 个数据为 L_{50}，第 90 个数据为 L_{90}。

2. 噪声标准

噪声标准是噪声控制的基本依据，但噪声标准随着时间与地区的不同而不同，因此在制定噪声标准时，应有所区别。此外，制定噪声标准时，要兼顾保护人体健康与经济合理、技术可行的原则。环境噪声标准主要包括声环境质量标准和环境噪声排放标准。具体如下。

1）声环境质量标准

环境噪声标准制定的目的，就是保障环境安静，使人们不受噪声干扰。由于经济能力和技术条件的差异，不同国家的环境噪声标准并不一致。我国《声环境质量标准》（Environmental Quality Standard for Noise）（GB 3096—2008）的规定见表 6.5。

表 6.5 标准限值等效声级 L_{eq}/dB(A)

类别	区域	白天	夜晚
0	疗养区、高级别墅区、高级宾馆区等特别需要安静的区域。位于城郊和乡村的这类区域分别按严于 0 类标准 5 dB 执行	50	40
1	居民、文教机关为主的区域，乡村居住环境可参照执行该类标准	55	45
2	居住、商业、工业混杂区	60	50
3	工业区	65	55
4	城市中道路交通干线两侧的区域，穿越城区的内河航道两侧的区域。穿越城区的铁路主、次干线两侧区域的背景噪声（指不通过列车的噪声水平）限值也执行该类标准	70	55

（1）夜间突发的噪声，其最大值不准超过标准值 15 dB。

（2）各类标准适用区域由当地人民政府划定。

（3）昼间、夜间的时间由当地人民政府按当地习惯和季节变化划定（北京地区为白天 6:00～22:00，夜晚 22:00～6:00）。

（4）标准规定，城市区域环境噪声的测量位置在居住窗外或厂界外 1 m 处。一般地，室外环境噪声通过打开的窗户传入室内大约比室内低 10 dB。

2）环境噪声排放标准

主要包括《工业企业厂界环境噪声排放标准》（Environmental Quality Standard for Noise）（GB 12348—2008）、《建筑施工场界环境噪声排放标准》（Emission Standard of Environment Noise for Boundary of Construction Site）（GB 12532—2011）、《机场周围飞机噪声环境标准》（Environment Standard of Aircraft Noise around Airport）（GB 9660—1988）等。

《工业企业厂界环境噪声排放标准》见表 6.6。

表 6.6 工业企业厂界环境噪声排放标准等效声级 L_{eq}[dB(A)]

厂界声环境功能区类别	昼间	夜间
0	50	40
1	55	45
2	60	50
3	65	55
4	70	55

0 类标准适用于以居住、文教机关为主的区域；

1 类标准适用于居住、商业、工业混杂及商业中心区；

2 类标准适用于工业区；

3 类标准适用于交通干线道路两侧区域；

4 类标准适用于工厂及有可能造成噪声污染的企事业单位的边界。夜间频繁突发的噪声（如排气噪声），其峰值不准超过标准值 10 dB（A），夜间偶发噪声（如短促鸣笛声），其峰值不准超过标准值 15 dB（A）。标准昼间、夜间的时间由当地人民政府按当地习惯和季节变化划定。

《建筑施工场界环境噪声排放标准》见表 6.7。

表 6.7　建筑施工场界环境噪声排放标准等效声级 L_{eq}[dB(A)]

施工阶段	主要噪声源	噪声限值	
		昼间	夜间
土石方	推土机、挖掘机、装载机等	75	55
打桩	各种打桩机等	85	禁止施工
结构	混凝土搅拌机、振捣机、电锯等	70	55
装修	起重机、升降机等	65	55

表 6.7 中所列噪声值是指与敏感区域相应的建筑施工场地边界处的限值。如有几个施工阶段同时进行，以高噪声阶段的限值为准。

《机场周围飞机噪声环境标准》见表 6.8。

表 6.8　机场周围飞机噪声的环境标准

使用区域	标准值/dB
一类区域	≤70
二类区域	≤75

注：一类区域指特殊住宅区、居住、文教区；二类区域指除一类区域以外的生活区。

6.1.3　噪声的控制

噪声由声源发声，经过一定的传播途径到达接受者，才会发生危害作用。因此对噪声的控制治理必须从分析声源、传声途径和接受者这三个环节组成的声学系统出发，制定出技术上成熟、经济上合理的治理方案。治理环境噪声影响是一个系统工程，既有行政管理问题又有技术措施问题，总的原则应该是以规划为先导、以科技进步为导向、以执法为手段、以达标为目的、以公众参与为基础、以治理措施为保证，各方努力共同搞好环境噪声治理工作。

1. 行政管理

1）科学规划，合理布局

一个城市，一个地区甚至一个项目，科学、严密、合理、有前瞻性的规划是从根本上解决环境噪声扰民的关键。在城市、工厂的总体设计时进行合理布局，做到"静闹分开"。例如，将工厂区和居民区分开，利用噪声在传播过程中的自然衰减，减少噪声的污染范围。利用山岗、建筑物和树木等屏障来阻止和屏蔽噪声的传播也起到一定的减噪作用。将城市绿化和降噪结合起来，能同时起到美化环境和降低噪声的双重效果。城市中各个功能区和各种基础设施应做到合理布局。例如，飞机场需要建在海边和郊区等远离居民区的地方，磁浮走向与地面交通道路相结合，地面道路、轨道交通和高架道路组合为一体，形成立体交通网络，占地少，留出足够的退界距离和增设绿化带，可以有效地控制交通噪声影响。一般来说，铁路和轨道交通距轨道边两侧各 100 m 退距，形成绿化带；磁浮两侧各留出 200 m，进行绿化；高速路两边各留出 10 m，种植绿化。这样的规划可有效控制交通噪声影响。新建的学校、医院、疗养院、高级别墅、高级宾馆等噪声敏感建筑，一定要远离交通干线。

2）执行环评法，严格审批制度

2002 年颁布的《中华人民共和国环境影响评价法》是为了实施可持续发展战略，预防规划和建设项目实施后对环境造成的不良影响，促进经济社会和环境的协调发展而制定的。对规划和建设项目进行分析、预测和评估，提出预防或减轻不良环境影响的对策和措施，进行跟踪监测。凡对环境有影响的新建、扩建、改建项目都要进行环境影响评价，编制环境影响报告书或报告表或专项报告，经专家论证和环保主管部门审批后，才准实施。

3）加强行政管理，严格执法制度

环境保护是利在当代，功在千秋的好事，主管部门要严格执法，严格管理，开展宣传教育，动员公众参与，编制新的环保三年行动计划。建议主管领导通过科协、媒体、学会、协会等途径，真心实意地听取各方面意见，进行技术咨询，逐步解决城市噪声的污染问题，创建一个文明、安静、舒适、和谐的环境。

2. 噪声的技术控制措施

1）噪声的声源控制

运转的机械设备和运输工具等是主要的噪声源，控制它们的噪声有两条途径：一是改进设备的结构，提高其中部件的加工精度和装配质量，减少机械各部件之间的摩擦，采用合理的操作方法等，以降低声源的噪声发声功率。金属材料消耗振动能量的能力较弱，因此用金属材料做成的机械零件，会产生较强的噪声。如选用材料内耗大的高分子材料来制作机械零件，则会使噪声大大降低。例如，将纺织厂织机的铸铁传动齿轮改为尼龙齿轮，可降低噪声 5 dB 左右；二是利用声的吸收、反射、干涉等特性，采用吸声、隔声、减振、隔振等技术，以及安装消声器等，以控制声源的噪声辐射。采用各种噪声控制方法，可以收到不同的降噪效果。例如，将机械传动部分的普通齿轮改为有弹性轴套的齿轮，可降低噪声 15～20 dB；把铆接改成焊接，把锻打改成摩擦压力加工等，一般可减低噪声 30～40 dB。

2）噪声的传声途径的控制

噪声的传声途径的控制包括以下几方面。

（1）声在传播中的能量是随着距离的增加而衰减的，因此使噪声源远离需要安静的地方，可以达到降噪的目的。

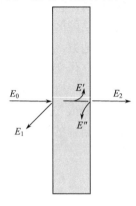

（2）声的辐射一般有指向性，处在与声源距离相同而方向不同的地方，接收到的声强度也就不同。不过多数声源以低频辐射噪声时，指向性很差；随着频率的增加，指向性就增强。因此，控制噪声的传播方向（包括改变声源的发射方向）是降低噪声尤其是高频噪声的有效措施。

（3）建立隔声屏障，或利用天然屏障（土坡、山丘），以及利用其他隔声材料和隔声结构来阻挡噪声的传播。隔声是噪声控制工程中的一种常用的技术措施，它是利用墙体、各种板材及构件作为屏蔽物或是利用围护结构把噪声控制在一定范围之类，使噪声在空气中传播受阻而不能顺利通过，从而达到降低噪声的目

图 6.2　隔声降噪原理示意图

的。隔声的原理如图 6.2 所示，当声波 E_0 入射到障碍物表面时，一部分声能 E_1 被反射，另一部分进入障碍物。而进入障碍物的声能一部分 E' 在传播过程中被吸收，另一部分到达障碍物的另一面。到达另一面的声能又有一部分 E'' 被反射，只有一小部分 E_2 透过障碍物进入空气中。因此噪声经过障碍物后，强度就会大大降低。可以看出，隔声实际上包括隔声体（障碍物）对噪声的吸收和反射两个过程。

（4）应用吸收材料和吸声结构，将传播中的噪声声能转变为热能等。

（5）对于固体震动产生的噪声采取隔振措施，以减弱噪声的传播。

3）噪声接受者的防护

噪声中接受者的防护包括：佩戴护耳器，如耳塞、耳罩、防声盔等；减少在噪声环境中的暴露时间；根据听力检测结果，适当调整在噪声环境中的工作人员。人的听觉灵敏度是有差别的，例如，在 85 dB 的噪声环境中工作，有人会耳聋，有人则不会，可以每年或几年进行一次听力检测，把听力显著降低的人调离噪声环境。

合理控制噪声的措施是根据噪声控制费用、噪声容许标准、劳动生产效率等有关因素进行综合分析确定的。在一个车间，如果噪声源是一台或少数几台机器，而车间里工人较多，一般可采用隔声罩，降噪效果为 10～30 dB；如果车间里工人少，经济有效的方法是用护耳器，降噪效果为 20～40 dB；如果车间里噪声源不多而分散，工人又多，一般可采取吸声降噪措施，降噪效果为 3～15 dB；如果工人不多，可用护耳器，或者设置供工人操作用的隔声间。机器振动产生噪声辐射，一般采取减振或隔振措施，降噪效果为 5～25dB。例如，机械运转使厂房的地面或墙壁振动而产生噪声辐射时，可采用隔振机座或阻尼措施。

6.2 电磁辐射污染

6.2.1 电磁辐射污染及其来源

电磁辐射（electromagnetic radiation）是由振荡的电磁波产生的。在电磁振荡的发射过程中，电磁波在自由空间以一定的速度向四周传递能量的过程或现象称为电磁波辐射。电磁波有很多种，电磁波的波长与频率各不相同，但波长与频率的乘积为一固定常数。用下式表示：

$$f\lambda = c \tag{6-9}$$

式中，c 为真空中的光速，其值为 2.993 亿 m/s，实际应用中常以空气代表真空。由此可知，频率越高的电磁波，波长越短，波长和频率二者呈反比例关系。根据波长的大小，电磁波包括长波、中波、短波、超短波和微波。长波指频率为 100～300 kHz，相应波长为 3～1 km 范围内的电磁波；中波指频率为 300 kHz～3 MHz，相应波长为 1 km～100 m 范围内的电磁波；短波指频率为 3～30 MHz，相应波长为 100～10 m 范围内的电磁波；超短波指频率为 30～300 MHz，相应波长为 10～1 m 范围内的电磁波；微波指频率为 300 MHz～300 GHz，相应波长为 1 m～1 mm 范围内的电磁波。

1. 电磁辐射污染

电磁辐射污染（electromagnetic pollution）又称电磁波污染，或称射频辐射污染，是指电磁辐射强度超过人体所能承受或仪器设备所允许的限度，人体受到长时间辐射时遭受不同程度伤害的现象。电磁辐射对人体危害的程度与电磁波波长有关。按对人体危害程度由大到小的顺序排列，依次为微波、超短波、短波、中波、长波，即波长越短危害越大。电磁辐射污染的产生是从 1831 年英国物理学家法拉第发现电磁感应现象后人类探索电磁辐射的利用就开始的。至今，电磁辐射已经深入到人类生产、生活的各个方面，特别是 20 世纪末全球活动空间得以充分延伸，超越了国家乃至地球界限，但是电磁辐射的大规模应用使许多电磁辐射强度远远超过人体所能承受限度，从而给环境带来严重的电磁污染。电磁污染以电磁场的场力为特征，并和电磁波的性质、功率、密度及频率等因素密切相关。

最常用的电磁方面的标准是《电磁环境控制限值》（GB 8702—2014）、《工业、科学和医疗（ISM）射频设备骚扰特性限值和测量方法》（GB 4824—2013）。

2. 电磁辐射污染源

电磁污染源包括天然污染源和人为污染源。天然的电磁辐射污染是由自然现象引起的，大气中发生电离作用，导致电荷的积累，从而引起放电现象。这种放电的频带较宽，从几百赫兹到几千赫兹的极宽频率范围，产生严重的电磁干扰。雷电、太阳和宇宙的电磁场源和自然辐射、火山喷发、地震和太阳黑子活动均会产生电磁干扰，天然的电磁辐射污染对短波通信的干扰特别严重。人为的电磁辐射污染主要包括脉冲放电、交变电磁场、射频电磁辐射等，其中主要是微波设备产生的辐射，特别是近年来飞速发展的通信设备。人工电磁辐射污染源主要有移动电话、对讲机、电磁炉、微波炉、电冰箱、彩电、电热毯、吸尘器、计算机和空调等，部分家电电磁场数据见表 6.9。

表 6.9　部分家电电磁场数据　　　　　　　　　　（单位：mGs）

电器产品	3 cm 距离	1 m 距离	电器产品	3 cm 距离	1 m 距离
电视	25~500	0.1~1.5	剃须刀	150~15000	0.1~3
微波炉	750~2000	2.5~5	洗衣机	8~500	0.1~1.5
吹风机	60~2000	0.1~3	吸尘器	2000~8000	1.3~20
冰箱	5~17	<0.1	台灯	400~4000	0.2~2.5

3. 电磁污染的传播途径

（1）空间辐射（space radiation）。电子设备与电气工作过程，本身相当于一个多向发射天线，不断地向空间辐射电磁能。这种辐射分为两种方式。一种是以场源为核心，在半径为一个波长的范围内，电磁能向周围传播，以电磁感应方式为主，将能量施加于附近的仪器及人体。另一种是在半径为一个波长的范围之外，电磁能进行传播，以空间放射方式将能量施加于敏感元件。在远区域场中，输电线路、控制线等具有天线效应，接收空间电磁辐射能进行再传播而构成危害。

（2）导线传播（wire transmission）。当射频设备与其他设备共用同一电源，或两者间有电气连接关系，电磁能即可通过导线进行传播。此外，信号输入、输入电路、控制电路等，也能在该磁场中拾取信号进行传播。

（3）复合传播污染（composite transmission pollution）。同时存在空间传播与导线传播所造成的电磁辐射污染，称为复合传播污染。

6.2.2　电磁辐射的危害及控制

1. 电磁辐射的危害

电磁辐射污染的危害主要包括对生物体健康的危害和对通信系统的干扰。

1）对生物体健康的危害

电磁辐射作用于生物体后，会使生物体组织发生相应病变。作用的方式主要包括热效应、非热效应和累积效应。

（1）热效应。指电磁波照射生物体时引起器官加热导致生理障碍或伤害，严重时会产生酸中毒、过度换气、流泪、盗汗、抽搐等症状，如不及时治疗，会危及生命。

（2）非热效应。生物体本身是一个电位源，每一个生物体都有自己的电化学传输系统，体内细胞之间存在着互相联络的电化学小道，如果经常处在高强度的电场环境中，会破坏体内生物电的自然生理平衡，使体内生物钟失衡，从而降低抵抗力，影响生物体健康。

（3）累积效应。热效应和非热效应作用于人体后，对人体的伤害尚未来得及自我修复之前，人体的内抗力若在此时受到电磁波辐射，其伤害程度就会发生累积，久而久之会成为永久性病态，危及生命。

对于在一定强度电磁辐射环境下工作时间较长的人，电磁波的干扰能够对于人体组织内的分子原本的电场产生影响，并且会对组成脑细胞的各种类型的生物分子造成一定程度上的破坏。因此，如果人体长时间暴露在不安全的辐射环境下，那么人体内的细胞就会产生大面积的损伤。很多已经经历了较大强度的电磁波辐射的人群已经产生了一些病态的反应，如心血管系统和神经系统等方面都会出现问题。

电磁辐射污染对人体健康的危害主要表现在：能使人体组织温度升高，导致身体发生机能性障碍和功能紊乱；可使癌症发病率增高；可伤害眼睛，眼睛被强度为 $100~mW/cm^2$ 的微波照射几分钟晶状体就会出现水肿，严重的则造成白内障，强度更高的微波会使视力完全消失；可影响人的生殖功能；可影响人的遗传基因；可损害人的中枢神经；可引发心血管疾病。

另外，假如长期生存在电磁辐射的区域内，很多植物将面临死亡。例如，若微波发射站面对树林，则可能会造成大面积的植物死亡。

射频电磁波对人体的影响主要与功率和波长有关。设备输出功率越大，辐射强度越大，对人体的影响就越大；辐射能的波长越短，对人体的影响就越大，长波对人体的影响较弱，随着波长的缩短，对人体的影响加重，微波作用最突出。长时间在中、短波频段高频电磁场工作的操作人员，经受一定强度与时间的暴露，将产生身体不适感，严重者引起神经衰弱，如心血管系统的自主神经失调。

2）对通信系统的干扰

工作的电子和电气设备产生的电磁波能使邻近的电子、电气设备受到干扰，导致性能下降乃至无法工作，甚至造成事故和设备损坏。例如，电磁辐射能干扰电视的收看，使图像不清或变形，并发出令人难受的噪声；电磁辐射会干扰收音机和通信系统工作，使自动控制装置发生故障，使飞机导航仪表发生错误和偏差。1991 年奥地利劳达航空公司一次飞机失事，导致机上 223 人全部遇难，根据英国当局猜测，可能是由于飞机上的一台笔记本电脑或便携式摄录机造成的。在我国，也发生过电磁辐射干扰而导致机场短时间关闭的情况。在深圳机场附近有 200 多台无线电发射机据守着机场周围山头，各寻呼台相互竞争，致使机场指挥塔无线通信系统受到严重干扰，造成指挥正在降落的飞机向左转而飞行员却听成了右转，对飞行安全形成严重威胁，深圳机场不得不为此关闭机场两小时来处理电磁辐射干扰问题。此外，强电磁辐射还会对某些武器弹药造成威胁，如高频电磁辐射能使导弹制导系统失灵，也能使自动化逻辑系统失灵。

2. 电磁辐射的控制

电磁辐射污染的控制和其他污染的控制方法类似，也是只有采取综合防治方法才能取得更好的效果。为了从根本上防治电磁辐射污染，国家必须首先制定相关标准，例如，对产生电磁波的各种工业和家用电器设备及产品提出严格的设计标准，尽量从源头上减少电磁辐射产生，从而为防治电磁辐射提供良好的前提。目前我国有关电磁辐射的法规很不健全，应尽快制定各种法规、标准、监察管理条例，做到依法治理。在产生电磁辐射的作业场所，应进行定期监测，发现电磁场强度超过标准的要尽快采取措施。其次，通过合理的工业布局，使电磁污染远离居民区。而对于已经进入环境且造成电磁辐射污染的电磁辐射，则要采取一定的技术防护手段，减少对人和环境的辐射危害。

防护电磁辐射的方法主要有电磁屏蔽和吸收防护。

1）电磁屏蔽

电磁屏蔽（electromagnetic shielding）是使用某种抑制电磁辐射能扩散的材料，将电磁场源与其外界隔离开来。使辐射能限制在某一范围内，从而达到防止电磁污染的目的。屏蔽装置一般是金属材料制成的封闭壳体，当交变电磁场传向金属壳体时，一部分被金属壳体表面反射，一部分被壳体内部吸收，这样透过壳体的电磁场强度就被大幅度削弱。对小型辐射源可用屏蔽罩，对大型辐射源采用屏蔽室。

电磁屏蔽分为主动屏蔽和被动屏蔽两类。主动屏蔽是将电磁场的作用限定在某一范围，使其不对该范围以外的生物机体或仪器设备产生影响。屏蔽装置一般是金属材料（良导体）制成的封闭壳体，当交变电磁场传向金属壳体时，一部分被金属壳体表面所反射，一部分被壳体吸收，这样透过壳体的电磁场强度就被大幅度消减。被动屏蔽是将场源置于屏蔽体之外，使限定范围内的生物机体或仪器不受影响，其特点是屏蔽体与场源间距大、屏蔽体可不接地。

2）远距离控制和自动作业

电磁辐射，特别是中、短波，其强度随距离的增大而迅速衰减，对产生电磁辐射的电子设备进行远距离控制或自动化作业，可减少辐射能对操作人员的损害。

3）个人防护

对个人而言，可穿戴防护头盔、防护眼镜、防护服装等，以减轻电磁污染对人体的伤害，加强宣传教育，提高公众认识。鉴于当前电磁辐射对人体健康的危害日益严重，特别是这种看不见、摸不着、闻不到的危害不易被人们觉察。因此，无屏蔽条件的操作员直接暴露于微波辐射近区场时，必须采取个人防护措施。

6.3　放射性污染

6.3.1　放射性污染及其来源

1. 放射性污染

1895 年德国科学家伦琴在研究高真空放电管时发现了 X 射线，法国科学家贝克勒尔在进一步研究 X 光时发现铀（U）的化合物也能放射出射线，铀成为第一个被发现的天然放射性元素。随后，法国科学家居里夫妇相继发现了钍（Th）、钋（Po）和镭（Ra）。这些天然放射性元素的发现，开创了人类认识放射性现象的先河。放射性物质的原子核处于不稳定的状态，在其蜕变的过程中，自发地放出由离子或光子组成的射线，并辐射出能量，同时本身转变成另一种物质，或是成为原来物质的较低能态。其放出的光子或粒子，将对周围介质包括机体产生电离作用，造成放射性污染和损伤。射线的种类很多，但主要的有以下三种。

（1）α 射线。由 α 粒子（氦的原子核 $_2^4He$）组成，带有 2 个正电荷，质量数为 4，对物质的穿透力较小。

（2）β 射线。由 β 粒子（高速运动的电子）组成，带有 1 个负电荷，对物质的穿透力比 α 粒子强 100 倍。

（3）γ 射线。是波长在 10^{-8} mm 以下的电磁波，不带电荷，但具有很强的穿透力，对生物组织造成的损伤最大。

2. 放射性污染的来源

在自然状态下，来自宇宙的射线和地球环境本身的放射性元素一般不会给生物带来危害。20 世纪 50 年代以来，人类的活动使得人工辐射和人工放射性物质大大增加，环境中的射线强度随之增加，危及生物的生存，从而产生了放射性污染。放射性污染很难彻底消除，射线的强弱只能随时间的推移而减弱。随着原子能工业的发展，放射性物质在医学、国防、航天、科研、民用等领域的应用范围不断扩大。由于放射性物质是一种能连续自动放射射线的物质，在使用过程中极有可能导致放射性污染，所以放射性污染已成为人们关注的重要问题。放射性污染主要来自以下几个方面。

1）核工业的"三废"排放

原子能工业在核燃料的生产、使用与回收的循环过程中均会产生核"三废"，对周围环境带来放射性污染，以上各阶段对环境的影响大致如下。

（1）核燃料的生产过程中产生放射性废物，包括铀矿开采，铀水法冶炼工厂、核燃料精制与加工过程。

（2）核反应堆运行过程中产生的放射性废物，包括生产反应堆、核电站与其他核动力装置的运行过程。

（3）核燃料处理过程产生的放射性废物，包括废燃料元件的切割、脱壳、酸容与燃料的分离与净化过程。

通常原子能工业生产过程的操作运行都采取了相应的安全防护措施，"三废"排放也受到严格控制，所以对环境的污染并不十分严重。但是当原子能工厂发生意外事故，其污染是相当严重的。国外就有因原子能工厂发生故障而被迫全场封闭的实例。

2）核试验的沉降物

核试验是全球放射性污染的主要来源。在大气层中进行核试验时，排入大气中的放射性物质与大气中的飘尘相结合，由于重力作用或雨雪的冲刷而沉降于地球表面，这些物质成为放射性沉降物或放射性粉尘。放射性沉降物播散的范围很大，往往可以沉降到整个地球表面，而且沉降速度很慢，一般需要几个月甚至几年才能落到大气对流层或地面。1945 年美国在日本的广岛和长崎投了两颗原子弹，使几十万人死亡，大批幸存者也饱受放射性疾病的折磨。自 1963 年后，美国、苏联等国家将核试验转入地下，由于发生"冒顶"和其他泄漏事故，仍然对人类环境造成污染。

3）医疗放射性

医疗检查和诊断过程中，患者身体要受到一定剂量的放射性照射。例如，进行一次肺部 X 光透视，约接受（4～20）×0.0001 Sv 的剂量（1 Sv 相当于每克物质吸收 0.001 J 的能量）；进行一次胃部透视，约接受 0.015～0.03 Sv 的剂量。患者所受的局部剂量差别较大，大约比通过天然源所受的年平均剂量高出几十倍，甚至上千倍。

4）科研放射性

科研工作中广泛的应用放射性物质，除了原子能利用的研究单位外，金属冶炼、自动控制、生物工程、计量等研究部门几乎都有涉及放射性方面的课题和试验。这些研究工作都有可能造成放射性污染。

6.3.2　放射性污染分类与度量

1. 放射性污染分类

放射性污染主要由放射性废物引起，在核工业生产中产生的放射性固体、液体和气体废物的放射性水平有显著的差异，为能经济有效地分别处理各类放射性废料，各国按放射性废物的放射性水平制定了分类标准。

1）放射性废液的分类

按放射性废液放射强度分类是目前较为广泛的分类法，具体如下。

（1）高水平废液。称居里级废液，每升含放射性强度在 10^{-2} Ci 以上。

（2）中水平废液。称毫居里级废液，每升含放射性强度在 $10^{-2} \sim 10^{-5}$ Ci 之间。

（3）低水平废液。称微居里级废液，每升含放射性强度在 10^{-5} Ci 以下。

各国原子能机构采用的这种分类，其强度标准在国际上尚未取得一致，大约有一个数量级的出入。

2）国际原子能机构建议的放射性废物分类标准

1977 年国际原子能机构推荐了一种新的放射性分类标准，见表 6.10。

表 6.10　国际原子能机构建议的放射性废物分类

相态	类别	放射性活度 A / （3.7×10^{10} Bq/m³）	废物表面辐射剂量 D/[2.58×10^{-4} C/（kg·h）]	备　　注
液体	1	$A \leqslant 10^{-6}$		一般可不处理
	2	$10^{-6} < A \leqslant 10^{-2}$		处理时不用屏蔽
	3	$10^{-3} < A \leqslant 10^{-1}$	—	处理时可能需要屏蔽
	4	$10^{-1} < A \leqslant 10^{4}$		处理时必须屏蔽
	5	$10^{-4} < A$		必须先冷却
气体	1	$A \leqslant 10^{-10}$		一般可不处理
	2	$10^{-10} < A \leqslant 10^{-6}$	—	一般用过滤法处理
	3	$10^{-6} < A$		用气体严格方法处理
固体	1		$D \leqslant 0.2$	β、γ 辐射体占优势
	2		$0.2 < D \leqslant 2.0$	含 α 辐射体微量
	3		$2.0 < D$	从危害观点确定 α 辐射占
	4		（α 放射用 Bq/m³ 表示）	优势，β、γ 辐射微量

2. 放射性度量单位

为了度量放射性的量、受照射物质所吸收的射线能量，以及表征生物体受射线照射的效应，通常采用的单位有以下几种。

1) 放射性活度（A）

放射性活度（radioactive activity）也称放射性强度，是指处于某一特定能态的放射性核素在给定时间内的衰变数，即放射性物质在单位时间内所发生的核衰变的次数，定义如下：

$$A = \mathrm{d}N / \mathrm{d}t = \lambda N \tag{6-10}$$

式中，N——某时刻衰变的核素数；

t——时间；

λ 为衰变常数。

放射性活度单位为贝可勒耳，简称贝可（Bq）。1 Bq 表示放射性核素在 1 s 内发生 1 次衰变，即 1 Bq=1/s。λ 表示放射性核素在单位时间内的衰变概率。

2) 吸收剂量（D）

电离辐射（ionizing radiation）在机体的生物效应与机体所吸收的辐射能量有关。吸收剂量是表示在电离辐射与物质发生相互作用时单位质量的物质吸收电离辐射能量大小的物理量，其定义用下式表示：

$$D = \frac{\mathrm{d}E}{\mathrm{d}m} \tag{6-11}$$

式中，D——吸收剂量；

m——电离辐射给予质量；

E——物质的平均能量。

吸收剂量单位为戈瑞（Gy），简称戈，1 Gy 表示任何 1 kg 物质吸收 1 J 的辐射能量，即

$$1 \text{ Gy}=1 \text{ J/kg} \tag{6-12}$$

吸收剂量率是指单位时间内的吸收剂量，单位为 Gy/s。

3) 照射量（X）

照射量只适用于 X 和 γ 辐射，它是用于 X 和 γ 射线对空气电离程度的度量。照射量是指在一个体积单元的空气中（质量为 dm），由光子释放的所有电子（负电子和正电子）在空气中全部被阻时，形成的离子总电荷的绝对值（负电子和正电子）。关系式如下：

$$X = \mathrm{d}Q / \mathrm{d}m \tag{6-13}$$

照射量单位为库仑/千克（C/kg）。单位时间的照射量率，单位为 C/（kg·s）。

4) 剂量当量（H）

剂量当量指的是在研究的组织内，某一点上的吸收剂量、品质因素（Q）和其他修正因素（N）的乘积，即 $H=DQN$。剂量当量 SI 的单位为 J/kg，并给定其专名为希沃特（Sv）。1 Sv=1 J/kg。

剂量当量率（H'）为时间间隔为 dt 内的剂量当量变化量 dH，即

$$H' = dH/dt \tag{6-14}$$

剂量当量率的 SI 单位为 Sv/s。

5）集体剂量当量（S）

集体剂量当量用于评价人群受到照射所付出的危害代价，为受照群体某组（i）内 P_i 名成员平均每人的全身或某一器官所受到的剂量当量之和，即

$$S = \sum_i H_i P_i \tag{6-15}$$

6）有效剂量当量（H_E）

有效剂量当量为人体各器官或组织受照射的剂量当量加权后的总和。所得结果能用同一剂量限值加以衡量，据此评价人体所受到的总损伤。用下式计算：

$$H_E = \sum_T H_T W_T \tag{6-16}$$

式中，H_T——T 器官（或组织）接受的剂量当量（Sv）；

W_T——T 器官（或组织）的权重因子，表示相对稳定度。

$$W_T = \frac{\text{T器官（或组织）接受1Sv的危险度}}{\text{全身均匀接受1Sv的总危险度}} \tag{6-17}$$

有关器官或组织的危险度及权重因子可由表 6.11 中查得。

表 6.11　器官或组织的危险度及权重因子

器官或组织	危险度/（10^{-4}/Sv）	权重因子	器官或组织	危险度/（10^{-4}/Sv）	权重因子
性腺	40	0.25	甲状腺	5	0.03
乳腺	25	0.15	骨表面	5	0.03
红骨髓	20	0.12	其余组织	50	0.03
肺	20	0.12	总计	165	1.00

6.3.3　放射性污染的危害及防治

1. 放射性污染的危害

在通常的情况下，环境中放射性不构成显著的环境污染，对人体无明显危害。但是，如果环境中的放射性物质增加，使环境中的放射性水平高于自然界里的本底水平，出现危害人体健康的现象，就构成放射性污染。严重的放射性污染，将会使污染区的居民受到大剂量的照射，包括外照射和内照射，严重危害居民的健康和生命安全。放射性污染与一般的化学污染有显著的不同。放射性污染具有如下的主要特征。

1）放射性同位素的寿命

任何一种放射性同位素都有一定的寿命，任何一种化学的、物理的或生物的处理方法，

都不能改变这一特性。

2）放射性污染是物理因子污染

放射性污染与化学因子污染的不同之处在于，放射性污物对有机体的不良影响是由物理因子——放射性元素的射线，而不是由化学反应引起的。

3）放射性在人体内的富集

自然界里的放射性元素，可以通过食物链进入人体。放射性同位素进入人体以后，会在某些器官或组织中富集，致使体内的放射性同位素比周围环境中的放射性同位素浓度增高许多倍。此种现象称为放射性元素的富集作用。放射性元素的富集，对人体健康会造成严重的伤害。

4）放射性污染物的危害时间长

放射性污染物的半衰期一般都比较长，一旦进入生物机体后，将会对生物体造成较长期的危害。

环境中的放射性物质可以由多种途径进入人体，它们发出的射线会破坏机体内大分子结构，甚至直接破坏细胞和组织结构，对人体造成损伤。高强度辐射会灼伤皮肤，引发白血病和各种癌症，破坏人的生殖机能，严重的能在短期内致死。少量积累照射会引起慢性放射病，使造血器官、心血管系统、内分泌系统和神经系统等受到损害，发病过程往往延续几十年。如果人在短时间内受到大剂量的 X 射线、γ 射线和中子的全身照射，就会产生畸形损伤，轻者有脱毛、感染等症状；当剂量更大时，出现腹泻、呕吐等肠胃损伤；在极高的剂量照射下，甚至发生中枢神经损伤直至死亡。

2. 放射性污染的防治

对于放射性污染的防治，主要举措是对核能、核技术的应用制定相应的技术标准和规范。为了防治放射性污染，保护环境，保障人体健康，促进核能、核技术的开发与应用，我国全国人民代表大会常务委员会颁布了《中华人民共和国放射性污染防治法》（2003 年 6 月 28 日第十届全国人民代表大会常务委员会第三次会议通过），国务院发布了《放射性同位素与射线装置放射防护条例》（1989 年 10 月 24 日国务院第 44 号令），《核电厂核事故应急管理条例》（1993 年 8 月 4 日国务院第 124 号令）。国家环境保护局发布了《城市放射性废物管理办法》（1987 年 7 月 16 日国家环境保护局发布），《放射环境管理办法》（1990 年 5 月 28 日国家环境保护局第 3 号令）。

除了对放射性污染进行防治外，还要对暴露在辐射下的人体进行电离辐射防护。对放射性污染进行辐射防护的目的是减少射线对人体的照射。防护方法分为时间防护、距离防护和屏蔽防护，这 3 种方法可单独使用也可联合使用。人体受到辐射的时间越长，人体接受的辐射量越大，所以工作人员通过准确、敏捷的操作，可减少受辐射的时间，从而达到防护目的。也可以增配工作人员轮换操作，以减少每个操作人员受辐射时间。人体距离辐射源越近，受到的辐射剂量也越大，所以在操作时要尽量远距离工作，以减轻距离辐射对人体的危害。屏蔽防护，就是在放射源与人体之间放置一种合适的屏蔽材料，利用屏蔽材料对射线的吸收而降低外照射的剂量。屏蔽辐射应根据射线的不同类型分别采取不同的措施，例如，β 射线比较容易屏蔽，常用原子序数低的材料如铝、有机玻璃、烃基塑料等作屏蔽；γ 射线穿透能力强，危害极大，常用高密度物质作屏蔽，考虑到经济因素，常用铁、铅、钢、水泥和水等材料作屏蔽。

6.4　光　污　染

6.4.1　光污染及其来源

　　光污染（light pollution）泛指过量的光辐射对人类生活和生产环境造成不良影响，损害人和动物观察物体的能力，引起人体不舒适感和损害人体健康。20 世纪 30 年代，科学研究发现，荧光灯的频繁闪烁会迫使瞳孔频繁缩放，造成眼部疲劳。如果长时间受强光刺激，会导致视网膜水肿、模糊，严重的会破坏视网膜上的感光细胞，甚至使视力受到影响。"光照越强，时间越长，对眼睛的刺激就越大"。建筑物的玻璃幕墙就像一面巨大的镜子，反射光进入高速行驶的汽车内，会造成人突发性暂时失明和视力错觉，易导致交通事故的发生。在此背景下，光污染问题最早于 20 世纪 30 年代由国际天文界提出，他们认为光污染如城市室外照明使天空发亮造成对天文观测的负面影响。后来英美等国称之为"干扰光"，在日本则称为"光害"。产生污染的光包括可见光、红外线和紫外线。在现代大城市中，常用玻璃作为商店、饭店、写字楼、歌舞厅等建筑的外墙，在太阳光照射下，这些装饰材料的反射强度比一般深色装饰材料大 10 倍左右，大大超过了人眼能承受的范围，这种光污染称为白亮污染。此外，夜幕降临时五颜六色的霓虹灯、广告灯、瀑布灯忽闪忽隐，这种光污染称为白昼污染。

　　国际上一般将光污染分为白亮污染、人工白昼和彩光污染。白亮污染是指太阳光照射强烈时，城市里建筑的玻璃幕墙、砖墙、磨光大理石和各种涂料等装饰反射的光线；人工白昼是指夜幕降临后，商场、酒店的广告灯、霓虹灯闪烁夺目，令人眼花缭乱，有些强光束甚至直冲云霄，使得夜晚如同白天一样；彩光污染是指舞厅、夜总会安装的黑光灯、旋转灯、荧光灯及闪烁的彩光源等构成的光污染。另外，有些学者还根据光污染所影响的范围的大小将光污染分为室外视环境污染、室内视环境污染和局部视环境污染。其中，室外视环境污染包括建筑物外墙、室外照明等；室内视环境污染包括室内装修、室内不良的光色环境等；局部视环境污染包括书簿纸张和某些工业产品等。我国天津大学教授马剑则以光污染的发生和造成影响的时间为分类标准，将光污染分为昼光光污染和夜光光污染，白亮污染即属于昼光光污染，人工白昼和彩光污染则属于夜光光污染。关于这种分类方式不再多述。

6.4.2　光污染的危害与控制

1. 光污染的危害

　　人体在光污染中首当其冲受到伤害的是眼睛。专家研究发现，长时间在白亮污染环境下工作和生活的人，视网膜和虹膜都会受到程度不同的损害，视力急剧下降，白内障的发病率高达 45%。一直以来，人们关注水污染、大气污染、噪声污染等，并采取措施大力整治，但对光污染却重视不够。其后果就是各种眼疾，特别是近视比率迅速攀升。据统计，我国高中生近视率达 60%以上，居世界第二位。为此，中国每年都要投入大量资金和人力用于对付近视，见效却不大，原因就是没有从改善视觉环境这个根本入手。有关卫生专家认为，视觉环境是形成近视的主要原因，而不是用眼习惯。

医学研究发现，人们长期生活或工作在逾量或不协调的光辐射下，会出现头晕、失眠、心悸和情绪低落等神经衰弱症状。而作为夜生活主要场所的舞厅中的光污染危害让人触目惊心，使长期在歌舞厅活动和工作的人正常细胞衰亡，出现血压升高、体温起伏、心急燥热等各种不良症状。科学家最新研究表明，彩光污染不仅有损人的生理功能，而且对人的心理也有影响。光谱光色度效应测定显示，如以白色光的心理影响为 100，则蓝色光为 152，紫色光为 155，红色光为 158，紫外线最高，为 187。人们长期处在彩光灯的照射下，会产生心理积累效应，也会不同程度地引起倦怠无力、头晕、性欲减退、阳痿、月经不调、神经衰弱等身心方面的病症。

光污染除影响人体健康外，还会影响我们周围的环境。光污染影响了动物的自然生活规律，受影响的动物昼夜不分，其活动能力出现问题。此外，其辨位能力、竞争能力、交流能力及心理皆会受到影响，更甚的是猎食者与猎物的位置互调。有研究指出光污染使得湖里的浮游生物的生存受到威胁，如水蚤，因为光会帮助藻类繁殖，制造赤潮，结果杀死了湖里的浮游生物及污染水质。光污染还会破坏植物体内的生物钟节律，有碍其生长，导致其茎或叶变色，甚至枯死；对植物花芽的形成造成影响，并影响植物休眠和冬芽的形成。

光污染亦可在其他方面影响生态平衡。例如，人工白昼还可伤害昆虫和鸟类，因为强光可破坏夜间活动昆虫的正常繁殖过程。同时，昆虫和鸟类可被强光周围的高温烧死。鳞翅类学者及昆虫学者指出夜里的强光影响了飞蛾及其他夜行昆虫的辨别方向的能力，这使得那些依靠夜行昆虫来传播花粉的花因为得不到协助而难以繁衍，结果可能导致某些种类的植物在地球上消失，长远而言破坏了整个生态环境。候鸟亦会因为光污染影响而迷失方向。据美国鱼类及野生动物部门推测，每年受到光污染影响而死亡的鸟类可达 400 万～500 万，甚至更多。因此，志愿人士成立了"关注致命光线计划"，并与加拿大多伦多及其他城市合作在候鸟迁移期间尽量关掉不必要的光源以减少其死亡率。此外，刚孵化的海龟亦会因为光污染的影响而死亡。这是因为它们在由巢穴步向海滩时受到光害的影响而迷失方向，结果因不能到达合适的生存环境而死亡。年轻的海鸟亦会受到光污染的影响使它们在由巢穴飞至大海时迷失方向。夜蛙及蝾螈亦会受到光污染影响，因为它们是夜行动物，会在没有光照时活动，然而光害使它们的活动时间推迟，令其活动及交配的时间变短。

2. 光污染的控制

防治光污染，是一项社会系统工程，需要有关部门制定必要的法律和规定，采取相应的防护措施。光污染的防治主要有以下几个方面。

（1）加强城市规划和管理，改善工程照明条件等，以减少光污染的来源。

（2）对有红外线和紫外线污染的城市采取必要的安全防护措施。

（3）采用个人防护措施，主要是戴防护眼镜和防护面罩。光污染的防护镜有反射性防护镜、吸收型防护镜、反射-吸收型防护镜、爆炸型防护镜、光化学反应型防护镜、光电型防护镜、变色微晶玻璃型防护镜等类型。

光污染的危害显而易见，并在日益加重和蔓延。因此，人们在生活中应注意防治各种光污染对健康的危害，避免过长时间接触光污染。

思考题

1. 什么是物理环境？主要的物理环境问题有哪些？

2. 噪声污染的主要来源有哪些？其相应的控制措施有哪些？

3. 列出 3 种以上噪声的评价量，简述其相互关系和各自的适用范围。

4. 电磁辐射污染的污染源有哪些？如何防护？

5. 什么是放射性污染？其危害有哪些？防治放射性污染有哪些措施？

6. 什么是光污染？它对环境有哪些危害？如何防护？

7. 实际调查周围环境的放射性污染、光污染、热污染、电磁污染状况，依据国家的防治标准给出具体的污染级别，提出具体的防治意见。

第7章 生物环境

> **【导读】** 生物环境是人类赖以生存和发展的物质基础，地球上的动植物、微生物为人类提供不可缺少的食物、纤维、木材、药物和工业原料，它们与物理环境共同构成一个综合系统，调节着能量流动、物质循环和信息传递。随着人类活动影响的扩大，生物环境被破坏，生物多样性丧失，生态系统平衡被打破，这威胁到了整个生态环境。通过本章的学习，了解生物环境、生物多样性、转基因生物、生物安全的概念、生物安全的特点，掌握生物多样性的层次和价值，理解生物多样性锐减的原因及保护措施。

7.1 生物环境概述

7.1.1 生物环境的概念

生物环境（biological environment）是由生物有机体及其环境共同构成的一个系统，系统中生物有机体与环境之间相互联系、相互影响、相互依存，进行着能量的转化、物质的循环和信息的传递，形成具有自组织和自我调节功能的复合体。该系统具有一定的大小和结构，生物环境在地表占据一定空间，根据研究的目的和对象不同，其范围和边界可大可小，大到整个生物圈，小到某个特定物种所构成的生物环境。由于构成生物环境的生物要素和环境要素不同，在地球表面形成了多种类型的生物环境，总体上可分为两个基本生物环境类型：海洋生物环境和陆地生物环境，在基本生物环境下又根据构成要素的不同进一步分为其他生物环境类型。

7.1.2 生物与环境的关系

生物与环境是一个有机整体，它们之间通过能量、物质、信息交换相互影响、相互作用。环境是生物有机体以外一切事物的总和，在生态学中构成环境的诸多因素称为生态因子。总体上生态因子分为生物因子和非生物因子，前者包括生物种内的互助、竞争关系和种间的捕食、竞争、共生、寄生关系，后者包括阳光、空气、温度、水分、土壤等，这些生物、非生物因子对生物有机体的繁殖生长、存活数量、活动空间等都产生直接影响。生物除了受环境的影响外，对环境也具有适应力和影响力，其适应能力是长期演化的结果。例如，在沙漠和戈壁生长的骆驼刺（*Alhagi sparsifolia*）为适应干旱少雨的环境，其地上部分长得矮小以减少水分蒸腾，地下根系不断向下延伸以最大限度吸收地下水分。生物通过自身的新陈代谢向环境中输送物质和能量，对环境产生影响，例如，蚯蚓在土壤环境中活动，疏松土壤，其排泄物含有丰富的氮、磷、钾等元素，有利于改善土壤结构、提高土壤肥力。

7.1.3 生物环境的特点

1. 整体性

生物环境的整体性是指组成生物环境的各要素之间所具有的相互联系性和其结构与功能之间的关联性。生物环境都是由生物有机体和环境因子共同构成的整体，各要素按照一定的结构形式组合，并通过能量、物质、信息的交换联系在一起，对外表现出某些特定的功能。

2. 动态性

生物环境是涉及诸多要素的复杂动态系统，其组成要素、结构均处于动态变化之中。任何一个生物环境都是经过长期历史发展形成的，都要经过形成、发展、进化、演化的阶段，都有自身特有的整体演变规律。

3. 地域性

生物环境与特定的空间相联系，它是一个包含一定地域范围的空间概念，在这种空间中存在着不同环境条件，栖息着与之相适应的生物群落，生物系统与环境系统相互作用，在长期的发展过程中形成具有一定区域特征的结构和功能。例如，寒温带的针阔叶混交林与热带的热带雨林，从要素构成、环境特征到功能都有着明显的差异。

4. 稳定性

生物环境的稳定性是指在一定时间过程中生物环境维持要素数量、结构和功能的能力，以及在受到外部或内部扰动的情况下恢复到原来平衡状态的能力。它主要包括两个方面的能力，抵抗力和恢复力。抵抗力是生物环境系统抵抗扰动和维持系统结构和功能的能力，恢复力是指生物环境系统在遭受扰动以后恢复到原始状态的能力，恢复力越高，生物环境系统越稳定。

5. 可调控性

生物环境作为一个有机整体，不断与外界进行着能量和信息的交换，通过自身的运动而不断调整其内在的组成和结构。人类可以根据生物环境发展演化的规律通过生物措施、工程措施、环境保护措施、信息化措施、政策措施等方法和途径改善或修复受损的生物环境，或者控制和保持现有生物环境不受破坏。

7.2　生物多样性

7.2.1 生物多样性概述

1. 生物多样性

20 世纪以来，随着世界人口急剧膨胀，人类对生态系统的影响不断加剧，生物资源保护问题开始在世界范围内受到重视。1948 年联合国与法国政府创立了世界自然保护联盟

（International Union for Conservation of Nature，IUCN）。1961 年，世界野生生物基金会（WWF）在瑞士成立。1971 年，联合国教科文组织提出了"人与生物圈计划"。1980 年由 IUCN 等国际自然保护组织编制完成的《世界自然保护大纲》正式颁布。1992 年，联合国环境与发展大会通过了《生物多样性公约》。在各方的共同努力下，人类开始重视对自然资源的有效保护与合理利用，同时人类也意识到自然界中各物种之间、生物与环境之间存在着密切联系，对自然的保护不仅在于物种本身的保护，还要保护与之相应的环境，在《生物多样性公约》出台以后，世界范围的自然保护工作从对珍稀濒危物种的保护转入生物多样性的保护。

生物多样性（biodiversity）一经提出就得到了各方的广泛关注，并在全世界范围获得共识和应用。对于生物多样性的概念和定义，不同学者有不同理解。Nose （1986） 等认为，生物多样性体现在多个层次上。Wilson （1988）等认为，生物多样性就是生命形式的多样性。1992 年，在联合国环境与发展大会通过的《生物多样性公约》中，给出的生物多样性定义是"所有来源的活的生物体生态系统及其所构成生态综合体：包括物种内、物种之间和生态系统的多样性"。蒋志刚等（1997）在《保护生物学》中，给生物多样性的定义是"生物多样性是生物及其环境形成的生态复合体以及与此相关的各种生态过程的综合，包括动物、植物、微生物和它们所拥有的基因以及它们与其生存环境形成的复杂的系统"。孙儒泳（2001）认为，生物多样性一般是指"地球上生命的所有变异"。总的来说，生物多样性是指地球上所有生物（动物、植物、微生物等）、生物所拥有的基因、生物及其环境相互作用形成的生态系统和生态过程的多样性和变异性综合。

2. 生物多样性的层次

生物多样性通常包括遗传多样性、物种多样性和生态系统多样性三个层次，近些年有些学者提出在这三个层次上还应该包括景观多样性。

1）遗传多样性

遗传多样性也称为基因多样性，是生物多样性的重要组成部分。广义上的遗传多样性是指地球上生物所携带的各种遗传信息的综合，狭义的遗传多样性主要是指生物种内基因的变化，包括种内不同种群之间或同一种群不同个体之间的遗传变异。归根结底，遗传多样性是由遗传物质的改变（或突变）而引起的。遗传物质突变主要有两种类型：一是染色体畸变（染色体数目和结构变化）；二是基因突变（基因位点内部核苷酸的变化）。此外，基因重组也可以导致生物产生遗传变异。任何物种都是由独特的基因库和遗传物质所形成的，其所含基因越丰富，对环境的适应能力越强，遗传多样性是物种多样性和生态系统多样性的基础。

遗传多样性的表现形式也是多层次的，包括分子、细胞和个体三个水平。分子水平表现为核酸、蛋白质、多糖等生物大分子的多样性；细胞水平体现在染色体结构的多样性及细胞的结构和功能的多样性；个体水平表现为生理代谢差异、形态发育差异及行为习性差异等。遗传多样性的测度主要包括染色体多态性、蛋白质多态性和 DNA 多态性及数量遗传学方法。

2）物种多样性

物种多样性是指一个地区内物种数量及分布的多样性，它包括两个方面的内容。一是区域物种多样性，指一定区域内物种丰富程度，通常用物种丰富度和物种丰度等指标来衡量，其中物种丰富度指一个地区的所有物种数,物种丰度指一个地区内某个物种所拥有的个体数;二是生态多样性或群落物种多样性,指生态学方面物种分布的均匀程度,通常用物种均匀度加以衡量。物种多样性是生物多样性研究的核心内容,目前主要从分类学、系统学和生物地理学的角度对区域内物种的状况进行研究,物种濒危状况、灭绝速率及原因、生物区系特有性、物种保护和持续利用都是物种多样性的研究内容。

3)生态系统多样性

生态系统多样性通常指生态系统内生境、生物群落和生态过程的多样性。生态系统是生物与其生存环境所构成的综合体,生境主要指非生物环境,如地貌、水文、气候、土壤等。生境多样性是生物群落多样性及整个生物多样性形成的基础。生物群落的多样性是指群落的组成、结构和功能方面的多样化。生态过程多样性是指生物群落与生境构成的生态系统在时间、空间上的变化多样性,主要包括生态系统内部、生态系统之间的各种物质、能量、信息的流动和迁移转化。生态系统多样性是生物多样性的重要组成部分,体现了生物多样性研究高度综合性的特点。

4)景观多样性

景观多样性是指不同类型的景观要素或生态系统构成的景观在空间结构、功能机制和时间动态方面的多样性和变异性。景观是一个大尺度的由斑块、廊道和基质等景观要素按照一定结构组成的综合体,景观也可看作是不同生态系统组成的镶嵌体。景观多样性是景观水平上对生物多样性的表征,通常用景观破碎度或景观分离度来表达生物多样性特征。

3. 生物多样性的价值

生物资源是人类赖以生存和发展的基础,目前,世界已知的物种有 140 万～170 万种,其中有的生物被作为资源利用,而更多的生物尚未知其利用价值,属于潜在的生物资源。据估计,生物多样性每年为人类创造约 330000 亿美元的价值,其中中国约 46000 亿美元。对于生物多样性的价值估算尚未有统一的、可接受的定价体系。McNeely 等把生物多样性价值分为直接价值和间接价值,其中直接价值是人们直接收获、使用生物资源所形成的价值,间接价值是生物多样性的环境作用和生态系统服务价值。

1)直接价值

生物多样性的直接价值包括消费使用价值和生产使用价值。消费使用价值是不经过市场直接消费的生物资源的价值。在一些发展中国家或少数民族地区,人们经常会利用周围环境中的生物资源来维持生计,如饲料、薪炭、野菜、野果、草药等,由于这些生物资源没有经过市场流通,在经济上对其评估比较困难。生产使用价值是从自然界获得,在国内外市场销售的生物资源的价值,如木材、药用植物、海鲜、动物皮毛、天然香料、蜂蜜、野生动物等。

生物多样性是人类生存发展的基础。生物多样性为人类提供了食物多样性,粮食、蔬菜、水果、肉类、油类等均源自生物环境。据统计,人类已食用大约 5000 种植物。生物多样性为工业提供丰富多样的原材料,如木材、纤维、橡胶、树脂、皮毛等,以木材产品为例,每年从自然界中获取的木材价值为 750 亿美元以上。生物多样性为医药发展提供基础,药物依靠大量植物、动物和微生物作为资源。据统计，发展中国家 80%人口依靠传统药物治疗疾病，发达国家 40%的药物来源于自然资源或其化学合成物。1995 年我国重要资源普查结果显示，药用植物为 11146 种，药用动物为 1581 种。

2）间接价值

生物多样性的间接价值通常与生态系统的功能有关，如能量固定、调节气候、保持水土、吸收分解污染物、为动植物提供栖息地等，这些往往未经过市场流通而直接被消费了，其价值远远超过其直接价值。生物多样性的间接价值包括生态价值、选择价值、存在价值、科学价值、美学价值等。

（1）生态价值。生物多样性可以为人类和其他生物带来生态效益。地球上的绿色植物通过光合作用固定太阳能，为人类和其他生物提供必需的物质和能量。绿色植物还能对区域性甚至是全球性的气候起到调节作用。例如，森林可以固定大气中的 CO_2，缓解温室效应，同时通过蒸腾作用，将植物体内的水分蒸腾到空气中，保持大气湿度，从而改善局部小气候。植物还利用树冠、枝干、根系拦截蓄积水分，减少地表径流对土壤的侵蚀，起到保持水土的功能。生物还通过自身的新陈代谢过程对环境中的污染物进行吸收分解，例如，蜈蚣草（*Pteris Vittata* L.）对土壤环境中的砷具有很强的富集作用，可以用于修复被砷污染的土地。

（2）选择价值。选择价值即潜在价值，现在人类所利用的生物资源只占已知物种的极少部分，绝大部分生物尚未被人类所利用，其价值尚不清楚，但随着技术的发展和需求的改变，这些物种的潜在利用价值也许在将来会被发现。生物多样性为人类提供丰富的物种资源以应对未来的不确定性，因此，自然界当中的每一个生物都应该被珍惜和保护。

（3）存在价值。指伦理或道德价值，每个物种都有其存在价值，不管这些物种有无经济价值，它们都是客观存在的。自然界多种多样的物种及其系统的存在，有利于地球生命支持系统功能的保持及其结构的稳定。存在价值常由保护愿望来决定，反映出人们对自然的同情和责任。一个物种的存在价值有多大，它的消失究竟带来多大的损失，目前人们还难以准确评估，正如人们不能评估一只恐龙的存在价值一样。

（4）科学价值。生物多样性是人类认识自然、了解自然的基础，具有重要的科学研究价值，对人类的科学技术发展具有重大意义。例如，雷达发明的灵感来源于蝙蝠，蝙蝠定位物体不是靠眼睛，而依靠是其特有的嘴、喉和耳朵组成的回声定位系统，蝙蝠飞行过程中不断发出超声波，同时接收障碍物反射回来的超声波，以此来定位物体。雷达正是利用这一原理而被发明出来。

（5）美学价值。自然界中多姿多彩的生物资源为人类提供了审美对象，无论是野炊、露营、徒步、狩猎等都与生物资源分不开，人类从大自然中感受生物和自然景观的视觉美，上升到精神层面的愉悦，给人以美的享受，对身心健康起到良好的促进作用。

7.2.2 生物多样性锐减

1. 生物多样性减少

生物多样性减少是全球普遍关注的重大生态环境问题。生物多样性包括基因、物种、生态系统及景观这四种不同层次的多样性，生物多样性的减少可以体现在任一层次上，各层次上的多样性减少的速度不同，各层次之间的多样性存在着密切的联系，任一层次的多样性减少都会导致其他层次的多样性减少。物种多样性减少是人类所特别关注的，所有物种都有其生命周期，在自然状态下，受环境变化物种会发生灭绝，地球历史上几次大规模的生物灭绝就是自然环境突变导致的。但随着人类活动的扰动，物种灭绝的速度不断加快，据专家研究，自 1600 年以来，约有 113 种鸟类和 83 种哺乳动物已经消失，在 1850~1950 年间，鸟类和哺乳动物的灭绝速度是平均每年一种，20 世纪 90 年代初，联合国环境规划署首次评估生物多样性得出结论是，在可预见的未来，5%~20%的动植物种群可能受到灭绝的威胁，根据世界自然保护联盟 2011 年公布的《世界自然保护联盟濒危物种红色名录》显示，在评估的 59508 个物种中，灭绝物种 797 种，野外灭绝物种 64 种，极度濒危物种 3801 种，濒危物种 5566 种，脆弱物种 9898 种，近危物种 4273 种，低风险/保护依赖物种 260 种。每一个物种的灭绝意味着一个基因库的消失，物种的急剧减少必将导致遗传多样性随之急剧减少。

　　生态系统多样性的丧失是物种遗传多样性丧失的最终原因。全球范围内，人类活动使各类生态系统都不同程度受到影响，其中占地球物种总数 50%的热带雨林消失的速度惊人，根据挪威雨林基金会的一份调查报告，2000~2012 年，全球范围内共计 110 万 km^2 的热带雨林被摧毁，面积相当于三个挪威的大小。其中巴西是世界上热带雨林破坏最严重的国家，2001~2010 年期间，巴西共减少了 169074 km^2 的热带雨林，按照目前的砍伐速度，未来几十年热带雨林将毁在人类手中，大量热带雨林物种将面临灭绝的危险。海洋与淡水生态系统也在不断丧失和严重退化，其中受到冲击最严重的是处在封闭环境中的淡水生态系统及岛屿生态系统，据研究，在现存的物种中 11%的哺乳动物和 40%的鸟类受到威胁。

2. 生物多样性锐减的原因

　　生物多样性减少既是自然因素影响的结果，如火山爆发、洪水泛滥、陆地升降、森林火灾、干旱等，也是受人类影响发生的。从总体上看，当前物种大量灭绝、生物多样性不断减少的主要原因是人类活动。归结起来，有以下几点。

　　1）生境的破坏和碎片化

　　由于全球人口增加，人为活动加剧，全球各地生态系统遭到严重破坏，大面积森林遭到采伐、火烧和开垦，草地遭受过度放牧，大规模的水利建设破坏河流生态系统。这些行为一方面直接侵占了生物的栖息空间，造成栖息地缩减与破坏；另一方面人类对自然生境的利用与改造造成生境的破碎化和片段化，造成生境边缘面积扩大，物种距边缘距离更近，使物种扩散和建立种群的机会减少，降低动物搜寻猎物的能力，影响其生存，推进了野生动物灭绝的速度。例如，由于生境的片段化，一些本地物种活动空间变小，近亲繁殖普遍，种群开始退化，基因多样性急剧下降。

　　2）生物资源过度开发利用

　　随着人口的增加，人类对自然资源及生物资源的需求量不断增加，出现了森林过度开发、野生动物滥捕、野生植物乱采等过度开发利用现象，这成为了物种灭绝和受到威胁的重要原因。根据 IUCN 对北美、欧洲和亚洲温带地区生长的杓兰属（*Cypripedium* L.）兰花的评估显示，由于栖息地破坏和过度采挖，79%的这类观赏植物面临灭绝威胁。虽然所有杓兰属兰花的国际贸易都受到法规的管制，但受经济利益驱使，野外采挖现象仍然严重。我国的生物资源过度开发利用情况也十分严重，许多野生药用植物，如人参、天麻、石斛等由于长期采挖，其分布面积和种群数量大大减少，据估计我国高等植物中濒危或临近濒危的物种已达 4000～5000 种，占高等植物总物种数的 15%～20%。生物资源过度开发利用不仅使得物种生存受到威胁，还进一步对整个生态系统造成破坏。物种数量减少，使得生态系统结构发生改变，进而使生态系统功能失衡。

3）环境污染

环境污染是生物多样性锐减的重要原因之一。城乡工农业生产过程中释放到环境中的废水、废气、废渣对水体环境、大气环境和土壤环境造成污染。大量的污染物，特别是重金属、难以降解的化学品在环境中长期富集，使生态系统的结构、功能及生态过程受到影响，进而导致生态系统退化。环境污染对生物多样性的影响主要有两个方面：一是在环境受污染的情况下，种群中的敏感性个体极易丧失，从而导致种群规模缩小，遗传多样性降低；二是污染会改变原有生物群落进化和适应模式，使其向着污染主导下的条件发展。环境污染会导致生物多样性在各个层次上的降低。在污染环境中，种群中的敏感个体消失，进而导致整个种群的遗传多样性水平降低；污染还会引起种群数量的减少，进而使生态系统结构、功能和生态过程受到影响，严重的环境污染还将会使生态系统变成无生命的死亡区。

4）外来物种入侵

对于特定生态系统与栖息环境来说，任何非本地的物种都称为外来物种。外来物种入侵是指经自然或人为途径，生物由其原生存环境进入另外一个新环境中，对新环境的生物多样性、农业生产及人类健康造成经济损失或生态灾难的过程。外来物种进入一个新环境中，对原来的生态平衡和生物多样性造成影响。从人类角度看，这种影响既有有益的一面，也有有害的一面。从有益方面讲，外来物种的引入丰富了物种数量，提高了生物多样性，一些对人类有利用价值的物种通过人的努力扩大其分布范围，成为人们日常生活中不可或缺的组成部分，如食物中的辣椒、马铃薯、西红柿、西瓜、黄瓜、红薯等，动物中的三文鱼、海湾扇贝、非洲鲫鱼等，花卉中的金盏菊、风信子、红掌、君子兰等。从有害方面讲，外来物种进入新的环境中，扰乱原有生态平衡，生态系统结构及生态过程都会受到影响，一些外来物种会引起食物链和食物网的破坏，造成部分本地物种灭绝，导致生物多样性丧失。

5）农林业品种单一化

在世界范围内，为追求更高产量，农业生产中选用单一的高产品种十分普遍。随着作物种类数量降低，大量遗传资源流失，一些在传统农业系统中通过几百年进化的物种消失了。据研究，印度尼西亚在 15 年内已有 1500 个水稻地方品种消失了，75%的水稻来自单一母本后代，美国 71%的玉米田只种植 6 个玉米品种，50%小麦田只种植 9 个小麦品种。单一作物品种对病虫害和自然灾害的抵御能力很低。

6）气候变化

气候是制约生物分布、生长和繁衍的主要因素之一。温度升高、降水格局变化及其他极端气候事件可对生物的栖息场所产生直接影响，侵犯物种特有的生态位与生境，改变物种物候、分布和丰富度，使一些物种灭绝，部分有害生物的危害程度和频率加强，并可能使生态系统结构和功能发生改变。根据联合国政府间气候变化专门委员会（IPCC）的评估，若未来全球升温超过 1.5～2.5℃，目前评估过的 20%～30%的物种灭绝的风险将增加；若超过 2～3℃，目前地球上 25%～40%的生态系统结构与功能将发生巨大改变。

7.2.3　生物多样性保护

1. 濒危物种等级的确定

目前，世界上大量物种受到了不同程度的威胁，为了保护生物多样性，世界各国开展了物种濒危等级划分工作，对物种濒危现状和生存前景给予了一个客观评估，同时根据物种濒危状态，为开展物种保护及制定保护优先方案提供了依据。

物种濒危等级划分通常根据种群数量、大小、特征、分布格局、栖息地类型、栖息地质量、栖息地面积、致危原因、灭绝风险等定性指标，结合种群个体总数、亚种群数、亚种群个体数、分布或面积、分布地点数、栖息地面积、物种或种群灭绝概率等定量指标进行综合评估。自 20 世纪 60 年代以来，IUCN 将物种濒危等级分为 5 个：灭绝种、濒危种、易危种、稀有种和未定种。经过多年的不断修订，IUCN 现有物种濒危等级为 8 个。

（1）灭绝。如果 1 个生物分类单元的最后一个个体已经死亡，则列为灭绝。

（2）野生灭绝。如果 1 个生物分类单元的个体仅生活在人工栽培和人工圈养状态下，列为野生灭绝。

（3）极危。野外状态下 1 个生物分类单元灭绝概率极高时（符合关于极危的标准），列为极危。

（4）濒危。1 个生物分类单元，虽未达到极危，但在可预见的不久的将来，其野生状态下灭绝的概率很高（符合关于濒危的标准），列为濒危。

（5）易危。1 个生物分类单元虽未达到极危或濒危的标准，但在未来一段时间中，其在野生状态下灭绝的概率较高（符合关于易危的标准），列为易危。

（6）低危。一个生物分类单元，经评估不符合列为极危、濒危或易危任一等级的标准，列为低危。列为低危的类群可分为 3 个亚等级。①依赖保护：该分类单元生存依赖对该分类类群的保护，若停止这种保护，将导致该分类单元数量下降，该分类单元 5 年内达到受威胁等级。②接近受危：该分类单元未达到依赖保护，但其种群量接近易危类群。③略需关注：该分类单元未达到依赖保护，但其种群数量接近受危类群。

（7）数据不足。对于 1 个生物分类单元，若无足够的资料对其灭绝风险进行直接或间接的评估时，可列为数据不足。

（8）未评估。未应用有关 IUCN 濒危物种标准评估的分类单元列为未评估。

2. 生物多样性保护的途径

生物多样性保护已成为全世界关注的焦点问题。根据保护的层次，可以从基因、物种和生态系统等层面开展生物多样性保护工作。长期以来，针对保护对象，国内外有两种观点。一是"以物种为基础"的保护方案。物种与基因、生态系统相比较，更容易计算和鉴别，并可以做出相应的保护计划，物种是基因的载体，也是生态系统的重要组成要素，因而保护物种即可对生物多样性开展保护。二是"以栖息地或生态系统为基础"的保护方案。生态系统中物种之间、物种与环境之间存在密切的联系，生物多样性的保护应从系统整体出发开展工作，只要栖息地或生态系统整体受到保护，物种多样性和基因多样性就会自动得到保护。无论是物种多样性保护还是栖息地或生态系统保护，都是为实现生物多样性保护这一目标。国内外围绕这一目标也开展了多种途径的保护，主要有以下几方面。

1）就地保护

就地保护是生物多样性保护最有效的措施，就是把有价值的自然生态系统和野生生物及其栖息地划分出来，给予保护和管理，以维持生物的繁衍与进化，维持生态系统内物质能量流动与生态过程。这种方式的保护可以使被保护植物种群的全部遗传多样性与其生境的物理环境和其他生物一起得到保护，可以在生态系统、物种、遗传水平上保护生物多样性并使其得到全面、持久、可靠的保护，就地保护简便易行、费用相对低廉。但就地保护对于自然分布极其狭窄，种群和个体极少的极危物种难以被有效保护，物种极易在突发的自然灾害和人为影响下迅速灭绝。

就地保护通常以建立自然保护区、风景名胜区、森林公园、地质公园、自然遗产地等形式开展。保护区内划分核心区、缓冲区和试验区，其中核心区是保存完好的天然状态的生态系统及珍稀、濒危动植物的集中分布地，禁止任何单位和个人进入，进行绝对保护。此外，自然历史遗迹也属于绝对保护的对象。缓冲区是在核心区外围，允许进入从事科学研究观测活动。实验区在缓冲区的外围，可以进入从事科学实验，教学实习，参观考察，旅游及驯化，繁殖珍稀、濒危野生动植物等活动。截止到 2014 年，我国共建成各类自然保护区 2729 个，其中国家级保护区 428 个，地方级（含省级和县市级）保护区 2301 个，保护区面积约占陆地国土面积的 14.8%。

2）迁地保护

迁地保护指的是将生物多样性的组成部分迁移到原有自然生境以外的地方进行保护。迁地保护的目的是对一些珍稀濒危物种，其原栖息地由于自然或人为的强烈干扰，种群数量和质量不断衰退，栖息地不断萎缩，就地保护与补偿都存在一定困难，通过迁移到其他自然生境进行保护，使受到威胁的物种得以在人工帮助下繁衍生存，这是行将灭绝的生物最后的生存机会，也是保护物种的重要手段。迁地保护的生物集中保存在信息、设备、人才集中的地方，管理方法相对成熟，科研人员可对保护物种开展回归引种、遗传育种和可持续利用，也可通过大量繁殖满足市场需求而减轻对野生物种资源的威胁，同时可有效展示生物多样性保护成果，宣传、普及和提高公众的环境意识和生物保护意识，促进生物多样性保护事业。但迁地保护使物种脱离原有生态系统，中止或改变了物种演化进程，使其不能适应野生环境。

迁地保护通常以建立动物园、植物园、水族馆等形式开展。目前世界有大约 1600 个植物园或树木园，收集保存了 75000～85000 种植物，约占世界植物总数的 25%。

3）离体保护

离体保护是指利用现代技术，特别是低温技术，将生物体的一部分进行长期贮存、保存物种种子的一种保护方式。目前离体保护主要以建立种子库、动物细胞库（基因库、花粉库、精子库、配种库、胚胎库、细胞库等）等方式实现。为应对未来风险，2008 年挪威政府出资在距离北极点约 1000 公里的斯瓦尔巴群岛的一处山洞中建造了世界末日种子库，世界 110多个国家，82.5 万个品种，约 1 亿粒农作物种子被保存在–18℃的地窖里。种子库作为应对未来一系列威胁的"救命稻草"，对生物多样性保护乃至人类文明至关重要。

4）构建完善法律法规体系，加强生物多样性保护的国际合作

完善的法律法规体系对保护生物多样性具有极大促进作用。在法律法规颁布的同时，完善其实施机制，加强执法队伍建设，制定与之配套的各项管理制度，强化监督管理，使生物多样性保护走上法制化、规范化的道路。同时，开展生物多样性保护的国际合作，开展科学研究、技术转让及保护措施上的合作。我国自 1992 年加入《生物多样性公约》以来，已制定和颁布了《中国生物多样性保护行动计划》《全国生态环境保护纲要》《中国水生生物资源养护行动纲要》和《中国国家生物安全框架》等生物多样性保护法律、法规 20 多项，初步形成了生物多样性保护的法律法规体系。

7.3　生　物　污　染

7.3.1　生物污染及其来源

1. 生物污染的概念

生物污染（biological pollution）是指带入环境中的各种生物（如寄生虫、细菌、病毒和外来入侵物种等）在环境中繁殖，引起环境（大气、水、土壤）污染和生态系统破坏。生物污染在大气、水体和土壤环境中都有表现。未经处理的生活污水、医院污水、工厂废水、垃圾和人畜粪便（以及大气中的漂浮物和气溶胶等）排入水体或土壤，使水体、土壤环境中虫卵、细菌数和病原菌数量增加，威胁人体健康。污浊的空气中病菌、病毒大增，食物受霉菌或虫卵感染影响人体健康。海湾赤潮及湖泊中的富营养化导致某些藻类生物过量繁殖，引起水中生物和人类健康受到威胁。外来入侵物种进入本地生态系统中，插入到空缺生态位上，对生态系统结构和功能产生影响，破坏食物链和食物网，造成本地物种数量和生存空间减少。

2. 生物污染的分类及其来源

1）大气生物污染

大气生物污染是指生物进入大气环境，对其结构产生影响，降低其质量，对生物、人体健康及人类活动产生不良影响。大气生物污染来源主要包括以下几种。

（1）微生物。在大气中常见的微生物有芽孢杆菌、无色杆菌、细球菌、放线菌、酵母菌和真菌等，这些微生物大部分为腐生性的微生物，对人类没有致病作用。但大气中还含有来自人类与动物体的某些病原微生物，如结核杆菌、白喉杆菌、溶血性链球菌、流感病毒等，这些病原微生物可以传播相应的疾病。

（2）大气应变原。应变原是一种能引起人体变态反应的生物物质，常见的大气应变原污染物有花粉、真菌孢子、尘螨、毛虫的毒毛等。

（3）生物性尘埃。很多绿化植物，如杨柳等的生物有细毛的种子、梧桐有绒毛的叶片等，在种子成熟或秋季落叶时，所造成的生物性尘埃对大气也有污染。

2）水体生物污染

水体生物污染是指致病微生物、寄生虫和某些昆虫等进入水体，或某些藻类大量繁殖，使水质恶化，直接或间接危害人类健康或影响渔业生产的现象。水体污染物的来源主要包括以下几种。

（1）细菌。细菌是造成水体生物污染的重要物质，未经处理的污水中常常含有大量病原菌，这些病原菌通过粪便、垃圾、污水等进入水体，从而引起传染病的流行，某些病原菌如沙门氏菌还可以通过污染水体中的鱼贝类传染疾病。

（2）寄生虫。许多具有致病性的寄生虫卵往往从人畜粪便中排出，造成寄生虫卵污染水体环境。血吸虫病是一种较为广泛流行的寄生虫病，血吸虫卵自病人粪便进入水体，在适当环境中进入钉螺体内，当人接触到带有血吸虫的钉螺会引起感染。

（3）昆虫。有一些昆虫如蚊虫、舌蝇、蚋等生活史中某一阶段与水体有密切接触，会传播传染性疾病。

3）土壤生物污染

土壤生物污染是指病原体和有害生物种群从外界侵入土壤，破坏土壤生态系统平衡，引起土壤质量下降的现象。引起土壤生物污染主要是一些病原微生物和蠕虫类，它们如果大量繁殖会破坏原有土壤生态平衡，有一些会寄生在动植物体内，有一些会透过土壤进入大气环境、水体环境中，引起人畜感染。

4）食品生物污染

食品生物污染是指有害微生物和寄生虫或卵污染食品，使食品腐败或产生毒素，使人们食用后中毒，或使人患寄生虫病。黄曲霉菌寄生在玉米、大豆、花生、小麦等作物上，会产生黄曲霉毒素，可使鱼和哺乳动物诱发原发性肝癌。肉毒杆菌和葡萄球菌会在食品中繁殖产生毒素，肠炎沙门氏菌、鼠伤寒沙门氏菌和猪霍乱沙门氏菌会使胃肠道发生急性炎症。

7.3.2　生物污染的危害

生物污染的危害包括三方面：危害人类健康、危害社会经济发展和危害生物多样性。

1. 危害人类健康

许多微生物对人具有致病性。这些致病菌一旦有适宜的条件即可暴发，甚至大规模流行。

对人类历史进程产生重要影响的黑死病就是由鼠疫杆菌引起的烈性传染病,临床表现为发热、严重毒血症症状、淋巴结肿大、肺炎等,在 14 世纪中期,黑死病肆虐整个欧洲,从 1348 年到 1352 年,黑死病导致欧洲三分之一的人口约 2500 万人丧失。某些动植物也会给人类健康带来危害。一些植物会产生过敏物质,引起人体变态反应。三裂叶豚草(*Ambrosia trifida*)的花粉是引起"枯草热"的主要病原之一,每到开花散粉的时候,过敏体质的人会发生咳嗽、哮喘、打喷嚏等症状,部分体质弱者甚至可以诱发其他病症导致死亡。海芋、漆树、杧果等植物的枝叶分泌物也会引起部分人群产生过敏反应。许多动物所携带的病原体如沙门氏菌、结核杆菌也会对人进行感染,造成人类健康受到损害。近期在亚洲地区多次肆虐的禽流感就是由甲型流感病毒的一种亚型(也称禽流感病毒)引起的一种急性传染病,通常只感染鸟类,1997 年首次在香港地区发现人类也能被感染,被国际兽疫局定为甲类传染病,人感染后的症状主要表现为高热、咳嗽、流涕、肌痛等,多数伴有严重的肺炎,严重者心、肾等多种脏器衰竭导致死亡,病死率很高,通常人感染禽流感死亡率约为 33%。

2. 危害社会经济发展

生物污染对人类的经济活动有许多不利影响。生物广泛存在于大气、水体和土壤环境中,其中微生物在适当的温度、湿度及营养条件下,会污染农副产品、食品和其他工业产品,对经济造成一定损失。外来入侵物种不仅对物种、生态系统带来严重影响,还对地方经济造成巨大损失,据资料显示,我国外来入侵生物达 544 种,其中大面积发生、危害严重的达 100 多种。全国 34 个省份均有外来入侵物种的现象发生并受到危害,涉及农田、森林、水域、湿地、草地、岛屿、城市居民区等几乎所有的生态系统。松材线虫等 13 种主要农林入侵物种每年对我国造成 574 亿元的直接经济损失。许多动物如老鼠、白蚁会啃噬建筑物和家具,使建筑物损坏、倒塌,造成一定程度经济损失。

3. 危害生物多样性

生物多样性是包括物种遗传信息、生物体及生态系统在内的复杂系统,是生物长期进化的结果。生物物种越丰富,生态系统结构越稳定,自我调节的能力越强,但部分外来物种入侵会危害生物多样性,由于在新生环境中缺乏能制约其繁殖的因素,入侵物种会迅速繁殖,形成单一的优势种群,直接导致当地物种的退化和灭绝,间接使依赖这些物种生存的其他物种数量减少,最后导致生态系统单一化,破坏生物多样性。例如,从澳大利亚引进我国的外来物种薇甘菊(*Mikania micrantha*)具有超强的繁殖能力,它会攀缘覆盖其他植物,限制植物的光合作用,同时分泌化学毒素抑制其他植物生长,由于缺少天敌,薇甘菊迅速繁殖,并对当地生态系统造成影响,危害生物多样性。

7.3.3　生物污染的控制

生物是人类赖以生存的基础,生物污染防治首先要控制和消除污染源,对已经存在的生物污染要采取多种措施进行治理,清除生物污染物,降低生物污染危害。具体包括以下几点。

(1)控制和消除生物污染源。即控制进入大气环境、水环境和土壤环境的生物污染物,对含有致病菌的污水、垃圾、人畜粪便采取物理、生物、化学等措施进行净化处理,减少生物污染物的数量和浓度,减轻对人和其他生物的危害。

（2）加强生物污染物的监测和管理。建立起区域生态污染监控体系和数据库，对需要排放到环境中的各种污染物进行动态检测，对于生物污染做到及时发现、及时处置。

（3）严格进口货物的动植物检疫及微生物检疫工作，防止外来物种侵入。

（4）积极开展生物环境污染治理。对已发生的生物污染要积极开展综合治理，防止污染扩大，减小污染危害。

（5）加强法律法规建设。法律法规建设为生物污染防治提供法制保障，对危害生物环境的行为，如乱排污、进口国家明令禁止的外来物种、违反安全规定开展生产等，制定法律法规进行约束，确保生物污染行为得到遏制。

7.4　生物安全

7.4.1　生物安全概述

生物安全问题引起国际上的广泛关注是在 20 世纪 80 年代中期，1985 年由联合国环境规划署（UNEP）、世界卫生组织（WHO）、联合国工业发展组织（UNIDO）及联合国粮食及农业组织（FAO）联合组成了一个非正式的关于生物技术安全的特设工作小组，开始关注生物安全问题。1992 年在巴西里约热内卢召开的联合国环境与发展大会上，生物技术安全问题得到了广泛关注，此次大会签署的两个纲领性文件《21 世纪议程》和《生物多样性公约》均专门提到了生物技术安全问题。从 1994 年开始，UNEP 和《生物多样性公约》（CBD）秘书处组织开展制订了一个全面的《生物安全议定书》，最终于 2000 年 5 月达成《〈生物多样性公约〉的卡塔赫纳生物安全议定书》，已有 121 个国家和地区签字成为缔约方。

生物安全（biosecurity）一般指现代生物技术开发和应用所能造成的对生态环境和人体健康的潜在威胁，以及对其所采取的一系列有效预防和控制措施。也有学者认为生物安全应该包括人类健康安全、人类赖以生存的农业生物安全、与人类生存有关的环境生物安全。目前食品安全和转基因生物安全是世界关注的两大生物安全问题。

7.4.2　食品安全

食品是人类赖以生存的物质基础。食品是否安全关系到人们身体健康和生命安全。近些年随着生态环境恶化、污染加剧，毒牛奶、地沟油、毒大米等问题层出不穷，食品安全问题触目惊心，这严重影响到国民经济的健康发展、社会的和谐稳定。食品安全是一个综合的概念，包括食品数量安全、食品质量安全、食品可持续安全。食品数量安全是指食品是否有充足的供应，这关系到国家安全战略。食品质量安全是指食物中是否含有危害人类健康的急性或慢性危害物。食品可持续安全是指食品数量安全、质量安全在时间尺度上的可持续性。通常人们所理解的食品安全更多的是食品质量安全。

1. 食品污染

食品污染是指人类食用的粮食、水果、肉蛋奶类等食品在生产、运输、包装、贮存、销售、烹调过程中，混入有损人类健康的急性或慢性危害物。这些有毒有害物质就是食品污染物。根据食品污染物来源，食品污染可分为生物性污染、化学性污染和放射性污染三大类（图 7.1）。

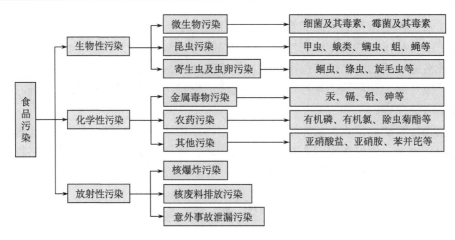

图 7.1　食品污染分类

1）生物性污染

生物性污染是指有害微生物及其毒素、病毒、寄生虫等对食品的污染。污染食品最主要的微生物是细菌，它包括腐败菌和致病菌。腐败菌能够引起食品的腐败变质，造成食品的食用价值和营养价值降低，甚至完全不能食用。致病菌及其毒素可以通过食品进入人体，引起食物中毒。致病性病毒也是污染食品的微生物之一，它能够直接或间接污染食品及水源。近年来出现的致病性病毒有口蹄疫病毒、猪瘟病毒及阮病毒等。鱼、肉、蛋、奶等动物性食品极容易被病菌、病毒等微生物污染，导致食用者发生细菌性、病毒性食物中毒和人畜共患的传染病。病菌和病毒主要来自病人、带菌者和病畜、病禽及其粪便等。它们可以通过空气、水、食品、患者的手及人畜排泄物污染食品。寄生虫是需寄生于其他生物体内的虫类，它不能独立或不能完全独立生存。污染食品的寄生虫主要有绦虫、囊虫、旋毛虫、蛔虫和肺吸虫等。污染源主要是病人、病畜和水生物。污染物一般通过病人或病畜的粪便污染水源或土壤，使家畜、鱼类和蔬菜受到污染，人食用后发生食源性寄生虫病。

2）化学性污染

化学污染造成的食品安全问题主要是指在动植物生长过程中，环境中的各种化学污染物通过大气、水、土壤等途径进入并蓄积在动物和农作物体内造成的食品污染。工业活动、交通运输和日常生活带来的有机化学污染物对食品安全的影响越来越严重。例如，大气污染物中的二噁英在环境中有着极强的抗分解能力，其来源非常广泛，如汽车尾气、金属冶炼、废物焚烧、发电和供热、矿物产品的生产，杀虫剂、防腐剂、除草剂和油漆添加剂等含氯有机化合物以及纸浆漂白过程等，它以烟尘的形式排放到环境中。二噁英具有很高的环境滞留性，可以通过沉降作用降落到土壤和水体中，并借助于水生和陆生食物链不断富集在食品原料中并最终进入人体。二噁英具有强烈的致癌、致畸和致突变性，它是全世界公认的头号致癌物质。

3）放射性污染

放射性污染是指环境中放射性物质、辐照对食品的污染。随着核工业的发展，放射性物质对环境的污染已越来越引起人们的关注。现代核工业的发展和人工核裂变及核元素的广泛应用，造成环境中放射性物质的污染增加，而存在于环境中的放射性物质绝大部分会沉降或直接排放到地面，并与土壤和水源发生作用而导致地表土壤和水源污染，然后通过作物、水产品、饲料、牧草等进入食品中，最终进入人体。其在人体内继续发射多种射线引起内照射，当达到一定浓度时，便会对人体造成严重危害，如引起恶性肿瘤、白血病或损坏其他器官。

2. 食品污染的途径

1）原料污染

食品加工的原料由于生产或采集不当而携带的有害物质、致病微生物，或原料本身农药和重金属的富集和残留等，都可能导致食品污染。例如，种植业中化肥、农药、植物激素使用不当；养殖业中抗生素、动物激素、饲料添加剂等使用不合理；水产养殖过程中，水环境污染引起水产品污染。

2）生产加工过程污染

食品加工生产过程滥用、乱用添加剂，误用有毒有害物质，容器用具未清洗干净或使用不当，个人卫生及环境卫生不良均可导致食品污染。

3）包装、储运、销售过程中污染

食品包装材料中某些有毒有害成分转移至食品中造成食品污染。食物在储藏运输的过程中还会与其他材料接触，如贮存食品的容器，输送食品的输送带、管道及交通工具，以及食用前用于盛装食品的容器等，如果这些材料中含有有毒有害物质，也可能通过化学迁移转移到食品中污染食物。不符合食品卫生要求的销售环境也会对食品造成污染。

4）人为污染

在经济利益驱使下，某些不良商贩在食品中违法添加各种有害人体健康的物质，例如，用工业拔染剂"吊白块"（甲醛次硫酸氢钠）漂白食品，在猪饲料中添加"瘦肉精"（盐酸克仑特罗）促进猪的生长，提高瘦肉率。以损害民众的身体健康和生命安全为代价最大限度地牟取利润。

5）意外污染

火灾、水灾、地震、核泄漏等意外事件也可以对食品造成污染。如 2011 年福岛核电站受到地震带来的海啸影响，发生核泄漏事故，附近地区所产鱼虾、农作物、牛奶、禽畜等均含有较高浓度的放射性物质。

3. 食品污染的防治措施

食品污染防治是一个系统工程，需要政府、企业、民众共同努力，齐心协力构建食品安全体系。具体措施如下。

1）树立食品动态监管理念

食品安全是一个动态的有机过程，对食品安全监管不能人为地割裂，应强调"从农田到餐桌"整个链条的综合管理理念，实现全程有效监控，并加强对可能带来食品安全的风险的预见和防范。当今世界的一些发达国家和地区如美国、日本和欧盟等已在食品生产中广泛应用危害分析关键控制点系统，并制定相应的法规强制执行。它是一种在食品生产过程中保证食品安全的系统操作指南，它以科学为基础对食品生产中每个环节、每项措施、每一个组分的危害风险进行鉴定、评估，找出关键点加以控制。

2）建立健全相关法律

由于食品在生产、加工、包装、运输、储藏及消费各个环节都有可能产生安全问题，因此对影响食品安全的每一个方面都需要建立相关法律法规，这涉及清洁生产、标准化、农药、食品添加剂、兽药、饲料添加剂、激素、包装材料、质量认证、产地环境认证及监管等诸多内容。这应当以"从农田到餐桌"的全程控制理念为指导，建立一个以食品安全基本法为纲，相关具体内容为体的法律法规体系。此外，政府还应当升级和更新食品安全标准。随着社会经济发展，人们对食品安全的要求不断提高，从保护人民群众的健康考虑，对食品安全国家标准应作出相应的调整，对不适应现有和未来发展需要的食品安全标准应及时调整，对不利于保护民众健康的食品标准应重新制定。

3）提高公众食品安全意识

政府应充分利用现代教育技术和信息技术，通过各种渠道，对民众开展食品安全意识教育。以通俗易懂的方式宣传农药化肥的使用知识、农业生产基本知识，定期对农民组织免费相关技术培训，派专家亲临田间地头、饲养点进行相关技术指导，帮助农民树立食品安全意识，提高食品安全生产知识和技能。对食品生产企业应加强从业人员食品安全知识的普及，切实提高食品安全意识，做好个人日常卫生工作，严格遵守食品安全操作规程。此外食品个体经营者应当加强行业自律，增强食品安全意识。推动民众积极学习食品安全相关的科学知识，树立食品安全意识、风险防范意识。

4）清洁生产

随着工业化发展，环境污染问题越来越严重，各种污染物在大气、水体和土壤环境中蓄积，对食品生产造成影响，因而从源头上解决食品安全问题，就应当防治农业生态环境的污染，推进清洁生产。《中国 21 世纪议程》将清洁生产定义为"既可满足人们的需要又可合理使用自然资源和能源并保护环境的实用生产方法和措施，其实质是一种物料和能源消耗最少的人类生产活动的规划和管理，将废物减量化、资源化和无害化，或消灭于生产过程中。同时对人体和环境无害的绿色新产品的生产也将随着可持续发展进程的深入而日益成为今后产品生产的主导方向"。清洁生产使资源和能源在工业生产中得到最合理和最大限度的利用，减少资源的利用量和废物的排放量。从而有效防止对农业生态环境的污染，减少食品安全的风险。

7.4.3 转基因生物安全

1. 转基因生物安全概念

转基因技术是利用现代生物技术，将人们期望的目标性状基因进行人工克隆，通过转基因操作转移到受体生物，使受体生物原有性状改良或赋予受体生物新的优良性状。面对全球粮食安全问题，转基因技术可以使人类在短时间内获得高质量、高营养的食品。同时抗虫、耐除草剂和肥料高效利用等类型的转基因农作物的种植可以显著减少作物生长过程中农药的使用量，提高氮肥的利用效率，从而降低农业生产对环境的影响，减少或消除农药对农作物的污染。另外，利用转基因植物来生产药物可以极大地改善制药成本和生产效率。

目前，转基因生物技术在农业生产中得到迅速的推广和运用，在商业化生产上取得巨大成功，转基因作物种植面积不断扩大，2014 年全球转基因作物种植面积达 1.815 亿公顷。转基因技术产生的影响已涉及自然环境、经济生产、社会生活等诸多领域。由于转基因技术突破了传统育种的技术障碍，加快了生物新品种的培育，特别是抗病虫、抗逆、高产、高效的农作物和禽畜等新品种，促进了农业增效和农民增收。各国都在加速推进转基因生物技术的发展，与此同时，转基因生物安全问题也一直受到广泛关注，个别转基因生物引发的生物安全事件已演变为不只是科学家研究的问题，还涉及政治、经济、贸易、社会和宗教伦理等多个领域。

转基因生物安全已经成为生物安全的重要组成部分。转基因生物作为人类智慧的产物，对大自然来说属于外来物种。人类利用转基因技术，把外源基因（包括目标基因、标记基因、启动子等）植入生物体内，改变其原有基因组，使生物体具有新基因的性状特征，但是目标基因的表达性状可能会因为供体与受体的不同，即环境的改变而发生不确定性的变化，从而导致基因性状的改变。另外由于外源基因的导入，生物受体本身的基因表达性状可能受到影响，造成基因突变从而影响整个基因的表达性状。尽管人们在转基因基础方面取得了飞速的发展，但对于转基因技术带来的风险不能完全预测。从本质上说，转基因生物安全就是为防范转基因生物可能产生的生态环境风险和食品安全风险而采取的一系列措施。

2. 转基因生物的安全隐患

1）转基因作物基因漂移

基因漂移是指遗传物质（基因）从一个生物群体转移到另一个生物群体的过程，这是非常普遍的自然现象。随着转基因作物商业化推广，其种植面积不断扩大，转基因作物与非转基因作物或其近缘种之间遗传物质（基因）交流变得十分普遍，这造成了转基因作物中外源基因的扩散与逃逸。转基因植物通过基因漂移与周围野生近缘物种发生杂交，其外源基因性状也会在杂交物种上得以表现，随着时间推移，野生原生物种可能会慢慢消失，与之相关的生态系统中其他生物也会受到影响，进而打破原有生态平衡，带来不可逆转的后果。

2）对非靶标生物的影响

转基因生物放到环境中，会与环境中其他生物发生相互作用。为了增强转基因农作物的生存能力，提高其抗药性、耐寒性、耐旱性等，往往会植入具有相应表达性状的基因，结果给非靶标物种带来伤害。J.E.Losey 等在实验室用含有转基因 Bt 玉米花粉的马利筋叶子来饲养黑脉金斑蝶幼虫，与用普通的马利筋叶子饲养的幼虫相比较，前者幼虫的死亡率明显高于后者，并且前者幼虫发育缓慢，重量只有后者幼虫的一半。这一实验结果表明，转基因 Bt 玉米花粉影响黑脉金斑蝶幼虫的发育，进而威胁着黑脉金斑蝶物种的存在。

3）靶标生物抗性进化

随着抗虫、抗除草剂转基因作物商业种植的推广，某些靶标生物对转基因蛋白的抗性不断提高。中国转基因 Bt 抗虫棉经过多年商业种植以后，经南京农业大学、中国农业科学院植物保护研究所的多年检测表明，在大田水平上出现了某些靶标害虫（如棉铃虫和红铃虫）对 Bt 蛋白的抗性进化，在印度具有抗性的红铃虫种群抗性能力达到敏感种群的 40 多倍。

4）对人体健康的潜在风险

虽然现在还没有明确的证据表明已上市的转基因食品对人体健康会产生危害，但也没有明确证据表明其不会对人体健康产生危害。转基因技术潜在的风险也还不能完全预测并加以控制。具有新性状特征的转基因生物在环境中与人类和其他生物相互作用机制、影响后果等还未被完全理解和掌握，科学界对转基因食品是否影响人类健康仍然存在争议。

3. 转基因生物安全对策

1）加强转基因生物安全的监测与监管

加强监测与监管是转基因生物安全的重要保障。转基因生物在获准商业化应用之前，必须要根据转基因生物安全法规开展环境风险评估，对转基因食品要经过严格的包括营养学、毒理学、过敏性等方面食用安全性评估。鉴别重要生态功能区和生态脆弱区，建立转基因生物禁止释放区，保护重要生态区域的生物多样性。加强进口产品中转基因成分的管理，降低生物安全风险。

2）加强转基因生物安全的教育与宣传

公众知情权是转基因生物技术发展的重要基础之一。只有加强转基因生物安全的教育与宣传，才能够使公众对转基因技术有科学全面的了解，才能够让民众以更开放的态度对待转基因产品。

3）深入开展转基因生物安全的科学研究

加强国内外合作，深入开展以转基因生物安全为主要内容的科学研究，具体包括研究转基因生物基因漂移对生物多样性影响、转基因食品潜在风险、转基因生物环境监测技术、转基因生物安全风险监测等。

4）加强转基因生物安全法律法规建设

在转基因生物技术快速发展的背景下，以法律法规去规范转基因技术开发、应用、管理是必要的管理手段。转基因生物安全法律法规建设应当以保障人体健康和动植物、微生物安全，保护生态系统为最终目的，以促进和完善转基因技术研究和应用，保障国家粮食安全、生态安全、公共安全为重要目标。

思考题

1. 简述生物多样性锐减的原因。
2. 简述生物多样性的层次。
3. 生物多样性的价值是什么？
4. 如何保护生物多样性？
5. 简述生物污染的分类及其危害。
6. 如何控制生物污染？
7. 食品污染分类有哪些？
8. 简述食品污染途径及防治措施。
9. 转基因生物安全隐患表现在哪几方面？

第8章 环 境 管 理

【导读】长期以来，人类总是以拥有改造自然、征服自然的能力而自居，为了追求经济效益最大化，不断地发生破坏和污染资源环境的行为，不按自然规律开展人类活动，极大地干扰了各环境系统之间的物质与能量流动，导致了一系列的环境问题的出现，最终危害了人类健康，对人类的生存和发展造成了前所未有的威胁。环境问题的形成和解决不仅是科学技术问题，更是人类经济活动中所体现的诸如行为观念、行政、法律、技术等各种经济社会关系的综合。

环境管理是伴随着环境问题的发生而产生的，为了保证人类与环境持久和谐地发展，需要转变人类对自然环境的基本观念、调整人类社会行为、控制人类社会与自然环境之间的物质能量流动，最终形成"人与自然和谐相处"的人类社会生存和发展模式。通过本章的学习，应该熟练掌握环境管理的含义及环境管理包括的内容；了解我国环境管理、环境保护的方针政策和环境保护法律法规体系的构成；掌握环境管理的基本制度；深刻理解环境管理在环境保护工作中的地位和作用。

8.1 环境管理概述

8.1.1 环境管理的含义

环境管理（environmental management）是环境科学与管理科学相互交叉的产物，是在人类解决环境问题中产生和发展起来的，是人类为解决环境问题而对自身行为进行调节的活动，具有自然科学和社会科学相结合，软科学与硬科学相结合，宏观科学与微观科学相结合的特征。环境管理是通过对可持续发展思想的传播，使人类社会的组织形式、运行机制以至管理部门和生产部门的决策、规划和个人的日常生活等各种活动符合人与自然和谐发展的要求，并以规章制度、法律法规、社会体制和思想观念的形式体现和固化出来，从而创建一种新的生产方式、新的消费方式、新的社会行为规则和新的发展方式，最终形成一种新的、人与自然和谐的人类社会生存方式。环境管理的概念目前尚无统一定义，一般概括为为了协调社会经济发展与环境的关系，达到预期的环境保护目标，运用行政、法律、经济、教育和科学技术等手段，对人类活动与资源环境进行规划、组织、协调、控制、监督等活动。

从环境管理的概念分析，它包括以下几层含义：①环境管理的主体包括政府、企业、公众等公共构成的人类社会。②环境管理的客体是作用于自然环境的人类行为。③环境管理的具体对象包括政府行为、企业行为和公众行为，以及作为这些行为物质能量载体的和实质内容的物质流、资金流、信息流、人口流等。④环境管理的特征是着重于管理可能对自身生态环境造成不良影响的人类社会行为，是人类管理"自己的行为"。⑤环境管理的目标是通过改善人类的行为方式，消除人类对自然环境的不利影响，完成社会经济和环境的协调发展，最终实现人与自然和谐。环境管理具有长远目标和阶段性目标。在不同的历史阶段中，社会经济发展带来了不同的环境问题，环境管理在致力于长期的社会、经济和环境的协调发展的目标下，同样致力于解决当下的环境问题。⑥解决复杂多变的环境问题需要多手段融合的环境管理。行政手段包括制定环境战略、环境政策、环境规划，确定环境管理体制等；法律手段包括环境立法和环境司法；经济手段主要包括收费、罚款、税收、补贴、信贷、市场交易等经济措施；科学技术手段包括源头控制、末端治理与环境监测等。教育手段主要是通过宣传和教育培养环境保护专门人才，普及环保科学知识，增强公众环保意识。

8.1.2　环境管理的内容

环境管理按照管理性质划分，可分为环境技术管理、环境计划管理和环境质量管理；按照范围（内容）分为产业环境管理、区域环境管理和自然资源管理。

1. 自然资源管理

自然资源管理包括了对土地资源、水资源、海洋资源、森林资源、草原资源、矿产资源、能源、生物多样性资源等的保护、利用及管理，也包括了对自然保护区的管理。自然资源管理要解决由于资源不合理的开发利用导致的资源浪费、锐减和耗竭等问题。水资源环境管理要考虑水的自然属性和商品属性，制定水资源规划，大力推进节水、循环水、污水处理等技术，完善水资源保护法律法规，利用水权交易等经济手段推进水资源的可持续利用，对公众普及节水意识，建立节水型社会。海洋资源管理需要对海洋资源进行调查和评价，制定和完善海洋资源开发保护规划，加强海洋生态建设，建立健全海洋资源管理体系。土地资源管理需要根据主体功能区划分对不同用途的土地进行合理安排，通过制定并完善各种土地利用和管理的法律法规和政策制度，确保土地资源的功能用途与持续利用。森林资源管理需要根据森林资源功能特点，利用行政手段、法律手段和经济手段等保护森林资源防止破坏，充分发挥森林生态效益和经济效益。草原资源管理需要加快草原法制化进程建设，加强草原保护执法，发展生态型的草原畜牧业，增加草原建设和保护资金，保护草原资源的可持续利用。生物多样性保护与管理通过制定法律、法规和保护规划，实施就地和迁地保护，开展科学研究和宣传教育等措施，使得生物多样性得到有效的保护。

2. 区域环境管理

区域是一个相对的概念，通常是指具有一定大小面积且具有相对独立的自然生态系统的地域。区域内自然环境、社会环境、经济发展模式的差异，导致了区域内环境特征和环境问题的不同。针对区域环境问题，区域环境管理要遵循因地制宜原则。区域环境管理主要包括了城市环境管理、农村环境管理、流域环境管理和开发区环境管理等。我国城市环境管理制度和手段包括环境保护目标责任制、城市环境综合整治及其定量考核、创建环境保护模范城市、城市空气质量报告制度等。农村环境管理内容和手段包含发展生态农业、制定农村环境规划、加强农村地区环境法制建设、农村环境综合整治、土壤污染治理，以及对乡镇工业企业的环境管理。流域环境管理是针对包括湖泊、河流、水库、海湾等的水体及其周边陆域组成的流域，通过建立流域管理机构、完善流域管理立法、开展全流域规划、建立生态补偿和征税机制及构建公众参与机制等方法和手段保护流域生态系统的健康和平衡。开发区环境管理是针对不同类型的开发区，通过制定开发区环境规划、严格执行开发区区域环境影响评价、开展环境监测和预警工作以达到开发区环境保护目标，促进开发区社会经济和环境的协调发展。

3. 产业环境管理

产业通常包括两方面的含义，一是指通常所说的第一产业、第二产业、第三产业；二是指行业，即生产同类产品的企业的总称。产业带来的环境问题由产业的性质、特征、产生的污染物及所影响的环境要素的差异决定。产业环境管理通常具有针对性和差异性。从管理内容划分，产业环境管理包括了对农业、交通运输业、建筑业、商业等国民经济部门的环境管理，各行业的环境管理及污染管理。从管理层次上划分，则分为宏观管理和微观管理。宏观管理是指政府产业管理，管理主体是政府，管理对象是产业活动中的环境行为；微观环境管理是指企业环境管理，管理主体是企业，管理对象是企业生产和经营中的环境行为。

4. 环境计划管理

环境计划管理是通过制定、执行、检查和调整各部门、各行业、各区域的环境保护规划，协调社会经济与环境的关系。环境计划管理的主要任务就是制定和实施环境规划，而环境规划就是环境管理的首要职能。环境规划是在对环境进行调查、评价和预测的基础上提出一定时期内的环境目标，再根据目标制定实施方案。通过制定各部门、各行业、各地区的环境规划，用规划指导环境保护工作，并在实践中不断调整完善环境规划，使其成为社会经济发展规划的重要组成部分。

5. 环境质量管理

环境质量一般是指特定的环境中，环境的总体或环境要素对人群的生活繁衍及经济发展的适宜程度。环境质量管理是指为了保证人类生存和健康所必需的环境质量而进行的一项管理工作。环境质量管理是环境管理的核心内容。环境质量管理可以通过组织制定各种环境质量标准、评价标准及其监测方法和评价方法，组织检查、监测、评价、预测环境质量状况并致制定预防和治理环境质量恶化的对策措施。环境质量管理既包含了基于对现状的环境质量评价而采取的治理、保护等措施，也包含了基于对未来环境质量的预测而采取的预防措施。环境质量管理按照环境要素的不同可划分为水环境质量管理、土壤环境质量管理、大气环境质量管理、固体废弃物环境质量管理及声环境质量管理。

6. 环境技术管理

环境技术管理是以可持续发展为指导，制定环境技术发展方向、技术政策、技术标准、技术规程等推动科学技术解决环境问题，在改善环境质量的同时又能促进经济社会的发展。环境技术主要包括环境监测、环境统计、环境信息系统等具体技术手段。

各种环境管理内容实际上不是孤立存在的，它们之间是相互联系、相互渗透的，上述的环境内容的划分只是为了便于从不同的角度研究环境管理。

8.2 中国环境管理方针政策

8.2.1 环境管理基本方针

1. 环境保护的"三十二字"方针

1973 年第一次全国环境保护会议上确立了我国环境保护工作的"三十二字"基本方针："全面规划、合理布局、综合利用、化害为利、依靠群众、大家动手、保护环境、造福人民"。

2. 环境保护是我国的基本国策

1983 年召开的第二次环境保护会议确立了环境保护是我国的一项基本国策。明确提出了环境保护是现代化建设中的一项战略任务，是一项基本国策，从而确立了环境保护在经济和社会发展中的重要地位；制定出我国环保事业的战略方针，即"三同步、三统一"；确定把强化环境管理作为当前工作的中心环节。

3. 可持续发展战略方针

1992 年联合国环境与发展会议之后，同年 7 月，党中央、国务院批准了《中国环境与发展十大对策》；1994 年 3 月，国务院发布了《中国 21 世纪议程——中国 21 世纪人口、环境与发展白皮书》，确立了可持续发展战略的行动目标、政策框架和实施方案。

4. "三同步、三统一"方针

"三同步"是指在国家计划的统一领导下，环境保护与经济建设、城乡建设同步规划、同步实施、同步发展，实现经济效益、社会效益和环境效益的统一。我国在防治污染方面，实行"预防为主、防治结合、综合治理"的方针；在自然保护方面，实行"自然资源开发、利用与保护、增值并重"的方针；在环境保护责任方面，实行"谁污染谁治理、谁开发谁保护"的方针。

"同步发展"是"三同步"的出发点和落脚点，明确了要把环境保护融入在经济和社会建设的过程中。"同步规划"可以避免先发展经济后治理污染，从环境、社会、经济之间的相互制约相互促进共同谋划发展。"同步实施"是对具体实施所需要的技术手段、行政手段、法律手段、教育手段等在社会、经济和环境协调发展的实施过程中的支持要求。

"三同步"的提出克服了我国传统的以经济建设为中心的发展模式，提升了环境保护在国民经济发展中的地位，强调了经济、社会、环境效益统一对国家发展的重大意义。

8.2.2 环境管理基本政策

1. 我国环境管理的基本政策

环境保护是我国的一项基本国策。基于环境保护的基本原则，我国的环境管理逐渐形成了符合国情、适应经济体制和经济增长方式转变的三大环境政策，主要包括预防为主、防治结合政策，污染者付费政策和强化环境管理政策。

1）预防为主、防治结合政策

预防为主、防治结合的主要措施包括以下几方面。一是把环境保护纳入国家的、地方的和各行各业的中长期和年度经济社会发展计划；二是对开发建设项目实行环境影响评价和"三同时"制度；三是对城市实行综合整治。新修订的《环境保护法》第五条"环境保护坚持保护优先、预防为主、综合治理、公众参与、损害担责的原则"，进一步强调了我国环境保护工作中预防环境问题的优先性，同时兼顾了综合治理环境问题的重要性，预防和治理都是环境保护工作的基本原则。为推进我国的生态文明建设，促进经济、社会和环境的可持续发展，对环境污染和生态破坏实行全过程控制，从预防到治理，通过各种方式达到有效的环境保护。

2）污染者付费政策

1979 年部分的《环境保护法（试行）》中明确规定了谁污染谁治理政策。按照最新修订的《环境保护法》等有关法律规定，"污染者付费"主要体现在以下几个方面。排放污染物的企业事业单位和其他生产经营者，应当按照国家有关规定缴纳排污费，排污费应当全部专项用于环境污染治理；造成污染的企业应当自行处理环境污染问题，恢复环境健康，不允许将污染代价转嫁给国家和他人；我国的环境保护投资以地方政府和企业为主，城市环境的基础设施建设由地方政府组织，排污者负担设施建设和运行费用；针对跨行政区的环境问题，由上级人民政府协调解决，或者由相关地方人民政府协商解决；企业事业单位和其他生产经营者违法排放污染物，受到罚款处罚，按日计罚，罚款上不封顶。

3）强化环境管理政策

强化环境管理的目的是通过强化政府、企业、公众的环境保护责任和义务，控制和减少因环境管理不善带来的环境问题，通过法律、经济和行政等手段有机地结合起来，提高管理水平和效能。新修订的《环境保护法》当中强调了政府部门对环境保护工作的监督管理、对环境监测的管理、对城乡生态建设的管理、对排污许可的管理等内容。当前，中国正在加快推进环境管理的转型和创新，从系统化、科学化、法治化、精细化、信息化五个方面提升环境治理的现代化水平，为进一步破解发展与保护的矛盾，建设生态文明提供政策和管理保障。

2. 环境管理相关政策

为了贯彻落实三大环境管理基本政策，我国还制定了一系列的单项政策作为补充，形成了完整的政策体系。

1）环境产业政策

环境产业政策包括了产业结构调整政策、行业管理政策、限制和禁止发展的行业政策。20 世纪 90 年代以来，我国已颁布了一批产业结构调整政策，如《90 年代国家产业政策纲要》、《当前国家鼓励发展的产业、产品和技术目录》《产业结构调整指导目录（2014 年本）》《"十二五"国家战略性新兴产业发展规划》等，强调了节能环保高效的产业发展。行业管理政策主要是针对不同行业分类开展有针对性的环境管理政策，如《冶金工业环境管理若干规定》

《建材工业环境保护工作条例》《化学工业环境保护管理规定》等。限制和禁止发展的行业政策是对造成环境污染和生态破坏的行业及其生产工艺、设备和产品实行限制发展或禁止发展的一系列政策，如《关于公布第一批严重污染环境（大气）的淘汰工艺与设备的通知》《淘汰落后生产能力、工艺和产品目录（第三批)》《部分工业行业淘汰落后生产工艺装备和产品指导目录（2010 年本)》等。

2）环境技术政策

环境技术政策是以特定的行业或污染因子为对象，制定的相关环境污染防治技术政策。环境技术政策重点发展投入成本低、治理效果好的污染控制适用技术，目的在于引导企业采用有利于环境保护的工艺和技术。如《环境保护技术政策要点》、《城市污水处理及污染防治技术政策》、《城市生活垃圾处理及污染防治技术政策》、《危险废物污染防治技术政策》、《燃煤二氧化硫排放污染防治技术政策》和《机动车排放污染防治技术政策》。

3）环境经济政策

环境经济政策是运用税收、信贷、补贴、收费、财政、价格等各种经济手段引导人类调节自身行为，以实现经济建设与环境保护协调发展的政策。环境经济政策主要基于两类理论。一是基于科斯定律的政策手段，主要包括明晰产权、产权交易等的市场型政策；二是基于福利经济学的庇古手段，如各种环境税费和补贴。我国环境经济政策体系主要采用的手段有排污许可、排污交易、水权交易、排污收费、环境保护税、生态补偿、环境损害赔偿、环境行为证券等。

8.3 环境保护法规体系

8.3.1 我国环境保护法体系

环境保护法体系是指由国家和地方制定的有关环境保护、污染防治、资源利用、生态建设的各种法律规范的总称。我国的环境保护法律体系主要包括下列各组成部分。

1. 宪法中的环境保护

宪法是一个国家的基本大法，它在国家法律体系中处于最高地位，任何法律规范都必须首先符合宪法规定。《中华人民共和国宪法》第 26 条规定"国家保护和改善生活环境和生态环境、防止污染和其他公害。国家组织和鼓励植树造林、保护林木"，这一规定说明了环境保护的总政策，明确了防治污染和生态破坏、生态建设等是国家的基本职责，环境保护其他立法应依据此条宪法规定。此外，我国宪法第 9 条、第 10 条、第 22 条、第 26 条中对自然资源和一些重要的环境要素的所有权及其保护也做出了许多的规定。《宪法》中环境保护的各项规定，为我国的环境立法、环境管理和一切环境保护活动提供了指导原则和立法依据。

2. 环境保护基本法

我国的环境保护基本法（basic environmental law）是《中华人民共和国环境保护法》。它是对环境保护的目的、范围、对象、政策、管理制度、重要措施、基本原则、组织机构、法律责任等作出的原则性规定，其他环境保护法律必须依据《中华人民共和国环境保护法》中的规定。我国 1979 年制定了《中华人民共和国环境保护法（试行）》，1989 年颁布了《中华人民共和国环境保护法》，2014 年修订了《中华人民共和国环境保护法》并于 2015 年 1 月 1 日正式实施。新修订的《环境保护法》进一步明确了环境保护是我国基本国策的地位，突出强调了政府监督管理责任，明确了地方各级人民政府的环境目标责任和公众的环境保护义务，加大了对环境行为的处罚力度，强调了鼓励环保技术开发和环保产业发展，新增了"信息公开与公众参与"专章，法律条款从原来的 41 条增加到 70 条，主要内容包括了总则、监督管理、保护和改善环境、防止污染和其他公害、信息公开和公众参与、法律责任、附则共七章。新修订的《环境保护法》第 5 条规定"环境保护坚持保护优先、预防为主、综合治理、公众参与、损害担责的原则"，第 44 条规定"国家实行重点污染物排放总量控制制度"，第 17 条规定"国家建立、健全环境监测制度"，以及其他条款内容的规定，对我国环境保护的基本制度作出了新的安排和规定，这些制度涉及环境规划、环境标准、环境监测、排污许可、总量控制、生态补偿、排污收费、公众参与、环境公益诉讼等制度。

3．环境保护单行法

环境保护单行法是针对特定的自然资源、生态保护、污染防治对象或环境管理的具体事项等环境保护专项内容所制定的单项法律法规。它具有单项法律多、涉及面广的特点，是在环境基本法的基础上针对某一特定的环境要素、自然资源或自然保护等方面所制定的法律，为解决具体环境问题提供了重要的法律依据。环境保护单行法按照内容分类，可分为环境污染防治单行法、自然保护单行法。

1）环境污染防治单行法

环境污染防治单行法（environmental pollution prevention and control laws）通常是指所有与预防和减少污染排放、恢复和治理环境污染有关的法律的总称。通常是以某项污染因子控制为目的的法律。目前，我国与污染防治有关的单项法律主要有《大气污染防治法》《水污染防治法》《固体废物污染环境防治法》《环境噪声污染防治法》《海洋环境保护法》《放射性污染防治法》《清洁生产促进法》《循环经济促进法》《环境影响评价法》等，其他在环境污染防治方面还包括了针对化学品安全、电磁辐射、农药使用等方面的法律。

2）自然保护单行法

自然保护单行法（nature conservation laws）是针对我国自然资源开发利用、生态保护与管理等方面的法律总称。其中，我国的自然资源保护方面的法律主要有《矿产资源法》《水法》《草原法》《渔业法》《基本农田保护法》《森林法》等，我国的生态保护与管理方面的法律主要包括《土地管理法》《水土保持法》《防沙治沙法》《野生动物保护法》《畜牧法》《自然保护区条例》《野生植物保护条例》《风景名胜区条例》《城市绿化条律》等。

4．国家其他法律有关环境保护的规定

环境保护工作不是孤立的，它涉及各种社会关系，要解决具有综合性和复杂性的环境保护问题，需要其他法律的支持。我国民法、刑法及有关经济和行政方面的法律也都对环境保护作出了一些规定，为解决环境问题提供了重要的法律依据。《刑法》第六章第六节对破坏环境资源保护罪做了规定；《民法通则》第 124 条规定了环境污染要承担民事责任；《民事诉讼法》第 55 条、第 74 条对环境民事公益诉讼的内容做了规定；《侵权责任法》第八章规定了环境污染的侵权责任；《企业法》《乡镇企业法》《对外贸易法》《标准化法》《行政处罚法》《食品卫生法》《公共卫生法》等涉及环境管理范畴的行政法律中都有关于环境保护的相关规定。

5. 国家行政部门制定的各种环保法令、法规、条例

我国环境保护法规体系的另一重要组成部分是由国务院有关部位根据环境保护的具体对象而制定的各种环保专门性法令、法规、条例和决定。如《国务院关于环境保护工作的决定》《国务院关于环境保护重点工作的意见》《国务院关于加快推进生态文明建设的意见》《国务院关于健全生态保护补偿机制的意见》《国务院关于加强乡镇、街道企业环境管理的规定》《医疗废物管理条例》等。

6. 环境保护地方法规

环境保护地方法规是由各省、自治区、直辖市根据国家环境法律法规，结合地方实际情况而制定的，并经过地方人大审议通过的法规。地方法规主要突出了以因地制宜的原则管理行政区环境问题，是我国环境法律法规体系的重要组成部分，是解决区域差异环境问题的重要依据。对于国家已有的环境法律法规内容，地方可以根据自身实际情况对已有内容严格化具体化，对于国家未制定的环境保护的法律法规，地方可根据环境管理的需求，制定地方法规并予以调整。如《贵州省环境保护条例》《贵州省水土保持条例》等。

7. 签署并批准的国际环境公约

我国积极开展环境保护外交工作，积极参与并推进国际环境保护。至今，我国政府已签署并批准的国家环境保护公约主要有《维也纳公约》《生物多样性公约》《联合国气候变化框架公约》《关于持久性有机污染物（POPs）的斯德哥尔摩公约》《防止荒漠化公约》等。我国《宪法》和新修订的《环境保护法》并未对国际法和国际条约在国内法律体系中的效力和适用作出明文规定。

8.3.2　环境法律责任

环境法律责任是指环境法律关系主体因违反其法律义务而应当依法承担的、具有强制性的法律后果。按其性质可以分为环境行政责任、环境民事责任和环境刑事责任三种。

1. 环境行政责任

所谓环境行政责任，是指违反环境保护法和国家行政法规中有关环境行政义务的规定所应当承担的行政方面的法律责任。依据《环境保护法》（2014），环境行政法律责任主要由各级人民政府的环境行政主管部门或者其他依法行使环境监督管理权的部门根据违法情节予以罚款、拘留、责令停业等行政处罚。当事人对行政处罚不服的，可以申请行政复议或者提起行政诉讼。

2. 环境民事责任

所谓环境民事责任，是指公民、法人因污染或破坏环境而侵害公共财产或他人人身权、财产权或合法环境权益所应当承担的民事方面的法律责任。环境民事责任构成要素包括有排放污染物的行为，有损害结果，排污行为与损害结果之间有因果关系。环境民事责任试行无过错责任原则。《环境保护法》(2014)第64条规定"因污染环境和破坏生态造成损害的，应当依据《中华人民共和国侵权责任法》有关规定承担侵权责任。"

3. 环境刑事责任

所谓环境刑事责任，是指行为人因违反环境法，造成或可能造成严重的环境污染或生态破坏，构成犯罪时，应当依法承担的以刑罚为处罚方式的法律后果。构成环境犯罪的要素包括犯罪主体、犯罪的主观方面、犯罪客体、犯罪的客观方面。依据《环境保护法》(2014年)第69条，违反《环境保护法》构成犯罪的，依法追究刑事责任。

8.4 环境管理的基本制度

我国的环境管理发展历程中，首先确立了环境影响评价制度、"三同时"制度、排污收费制度老三项环境管理制度，在第三次全国环境保护会议上又推出了环境保护目标责任制度、城市环境综合整治定量考核制度、排污许可证制度、污染集中控制制度、污染物限期治理制度新五项环境管理制度，共同形成了我国环境管理的八项管理制度。环境管理基本制度通常在环境基本法中予以确立，它们是环境基本法原则的具体体现。

2014年修订的《环境保护法》进一步修订了当前我国环境管理的基本制度，包括环境目标责任制、排污收费制度、生态补偿制度、环境影响评价制度、污染物总量控制制度、排污许可证制度等。而污染物限期治理制度在《环境保护法》(2014)中被废止。本节根据最新修订的《环境保护法》(2014)和环境管理制度发展，主要介绍以下几种环境管理基本制度。

8.4.1 环境税费制度

环境税费制度是对所有环境收费、税收、补偿等制度的总称，是指国家或者其他法人团体以改善生态环境和治理污染为目的，向环境获益方收取一定费用的制度。从环境税费的概念看，环境税费的主体具有特定性，环境税费的属性具有补偿性，环境税费用途具有确定性。我国的环境税费制度主要包括：排污收费制度、环境保护税、生态补偿制度。

1. 排污收费制度

1）排污收费的概念和发展

排污收费（emission charges system）是指向环境排放污染物的污染者，按照环保部门依法核定污染物的种类和数量，依照国家的依据和标准收取一定费用。排污收费制度是在20世纪70年代末，根据"谁污染谁治理"的原则建立的用经济手段促进防治污染的法律制度。排污收费制度实施30多年来，对促进企事业单位加强污染治理、节约和综合利用资源，控制环境恶化趋势，提高环境保护监督管理能力发挥了重要的作用。

我国的排污收费制度经历了从"超标排放收费"到"达标收费、超标违法"的转变。1978 年中央转批原国务院环境保护领导小组《环境保护工作汇报要点》中首次提出了我国要实行排放污染物收费制度，1979 年的《环境保护法（试行）》中规定了实行超标污染物的排放收费。1982 年《排污收费暂行办法》对征收排污费的目的、范围、标准、加收和减收条件、费用的管理和使用做了规定。低廉的超标排污费没有对企业减少污染物排放起到抑制的作用，因此我国先后修订了《海洋环境保护法》《大气污染防治法》《水污染防治法》，并确立了"达标排污收费和超标排污违法"的新的排污收费制度。2002 年国务院修改制定了《排污费征收使用管理条例》，对排污费的征收和使用作出了明确具体的规定。2003 年环保部颁布了《排污费征收标准管理办法》，对污水排放费、废气排放费、固体废物及危险废物排污费和噪声超标排污费进行了明确的规定。2014 年《环境保护法》第 43 条规定："排放污染物的企业事业单位和其他生产经营者，应当按照国家有关规定缴纳排污费。排污费应当全部专项用于环境污染防治，任何单位和个人不得截留、挤占或者挪作他用。"

2）排污费的类别和征收

依据《排污费征收标准管理办法》，排污费包括了污水排放费、废气排放费、固体废物及危险废物排污费和噪声超标排污费。向大气排放污染物的，向水体排放污染物的，向海洋排放污染物的，分别依据《大气污染防治法》《水污染防治法》《海洋污染防治法》的规定，按照污染物排放种类、数量缴纳排污费。没有建设工业固体废物贮存或者处置的设施、场所的，或者贮存和处置设施、场所不符合环境标准的，依据《固体废物环境防治法》的规定，按照排放数量、种类缴纳排污费。环境噪声污染超标的，依据《环境噪声污染防治法》的规定，按照超标声级缴纳排污费。

环保部门负责污染物排放的核定和污染费征收。征收方式是根据排污费征收标准和排污者排放的污染物种类、数量来确定污染者应当缴纳的排污费数额并向排污者送达排污费缴纳通知单。排污者接到通知单后于 7 日内到指定的银行缴纳排污费，银行按照规定比例将排污费分解缴纳到中央国库和地方国库。排污者有特殊困难不能按期缴纳排污费的，可以向环保部门申请缓缴；排污者符合排污费减缴和免缴条件的，可以向环保部门申请。

3）排污费的性质和使用

从排污费的性质来看，我国的排污收费制度是政府为特定的环境保财政需要，针对排放污染物的企事业单位和其他生产经营者，依据国家有关规定征收的费用。排污者缴纳排污费并不免除其防治污染、赔偿污染损害的责任和法律、行政法规规定的其他责任。

依据《排污费征收使用管理条例》的规定，排污费必须纳入财政预算，列入环境保护专项资金进行管理，主要用于下列项目的拨款补助或者贷款贴息：重点污染源防治，区域性污染防治，污染防治新技术、新工艺的开发、示范和应用，国务院规定的其他污染防治项目。

2. 环境保护税

1）环境保护税的概念

我国的环境保护税（environmental protection taxation）是为了保护和改善环境、减少污染物排放，直接向环境排放应税污染物的企业事业单位和其他生产经营者依据环境保护主管部门对污染物进行审定，向国家税务部门缴纳的税收。2016 年 12 月 25 日第十二届全国人民代表大会常务委员会第二十五次会议通过了《中华人民共和国环境保护税法》，并将于 2018 年 1 月 1 日实施，环境保护税替代排污费。

2）环境保护税的审定和征收

环境保护主管部门依照《环境保护税法》和有关环境保护法律法规的规定对污染物进行监测管理，并将排污单位的排污许可、污染物排放数据、环境违法和受行政处罚情况等环境保护相关信息，定期交送税务机关。税务机关依照《中华人民共和国税收征收管理法》和《环境保护税法》的有关规定对环境保护税进行征收管理。纳税人向应税污染物排放地的税务机关申报缴纳环境保护税。环境保护税按月计算，按季申报缴纳。不能按固定期限计算缴纳的，可以按次申报缴纳。

3）应税污染物的种类和计税方法

应税污染物是指《环境保护税法》所附的《环境保护税目表》《应税污染物和当量值表》当中规定的大气污染物、水污染物、固体废物和噪声。应税大气污染物、水污染物按照污染物排放当量折合的污染当量数确定；应税固体废物按照固体废物的排放量确定；应税噪声按照超过国家规定标准的分贝数确定。

4）环境保护税的意义和作用

环境保护税较排污收费增加了法律强制性。排污费改为环保税从根本上解决了现行排污费制度执法中存在的刚性不足、行政干预较多、规范性和强制性不足的问题。环境保护税进一步规范了环境保护税征收管理程序，由原来排污费的环保部门征收改为税务机关征收，加强了环保部门和税收部门的信息共享和工作配合机制。环境保护税增加了企业减排的税收减免档次，即纳税人排放应税大气污染物或者水污染物的浓度值低于规定标准30%的，减按75%征收环境保护税。纳税人排放应税大气污染物或者水污染物的浓度值低于国家和地方规定的污染物排放标准50%的，减按 50%征收环境保护税，进一步提高了企业减少污染物排放的积极性。

3. 生态补偿制度

1）生态补偿的含义

1997 年国家环保总局在《关于加强生态保护工作的意见》中提出了生态补偿的概念；2005 年《关于制定国民经济和社会发展的第十一个五年规划的建议》中首次提出了"按照谁开发

谁保护、谁受益谁补偿的原则，加快建立生态补偿机制"；2014 年《环境保护法》第 31 条规定"国家建立、健全生态保护制度"；2015 年《关于加快推进生态文明建设的意见》《生态文明体制改革总体方案》中提出要加快形成受益者付费、保护者得到合理补偿的生态保护补偿机制，再次强调了建立生态补偿机制。2016 年《国务院办公厅关于健全生态保护补偿机制的意见》进一步推动了我国生态补偿制度建设。

生态补偿（ecological compensation）是在综合考虑生态保护成本、发展机会成本和生态服务价值的基础上，采用财政转移支付或市场交易等手段，由生态保护受益者或者生态损害的加害者通过向生态保护者或因生态损害的受损者支付补偿资金、物质或者提供非物质利益等的方式，实现环境公平。生态补偿的概念应当包括以下含义。第一，生态补偿的目的是促进环境公平；第二，生态补偿的依据是综合考虑生态保护成本、发展机会成本和生态服务价值；第三，生态补偿的手段通常包括了财政转移支付和市场交易手段；第四，生态补偿的方式应包括直接补偿和间接补偿，直接补偿为资金补偿，间接补偿可采用减免各种税赋、项目援助、就业援助、培训援助等方式。

2）生态补偿的财税机制

《环境保护法》（2014 年）第 31 条规定"国家加大对生态保护地区的财政转移支付力度。有关地方人民政府应当落实生态补偿资金，确保其用于生态保护补偿。国家指导受益地区和生态保护地区人民政府通过协商或者按照市场规则进行生态保护补偿"。我国现行的生态补偿财税机制主要包括纵向财政转移支付、横向财政转移支付、政府性基金和生态税费四种。

纵向财政支付包括一般转移支付和专项转移支付，一般转移支付是指中央政府对有财力缺口的地方政府，主要是针对中西部对全国生态保护作出重要牺牲的地区，按照规定给予补助。其中涉及生态补偿的财政支付科目有资源枯竭城市转移支付和重点生态功能区转移支付。专项转移支付是指中央政府承担委托事务、共同事务的地方政府，给予具有指定用途的资金补助。涉及生态补偿的专项支付主要包括自然生态保护、天然林保护、退耕还林、退牧还草、风沙荒漠化治理、水土保持、森林生态效益补偿、林业自然保护区、地质矿产资源利用与保护等。横向财政支付是指同级政府之间财政资金的相互转移。目前我国涉及生态补偿的横向财政支付主要是针对跨流域的合作项目。我国的生态补偿政府性基金包括了育林基金、森林植被恢复费。在生态税费方面目前还没有建立独立的生态补偿税收制度，仅存在体现生态补偿原则的收费项目，如草原植被恢复费、海域使用金、矿产资源补偿费等项目。

8.4.2　环境影响评价制度与"三同时"制度

1. 环境影响评价制度

1）环境影响评价的概念

依据《环境影响评价法》，环境影响评价（environmental impact assessment）被定义为对规划和建设项目实施后可能造成的环境影响进行分析、预测和评估，提出预防或者减轻不良环境影响的对策和措施，进行跟踪监测的方法和制度。环境影响评价是环境管理的预防性的手段和方法，它能将规划和建设项目可能带来的环境问题防患于未然，是未来环境质量的有力保障。

新修订的环境保护法中对环境影响评价的对象、处罚、法律责任作出了明确的规定。我国的各环境要素的污染防治法中也重新修订了环境影响评价，2002 年全国人大通过了《环境影响评价法》，2016 年进行了修订。

2）环境影响评价的对象

我国环境影响评价的对象是规划和建设项目。《环境保护法》（2014 年）第 19 条规定："编制有关开发利用规划，建设对环境有影响的项目，应当依法进行环境影响评价"。《环境影响评价法》（2016 年）第二章和第三章针对规划环评和建设项目环评进行了专章阐述。

规划环境影响评价的对象包括了国务院有关部门、设区的市级以上地方人民政府及其有关部门组织编制的土地利用的有关规划，区域、流域、海域的建设、开发利用规划，应当在规划编制过程中组织进行环境影响评价，编写该规划有关环境影响的篇章或者说明。工业、农业、畜牧业、林业、能源、水利、交通、城市建设、旅游、自然资源开发的有关专项规划，应当在该专项规划草案上报审批前，组织进行环境影响评价。《建设项目环境影响评价分类管理目录》（2015）对需要环境影响评价的建设项目进行了环评类别分类。

3）环境影响评价的内容和程序

根据建设项目不同程度的环境影响，建设项目环境影响评价实行分类管理。对拟建的建设项目编制环境影响评价报告书，内容包括建设项目概况，建设项目周围环境现状，建设项目对环境可能造成影响的分析、预测和评估，建设项目环境保护措施及技术、经济论证，建设项目对环境影响的经济损益分析，对建设项目实施环境监测的建议，环境影响评价结论。《建设项目环境影响评价技术导则　总纲　》（HJ 2.1—2016）规定了建设项目环境影响评价工作程序。环境影响评价工作一般分为三个阶段，即调查分析和工作方案制定阶段，分析论证和预测评价阶段，环境影响报告书（表）编制阶段。具体流程见图 8.1。

规划编制机关应当在编制规划的过程中组织编写规划环境影响评价。《规划环境影响评价技术导则　总纲》（HJ 130—2014）规定了规划环评的程序（图 8.2）。规划环评工作流程包括了规划纲要编制、规划研究、规划编制和规划报批四个阶段，规划环境影响评价的技术机构针对规划所做的有关环境影响的分析、调查、评价、提出措施等，最终形成评价方案，编写环境影响报告书。规划环境影响评价的内容包括对规划实施后可能造成的环境影响进行的分析、预测和评估，预防或减轻不良环境影响的对策和措施，以及环境影响评价结论。

4）环境影响评价的公众参与

《环境影响评价法》第 5 条规定："国家鼓励有关单位、专家和公众以适当方式参与环境影响评价"。另外，该法也对规划和建设项目环境影响评价的方法和途径进行了规定。规划的编制机关或者建设项目单位应当在报批环境影响评价报告书前举行论证会、听证会或采取其他形式，征求有关单位、专家和公众的意见。《环境保护法》（2014 年）第 56 条规定，"对依法应当编制环境影响报告书的建设项目，建设单位应当在编制时向可能受影响的公众说明情况，充分征求意见。负责审批建设项目环境影响评价文件的部门在收到建设项目环境影响报告书后，除涉及国家秘密和商业秘密的事项外，应当全文公开；发现建设项目未充分

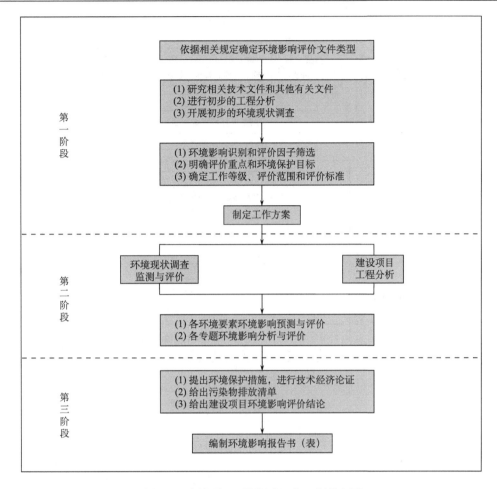

图 8.1　建设项目环境影响评价工程程序图

征求公众意见的，应当责成建设单位征求公众意见"，明确了公众参与环评的时机及为公众提供全面的环评信息。

2. "三同时"制度

我国《环境保护法》（2014 年）第 41 条规定："建设项目中防治污染的设施，应当与主体工程同时设计、同时施工、同时投产使用。防治污染的设施应当符合经批准的环境影响评价文件的要求，不得擅自拆除或者闲置"。这一规定明确了"三同时"制度。"三同时"制度是我国首创，是在 1973 年的《关于保护和改善环境的若干规定（试行草案）》中提出的。"三同时"制度与环境影响评价制度是我国法律规定有关控制新污染源的重要手段。

1）具体内容

（1）建设项目的初步设计，应当按照环境保护设计规范的要求编制环境保护篇章，并依据经批准的建设项目环境影响报告书或者环境影响报告表，在环境保护篇章中落实防治环境污染和生态破坏的措施及环境保护设施投资概算。

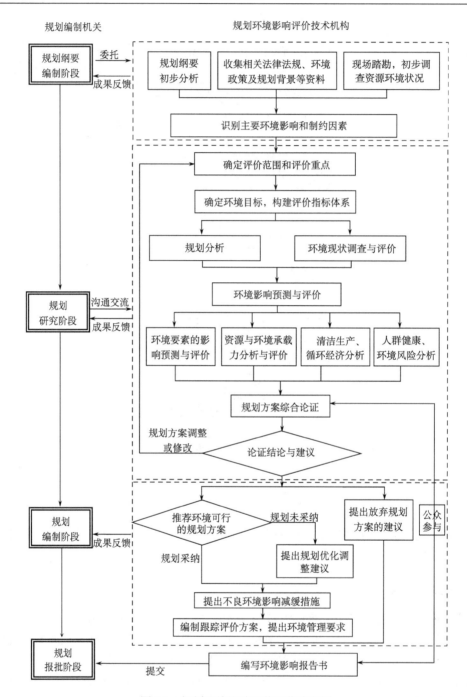

图 8.2 规划环境影响评价工作流程图

（2）建设项目的主体工程完工后，需要进行试生产的，其配套建设的环境保护设施必须与主体工程同时投入试运行。

（3）建设项目试生产期间，建设单位应当对环境保护设施运行情况和建设项目对环境的影响进行监测。

（4）建设项目竣工后，建设单位应当向审批该建设项目环境影响报告书、环境影响报告表或环境影响登记表的环境保护行政主管部门，申请该建设项目需要配套建设的环境保护设施竣工验收。

（5）分期建设、分期投入生产或者使用的建设项目，其相应的环境保护设施应当分期验收。

（6）环境保护行政主管部门应当自收到环境保护设施竣工验收申请之日起 30 日内，完成验收。

（7）建设项目需要配套建设的环境保护设施经验收合格，该建设项目方可正式投入生产或者使用。

2）法律责任

"三同时"制度是中国环境管理的一项基本制度。违反这一制度时，根据不同情况，要承担相应的法律责任。如果是建设项目涉及环境保护而未经环境保护部门审批擅自施工的，除责令其停止施工，补办审批手续外，还可处以罚款；如果建设项目的防治污染设施没有建成或者没有达到国家规定的要求，投入生产或者使用的，由批准该建设项目环境影响报告书的环境保护行政主管部门责令停止生产或使用，并处罚款；如果建设项目的环境保护设施未经验收或验收不合格而强行投入生产或使用，要追究单位和有关人员的责任；如果未经环境保护行政主管部门同意，擅自拆除或者闲置防治污染的设施，污染物排放又超过规定排放标准的，由环境保护行政主管部门责令重新安装使用，并处以罚款。

凡是通过环境影响评价确认可以开发建设的项目，建设时必须按照"三同时"规定，把环境保护措施落到实处，防止建设项目建成投产使用后产生新的环境问题，在项目建设过程中也要防止环境污染和生态破坏。建设项目的设计、施工、竣工验收等主要环节落实环境保护措施，关键是保证环境保护的投资、设备、材料等与主体工程同时安排，使环境保护要求在基本建设程序的各个阶段得到落实，"三同时"制度分别明确了建设单位、主管部门和环境保护部门的职责，有利于具体管理和监督执法。

"三同时"制度是在中国出台最早的一项环境管理制度。它是中国的独创，是在中国社会主义制度和建设经验的基础上提出来的，是具有中国特色并行之有效的环境管理制度。

8.4.3 污染物排放总量控制制度

1. 总量控制的概念

污染物排放总量控制（total pollution amount control policy）（简称总量控制）是在一定时间和一定区域范围（包括行政区、流域、环境功能区、环境单元等）内，对某种污染物的排放总数量进行限定并进行分配，以达到某一时期的区域环境质量要求。总量控制是从浓度控制发展而来的，它克服了浓度控制无法有效减少污染物的弊端。《环境保护法》（2014 年）第 44 条规定："国家实行重点污染物排放总量控制制度。重点污染物排放总量控制指标由国务院下达，省、自治区、直辖市人民政府分解落实。企业事业单位在执行国家和地方污染物排放标准的同时，应当遵守分解落实到本单位的重点污染物排放总量控制指标"。

我国国家层面实行重点污染物总量控制制度。目前，国家层面实行总量控制的污染物包括大气污染物二氧化硫和二氧化氮，水体污染物化学需氧量和氨氮（表 8.1～表 8.4）。重点流域、地方政府可根据自身情况增加实行总量控制的污染物种类。

表 8.1　"十三五" 各地区化学需氧量排放总量控制计划

地区	2015 年排放量/万 t	2020 年减排比例/%	2020 年重点工程减排量/万 t
北京	16.2	14.4	2.33
天津	20.9	14.4	2.47
河北	120.8	19.0	16.14
山西	40.5	17.6	4.75
内蒙古	83.6	7.1	5.19
辽宁	116.7	13.4	8.41
吉林	72.4	4.8	2.32
黑龙江	139.3	6.0	7.33
上海	19.9	14.5	2.72
江苏	105.5	13.5	10.39
浙江	68.3	19.2	7.64
安徽	87.1	9.9	7.70
福建	60.9	4.1	2.14
江西	71.6	4.3	2.73
山东	175.8	11.7	13.30
河南	128.7	18.4	16.98
湖北	98.6	9.9	8.25
湖南	120.8	10.1	10.49
广东	160.7	10.4	11.06
广西	71.1	1.0	0.35
海南	18.8	1.2	0.16
重庆	38.0	7.4	2.36
四川	118.6	12.8	14.09
贵州	31.8	8.5	2.77
云南	51.0	14.1	5.85
西藏	2.9	—	—
陕西	48.9	10.0	2.63
甘肃	36.6	8.2	2.40
青海	10.4	1.1	0.07
宁夏	21.1	1.2	0.10
新疆	56.0	1.6	0.71
新疆生产建设兵团	10.0	1.6	0.04

注: 不包括港、澳、台地区, 下同。

表 8.2 "十三五"各地区氨氮排放总量控制计划

地区	2015 年排放量/万 t	2020 年减排比例/%	2020 年重点工程减排量/万 t
北京	1.6	16.1	0.24
天津	2.4	16.1	0.38
河北	9.7	20.0	1.59
山西	5.0	18.0	0.61
内蒙古	4.7	7.0	0.28
辽宁	9.6	8.8	0.85
吉林	5.1	6.4	0.20
黑龙江	8.1	7.0	0.48
上海	4.3	13.4	0.53
江苏	13.8	13.4	1.25
浙江	9.8	17.6	0.85
安徽	9.7	14.3	1.07
福建	8.5	3.5	0.30
江西	8.5	3.8	0.32
山东	15.3	13.4	1.49
河南	13.4	16.6	1.93
湖北	11.4	10.2	1.02
湖南	15.1	10.1	1.41
广东	20.0	11.3	1.54
广西	7.7	1.0	0.08
海南	2.1	1.9	0.04
重庆	5.0	6.3	0.32
四川	13.1	13.9	1.74
贵州	3.6	11.2	0.41
云南	5.5	12.9	0.67
西藏	0.3	—	—
陕西	5.6	10.0	0.38
甘肃	3.7	8.0	0.28
青海	1.0	1.4	0.01
宁夏	1.6	0.7	0.01
新疆	4.0	2.8	0.09
新疆生产建设兵团	0.5	2.8	—

表 8.3 "十三五"各地区二氧化硫排放总量控制计划

地区	2015 年排放量/万 t	2020 年减排比例/%	2020 年重点工程减排量/万 t
北京	7.1	35	1.8
天津	18.6	25	2.8
河北	110.8	28	18.4

续表

地区	2015 年排放量/万 t	2020 年减排比例/%	2020 年重点工程减排量/万 t
山西	112.1	20	22.4
内蒙古	123.1	11	13.5
辽宁	96.9	20	14.4
吉林	36.3	18	5.2
黑龙江	45.6	11	4.3
上海	17.1	20	3.4
江苏	83.5	20	13.3
浙江	53.8	17	9.1
安徽	48.0	16	5.2
福建	33.8	—	3.5
江西	52.8	12	6.3
山东	152.6	27	35.0
河南	114.4	28	20.5
湖北	55.1	20	10.9
湖南	59.6	21	8.5
广东	67.8	3	2.0
广西	42.1	13	4.5
海南	3.2	—	0.4
重庆	49.6	18	8.1
四川	71.8	16	11.2
贵州	85.3	7	6.0
云南	58.4	1	0.6
西藏	0.5	—	—
陕西	73.5	15	11.0
甘肃	57.1	8	4.6
青海	15.1	6	0.9
宁夏	35.8	12	4.3
新疆	66.8	3	2.0
新疆生产建设兵团	11.0	13	0.9

表 8.4 "十三五"各地区氮氧化物排放总量控制计划

地区	2015 年排放量/万 t	2020 年减排比例/%	2020 年重点工程减排量/万 t
北京	13.8	25	0.7
天津	24.7	25	3.5
河北	135.1	28	19.9
山西	93.1	20	16.3
内蒙古	113.9	11	12.5
辽宁	82.8	20	14.9

续表

地区	2015 年排放量/万 t	2020 年减排比例/%	2020 年重点工程减排量/万 t
吉林	50.2	18	9.0
黑龙江	64.5	11	7.1
上海	30.1	20	5.2
江苏	106.8	20	18.7
浙江	60.7	17	10.3
安徽	72.1	16	9.0
福建	37.9	—	4.6
江西	49.3	12	5.9
山东	142.4	27	31.0
河南	126.2	28	15.8
湖北	51.5	20	5.9
湖南	49.7	15	6.3
广东	99.7	3	3.0
广西	37.3	13	3.3
海南	9.0	—	1.2
重庆	32.1	18	2.8
四川	53.4	16	3.7
贵州	41.9	7	2.9
云南	44.9	1	0.4
西藏	5.3	—	—
陕西	62.7	15	9.4
甘肃	38.7	8	3.1
青海	11.8	6	0.7
宁夏	36.8	12	4.4
新疆	63.7	3	1.9
新疆生产建设兵团	9.9	13	1.3

注：2020 年减排比例根据各地区空气质量改善任务确定，重点工程减排量根据"十三五"规划纲要、《大气污染防治行动计划》及相关规划提出的环境治理保护重点工程确定。

2．总量控制的类型

污染物总量控制制度可分为目标总量控制、容量总量控制和行业总量控制。

1）目标总量控制

目标总量控制是以排放限制为控制基点，从污染源可控性研究入手，进行总量控制负荷分配的污染控制方式。它是根据环境目标提出的污染物排放总量和削减量的控制。它是从现有的污染水平出发，针对特定环境的质量目标要求，确定分阶段的排放总量控制和削减量，循环控制，以控制——削减——再控制——再削减的程序，将污染物排放总量逐步削减到预期目标。我国主要采用目标总量控制，辅以容量总量控制。目标总量控制有清晰的优点：不需要过高的技术和复杂的研究过程，资金投入少；能充分利用现有的污染排放数据和环境状况数据；控制目标易确定，可节省决策过程的交易成本；可充分利用现有的政策和法规，易获得各级政府支持。同时它也有明显的缺点：在排污量与环境质量未建立明确的响应关系前，不能了解污染物排放对环境造成的损害，以及对人体的损害和带来的经济损失；目标总量控制的目标实际上是不准确的，由此造成所采用的目标总量控制法的整体失效。

2）容量总量控制

容量总量控制以环境质量标准为控制基点，从污染源可控性、环境目标可达性两个方面进行总量控制负荷分配的污染控制方式。容量总量控制就是环境容量所允许的污染物排放总量控制。它从环境质量要求出发，运用环境质量模型计算，根据环境允许纳污量，反推允许排污量；通过技术经济可行性分析、优化分配污染负荷，确定出切实可行的总量控制方案。容量总量控制的特点是充分考虑污染物排放与环境质量目标之间的输入相应关系，将污染源的控制水平与环境质量直接联系。

3）行业总量控制

行业总量控制以能源、资源合理利用为控制基点，从最佳生产工艺和实用处理技术两方面进行总量控制负荷分配。

3. 总量控制分配原则

总量控制的核心问题是如何分配污染物总量。不同的分配要求（科学、公平、经济、简易等）体现了不同的分配原则。

1）等比例分配原则

等比例分配原则是在承认各污染源排污现状的基础上，将总量控制系统内的允许排污总量等比例地分配到污染源，各污染源等比例分担排放责任。特点是简单易行，但不公平。在承认现状、简单方便这一点上，等比例分配原则仍可供参考。

2）费用最小分配原则

费用最小分配原则是以治理费用作为目标函数，以环境目标值作为约束条件，使系统的污染治理投资费用总和最小，求得各污染源的允许排放负荷。优点是结果能反映系统整体的经济合理性，即有很好的整体经济效益、社会效益和环境效益；缺点是不能反映出每个污染源的负荷分组都是合理的。有些污染源为了总体方案最佳化，可能要被迫承担多于自己应该承担的削减量，而另外一些污染源则准予承担少于自己应该承担的削减量。

3）按贡献率削减排放量分配原则

按贡献率削减排放量分配原则按各个污染源对总量控制区域内水质影响程度的大小和污染物贡献率大小来削减污染负荷，对水质影响大的污染源要多削减。优点是它体现了每个排污者平等共享水环境容量资源，同时也平等承担超过其允许负荷量的责任。缺点是这一原则并不涉及污染治理费用，也不具备治理费用总和最小的经济优化规划的特点，在总体上不一定合理。

8.4.4　排污许可管理制度

1. 排污许可的概念

《环境保护法》（2014 年）第 45 条规定："国家依照法律规定实行排污许可管理制度。实行排污许可管理的企业事业单位和其他生产经营者应当按照排污许可证的要求排放污染物；未取得排污许可证的，不得排放污染物"。这进一步确立了排污许可证制度是当前我国环境管理的基本制度。排污许可（emission permits）是指环境保护主管部门依排污单位的申请和承诺，通过发放排污许可证法律文书形式，依法依规规范和限制排污单位排污行为并明确环境管理要求，依据排污许可证对排污单位实施监管执法的环境管理制度。排污许可管理制度是一项与我国污染物排放总量控制计划相匹配的环境管理。

1986 年国家环保局开始实施排放水污染许可证制度的试点工作，1988 年颁布了《水污染物排放许可证管理暂行办法》，1989 年第三次全国环境保护会议上提出了全国推行排放水污染物许可证制度。1991 年在上海、天津、太原等 16 个城市推行排放大气污染物许可证制度试点工作，1992 年颁布《排放污染物申报登记管理规定》和相应的《排放污染物申报登记表》，1997 年发布《全面推进排污申报登记的通知》。2016 年 11 月，国务院办公厅关于印发《控制污染物排放许可制实施方案》，同年发布了《排污许可证管理暂行规定》。我国的排污许可制度逐渐得到完善。

2. 排污许可管理目标任务

依据《控制污染物排放许可制实施方案》，到 2020 年，要完成覆盖所有固定污染源的排污许可证核发工作，基本建立法律体系完备、技术体系科学、管理体系高效的控制污染物排放许可制，对固定污染源实施全过程和多污染物协同控制，实现系统化、科学化、法治化、精细化、信息化的"一证式"管理。排污许可管理制度应该与污染物排放总量控制制度、环境影响评价制度实行有机衔接整合。制定排污许可管理名录、规范排污学科证的核发，合理确定许可的内容。

3. 排污许可管理的实施单位

依据《控制污染物排放许可制实施方案》，排污许可的实施单位包括排放工业废气或者排放国家规定的有毒有害大气污染物的企业事业单位、集中供热设施的燃煤热源生产运营单位、直接或间接向水体排放工业废水和医疗污水的企业事业单位、城镇或工业污水集中处理设施的运营单位、依法应当实行排污许可管理的其他排污单位。排污许可证中应当载明企事业单位基本信息、排污口位置和数量、排放方式、排放去向、排放污染物的种类、许可排放浓度、许可排放量及法律法规规定的其他许可事项。

4. 排污权交易

实施总量控制和排污许可制度之后，我国的排污权交易得到发展。排污权是指经环保部门许可、排污者以污染物排放控制标准为限向环境排放污染物的权利。排污权实行有偿取得，它反映的是占用环境资源的价值，体现的是"谁占有，谁付费"的原则，基于占用的指标量进行征收。排污权的有偿取得解决了我国环境容量资源长期无价和低价使用的问题。试点地区可以采取定额出让、公开拍卖方式出让排污权。排污权使用费由地方环境保护部门按照污染源管理权限收取，全额缴入地方国库，纳入地方财政预算管理。排污权交易（emission trading）是指在保持一定区域（水域）内污染物排放总量不变的条件下，该区域（水域）内一方排污者将其部分或者全部排污权出售给另一方排污者的行为。

1999年，国家环保总局与美国环保局签署了"关于在中国运用市场机制减少二氧化硫排放的可行性研究"的合作协议，确定了南通作为试点城市，开展了二氧化硫排污权交易试点。2003年，跨区域的排污权交易在江苏得到发展。2007年国内第一个排污权交易中心在浙江嘉兴挂牌成立。2007年以来，国务院有关部门组织天津、河北、内蒙古等11个省份开展排污权有偿使用和交易试点，取得了一定进展。2014年国务院办公厅发布了《关于进一步推进排污权有偿使用和交易试点工作的指导意见》进一步推进了排污交易的试点工作，促进主要污染物排放总量持续有效减少。

8.4.5　环境保护目标责任制

1．环境保护目标责任制的概念

环境保护目标责任制是一项具体落实到地方各级政府和有关污染的单位对环境质量负责的行政管理制度。环境保护目标责任制规定了地方各级政府领导应对本行政区的环境质量负责、企业法人对本单位的污染防治负责，它规定了环境保护的主要责任者、责任范围。地方各级人民政府应当制定环境保护目标、治理任务，并根据目标和任务采取有效措施来改善环境质量。并且，对环境保护目标的实现和任务的完成情况及行政区内的环境状况，每年要向同级人民代表大会或者人大常务委员会进行汇报，接受监督。环境保护目标责任制是我国第三次全国环境保护会议上提出的，《环境保护法》（2014年）第6条、第28条、第29条进一步强调了环境目标责任制在当前我国环境保护中的重要作用。

2．环境保护目标责任制的意义和作用

环境保护目标责任制是环境管理八项制度中的龙头管理制度，它的实施为其他环境管理制度提供有力的保障，同时其他环境管理制度是实现环境目标责任制的有力支持。环境保护目标责任制的实施从根本上解决了环境保护工作缺乏动力的问题，把环境保护作为政绩考核目标之一，可以有效推动环境保护工作的开展。环境保护目标责任制的逐级分解、落实，突出了各级各部门的环境保护责任，改变了环境保护部门孤军作战的被动局面，推动了多部门协调工作，全面推动了环境保护工作。环境保护目标责任制通过清晰的权利、责任、义务的界定，用目标责任制的形式给予固定，是解决传统环境管理缺乏效率的重要手段。

3．实施环境保护目标责任制的程序

环境保护目标责任制的实施是一项复杂的系统工程，它牵涉到政策、政府部门职责、技术可操作性等方面。当前我国的环境保护目标责任制主要分为四个阶段：责任书的制定、责任书的下达、责任书的实施和责任书的考核。责任书的制定要考虑地方社会经济发展与环境保护之间的关系、政策的导向、目标的可达性分析；责任书的下达是一个从地区总环境目标到将目标分解到各职能部门的过程，需要根据政府部门职责对各职能部门进行协调；责任书的实施需要负责部门通过其他环境管理制度和环境管理技术方法的实施得以完成，以达到责任书的环境保护目标；责任书的监督包括两个层面，各职能部门向上级领导汇报责任目标的完成效果，政府领导向本级人民代表大会或者人民代表大会常务委员会报告环境状况和环境保护目标完成情况，依法接受监督。

8.4.6　城市环境综合整治定量考核制度

1. 城市环境综合整治定量考核的内容

城市环境综合整治定量考核是针对城市环境，从环境质量、生态建设、污染控制、环境管理、环境建设等方面，利用多功能、多层次、多目标的量化指标考核手段，评定城市环境的总体情况。这项制度是对城市环境的综合评定，考核对象是各城市人民政府，涉及城市政府各部门的分工合作和协调统一。完成城市环境综合整治定量考核的具体措施包括完善城市基础设施和环保基础设施建设，增加污染物的处理处置能力；依靠科技进步和严格执法，提高废水、废气、固废的达标排放；强化环境管理提升环境质量，推行节能减排，减小经济增长的环境成本。

2. 制度的形成和发展

我国城市环境保护工作是从工业点源的末端治理阶段，到区域污染的综合防治阶段，再到城市环境综合整治定量考核。1988 年，国务院环境保护委员会发布了《关于城市环境综合整治定量考核的决定》，1990 年在《关于进一步加强环境保护工作的决定》中明确规定了省、自治区、直辖市人民政府环保部门每年进行城市环境综合整治定量考核并公布结果。2003 年国家环保总局发布了《生态县、生态市、生态省建设指标（试行）》，并于 2008 年进行修订，丰富了城市环境综合整治定量考核制度的内容，"十二五"期间城市环境综合整治定量考核指标及权重分配见表 8.5。2013 年环保部发布了《国家生态文明建设试点示范区指标（试行）》深化了城市环境综合整治定量考核制度，将本制度与我国生态文明建设有机结合（表 8.6）。

表 8.5　"十二五"城市环境综合整治定量考核指标

序号	指　标	分值
1	环境空气质量	（15 分）
2	集中式饮用水水源地水质达标率	（8 分）
3	城市水环境功能区水质达标率	（8 分）
4	区域环境噪声平均值	（3 分）
5	交通干线噪声平均值	（3 分）
6	清洁能源使用率	（2 分）
7	机动车环保定期检验率	（5 分）
8	工业固体废物处置利用率	（2 分）

序号	指　　标	分值
9	危险废物处置率	（12分）
10	工业企业排放稳定达标率	（10分）
11	万元工业增加值主要工业污染物排放强度	（3分）
12	城市生活污水集中处理率	（8分）
13	生活垃圾无害化处理率	（8分）
14	城市绿化覆盖率	（3分）
15	环境保护机构和能力建设	（7分）
16	公众对城市环境保护满意率	（3分）

表 8.6　生态文明试点示范市（含地级行政区）建设指标

系统	指　　标		单位	指标值	指标属性
生态经济	资源产出增加率	重点开发区	%	≥15	参考性指标
		优化开发区		≥18	
		限制开发区		≥20	
	单位工业用地产值	重点开发区	亿元/km²	≥65	约束性指标
		优化开发区		≥55	
		限制开发区		≥45	
	再生资源循环利用率	重点开发区	%	≥50	约束性指标
		优化开发区		≥65	
		限制开发区		≥80	
	生态资产保持率		—	>1	参考性指标
	单位工业增加值新鲜水耗		m³/万元	≤12	参考性指标
	碳排放强度	重点开发区	kg/万元	≤600	约束性指标
		优化开发区		≤450	
		限制开发区		≤300	
	第三产业占比		%	≥60	参考性指标
	产业结构相似度		—	≤0.30	参考性指标
生态环境	主要污染物排放强度*	化学需氧量 COD	t/km²	≤4.5	约束性指标
		二氧化硫 SO₂		≤3.5	
		氨氮 NH₃-N		≤0.5	
		氮氧化物		≤4.0	
	受保护地占国土面积比例	山区、丘陵区	%	≥20	约束性指标
		平原地区		≥15	
	林草覆盖率	山区	%	≥75	约束性指标
		丘陵区		≥45	
		平原地区		≥18	
	污染土壤修复率		%	≥80	约束性指标

系统	指 标		单位	指标值	指标属性
生态环境	生态恢复治理率	重点开发区		≥48	约束性指标
		优化开发区		≥64	
		限制开发区		≥80	
		禁止开发区		100	
	本地物种受保护程度		%	≥98	约束性指标
	国控、省控、市控断面水质达标比例		%	≥95	约束性指标
	中水回用比例		%	≥60	参考性指标
生态人居	生态用地比例	新建绿色建筑比例	%	≥75	参考性指标
		重点开发区		≥40	约束性指标
		优化开发区	%	≥50	
		限制开发区		≥60	
		禁止开发区**		≥90	
	公众对环境质量的满意度		%	≥85	约束性指标
生态制度	生态环保投资占财政收入比例		%	≥15	约束性指标
	生态文明建设工作占党政实绩考核的比例		%	≥22	参考性指标
	政府采购节能环保产品和环境标志产品所占比例		%	100	参考性指标
	环境影响评价率及环保竣工验收 通过率		%	100	约束性指标
	环境信息公开率		%	100	约束性指标
生态文化	公众节能、节水、公共交通出行的比例	党政干部参加生态文明培训比例	%	100	参考性指标
		生态文明知识普及率	%	≥95	约束性指标
		生态环境教育课时比例	%	≥10	参考性指标
		规模以上企业开展环保公益活动,其支出占公益活动总支出的比例	%	≥7.5	参考性指标
		节能电器普及率		≥90	参考性指标
		节水器具普及率	%	≥90	
		公共交通出行比例		≥70	
		特色指标	—	自定	参考性指标

注:*主要污染物排放的种类随国家相关政策实时调整。

**资源产出率、单位工业用地产值、再生资源循环利用率、碳排放强度、单位 GDP 能耗等指标不适用于禁止开发区。

8.4.7 污染集中控制制度

1. 污染集中控制内容

污染集中控制是指在一定的区域,把污染源集中在一起,进行合理组合,采取集中的处理措施控制污染,例如,以集中的形式处理废水、废气、固体废物等环境污染问题。污染的集中控制的形式包括了废水的集中处理,如同类企业的工厂联合集中治理、产业园区的污水集中处理、城市生活污水的集中处理等;废气的集中处理要强调合理规划产业布局,改善能源的利用方式,试行集中供热和废热利用;固体废物的集中处理要强调分类处理、综合利用,达到废物资源化的目标。

2. 污染集中控制的作用

污染集中控制可以提高环境保护的经济效益，以最小的成本达到环境污染治理的目标。污染集中控制有利于废物的综合利用，促进了废物资源化。污染集中控制有利于城市的整体规划，依据不同功能区的划分来确定污染的集中控制可以有效解决城市环境污染问题。污染的集中控制有利于新技术、新设备和新工艺等环保技术的开发。污染集中控制制度是实现城市环境效益、经济效益和社会效益的有效手段之一。

3. 污染集中控制的措施

为了有效地推行污染集中控制，必须有一系列有效措施加以保证。

（1）实行污染集中控制，必须以规划为先导。污染集中控制与城市密切相关，例如，完善城市排水管网、建立城市污水处理厂、发展城市煤气化和集中供热、建设城市垃圾处理厂、发展城市绿化等。因此，集中控制必须与城市建设同步规划，同步实施。

（2）实行污染集中控制，必须突出重点，划定不同的功能区划，分别整治。

（3）实行污染集中控制，必须与分散控制相结合，构建区域环境污染综合防治体系。

（4）疏通多种资金渠道是推行污染集中控制的保证。要实现集中控制必须落实资金。充分利用环境保护基金贷款、建设项目环境保护资金、银行贷款及地方财政补贴等多种渠道筹措资金。

（5）实行污染集中控制，地方政府协调是关键。污染集中控制不仅涉及企业，也涉及地方政府各部门，充分依靠地方政府的协调，是污染集中控制制度得以落实的基础。

8.4.8　突发环境事件应急制度

1. 突发环境事件应急概述

根据新修订的《环境保护法》，突发环境事件应急制度被考虑为我国环境管理的一项基本制度。突发环境事件会给人民生命、财产安全带来极大的危害，影响经济社会稳定和政治安定，为国家带来严重的不良影响。将突发环境事件应急作为一项环境管理的基本制度，有益于政府部门加强统一协调突发环境事件的应对机制，达到对突发环境事件的预防和及时处理的目的。新修订的《环境保护法》第 47 条专门针对我国环境突发事件做了规定，明确规定了各级人民政府应当建立环境污染公共监测预警机制，组织制定预警方案；企事业单位也应当制定突发环境事件应急预案。2014 年国务院办公厅发布了最新的《国家突发环境事件应急预案》，明确了突发环境事件的适用范围、工作原则、事件分级、监测预警、信息报告、应急响应、应急保障等具体内容。

2. 突发环境事件管理的运行机制

《国家突发环境事件应急预案》规定了监测预警和信息报告、应急响应、应急保障及后期工作四项机制。监测预警和信息报告要求各级进行监测和风险分析，对可以预警的突发环境事件进行分级并发布预警信息，在预警信息发布后采取预警行动并及时对环境突发事件进行信息报告与通报。根据突发环境事件的严重程度和发展态势，确定响应分级，采取现场污染处置、转移安置人员、医学援救、市场监管和调控、信息发布和舆论引导、维护社会稳定等响应措施；应急保障包括了队伍保障，物资和资金保障，通信、交通和运输保障和技术保障。后期工作主要是对突发环境事件的损害进行评估，组织事件调查和善后处理。

8.5 环 境 标 准

环境标准（environmental standards）是为了保护人群健康、防治环境污染、促使生态良性循环、合理利用资源、促进经济发展，在综合考虑自然环境特征、科学技术水平和经济条件的基础上，依据环境保护法和有关政策，对有关环境的各项工作所做的规定。

8.5.1 环境标准的作用

环境标准既是环境保护和有关工作的目标，又是环境保护的手段。它是制定环境保护规定和计划的重要依据。

环境标准是判断环境质量和衡量环保工作优劣的准绳。评价一个地区环境质量的优劣、评价一个企业对环境的影响，只有与环境标准相比较才能有意义。

环境标准是执法的依据。无论是环境问题的诉讼、排污费的收取、污染治理的目标等执法依据都是环境标准。

环境标准是组织现代化生产的重要手段和条件。通过实施标准可以制止任意排污，促使企业对污染进行治理和管理；采用先进的无污染、少污染工艺，持续更新设备；实现资源和能源的综合利用等。

8.5.2 环境标准体系

环境标准体系（environmental standard system），是根据环境监督管理的需要，将各种不同的环境标准，依其性质、功能及相互间的内在联系进行分级、分类，有机组织、合理构成的系统整体。环境标准体系内的各类标准，从其内在联系出发，相互支持，相互匹配，发挥体系整体的综合作用，作为环境监督管理的依据和有效手段，为控制污染、改善环境质量服务。环境标准体系不是一成不变的，它与各个时期的社会经济的发展相适应，不断变化、充实和发展。我国目前的环境标准体系，是根据我国国情，总结历年来环境标准工作经验，参考国外的环境标准体系而制定的。它分为两级、七种类型（图 8.3）。此外，还可分为强制性标准和推荐下标准。

1. 国家环境标准

国家环境标准包括国家环境质量标准、国家污染物排放标准（或控制标准）、国家环境监测方法标准、国家环境标准样品标准、国家环境基础标准。

国家环境质量标准是为了保障人群健康、维护生态环境和保障社会物质财富，并考虑技术、经济条件，对环境中有害物质和因素所作的限制性规定。国家环境质量标准是一定时期内衡量环境优劣程度的标准，从某种意义上讲是环境质量标准的目标标准。

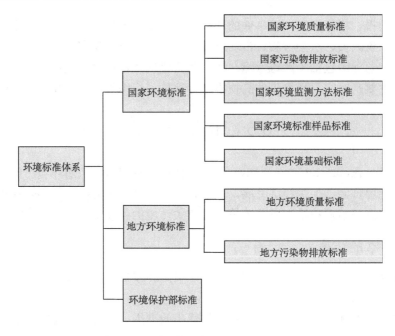

图 8.3 我国目前的环境标准体系

国家污染物排放标准是国家根据环境质量标准，以及适用的污染控制技术，并考虑经济承受能力，对人为污染源排入环境的污染物的浓度或总量所作的限量规定。其目的是通过控制污染源排污量的途径来实现环境质量标准或环境目标，污染物排放标准按污染物形态分为气态、液态、固态及物理性污染物（如噪声）排放标准。

国家环境监测方法标准是为了监测环境质量和污染物排放，规范采样、分析、测试、数据处理等所作的统一规定（指对分析方法、测定方法、采样方法、实验方法、检验方法、生产方法、操作方法所作的统一规定）。环境监测中最常见的是分析方法、测定方法和采样方法。如锅炉大气污染物测试方法、建筑施工场界噪声的测量方法、水质分析方法标准等。

国家环境标准样品标准是为了保证环境监测数据的准确、可靠，对用于量值传递或质量控制的材料、实验样品而制定的标准。标准样品在环境管理中起着特别的作用，可用来评价分析仪器、鉴别其灵敏度，评价分析者的技术，使操作技术规范化。如土壤 ESS-1 标准样品（GSBZ 50001—87）、水质 COD 标准样品（GSBZ 500001—87）等。

国家环境基础标准是指在环境标准化工作范围内，对有指导意义的符号、代号、指南、程序、规范等所作的统一规定，它是制定其他环境标准的基础。如地方大气污染物排放标准的技术方法，地方水污染物排放标准的技术原则和方法，环境保护标准的编制、出版和印刷等。

2. 地方环境标准

地方环境标准是对国家环境标准的补充和完善。由省、自治区、直辖市人民政府制定。近年来为控制环境质量恶化趋势，一些地方已将总量控制指标纳入地方环境标准。

对于地方环境质量标准,国家环境标准中未作出规定的项目,可以制定地方环境质量标准,并报国务院行政主管部门备案。

对于地方污染物排放标准,国家污染物排放标准中未作规定的项目,可以制定地方污染物排放标准;国家污染物排放标准已规定的项目,可以制定严于国家污染物排放标准的地方污染物排放标准。省、自治区、直辖市人民政府制定机动车船大气污染物地方排放标准严于国家排放标准的,需报经国务院批准。

3. 环境保护部标准

环境保护部标准是在环境保护工作中对需要统一的技术要求所制定的标准,包括执行各项环境管理制度、监测技术、环境区划、规划的技术要求、规范、导则等。

《环境影响评价技术导则》由规划环境影响评价技术导则和建设项目环境影响评价技术导则组成。其中规划环境影响评价技术导则由总纲、专项规划环境影响评价技术导则和行业规划环境影响评价技术导则构成,总纲对后两项导则有指导作用,后两项导则的制定要遵循总纲的总体要求。目前颁布的规划环境影响评价技术导则主要有《规划环境影响评价技术导则(试行)》和《规划环境影响评价技术导则——煤炭工业矿区总体规划》。

建设项目环境影响评价技术导则由总纲、专项环境影响评价技术导则和行业建设项目环境影响评价技术导则构成,总纲对后两项导则具有指导作用,后两项导则的制定要遵循总纲的总体要求。

专项环境影响评价技术导则包括环境要素和专题两种形式,如大气环境影响评价技术导则、地表水环境影响评价技术导则、地下水环境影响评价技术导则、声环境影响评价技术导则、生态影响评价技术导则等为环境要素的环境影响评价技术导则,建设项目环境风险评价技术导则等为专题的环境影响评价技术导则。

火电建设项目环境影响评价技术导则、水利水电工程环境影响评价技术导则、机场建设工程环境影响评价技术导则、石油化工建设项目环境影响评价技术导则等为行业建设项目环境影响评价技术导则。

国家环境标准分为强制性和推荐性标准。环境质量标准和污染物排放标准,以及法律、法规规定必须执行的其他标准属于强制性标准,强制性标准必须执行。强制性标准以外的环境标准属于推荐性标准。国家鼓励采用推荐性环境标准,如推荐性环境标准被强制性标准引用,也必须强制执行。

思考题

1. 如何理解环境管理的含义?
2. 我国环境管理的基本方针和基本政策有哪些?它们的含义是什么?
3. 环境管理包括的内容有哪些?
4. 我国环境保护法律法规体系包括哪些内容?环境法律责任包括哪几个方面?
5. 什么是环境影响评价制度?实施环境影响评价的意义是什么?
6. 什么是"三同时"制度?具体内容是什么?

7. 什么是环境保护目标责任制？其特点是什么？

8. 什么是总量控制？总量控制包括哪几种类型？我国实施总量控制的污染物指标确定原则是什么？

9. 环境标准的内涵、特点及其作用是什么？

10. 环境标准有什么作用？目前的环境标准体系是什么？

第9章 环境监测、评价与规划

【导读】环境监测是通过对人类和环境有影响的各种物质的含量、排放量的检测，跟踪环境质量的变化，确定环境质量的水平，为环境管理和污染治理等工作提供基础和保证。简单地说，了解环境水平，进行环境监测，是开展一切环境工作的前提。环境监测包括背景调查、确定方案、优化布点、现场采样、样品运送、实验分析、数据收集、分析综合等过程。总的来说，就是计划—采样—分析—综合的获得信息的过程。环境评价是环境质量评价和环境影响评价的简称，是对环境系统状况的价值评定、判断和提出对策，为开发建设提供科学依据。环境评价具有技术性、专业性、导向性的特点，在新一轮深化改革过程中，环境评价将成为环境保护的重要举措。环境规划是人类为使环境与经济和社会协调发展而对自身活动和环境所做的空间和时间上的合理安排，其目的是指导人们进行各项环境保护活动。

通过本章的学习，要了解环境监测和环境评价在环境保护工作中的重要性，掌握环境监测和环境评价的基本理论、基本技术和基本方法，熟悉建设项目环境影响评价的相关内容和知识要点，以及各种环境监测项目的内容和方法，培养环境监测、评价和规划工作的基本技能。

9.1 环 境 监 测

9.1.1 环境监测概述

环境监测（environmental monitoring）指以环境为对象，运用物理、化学、生物、遥感等技术和手段，监视和检测反映环境质量现状及其变化趋势的各种污染物浓度的过程。环境监测以监测影响环境质量的污染因子及反映环境质量的环境因子为基础，以表征环境质量现状及其变化趋势，为污染治理、环境管理及规划等工作提供基础和依据。

1. 环境监测的目的

环境监测的目的是准确、及时、全面地反映环境质量现状及其变化趋势，为污染控制、环境评价、环境规划和环境管理等提供科学依据。具体概况为以下几个方面。

（1）评价环境质量现状，预测环境质量变化趋势。通过环境监测，提供环境质量现状数据，判断是否符合环境质量标准。通过掌握污染物的时空分布特点，预测污染的发展趋势。

（2）对污染源排放状况实施现场监督、监测和检查，及时、准确地追踪寻找污染源，掌握污染源排放状况及变化趋势。

（3）收集环境本底数据，积累长期的监测资料，为确切掌握环境容量、实施总量控制、目标管理提供科学依据。

（4）为制定环境法规、环境标准、环境评价、环境规划和环境污染综合防治对策提供依据。基于环境监测数据，依据科学技术和经济发展水平，制定出切实可行的环境保护法规和标准，为环境质量评价提供准确数据，为制定环境规划、作出正确决策提供可靠资料。

（5）确定新的污染要素，揭示新的环境问题，为环境科学研究提供发展方向。

2. 环境监测的内容

（1）环境监测的内容复杂而广泛，根据监测对象的不同，环境监测可分为水污染监测、大气污染监测、固体废物监测、生物监测和物理污染监测等。

（a）水污染监测（water pollution monitoring）。可分为环境水体监测和废水监测两部分，前者是为了查明水环境质量现状，后者是为了检测出废水中污染物的种类和浓度。主要检测项目相应地分为两类：一类是反应水质污染的综合指标，如温度、色度、pH、电导率、悬浮物、溶解氧（DO）、化学需氧量（COD）和生化需氧量（BOD）等；另一类是一些有毒害性的物质含量，如酚、氰、砷、铅、铬、镉、汞、镍和有机农药等。

（b）大气污染监测（atmospheric pollution monitoring）。主要包括大气中污染物、大气降水中的污染物和气象条件监测。

大气污染物通常以气体分子状态和颗粒物状态两种状态存在。分子状态的污染物监测项目主要有 SO_2、NO_2、NO、O_3、CO、碳氢化合物、卤化氢、氧化剂、甲醛和挥发酚等物质的含量。粒子污染物的监测项目有 TSP、PM_{10}、$PM_{2.5}$、PM_1、灰尘的自然降尘量、尘粒的化学组成（铬、铅、砷化合物等）。

大气降水监测内容是以降雨（雪）形式从大气中沉降到地球表面的沉积物的主要成分和性质，监测的项目主要有 pH、电导率、K^+、Na^+、Ca^{2+}、Mg^{2+}、NH_3、SO_4^{2-}、NO_3^-、Cl^- 等的含量。

气象监测主要测定影响污染物含量的气象因素，如风向、风速、气温、气压、降雨量，以及与光化学烟雾形成有关的太阳辐射、能见度等方面的情况。

（c）固体废物与生物监测（solid waste and biological monitoring）。固体废物主要包括工业固体废物和城市垃圾等。固体废物监测是监测固体废物的有害性质和有害成分对土壤、水体、空气和动植物的危害，如固体废物中的铬、铅、镉、汞等重金属在自然条件下浸出，农药残留在农作物中。生物监测指污染物导致动植物变化的监测，如水生生物监测、植物对大气污染反应及指示作用的监测、生物体内有害物质的监测、环境致突变物的监测等。具体监测项目依据需要而定，如砷、镉、汞、有机农药等含量。

（d）物理污染监测（physical pollution monitoring）。指对造成环境污染的噪声、振动、电磁辐射、放射性等物理能量引起的污染进行监测。物理污染对人体的损害并非一蹴而就，且很多时候人体并无感觉，但超过其阈值会直接危害人体的健康，尤其是放射性物质释放的 α、β 和 γ 射线对人体损害很大。

（2）根据环境污染的来源和受体，环境监测可分为污染源监测和环境质量监测。

（a）污染源监测（pollution source monitoring）。污染源包括自然污染源和人为污染源。该类监测主要针对人为污染源，即人类活动导致环境污染的污染源。主要监测内容为污染物的排放来源、排放浓度和排放种类等。其目的是控制污染源排放、解决污染纠纷和为环境影响评价提供依据。

（b）环境质量监测（environmental quality monitoring）。通常包括空气环境质量监测、水环境质量监测和土壤环境质量监测。环境空气质量监测不仅要监测空气中的污染物项目，由于区域污染主要由当地排放水平和气象条件决定，在排放条件一定的情况下，污染程度由气象条件决定。因此，空气环境质量监测还需要监测气象参数，如温度、湿度、风速、风向、逆温层高度和大气稳定度等。水环境质量监测包括海洋、河流、湖泊、水库等地表水和浅层地下水的监测，同时应包括水中的悬浮物、溶解物质及沉积物的监测。此外还应测定水文条件。

3. 环境监测的要求与特点

1）环境监测的要求

环境监测是对环境信息捕获、解析、综合的过程。只有全面、客观、准确地获取环境质量信息，并在综合分析的基础上揭示监测信息的内涵，才能对环境质量及其变化趋势做出正确的评价。因此，环境监测工作既要准确可靠，又要能科学、全面地反映实际情况。一般来说，环境监测的要求可概括为以下五个方面。

（1）代表性。污染物在环境中具有时空分布特征，在进行监测对所有的时段和位置进行全覆盖监测几乎是不可能的。因此，环境监测要求确定合适的采样时间、采样地点、采样频率和采样方法，从而使采集的样品具有代表性，能够真实反映总体的污染水平和环境质量状况。

（2）完整性。为保证监测质量和后续的数据分析工作有据可查，环境监测计划的实施应当完整，即布点、采样、样品运送、分析过程、分析人、质控人和签发人等应完备。从采样到分析，每一步都应作详细记录，便于出现问题时有据可查。

（3）可比性。可比性包括两方面的含义，首先不仅要求同一实验室对同一样品的监测结果应该具有数据可比性，而且还要求各实验室之间对同一实验样品的监测结果相互对比，只有这样才能从空间上比较环境质量的优劣；其次要求同一项目的历年监测数据也应具有可比性，这样才能从时间上确定环境质量的变化趋势。随着环境科学和技术的发展，新的监测仪器设备不断涌现，测量精度和准确度不断提高，对污染物的监测类别不断扩大，为研究污染物的时空变化打下坚实的基础。

（4）准确性。准确性指测量值与真实值的符合程度。环境监测要求实验分析结果准确可靠。因此，在检测过程中通常每间隔一定时间测量一次标准样品，通过比较标准样品的测量值与真实值，确保监测数据的准确性。

（5）精密性。精密性是指用一特定的分析程序在受控条件下重复分析均一样品所得测定值的一致程度，它反映分析方法或测量系统所存在的随机误差的大小。环境监测分析方法的精密性要满足一定的要求。

2）环境监测的特点

环境监测的对象、手段、时间和空间上具有多变性，污染物组分复杂，导致环境监测本身具有综合性、连续性和追踪性等特征。

（1）综合性。环境监测手段包括物理、化学、生物、物理化学、生物化学和生物物理等一切可以表征环境质量的方法；监测对象包括气体、水体（江、河、湖、海和地下水）、土壤、固体物质和生物等对象，只有对这些对象进行综合分析，才能确切了解环境质量状况；对监测数据进行统计处理和综合分析时，需涉及该地区的自然和社会各个方面的情况。因此，必须综合考虑才能正确阐明监测数据的内涵。

（2）连续性。由于环境污染具有时空变化的特征。因此，只有坚持长期测定，才能从大量的数据中揭示其变化规律，预测其变化趋势，数据越多，预测的准确度就越高。因此，监测网络、监测点位的选择一定要有科学性，而且一旦监测点位的代表性得到确认，必须坚持长期监测。

（3）追踪性。环境监测包括监测目的的确定、监测计划的制定、采样、样品的运送和保存、实验室测定和数据整理等过程，是一个复杂的、联系的系统，任何一步的差错都将影响最终数据的质量。特别是区域性的大型监测，由于参加人员众多、实验室和仪器不同，必然会产生技术和管理水平上的不同。为使监测结果具有一定的准确性，并使数据具有可比性、代表性和完整性，需有一个量值追踪体系予以监督。

9.1.2　环境监测的技术与方法

环境污染物的含量变化范围较大，大部分常处于痕量级甚至更低，并且基体复杂，流动变异性大，又涉及空间分布和变化。所以要求分析方法有较高的灵敏度、准确度、分辨率和分析速度。目前环境监测方法大致有四类。一是化学分析法，二是光化学分析法，三是色谱分析法，四是电化学分析法，具体如下。

1. 化学分析法

化学分析法（chemical analysis）是以化学反应为基础确定待测物质含量的方法。一般包括质量法、滴定法和目视比色法。其中滴定法用途最广，下面主要介绍滴定法。

滴定分析是将一种已知准确浓度的试剂滴加到一定量的待测溶液中，直到所加试剂与待测物质定量反应完全为止，然后根据试剂溶液的浓度和用量，利用化学反应的计量关系计算待测物质含量的方法。滴定分析通常用于测定常量组分，即被测组分含量一般在 1%以上的物质。有时也可测定微量组分。滴定分析法比较准确，在一般情况下，测定的相对误差在 1%左右。

通常将已知准确浓度的试剂称为滴定剂，把滴定剂由滴定管逐滴加到待测物质溶液中的操作过程称为滴定。滴加的标准溶液与待测组分恰好反应完全的这一点为化学计量点。一般依据指示剂的变色来确定化学计量点。在滴定中，滴定终点与理论上的化学计量点不一定恰好吻合，它们之间往往存在很小的差别，由此造成的分析误差称为终点误差。

适合滴定分析法的化学反应，应符合下列要求。

（1）反应必须按化学计量关系定量进行，能进行完全（达 99.9%以上），没有副反应。这是定量计算的基础。

（2）反应速度要足够快，以适应滴定的需要。对速度慢的反应，可通过加热或加入催化剂等方法来加快反应速度。

（3）要有适当的指示剂或其他物理化学方法来确定反应的化学计量点。按这些要求，也可将一些反应条件加以改变，使之满足滴定分析的要求。

凡是能满足上述要求的反应，都可以进行直接滴定。

2. 光化学分析法

根据物质的光学性质建立的光化学分析法包括分光光度法和光谱分析法等。

1）分光光度法（spectrophotometric method）

通过测定被测物质在特定波长处或一定波长范围内光的吸收度或发光强度，对该物质进行定性和定量分析的方法。包括比色法、可见光光度法、紫外分光光度法和红外光谱法。以下以可见分光光度法为例，说明分光光度法的分析原理。

许多物质是有颜色的，而有色溶液颜色的深浅与这些物质的含量有关。溶液越浓，颜色越深。因此，可比较颜色的深浅来测定物质的含量，这种测定方法就称为比色分析法。随着现代测试仪器的发展，目前已普遍使用分光光度计进行比色分析。借助分光光度计的分析方法称为分光光度法。这种方法所测试的物质含量下限可达 $10^{-6} \sim 10^{-5}$ mg/L，具有较高的灵敏度，适用于微量组分的测定。

分光光度法测定的相对误差为 2%～5%，可以满足微量组分测定对准确度的要求。另外，分光光度法具有选择性好、测定迅速、仪器操作简单和应用范围广等特点，几乎所有的无机物质和许多有机物质都能用此法进行测定。因此，分光光度法对环境监测具有极其重要的意义。

当一束单色光通过均匀的溶液时，入射光强度为 I_0，吸收光强度为 I_a，透射光强度为 I_t，反射光强度为 I_r，则

$$I_0 = I_a + I_r + I_t \tag{9-1}$$

$$T = \frac{I_t}{I_0} \tag{9-2}$$

透光率（transmittance）T 是透射光的强度 I_t 与入射光强度 I_0 之比。透光率越大，溶液对光的吸收越少；透光率越小，溶液对光的吸收越多。吸光度定义为透光率的负对数，即

$$A = -\lg T = \lg \frac{I_0}{I_t} \tag{9-3}$$

A 越大，溶液对光的吸收越多。实践证明，当适当波长的单色光通过固定浓度的溶液时，其吸光度与光通过的液层厚度成正比，与吸光物质的浓度也成正比。即

$$A = \varepsilon bc \tag{9-4}$$

式中，b——液层厚度；

　　　c——物质的量浓度；

　　　ε——摩尔吸光系数[L/(mol·cm)]，它与被测物质性质、入射光波长、溶剂、溶液浓度及温度有关。

式（9-4）就是 Lambert-Beer 定律的数学表达式，对所有的均匀介质都是适用的。

若用质量浓度 r（g/L）代替物质的量浓度 c，则

$$A = abr \tag{9-5}$$

式中，a——质量吸光系数[L/(mol·cm)]。

A 和 r 可通过 $\varepsilon = aM$ 互换，M 表示被测物质的摩尔质量。ε（或 a）是通过标准物质稀溶

液测得的，它的数值越大，表明溶液对入射光越容易吸收，测定的灵敏度就越高。一般$\varepsilon >$ 10^3 L/（mol·cm），即可利用分光光度法测定。

2）光谱分析法

光谱分析法（spectrum analysis）是利用光谱学的原理和实验方法以确定物质的结构和化学成分的分析方法。各种结构的物质都具有自己的特征光谱，光谱分析法就是利用特征光谱研究物质结构或测定化学成分的方法。光谱是由物质的原子或分子特定能级的跃迁所产生的，因此根据其特征光谱的波长和强度可以进行定性和定量分析。根据电磁辐射的本质，光谱分析可分为分子光谱和原子光谱。根据辐射能量传递的方式，光谱又可分为发射光谱和吸收光谱等。

（1）原子吸收光谱法。原子吸收光谱（atomic absorption spectroscopy，AAS）又称原子分光光度法，是基于待测元素的基态原子蒸气对其特征谱线的吸收，由特征谱线的特征性和谱线被减弱的程度对待测元素进行定性定量分析的一种仪器分析方法。

原子吸收光谱法利用气态原子可以吸收一定波长的光辐射，使原子中外层的电子从基态跃迁到激发态的现象而建立的。由于各种原子中电子的能级不同，将有选择性地共振吸收一定波长的辐射光，这个共振吸收波长恰好等于该原子受激发后发射光谱的波长。当光源发射的某一特征波长的光通过原子蒸气时，即入射辐射的频率等于原子中的电子由基态跃迁到较高能态（一般情况下都是第一激发态）所需的能量频率时，原子中的外层电子将选择性地吸收其同种元素所发射的特征谱线，使入射光减弱。特征谱线因吸收而减弱的程度称吸光度 A，在线性范围内与被测元素的含量成正比：

$$A=KC \tag{9-6}$$

式中，K——常数；

C——试样浓度。

K 包含了所有的常数。此式就是原子吸收光谱法进行定量分析的理论基础。

原子能级是量子化的，因此，在所有的情况下，原子对辐射的吸收都是有选择性的。各元素的原子结构和外层电子的排布不同，元素从基态跃迁至第一激发态时吸收的能量不同，因而各元素的共振吸收线具有不同的特征。由此可作为元素定性的依据，而吸收辐射的强度可作为定量的依据。原子吸收光谱法现已成为无机元素定量分析应用最广泛的一种分析方法，该法主要适用于样品中微量及痕量组分分析。

（2）原子发射光谱法。原子发射光谱法（atomic emission spectroscopy，AES）又称光发射谱法或光谱分析，是一种测定物质元素的组成和含量的分析技术。在激发光源的作用下，部分样品物质处于高温气体状态，并且离解成原子甚至电离成离子，因而在外层电子发生能级跃迁时发射出来的是一些分得开的、频率非常窄的线光谱。利用原子或离子所发射的特征光谱线的波长和强度来测定组成物质的元素种类及其含量的方法称原子发射光谱法。利用原子发射光谱法可进行定性分析和定量分析，在适合条件下，利用元素的特征谱线可以准确无误地确定某种元素的存在。因此，原子发射光谱法是很可靠的方法，既灵敏快速，又非常简便。原子发射光谱法适宜于低含量及痕量元素的分析，但不能用以分析有机物及大部分非金属元素。

　　原子发射光谱法是通过下列过程来完成的。首先，使试样在外界能量的作用下变成气态原子，并使气态原子的外层电子激发至高能态。处于激发态的原子不稳定，一般在 10 s 后便跃迁到较低的能态，这时原子将释放出多余的能量而发射特征谱线。由于样品中含有不同的原子，就会产生不同波长的电磁辐射。其次，把所产生的辐射用棱镜或光栅等分光元件进行色散分光，按波长顺序记录在感光板上，可得有规则的谱线条即光谱图（也可用目视法或光电法进行测量）。最后，检定光谱中元素的特征谱线的存在与否，可对试样进行定性分析，进一步测量各特征谱线的强度可进行定量分析。

　　（3）紫外吸收光谱分析。紫外吸收光谱（ultraviolet absorption spectrum）又称紫外分光光度，是根据物质对不同波长的紫外线吸收程度不同而对物质组成进行分析的方法。此法所用仪器为紫外吸收分光光度计或紫外-可见分光光度计。光源发出的紫外光经光栅或棱镜分光后，分别通过样品溶液及参比溶液，再投射到光电倍增管上，经光电转换并放大后，由绘制的紫外吸收光谱可对物质进行定性分析。由于紫外线能量较高，故紫外吸收光谱法灵敏度较高；同时，本法对不饱和烯烃、芳烃、多环及杂环化合物具有较好的选择性，故一般用于这些类别化合物的分析及相关污染物的监测。例如，水和废水统一检测分析法中，紫外吸收光谱法可测定矿物油、硝酸盐氮；以可变波长紫外检测器作为检测器的高压液相色谱法可测多环芳烃等。

　　（4）红外吸收光谱分析。分子的振动能量比转动能量大，当发生振动能级跃迁时，不可避免地伴随有转动能级的跃迁，所以无法测量纯粹的振动光谱，而只能得到分子的振动-转动光谱，这种光谱称为红外吸收光谱（infrared absorption spectrum）。当样品受到频率连续变化的红外光照射时，分子吸收了某些频率的辐射，并由其转动或振动引起偶极矩的净变化，产生分子振动和转动的能级从基态到激发态的跃迁，使相应于这些吸收区域的透射光强度减弱。记录红外光的百分透射比与波数或波长的关系曲线，就得到红外光谱。

　　同结构化合物的红外光谱具有与其结构特征相对应的特征。红外光谱谱带的数目、位置、形状和吸收强度均随化合物的结构和所处状态不同而不同。因此，利用红外光谱与有机化合物的官能团或其结构的关系可对有机化合物进行定性分析。红外光谱定量分析也是以 Lambert-Beer 定律为基础的。一般将分析波长选在被分析组分的特征吸收处，以避免其他共存组分的干扰。原则上，液体、固体和气体样品都可应用红外光吸收光谱法作定量分析。

　　红外吸收光谱通常用于分子结构的基础研究和化学组成的分析。近年来发展了傅里叶变换红外分光光度计，它是基于光的相干性原理制造的干涉型红外分光光度计，具有测定时间短、灵敏度和分辨能量高、测量光谱范围广等优点。

3. 色谱分析法

　　色谱分析法又称层析分析法（chromatography），是基于混合物各组分在体系中的物理化学性能差异（如吸附、分配差异等）而进行分离和分析的方法。国际公认俄国 M.C.茨维特为色谱法的创始人。由于不同物质在相对运动的两相中具有不同的分配系数，当这些物质随流动相移动时，就在两相之间进行反复分配，使原来分配系数只有微小差异的各组分得到很好的分离，依次送入检测器测定，达到分离、分析各组分的目的。色谱法分离效率高、分离速度快、灵敏度高、可进行大规模的纯物质制备。

　　色谱分析法的分类比较复杂。根据流动相和固定相的不同，色谱法分为气相色谱法和液相色谱法。按色谱操作终止的方法可分为展开色谱和洗脱色谱。按进样方法可分为区带色谱、迎头色谱和顶替色谱。下面主要介绍气相色谱法。

1）气相色谱法

气相色谱法（gas chromatography，GC）是使用气相色谱仪来实现对多组分混合物分离和分析的，其流程如图 9.1 所示，载气由高压钢瓶供给，经减压、干燥、净化和测量流量后进入气化室，携带由气化室进样口注入并迅速转化为蒸气的试样进入色谱（内装固定相），经分离后的各组分进入检测器，将浓度或质量信号转换成电信号，经阻抗转换和放大，送入记录仪记录色谱峰。

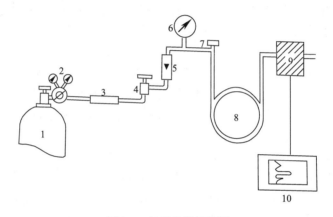

图 9.1　气相色谱流程图

1.高压钢气瓶；2.减压阀；3.载气净化干燥管；4.针型阀；5.流量计；6.压力表；7.进样器；8.色谱柱；9.检测器；10.记录仪

当载气带着各组分依次通过检测器时，检测器响应信号随时间的变化曲线称为色谱峰流出曲线，也称色谱图，如图 9.2 所示。如果分离完全，每个色谱代表一种组分，根据色谱峰时间可进行定性分析；根据色谱峰高或峰面积可进行定量分析。

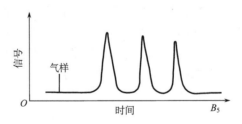

图 9.2　色谱峰流出曲线

2）色谱-质谱联用法（chromatography-mass spectrometry，GC-MS）

质谱对复杂有机分子所得的谱分辨率较高，重现性好，定性能力强，是一种测定有机化合物结构较好的方法。而气相色谱具有分离效率高、定量分析简便，但定性差的特点。色谱与质谱联用能使气相色谱法高效分离混合物的特点与质谱法高分辨率鉴定化合物的特点相结合，加上计算机的运用，为分析组成复杂的有机化合混合物提供了有力手段。这样，气相色谱仪相当于质谱法理想的"进样器"，而质谱仪是气相色谱法理想的"检测器"，该检测器几乎能检出全部的化合物。质谱分析的基本原理是利用被分析物质的分子或原子电离，生成具有一定质量和电荷的离子，通过质量分析器使离子按质量和电荷比（即质荷比 *m/z*）不同分离，收集和记录离子信号，构成离子按质荷比大小排列的质谱，实现样品成分和结构的测定，色谱-质谱联用仪器主要有色谱仪、分子分离器（又称接口）、质谱仪和计算机四部分组成，连接方式如图 9.3 所示。有机混合物由色谱柱分离后经接口进入离子源被电离成离子，离子在进入质谱的质量分析器前由在离子源与质量分析器之间的一个总离子检测器来截取部分离子流信号。由于总离子强度的变化正是流入离子源的色谱组分变化的反映，因而总离子强度或扫描数随时间变化的曲线就是混合物的色谱图，称为总离子流色谱图。

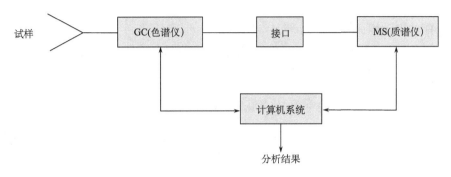

图 9.3　气相色谱-质谱联用仪器组成示意图

除了气相色谱-质谱联用，还有液相色谱-质谱（LC-MS）、CE-MS、气相色谱-傅里叶变换红外光谱（GC-FTIR）、串联质谱（MS-MS）等联用技术。

4. 电化学分析法

电化学分析法（electrochemical analysis）是基于物质在溶液中的电化学性质的一类仪器分析方法，是由德国化学家 C.温克勒尔在 19 世纪首先引入分析领域的，始于 1922 年捷克化学家 J.海洛夫斯基建立的极谱法。通常将试液作为化学电池的一个组成部分，根据该电池的某种电参数（如电阻、电导、电位、电流、电量或电流-电压曲线等）与被测物质的浓度之间存在一定的关系而进行测定。电化学分析法有多种，如测定原电池电动势以求物质含量的分析方法称为电位法或电位分析法；通过对电阻的测定以求物质含量的分析方法称为电导法；而借助某些物理量的突变作为滴定分析终点的指示，则称为电容量分析法等。

1）电位分析法

电位分析法（potential method）是利用电极电位和浓度之间的关系来确定物质含量的分析方法，包括直接电位法和电位滴定法。直接电位法是利用专用电极将被测离子的活度转化为电极电位后加以测定。例如，用玻璃电极测定溶液中的氢离子活度，用氟离子选择性电极测定溶液中的氟离子活度（见离子选择性电极）。电位滴定法是利用指示电极电位的突跃来指示滴定终点。两种方法的区别在于，直接电位法只测定溶液中已经存在的自由离子，不破坏溶液中的平衡关系；电位滴定法测定的是被测离子的总浓度，可直接用于有色和浑浊溶液的滴定。在酸碱滴定中，它可以滴定不适于用指示剂的弱酸，能滴定 K 小于 5×10^{-9} 的弱酸。在沉淀和氧化还原滴定中，因缺少指示剂，它应用更为广泛。电位滴定法可以进行连续和自动滴定。

表示电极电位的基本公式是能斯特方程式。由于单个电极电位的绝对值无法测量，在大多数情况下，电位法是基于测量原电池的电动势。构成电磁的两个电极，一个电极的电位随待测离子浓度而变化，能指示待测离子浓度，称为指示电极，如金属电极、玻璃电极和离子选择性电极；另一个电极的电位则不受试液组分变化的影响，具有较恒定的数值，称为参比电极，如甘汞电极、Ag-AgCl 电极。指示电极和参比电极共同浸入试液中，构成一个原电池，通过测定原电池的电动势，便可求得待测离子的浓度，这一方法也称为直接电位法。下面以测定 pH 为例说明。

测定 pH 的电池组成表达式为

$$\text{Ag，AgCl} \mid 0.1 \text{ mol/L HCl} \parallel \text{玻璃膜} \mid \text{试液} \parallel \text{KCl（饱和）} \mid \text{HgCl，Hg} \tag{9-7}$$

原电池的电动势为

$$E_{\text{电池}} = \varphi_{\text{甘汞}} - \varphi_{\text{玻璃}} = K + \frac{2.303 RT}{F} \text{pH}_{\text{试纸}} \tag{9-8}$$

式中，K 值可通过试样的 pH 与已知 pH 的标准缓冲溶液相比求得。可见，测定了电极位，就可确定 pH。

在滴定分析中，滴定进行到化学计量点附近时将发生浓度的突变（又称滴定突跃）。如果滴定过程中在滴定容器内浸入一对适当的电极，则在化学计量点附近可以观察到电极电位的突变，因而根据电极电位突跃可确定终点的到达，这就是电位滴定法的原理。

2）极谱分析法

极谱分析法（polaroraphic analysis）是根据被测物质在电极上进行氧化还原反应得到的电流-电压关系曲线进行定性、定量分析的方法。它的测定原理如图 9.4 所示，其中 E 为直流电源，AB 为滑线电阻，加在电解槽（极化池）D 端电极上的电压可借助移动触点 C 调节，AC 间的电压由伏特计 V 读出，G 为检流计，可测量电解过程中通过的电流。

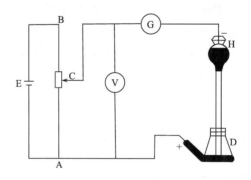

图 9.4　极谱分析基本装置

分析时，将试液（以测 $10^{-3} \sim 10^{-4}$ mol/L 的 $CdCl_2$ 稀溶液为例）注入电解池中，加入 0.1 mol/L 的 KCl 作为支持电解质，用于消除迁移电流，通入氮气除去溶液中的氧。汞滴以 3～

4 滴/s 的速度滴落。在电解液保持静态的条件下，移动触点 C 使加于两电极间的电压逐渐增大，记录电压值与相应的电流值，便得到图 9.5 所示的电流-电压曲线。从图 9.5 可知，在未达到镉离子的分解电压时，只有微小的电流通过检流计（AB 部分）；当外加电压增加到一定数值后，电流不再随外加电压增加而增大，达到极限值（CD 部分），此时的电流称为极限电流。极限电流减去残余电流后的电流称为极限扩散电流，它与溶液中 Cd 离子浓度成正比，这是极谱分析法的基础。当电流等于极限扩散电流的一半时，滴汞电极的电位称为半波电位（$E_{1/2}$）。不同物质具有不同的半波电位，这是进行定性分析的依据。滴汞电极上的极限扩散电流可用尤考维奇公式表示：

$$i_d = 607nD^{1/2}m^{2/3}t^{1/6}c \tag{9-9}$$

式中，i_d——平均极限扩散电流，μA；

n——电极反应中电子的转移数；

D——极上起反应的物质在溶液中的扩散系数，cm^2/s；

m——汞的流速，mg/s；

t——在测 i_d 的电压时的滴汞周期，s；

c——在电极上发生反应物质的浓度，mmol/L。

当实验条件一定时，n、D、m、t 均为定值，极限扩散电流表达式可简化为

$$i_d = Kc \tag{9-10}$$

式中，$K=607nD^{1/2}m^{2/3}t^{1/6}$。可见，测量 i_d 后，即可求得 c。

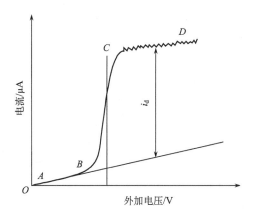

图 9.5 极谱分析基本装置

9.1.3 在线监测和自动检测

环境监测自动化和污染物的在线监测等是环境监测的发展方向。环境监测自动化主要是计算机的应用。自动监测系统中许多监测站通过计算机联网，连续分析记录和显示所监测区域的情况，遇到情况能及时报警，及时处理。目前，自动监测主要针对大气和水质量监测，整个系统由自动水质监测站、空气自动监测站、在线计算机、遥测信息中心和电动系统所组成。它能对多个空气参数和水质参数进行自动监测，由计算机和遥测信息中心接收各监测站输来的空气和水质参数。

1. 大气自动监测

环境空气自动监测系统（automatic ambient air monitoring system）是一套以自动监测仪器为核心的自动"测-控"系统。空气质量的自动监测系统一般采用湿法和干法两种方式。湿法的测量原理是库仑法和电导法等，需要大量试剂，存在试剂调整和废液处理等问题，操作烦琐，故障率高，维护量大。该法现已处于淘汰阶段。干法基于物理光学测量原理，使样品始终保持在气体状态，没有试剂的损耗，维护量较小，代表了目前的发展趋势。

大气污染自动监测项目主要有 SO_2、NO、NO_2、O_3、H_2S、CO、CO_2、碳氢化合物、TSP、PM_{10}、降尘含量、酸碱性和气象参数等。

我国"环境监测技术规范"将地面大气自动监测系统的监测分为Ⅰ类测点和Ⅱ类测点。Ⅰ类测点数据按要求进国家环境数据库，Ⅱ类测点数据由各省市管理。Ⅰ类测点除测定气温、大气压、湿度、风向、风速等五项气相参数外，规定的必测项目有 SO_2、NO、TSP、CO、PM_{10}含量；选测项目有 O_3、总碳氢化合物含量。Ⅱ类测点项目可根据具体情况确定。

干法监测子站主要由样品采集、空气自动分析仪、气象参数传感器、动态自动校准系统、数据采集和传输系统及条件保证系统等组成。自动分析仪主要由以下几种仪器组成。

1）SO_2 自动分析仪

基于 SO_2 分子接收紫外线（波长 214 nm）能量成为激发态分子，在返回基态时，发出特征荧光，由光电倍增管将荧光强度信号转换成电信号，通过电压/频率转换成数字信号送给CPU 进行数据处理。当 SO_2 含量较低，激发光程较短且背景为空气时，荧光强度与 SO_2 含量成正比。采用空气除烃器可消除 PAHs 对测量的干扰。

2）NO_x 自动分析仪

NO 与 O_3 发生反应生成激发态的 NO_2^*，在返回基态时发射特征光，发光强度与 NO 含量成正比。NO_2 不与 O_3 发生反应，可通过钼催化还原反应（315℃），将 NO_2 转化成 NO 后进行测量。如果样气通过钼转换器进入反应管，则测量的是 NO_x，NO_x 与 NO 含量之差即为 NO_2。

3）O_3 自动分析仪

利用 O_3 分子吸收射入的波长为 254 nm 的紫外光测量样气的吸光度。实验时分别测定空气样和经 O_3 去除器去除 O_3 后的背景气的透射光强，通过电磁阀的切换，经数据处理器可直接显示和记录消除背景干扰后的测量结果，据此可得到 O_3 含量。

4）PM_{10} 自动分析仪（β 射线法）

仪器利用恒流抽气泵进行采样，大气中的悬浮颗粒被吸附在 β 源和盖革计数器之间的滤纸表面，抽气前后盖革计数器数值的改变反映了滤纸上吸附灰尘的质量，由此可以得到单位体积空气中悬浮颗粒的含量。对自动分析仪的自动校准通过动态自动校准系统完成，该系统包括动态自动校准仪、零气发生器、标准气源。

2. 水质自动监测和在线监测

水质污染自动监测系统（water quality pollution automatic monitoring system, WPMS）是一套以在线自动分析仪器为核心，运用现代传感技术、自动测量技术、自动控制技术、计算机运用技术及相关的专用分析软件和通信网络组成的一个综合性的在线自动监测系统。WPMS可尽早发现水质的异常变化，为防止下游水质污染迅速做出预警预报，及时追踪污染源，从而为管理决策服务。

一个可靠性很高的水质自动监测系统，必须同时具备4个要素，即高质量的系统设备、完备的系统设计、严格的施工管理、负责的运行管理。水质自动监测的技术关键包括以下几方面。

（1）采水单元。包括水泵、管路、供电及安装结构部分。在设计上必须对各种气候、地形、水位变化及水中泥沙等提出相应解决措施，能够自动连续地与整个系统同步工作，向系统提供可靠、有效水样。

（2）配水单元。包括水样预处理装置、自动清洗装置及辅助部分。配水单元直接向自动监测仪器供水，具有在线除泥沙和在线过滤，手动和自动管道反冲洗和除藻装置；其水质、水压和水量应满足自动监测仪器的需要。

（3）分析单元。由一系列水质自动分析和测量仪器组成，包括流量、COD、水温、pH、DO、电导率、浊度、氨氮、高锰酸盐指数、总有机碳（TOC）、总氮、总磷、硝酸盐、磷酸盐、氰化物、氟化物、氯化物、酚类、油类、金属离子、水位计、流量/流速/流向计及自动采样器等。

（4）控制单元。包括系统控制柜和系统控制软件，数据采集、处理存储及其应用软件，有线通信和卫星通信设备。

采样分析方法为瞬时采样、周期采样和连续采样三种。采样设备为潜水泵。潜水泵通常安装在采样位置一定深度的水面下，经输水管道将水样输送到分站监测室内的配水槽中。由于河流、湖泊等天然水中携带有泥沙等细小颗粒物，初滤后的水经过配水槽，泥沙沉积在槽底，澄清水则以溢流方式分配到各检测仪器的检测池中，多余的水经排水管道排放出去。

潜水泵的安装方式大体可分为两种，一种为固定式，另一种是浮动式。固定式安装方便，但是采水深度会随水位的涨落而改变，因此在水位变化大的水域中使用时，不能保持恒定的采水深度。浮动式是将水泵安装在浮舟上，因浮舟始终漂浮在水面上，无论水位如何变化，采水深度始终保持不变。从水泵到监测室的输水管道越短越好，以免水质特别是测定溶解氧的水质在输送过程中发生变化。输水管道的长度一般为5～25 m。管道要避光安装，以防藻类的生长和聚集，管道还应保温，防止冬天冰冻，堵塞输水管道。监测的项目和自动监测方法见表9.1。

表9.1 监测项目和自动监测方法

监测项目		自动监测方法
综合指标	水温	热敏电阻和铂电阻法
	浑浊度	表面光散射法或分光光度法
	pH	玻璃电极法
	电导率	铂电极法

监测项目		自动监测方法
综合指标	溶解氧	隔膜电极法
	氧化还原电位	复合电极
	化学需氧量	$K_2Cr_2O_7$ 或湿化学法、流动池紫外线吸收光度法或反滴定法
	总有机碳含量	非色散红外线吸收法或紫外催化氧化法
单项污染物指标	氟离子含量	氟离子电极法
	氯离子含量	氯离子电极法
	氰离子含量	氰离子电极法
	氨氮含量	氨离子电极法
	铬含量	湿化学自动比色法
	酚含量	湿化学自动比色法或紫外线吸收光度法
	磷酸盐含量	钼锑抗分光光度法
	总磷含量	钼酸铵分光光度法
	总氮含量	紫外分光光度法
	硝酸盐含量	离子选择电极

另外，有时还需监测水质生物指标，如大肠杆菌群数和细菌总数等；水文气象参数，如流量、流速、水深、潮级、风向、风速、气温、湿度、日照量和降雨量等。

水质自动监测系统具有连续运转的特点，其采水和配水管路的清洗程度、仪器运行状况、试剂与标准溶液的稳定性及分析仪器的基线漂移等都是影响数据质量的重要因素，为了保证测量精度，仪器必须带自动清洗、自动校正及相应的程序控制装置。日常采取的质量控制措施包括定期校准、质控样检查、比对试验验证、试剂有效性检查及数据审核等方法，应严格按照《水质自动分析仪器要求》（HJ/T 96～104—2003）进行校对试验，保证数据的有效性。

污染源在线监控系统实现了对重点污染源污染处理设施运行状态的在线实时监控，提高了对污染事故的快速反应能力，大大地缩减了采集、分析、调查的时间。目前，污染源的在线监测主要针对 COD、BOD、TOC、TOD 这几个项目。

9.2　环　境　评　价

9.2.1　环境质量评价概述

1. 环境质量

环境质量（environmental quality）是指环境系统的内在结构和外部所表现的状态对人类及生物界的生存和繁衍的适宜性，是反映人类的具体要求而形成的对环境评定的一种概念。到 20 世纪 60 年代，随着环境问题的出现，常用环境质量的好坏来表示环境遭受污染的程度。区域环境系统是由许多环境要素组成的，通常包括大气环境质量、水环境质量、土壤环境质量和生物环境质量等。区域环境质量不仅与各环境要素质量有关，还与要素之间的互相作用有关。

2. 环境质量评价

环境质量评价（environmental quality assessment）是用定性和定量的方法加以描述环境系统所处的状态，按照一定的评价标准和评价方法评估环境质量的优劣，预测环境质量的发展趋势和评价人类活动对环境的影响。环境质量评价是认识和研究环境的一种科学方法，是对环境质量优劣的定量描述。从广义上来说，环境质量评价是对环境的结构、状态、质量、功能和现状进行分析，对可能发生的变化进行预测，对其与社会、经济发展的协调性进行定性和定量的评估等。

环境质量评价的主要目的包括：

（1）较全面揭示环境质量状况及其变化趋势。

（2）找出污染治理重点对象。

（3）为制定环境综合防治方案和城市总体规划及环境规划提供依据。

（4）研究环境质量与人群健康的关系。

（5）预测和评价拟建的工业或其他建设项目对周围环境可能产生的影响，即环境影响评价。

3. 环境质量评价分类

根据需要评价的时间段不同，环境质量评价可分为回顾评价、现状评价和预测评价三种。回顾评价可以分析当地环境的演变过程和变化规律，找出对环境影响的因素；现状评价可以了解环境质量的现实状况，评定污染源的分布和污染范围；预测评价可以了解环境状况的发展趋势、环境容量的情况，为制定发展规划提供依据。环境影响评价是使用预测评价的方法，但研究范围较小。按地域范围可分为局地的、区域的（如城市的）、海洋的和全球的环境质量评价。按环境要素可分为大气质量评价、水质评价和土壤质量评价等。就某一环境要素的质量进行评价，称为单要素评价。就诸要素综合进行评价，称为综合质量评价。按参数选择，有卫生学参数、生态学参数、地球化学参数、污染物参数、经济学参数、美学参数、热力学参数等质量评价。任何评价都必须依据当地的历史环境监测数据，当地的气候气象数据，地质微量元素数据，水文、水质量数据等。

4. 环境质量评价方法

环境质量评价方法的基本原理是选择一定数量的评价参数进行统计分析后，按照一定的评价标准进行评价，或转换成在综合加权的基础上进行比较。从实际应用出发，环境评价方法分为两大类：环境评价方法和影响预测技术。环境评价方法是环境影响识别、评价和各种方案决策中应用的通用方法。环境影响预测技术指应用各种环境模型（包括物理模型和数学模型）及专家职业经验进行预测，而其中运用数学模型进行模拟是最常用的方法。许多环境影响难以定量地模拟预测，故又常需应用专家经验判断方法。本书把专家预测法归入环境评价方法类。

环境质量评价常用的方法可分为两种类型。

（1）综合评价法。用于综合描述、识别、分析和评价一项开发行动对各种环境因子的影响或引起的总体环境质量的变化。因为综合地识别、分析和评价环境影响需要大量信息和数据，所以必须通过文献资料和监测调查收集信息，或者采用专项分析和评价方法间接地获取信息。

常用的综合评价方法包括核查表法（checklist）、矩阵法（matrix）、网络法（network）、环境指数法（environmental index）、叠图法（overlay）和幕景分析法（scenario analysis）等。每种方法又可衍生出许多改型的方法以适应不同的对象和不同的评价任务。例如，核查表可分为简单的、描述性的和决策用等多种。随着地理信息系统（geographic information system）的广泛应用，叠图法和幕景分析法都可利用地理信息系统在计算机上实现。逐层分解综合影响评价法则是以上方法的综合运用。

（2）专项分析和评价方法。用于定性、定量地确定环境影响程度、大小及重要性；对环境影响大小排序、分级；用于描述单项环境要素及各种评价因子质量的现状或变化。还可对不同性质的影响，按环境价值的判断进行归一化处理。

属于这一类型的方法有环境影响特征度量法、环境指数和指标法、专家判断法（expert judgment）、智暴法（brainstorming）、德尔菲法（delphi technique）、巴特尔指数法（bateer index method）、费用−效益分析法（cost-benefit analysis）、现场监测和调查（field monitoring reconnaissance）和统计与多元分析法（statistical and multivariate analysis）等。

9.2.2　环境质量现状评价

1. 环境质量现状评价的概念

环境质量现状评价是指对一定区域内人类近期和当前的活动使环境质量变化，以及受此变化引起人类与环境质量之间的价值关系的改变进行评价。环境质量的现状反映了人类已经进行或当前正在进行的活动对环境质量的影响。由于人类对环境质量除了要求维持生存繁衍的基本条件外，还要求其满足人类追求安逸舒适的要求，因而对这种影响的评价应根据一定区域内人类对环境质量的价值取向来进行评价。环境质量状况所能反映出的价值大致有四种。包括自然资源价值、生态价值、社会经济价值和生活质量价值。

（1）自然资源价值。自然资源指天然存在的自然物（不包括人类加工制造的原材料），并有利用价值的自然物，如土地、矿藏、水利、生物、气候、海洋等资源，是生产的原料来源和布局场所。自然资源价值主要是指大气、水和土壤在人类利用它们的过程中体现出来的某种属性。人们把大气、水和土壤看作一种有限的资源。因此，人们在对大气、水和土壤进行评价时更多注意的是污染评价，即评估人类的生产与生活活动所排放出来的各种污染物对大气、水和土壤的污染程度，以及由此对人体健康所造成的危害程度。

（2）生态价值，是指哲学上"价值一般"的特殊体现，主要包括以下三个方面的含义。第一，地球上任何生物个体，在生存竞争中都不仅实现着自身的生存利益，而且创造着其他物种和生命个体的生存条件，在这个意义上说，任何一个生物物种和个体，对其他物种和个体的生存都具有积极的意义（价值）；第二，地球上的任何一个物种及其个体的存在，对于地球整个生态系统的稳定和平衡都发挥着作用，这是生态价值的另一种体现；第三，自然界系统整体的稳定平衡是人类存在（生存）的必要条件，因而对人类的生存具有"环境价值"。生态价值的评估主要以生态学为基础，以保护生态平衡、可持续利用自然资源为目的，评估一定区域内生态系统是否处于良性循环状态，以及生态系统被破坏的程度。

（3）社会经济价值和生活价值，可称为文化价值，它们可从不同的角度去评价。例如，为适应人类生活的美好舒适的需要，从审美的观点出发，采用一定的评价方法对环境美学价值进行评价；为适应人类公共健康的需要，可从卫生学的角度进行评价；以社会经济协调发展为目的，可从经济学的角度进行评价。

2. 环境质量现状评价的基本程序

环境质量现状评价的程序因其目的、要求及评价的要素不同，可能略有差异，但基本过程相同，具体步骤如下。

（1）确定评价的目的、制定实施计划。进行环境质量现状评价首先要确定评价目的、划定评价区的范围、制定评价工作大纲和实施计划。

（2）收集与评价有关的背景资料。根据评价目的和内容的不同，收集的背景资料也要有所侧重。例如，以环境污染评价为主，要特别注意污染源与污染现状调查；以生态破坏评价为主，要特别进行人群健康状况回顾性调查；以美学评价为主，要注重自然景观资料的收集。

（3）环境质量现状监测。在背景资料收集、整理和分析的基础上，确定主要的监测因子。准确、足够而有代表性的监测数据，是环境质量评价的基础资料；选用最常见、有代表性、常规监测的污染物项目作为评价参数。此外，针对评价区域的污染源和污染物的排放实际情况，增加某些污染物项目作为环境质量的特征评价参数。

（4）背景值的预测。对背景值进行准确预测有时是非常必要的。例如，在评价区域比较大或监测能力有限的条件下，就需要根据监测到的污染物浓度值，建立背景值预测模式。

（5）进行环境质量现状分析。选取适当的方法，查明主要的污染因子，选用合适的评价标准评定污染程度及危害程度等。

（6）评价结论及对策。在评价中需要对各评价参数或环境要素给予不同的权重以体现其在环境质量中的重要性；根据环境质量的数值及其对应的效应作质量等级划分，以此赋予每个环境质量数值的含义。对环境质量状况给出总的结论，并提出建设性意见。

3. 环境质量现状评价的方法

目前国内外使用的环境评价方法较多，本节仅介绍几种常用的基本方法。

1）环境污染评价方法（environmental pollution evaluation）

本方法的目的在于查明特定环境的污染程度、划分污染等级、确定污染类型。经常使用的是污染指数法（pollution index method）。分为单因子指数和综合指数两大类。指数评价法是最早用于环境评价的一种方法，应用也最广泛，具有一定的客观性和可比性。

（1）单因子指数。单因子评价是环境评价最简单的表达方式，也是其他各种评价方法的基础。单因子评价指数的表达式为

$$P_i = \frac{C_i}{S_i} \tag{9-11}$$

其算术平均值为

$$\overline{P_i} = \sum_{i=1}^{K} \frac{P_i}{K} \qquad\qquad (9\text{-}12)$$

式中，P_i——第 i 种污染物的环境质量指数；

　　　　C_i——第 i 种污染物在环境中的浓度；

　　　　S_i——第 i 种污染物的环境质量评价标准；

　　　　$\overline{P_i}$——污染物 i 的平均污染指数；

　　　　K——监测次数。

环境质量指数是无量纲量，它表示某种污染物在环境中的浓度超过评价标准的程度。

在大气环境评价中，常用的评价参数有 PM_{10}、$PM_{2.5}$、SO_2、CO、NO_x 和 O_3 等，在水环境评价中，一般多选用 pH、悬浮物、溶解氧、COD、BOD、油类、大肠杆菌、有毒金属等作为评价参数。

（2）综合指数。通常一个具体的环境评价问题涉及的不仅是单个因子的问题。当多个因子参与评价时，用多因子环境质量指数；当参与评价的是多个环境要素时，用环境质量综合指数。综合污染指数有以下几种形式。

叠加型指数：

$$I = \sum_{i=1}^{n} \frac{C_i}{S_i} \qquad\qquad (9\text{-}13)$$

均值型指数：

$$I = \frac{1}{n} \sum_{i=1}^{n} \frac{C_i}{S_i} \qquad\qquad (9\text{-}14)$$

加权均值型指数：

$$I = \frac{1}{n} \sum_{i=1}^{n} W_i P_i \qquad\qquad (9\text{-}15)$$

均方根型指数：

$$I = \sqrt{\frac{1}{n} \sum_{i=1}^{n} P_i^2} \qquad\qquad (9\text{-}16)$$

式中，I——综合指数；

　　　　n——评价因子数；

　　　　W_i——污染物 i 的权系数。

环境质量指数（environmental quality index）是将大量监测数据经统计处理后求得其代表值，以环境卫生标准（或环境质量标准）作为评价标准，把它们代入专门设计的计算式，换算成定量和客观地评价环境质量的无量纲数值，这种数量指标就称为环境质量指数，也称环境污染指数。

根据不同测度范围和目标，环境质量指数按类型可分为单一指数、单要素指数和总环境指数三类。通常把描述一个区域的自然环境质量的指数称为总环境质量指数；把描述一种环境要素的指数称为单要素指数或类指数；用于反映某一个评价参数的指数称为单一指数或分指数。一般来说，总环境质量指数是由单要素指数综合而成的；单要素指数又是由单一指数综合而成的。单要素的环境质量指数有大气质量指数（air quality index）、水质指数（water quality index）、土壤质量指数（soil quality index）等。

　　环境质量指数法的特点，是能适应综合评价某个环境因素乃至几个环境因素的总环境质量的需要。此外，大量监测数据经过综合计算成几个环境质量指数后，可提纲挈领地表达环境质量，既综合概括，又简明扼要。环境质量指数可用于评价某地环境质量各年（或月、日）的变化情况，或比较环境治理前后环境质量的改变即考核治理效果，以及比较同时期各城市（或各监测点）的环境质量。它也适用于向管理部门和公众提供关于环境质量状况的信息。

　　环境质量指数的计算有比值法和评分法两种。比值法是以 C_i/S_i 的形式作为各污染物的分指数。评分法是将各污染物参数按其监测值大小定出评分，应用时根据污染物实测的数据就可求得其评分。从几个分指数可以构成一个综合质量指数，常用的方法有简单叠加、算术均数和加权平均等。

　　2）生态学评价方法（ecology evaluation method）

　　是通过各种生态因子的调查研究建立生态因素与环境质量之间的效应函数关系。评价自然景观破坏、物种灭绝、指标减少、作物品质下降与人体健康和人类生存发展需要的关系。由于生态学的内容非常丰富，生态学评价方法也有许多种，这里主要介绍植物群落评价、动物群落评价和水生生物评价。

　　（1）植物群落评价（plant community evaluation）。一个地区的植物与环境有一定关系。评价这种关系可用下列指标。

　　植物数量：其数量说明该地区的植被组成、植被类型和各物种的相对丰盛度。

　　优势度：指一个种群的绝对数量在群落中占优势的相对程度。

　　净生产力：净生产力是指单位时间的生长量或产生的生物量，这是很有用的生物学指标。

　　种群多样性：用种群数量和每个种群的个体数量来反映群落繁茂程度，它反映了群落的复杂程度和"健康"情况。通常使用辛普森指数：

$$D = \frac{N(N-1)}{\sum n(n-1)} \tag{9-17}$$

式中，D——多样性指数；

　　　　N——所有种群的个体总数；

　　　　n——一个种群的个体数。

　　由于指数受样本大小的影响，所以必须用两个以上同样大小的群落进行对比研究。

　　（2）动物群落评价（animal community evaluation）。一个地区的动物构成取决于植物情况。因此，植物群落的评价结果与方法在动物群落评价中都有重要作用。动物群落评价注重优势种、罕见种和濒危种。通过物种表、直接观察等方法确定动物物种的大小。

　　（3）水生生物评价（aquatic life evaluation）。水生生态系统（包括河流、湖泊、海洋）的生物在很多方面与陆生生物和陆生群落不一样。因此，采集的方法和评价的方法也不同。例如，由于藻类是水生生物的主要食物生产者，如果水质、水温、水位、流量等发生变化，藻类的生产就会受到影响。某些评价工作就需要对藻类进行评价。在评价过程中，通常需要了解组成成分，即某区域内有什么生物体存在；丰盛度，即某些水生生物在研究区域内占所有水生生物的相对数量；生产力，即某种生物在它的群落食物链中的相对重要性。然后是对水生动物的评价，水生动物包括的范围很广，种类繁多，应根据评价的目的选择评价因子。

3）美学评价法（aesthetic evaluation method）

从审美准则出发，以满足人们追求舒适安逸的需求为目标，对环境质量的文化价值进行评价。评价的方法主要有定性评价，如美感的描述；定量评价，如美感评分。对风景环境的美学评价，还可以采用艺术评价手段，如摄影艺术，以此可以烘托出环境美的意境来。美感的描述主要包括对人文要素和环境要素构成美的内在联系描述。

美感评分采用主观概率法计算美感值，其计算公式可以采用

$$Q = \sum_{i=1}^{n} W_i Q_i \qquad (9\text{-}18)$$

式中，Q——评价对象的美感值；

　　　Q_i——第 i 个要素的美感值；

　　　W_i——第 i 个要素的权系数。

例如，在北戴河风景区环境质量评价中，确定的美学评价评分等级见表 9.2。

表 9.2　北戴河风景区环境质量评价中的美学评价评分等级

Q	100～90	89～80	79～70	<70
等级	最美	较美	美	一般

需要指出的是美感值的评价结果往往受评价者主观因素影响较大。在评价中应该使有经验的专家评分与公众的调查评定结果相结合，再加以综合分析，才能得到比较客观的评价结果。目前环境质量的美学评价方法还不成熟，需要进一步完善。

9.2.3　环境影响评价

1. 环境影响

环境影响（environmental impact），是指人类活动（经济活动、政治活动和社会活动）导致的环境变化，以及由此引起的对人类社会和经济的效应。环境影响的概念包括人类活动对环境的作用和环境对人类的反作用两个层次，既强调人类活动对环境的作用，即认识和评价人类活动使环境发生或将发生哪些变化，又强调这种变化对人类的反作用，即认识和评价这些变化会对人类社会产生什么样的效应。研究人类活动对环境的作用是认识和评价环境对人类的反作用的手段的基础和前提条件；而认识和评价环境对人类的反作用是为了制定出缓和不利影响的对策措施，改善生活环境，维护人类健康，保证和促进人类社会的可持续发展。环境影响分类包括以下几方面。

（1）按影响的来源，可分为直接影响、间接影响和累积影响。直接影响与人类的活动同时同地；间接影响在时间上推迟、在空间上较远，但在可合理预见的范围内；累积影响是指一项活动的过去、现在及可以预见的将来的影响有累积效应，或多项活动对同地区可能叠加的影响。

（2）按影响的效果，可分为有利影响和不利影响。有利影响是指对人群健康、社会经济发展或其他环境的状况有积极的促进作用的影响，不利影响是指对人群健康、社会经济发展或其他环境的状况有消极的阻碍或破坏作用的影响。需注意的是，不利与有利是相对的、可以相互转化的，而且不同的个人、团体、组织等由于价值观念、利益需要的不同，对同一环境变化的评价会不尽相同，导致同一环境变化可能产生不同的环境影响。因此，关于环境影响的有利和不利的确定，要综合考虑多方面的因素，是环境影响评价工作中经常需要认真考虑、调研和权衡的问题。

（3）按影响的程度，可分为可恢复影响和不可恢复影响。可恢复影响是指人类活动造成环境某特性改变或价值丧失后可逐渐恢复到以前面貌的影响。例如，油轮发生泄油事件后可造成大面积海域污染，但在人为努力和环境自净作用下，经过一段时间以后又恢复到污染以前的状态，这是可恢复影响。不可恢复影响是指造成环境的某特性改变或价值丧失后不能恢复的影响。一般认为，在环境承载力范围内对环境造成的影响是可恢复的；超出了环境承载力范围，则为不可恢复影响。

（4）环境影响按建设项目的不同阶段可划分为建设阶段影响、运行阶段影响和服务期满后影响。

建设阶段的环境影响是指建设项目在开发、建设、施工期间产生的环境影响。它包括建筑材料和设备的运输、装卸、贮存等过程产生的影响；施工场地产生的扬尘、施工污水、施工噪声的影响；土地利用、地形、地貌的改变影响；拆迁移民等对社会文化经济产生的影响。

建设项目运行阶段的环境影响是指建设项目建设竣工后，投入正常运行、正常生产时对环境产生的影响。该阶段的环境影响往往持续时间长，是环境影响评价的重点，也是建设项目环境管理的重点。

建设项目服务期满后的环境影响是指建设项目使用寿命期结束，对环境产生的影响或残留污染源对环境产生的污染影响。例如，采矿、油田开发服务期满后，对地质环境、地形、地貌、植被、景观和生态资源产生的影响。

另外，环境影响还可分为短期影响和长期影响；地方、区域影响或国家和全球影响；大气环境影响、水环境影响、声环境影响、土壤环境影响和海洋环境影响等。

2. 环境影响评价

环境影响评价（environmental impact assessment）指对规划和建设项目实施后可能造成的环境影响进行分析、预测和评估，提出预防或减轻不良环境影响的对策和措施，进行跟踪监测的方法与制度。通俗说就是分析项目建成投产后可能对环境产生的影响，并提出污染防治对策和措施。环境影响评价的根本目的是鼓励在规划和决策中考虑环境因素，最终达到人类与环境的协调发展。按评价层次划分，环境影响评价有下述类型。

1）战略环境影响评价

战略环境影响评价简称战略环评（SEA），是对政府政策、规划及计划（Policy，Plan & Program，PPP）的环境影响评价，并把评价结果应用于赋有公共责任的决策中。SEA 包括我国现在要求的规划环评，还包括国外已经有的（我国未来也可能有的）政策环评和计划环评等环评形式。

2）区域开发环境影响评价

区域开发环境影响评价简称区域环评，是指针对某个区域开发所进行的环境影响评价，如某城市、某开发区或某工业园区，其区域的范围比国家、地区小，比单个建设项目建设范围大。近年来，以区域为单元进行整体规划和开发是我国发展的重要方式，而区域环评是进行区域环境规划的基础，区域环评法已在我国普遍开展。

3）建设项目环境影响评价

建设项目环境影响评价简称建设项目环评，广义指对拟建项目可能造成的环境影响（包括环境污染和生态破坏，也包括对环境的有利影响）进行分析、论证的全过程，并在此基础上提出采取的防治措施和对策。狭义指对拟议中的建设项目在兴建前即可行性研究阶段，对其选址、设计、施工等过程，特别是运营和生产阶段可能带来的环境影响进行预测和分析，提出相应的防治措施，为项目选址、设计及建成投产后的环境管理提供科学依据。

3. 环境影响评价制度

环境影响评价制度（environmental impact assessment system）是指把环境影响评价工作以法律、法规或行政规章的形式确定下来从而必须遵守的制度。环境影响评价不能等同于环境影响评价制度。前者是评价技术，后者是进行评价的法律依据。环境影响评价制度要求在工程、项目、计划和政策等活动的拟定和实施中，除了传统的经济和技术因素外，还要考虑环境影响，并把这种考虑体现到决策中去，对于可能显著影响人类环境的重要的开发建设行为，必须编写环境影响报告书（environmental impact statements, EIS）。环境影响评价制度的建立，体现了人类环境意识的提高，是正确处理人类与环境关系，保证社会经济与环境协调发展的一个巨大进步。

世界上最早建立环境影响评价制度的国家是美国。自 1969 年美国国会通过《美国国家环境政策法》建立环境影响评价制度以来，环境影响评价已在全球建立和普及起来。目前已有 100 多个国家建立了环境影响评价制度。

我国环境影响评价制度的立法经历了三个阶段。

第一阶段为创立阶段。1973 年首先提出环境影响评价的概念，1979 年颁布的《环境保护法（试行）》使环境影响评价制度化、法律化。1981 年发布的《基本建设项目环境保护管理办法》专门对环境影响评价的基本内容和程序作了规定。后经修改，1986 年颁布了《建设项目环境保护管理办法》，进一步明确了环境影响评价的范围、内容、管理权限和责任。

第二阶段为发展阶段。1989 年正式颁布《环境保护法》，该法第 13 条规定："建设污染环境的项目，必须遵守国家有关建设项目环境保护管理的规定。建设项目的环境影响报告书，必须对建设项目产生的污染和对环境的影响做出评价，规定防治措施，经项目主管部门预审并依照规定的程序报环境保护行政主管部门批准。环境影响报告书经批准后，计划部门方可批准建设项目设计任务书。"1998 年，国务院颁布了《建设项目环境保护管理条例》，进一步提高了环境影响评价制度的立法规格，同时环境影响评价的适用范围、评价时机、审批程序、法律责任等方面均做出了很大修改。1999 年 3 月国家环保总局颁布《建设项目环境影响评价资格证书管理办法》，使我国环境影响评价走上了专业化的道路。

第三阶段为完善阶段。针对《建设项目环境保护管理条例》的不足，为适应新形势发展的需要，2003 年 9 月 1 日起施行的《环境影响评价法》可以说是我国环境影响评价制度发展历史上的一个新的里程碑，是我国环境影响评价走向完善的标志。

4. 环境影响评价的主要内容

环境影响评价的内容十分广泛。本节仅以建设项目的环境影响评价为例简单介绍其主要内容。由于建设项目类型千差万别，对环境产生的影响也有明显差别，但就评价工作而言，有一个基本内容，主要包括以下部分。

（1）总则。包括编制环境影响报告书的目的、依据，采用的标准及控制污染与保护环境的主要目标。

（2）建设项目概况。包括建设项目的名称、地点、性质、规模、产品方案、生产工艺、土地利用情况和发展规划、职工人数和生活区布局等。

（3）工程分析。包括主要原料、燃料及水的消耗量分析，工艺过程，排污过程，污染物的回收利用、综合利用和处理处置方案，工程分析的结论性建议。

（4）建设项目周围地区的环境现状。包括地形、地貌、地质、土壤、大气、地表水、地下水、矿藏、森林、植物、农作物等情况。

（5）环境影响预测。包括预测环境影响的时段、范围、内容及对预测结果的表达及其说明和解释。

（6）评价建设项目的环境影响。包括建设项目环境影响的特征、范围、大小程度和途径。

（7）环境保护措施评述及技术经济论证，提出各项措施的投资估算。

（8）环境影响经济损益分析。

（9）环境监测制度及环境管理、环境规划的建议。

（10）环境影响评价结论。

9.3　环　境　规　划

9.3.1　环境规划的内涵及意义

1. 环境规划的内涵

环境规划（environmental planning）是为使环境与社会经济协调发展，把"社会—经济—环境"作为一个复合生态系统，依据社会经济规律、生态规律和地学原理，对其发展变化趋势进行研究而对人类自身活动和环境所做的时间和空间的合理安排。其目的是指导人们进行各项环境保护活动，按既定的目标和措施合理分配排污削减量，约束排污者的行为，改善生态环境，防止资源破坏，保障环境保护活动纳入国民经济和社会发展计划，以最小的投资获取最佳的环境效益，促进环境、经济和社会的可持续发展。

在环境管理中，环境预测、决策和规划这三个概念，既相联系又相区别。环境预测是环境决策的依据；环境规划是环境决策的具体安排，它产生于环境决策之后；预测是规划的前期准备工作，是使规划建立在科学分析基础上的前提。环境规划是环境预测与环境决策的产物，是环境管理的重要内容和主要手段。

　　为达到环境规划的目的，环境规划必须包括对人类自身活动和环境状况的规定。人类活动方面包括环境保护活动的目标、指标、项目、措施、资金需求及其筹集渠道的规定和环境保护对经济和社会发展活动的规模、速度、结构、布局、科学技术的反馈要求；环境方面包括环境质量和生态状况的规定。人类的经济社会发展活动、环境保护与建设活动和环境状况形成了一个有机的整体，相互作用与反馈。环境规划实质上是一项为克服人类社会经济活动和环境保护活动出现的盲目性和主观随意性而实施的科学决策活动。

2. 环境规划的意义

　　环境规划是 21 世纪以来国内外环境科学研究的重要课题之一，并逐步形成一门科学，具有综合性、区域性、长期性和政策性等特点。它在社会经济发展中和环境保护中所起的作用越来越重要，主要表现在以下几方面。

　　1）促进环境与经济、社会持续发展

　　环境问题与经济发展之间的关系密切，经济发展受环境的制约，对环境有着巨大的影响。环境问题的解决必须以预防为主，否则损失重大。环境规划的重要作用就在于协调人类活动与环境之间的关系，预防环境问题的发生，促进环境与经济、社会的持续发展。

　　2）保障环境活动纳入国民经济和社会发展计划

　　制定规划、实施宏观调控是我国政府的重要职能，中长期计划在我国国民经济中仍起着十分重要的作用。环境保护与经济、社会活动有着密切的联系，必须将环境保护活动纳入国民经济和社会发展计划之中，进行综合平衡，才能得以顺利进行。环境规划就是环境保护的行动计划。在环境规划中，环境保护的目标、指标、项目、资金等方面都需要科学论证和精心规划，以保障其纳入国民经济和社会发展计划之中。

　　3）以最小的投资获取最佳的环境效益

　　环境是人类生存的基本要素，又是经济发展的物质源泉。在有限的资源条件下，如何用最少的资金实现经济和环境的协调显得非常重要。环境规划正是运用科学的方法，保障在发展经济的同时，提出以最小的投资获得最佳的环境效益的有效措施。

　　4）合理分配排污削减量，约束排污者的行为

　　根据环境的纳污容量及"谁污染谁承担削减责任"的基本原则，公平地规定各排污证的允许排污量和应削减量，为合理地、指令性地约束排污者的排污行为、消除污染提供科学依据。

　　5）环境规划是各国各级政府环境保护部门开展环境保护工作的依据

　　环境规划是一个区域在一定时期作出的关于环境保护的总体设计和实施方案，为各级政府环保部门提出了明确方向和工作任务，规划中制定的功能区划、质量目标、控制指标、各种措施及工程项目为环境保护工作提供了具体要求。我国现行的各项环境管理制度都要以环境规划为基础和先导。

9.3.2　环境规划的分类与特征

1. 环境规划的分类

环境规划有不同的分类方法。

按环境要素可分为污染防治规划和生态规划两大类，前者还可细分为水环境、大气环境、固体废物、噪声及物理污染防治规划，后者还可细分为森林、草原、土地、水资源、生物多样性、农业生态规划；按规划地域可分为国家、省域、城市、流域、区域、乡镇乃至企业环境规划；按照规划期限划分，可分为长期规划（大于 20 年）、中期规划（15 年）和短期规划（5 年）；按照环境规划的对象和目标的不同，可分为综合性环境规划和单要素的环境规划；按照性质划分，可分为生态规划、污染综合防治规划和自然保护规划。以下为按照性质进行划分的环境规划的不同类型。

1）生态规划

在编制国家或地区经济社会发展规划时，不是单纯考虑经济因素，而是把当地的地理系统、生态系统和社会经济系统紧密结合在一起进行考虑，使国家或区域的经济发展能够符合生态规律，不致使当地的生态系统遭到破坏。所以在综合分析各种土地利用的"生态适宜度"的基础上，制定土地利用规划是环境规划的中心内容之一。这种土地利用规划通常称为生态规划。

2）污染综合防治规划

这种规划也称污染控制规划，根据范围和性质不同又可分为区域污染综合防治规划和部门污染综合防治规划。区域污染综合防治规划主要是针对经济协作区、能源基地、城市、水域等的污染进行综合防治规划，它在调查评价的基础上对环境质量进行预测，然后提出恰当的环境目标，根据环境目标进行各种污染防治规划的设计，并提出规划实施和保证措施。部门（或行业）污染防治主要有工业系统污染防治规划、农业污染综合防治规划、商业污染防治规划和企业污染防治规划等。这种类型的规划主要是根据各部门的经济发展，提出恰当的环境目标、污染控制指标、产品标准和工艺标准。

3）自然保护规划

保护自然环境的工作范围很广，主要是保护生物资源和其他可更新资源。此外，还有文物古迹、有特殊价值的水源地、地貌景观等。

在环境规划中，还应包括环境科学技术发展规划，主要内容有：实现上述三方面环境规划所需的科学技术研究项目，发展环境科学体系所需要的基础理论研究，环境管理现代化的研究等。

2. 环境规划的特征

环境规划是一项政策性、科学性很强的技术工作，它有自身的特性和规律性，具有整体性、综合性、区域性、动态性、信息密集和政策性强等特征。

1）整体性

环境规划具有的整体性反映在环境的要素和各个组成部分之间构成一个有机整体，虽然各要素之间也有一定的联系，但各要素自身的环境问题特征和规律十分突出，有其相对确定的分布结构和相互作用关系，从而各自形成独立的、整体性强和关联度高的体系。

2）综合性

环境规划的综合性反映在它涉及的领域广泛、影响因素众多、对策措施综合和部门协调复杂。

3）区域性

环境问题的地域性特征十分明显，因此环境规划必须注重"因地制宜"。所谓地方特色主要体现在环境及其污染控制系统的结构不同，主要污染物的特征不同，社会经济发展方向和发展速度不同，控制方案评论指标体系的构成及指标权重不同，各地的技术条件和基础数据条件不同，环境规划的基本原则、规律、程序和方法必须融入地方特征才是有效的。

4）动态性

环境规划具有较强的时效性。它的影响因素在不断变化，无论是环境问题（包括现存的和潜在的）还是社会经济条件等都在随时间发生着难以预料的变动。

5）信息密集

信息的密集、不完备、不准确和难以获得是环境规划所面临的一大难题。在环境规划的全过程中，自始至终需要收集、消化、吸收、参考和处理各类相关的综合信息。规划的成功在很大程度上取决于搜集的信息是否较为完全，能否识别和提取准确可靠的信息；取决于是否能有效地组织这些信息，并很好地利用（参考和加工）。

6）政策性强

政策性强也是环境规划的一个特征，从环境规划的最初立题、课题总体设计至最后的决策分析，制定实施计划的每一技术环节中，经常会面临从各种可能性中进行选择的问题。完成选择的重要依据和准绳，是我国现行的有关环境政策、法规、制度、条例和标准。

9.3.3　环境规划的原则、技术方法和程序

1. 环境规划的原则

制定环境规划的基本目的，在于不断改善和保护人类赖以生存和发展的自然环境，合理开发和利用各种资源，维护自然环境的生态平衡。因此，制定环境规划应遵循下述五条基本原则。

1）保障环境与经济、社会的持续发展原则

环境、经济、社会三者之间相互联系、不可分割，注重经济而忽视环境只能带来暂时的繁荣，因为环境问题的恶化必将造成对人类的危害、资源的枯竭，进而抑制经济的发展。因此，环境规划必须把环境、经济、社会三者作为一个大系统来规划，协调它们之间的关系，以保障三者持续、稳定发展。

2）遵循经济规律，符合国民经济计划总要求的原则

环境与经济存在相互依赖、互相制约的密切关系。经济发展要消耗环境资源，向环境中排放污染物，并导致环境问题的产生。自然生态环境的保护和污染防治需要资金、人力、技术、资源和能源，受经济发展水平和国力的制约。在经济与环境的双向关系中，经济起着主导作用。因此，说到底环境问题是一个经济问题，环境规划必须遵循经济规律，符合国民经济计划的总要求。

3）遵循生态规律，合理利用环境资源的原则

在制定环境规划时，必须遵循生态规律，利用生态规律为社会主义建设服务。对环境资源的开发利用要遵循开发利用与保护增值同时并重的原则，防止开发过度造成恶性循环。对环境承载力的利用要根据环境功能的要求，适度利用，合理布局，减轻污染防治对经济投资的需求；坚持以提高经济效益、社会效益、环境效益为核心的原则，促进生态系统良性循环，使有限的资金发挥最大的效益。

4）系统原则

环境规划对象是一个综合体，用系统方法进行环境规划有更强的实用性，只有把环境规划研究作为一个子系统，与更高层次大系统建立广泛联系和协调关系，即用系统的观点才能对子系统进行调控，才能达到保护和改善环境质量的目的。

5）预防为主，防治结合的原则

"防患于未然"是环境规划的根本目的之一。在环境污染和生态破坏发生之前，予以杜绝和防范，减少其带来的危害和损失是环境保护的宗旨。预防为主、防治结合是环境规划的重要原则之一。

2. 环境规划的技术方法

不同类型的环境规划，使用的方法也不尽相同。常用的环境规划技术有环境系统分析方法和环境规划决策方法。

1）环境系统分析方法

所谓环境系统分析方法，就是有目的、有步骤地搜索、分析和决策的过程。即为了给决策者提供决策信息和资料，规划人员使用现代的科学方法、手段和工具对环境目标、环境功能、费用和效益进行调研和分析，处理有关数据资料，据此建立系统模型或若干替代方案，

并进行优化、模拟、分析、评价，从中选出一个或几个最佳方案，供决策者选择，用来对环境系统进行最佳控制。

采用系统分析方法的目的在于通过比较各种替代方案的费用、效益、功能和可靠性等各项经济和环境指标分析，得出达到系统目的的最佳方案的科学决策。

系统分析方法的内容要素包括环境目标、费用和效益、模型、替代方案和最佳方案等。

（1）环境目标。环境目标是进行环境规划的目的，也是系统分析、模型化和环境规划的出发点。通常，环境目标不止一个。

（2）费用和效益。建成一个系统，需要大量的投资费用，系统运行后，又要一定的运行费用，同时可获得一定的效益。我们可以把费用和效益都折合成货币的形式，一次性作为对替代方案进行评价的标准之一。

（3）模型。根据需要建立模型，可以用来预测各种替代方案的性能、费用和效益，对各种替代方案进行分析、比较，最后有效地求得系统设计的最佳参数。建立模型是系统分析方法的一个重要环节。

（4）替代方案。对于具有连续性控制变量的系统，意味着替代方案有无穷多，建立的数学模型中就包含无穷多个替代方案，求解过程即是方案的分析和比较的过程。

（5）最佳方案。通过对系统的分析给出若干个替代方案，然后对这些方案进行分析、比较，找出最佳方案。最佳方案是通过替代方案的分析、比较得出满足环境目标的方案，最佳方案是整个系统设计的输出。

2）环境规划决策方法

环境规划是环境决策在空间和时间上的具体安排，规划过程也是环境规划的决策过程。下面介绍几种常用的环境规划决策方法。

（1）线性规划。线性规划是数学规划中理论完整、方法成熟、应用广泛的一个分支。它可以用来解决科学研究、活动安排、经济规划、环境规划、经营管理等许多方面提出的大量问题。线性规划模型是一种最优化的模型。它可以用于求解非常大的问题，模型中甚至可以包含上千个变量和约束。这个特性为解决一些复杂的环境决策提供了重要的方法和手段。标准线性规划数学模型包括目标函数、约束条件和非负条件。线性规划问题可能有各种不同的表现形式，如目标函数有的要求实现最大化，有的要求最小化；约束条件可以是"≤"形式的不等式，也可以是"≥"形式的不等式，还可以是等式。一旦一个线性规划模型被明确表达，就能迅速而容易地通过计算机求解。

（2）动态规划。线性规划模型虽然应用方便，但有严格的限制条件，即数学模型是线性的或转化为线性的。而动态规划对线性模型和非线性模型都能运用，对不连续的变量和函数，动态模型也能求解。

动态规划是解决多阶段决策最优化的一种方法。动态规划与线性规划最显著的区别在于，线性规划模型都可以用统一有效的方法求解，而每个动态规划模型没有统一的求解方法，必须根据每一个模型的特点加以处理。

（3）投入产出分析法。投入产出分析法是研究现代活动的一种方法。这项技术是经济学家列昂捷夫在20世纪30年代的一项研究成果。投入产出用于一个经济系统时，能阐明该地区各工业部门所有生产环节的相互关系，确定各部门的投入产出量。当考虑到环境因素后，又可以定义环境系统中的各种联系。环境中的物质（如水、原料和能源等）进入生产过程，生产过程中产生的废弃物（如废气、废水和废渣等）排入环境。通过建立它们之间的投入产出模型与污染物传播模型，就可以分析废弃物在环境中的扩散，研究它们对环境质量的影响，达到协调经济目标和环境目标的目的，得出可行性结论。

（4）多目标规划。在环境规划中，大量的问题可以描述为一个多目标决策的问题。因为在进行环境污染控制规划时，不只是满足某些环境标准，而往往要提出一连串的目标，这些目标既有先后缓急之分，彼此间又可能相互联系、影响和制约，但是无法以共同的尺度进行度量。人们在考虑一个污染控制方案时，都在自觉和不自觉地考虑和权衡着这些目标。例如，对一个区域的水资源和水污染控制系统进行综合规划时，这一区域的水污染控制不仅应考虑有效的综合治理手段，还必须同时考虑水资源的合理分配，满足用水需要及保护水资源、节约能源和尽可能降低污染治理费用等问题。因此，一个污染控制规划就必须在代表不同利益的社会集团之间进行协调，并在最终决策中反映出权衡后的结果。多目标规划为解决这类问题提供了理论和方法，在一系列的非劣解中寻求一个最满意的解。

（5）整数规划。在一些环境问题中，非整数的决策变量值意义不大。在线性规划中，若要求变量只能取整数值的限制，这类规划问题就称作整数线性规划，简称整数规划。

3. 环境规划的程序

环境规划的程序分为工作程序（图 9.6）和编制技术程序。环境规划的工作程序主要由上一级环境保护部门下达编制规划任务，并提出主要要求、时间进度，下一级环境保护部门组织规划编制组，编制工作计划和规划大纲。编制规划任务也可以由政府直接下达给同级环境保护部门。规划编制组一般分为领导组、协调组和技术组，由通晓规划对象的专家及有关规划、计划管理部门的人员组成，由对规划地区或领域具有决策权和协调能力的部门领导

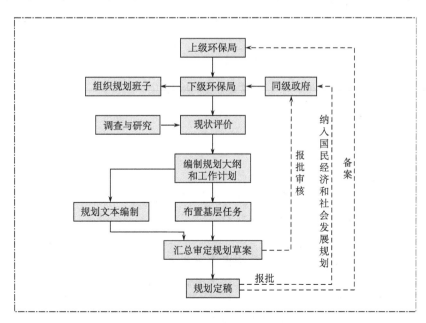

图 9.6　环境规划的工作程序

人担任指导。规划的审批和报批过程是沟通上下级认识、协调环境保护部门和其他部门之间的过程，是将规划方案变为实施方案并纳入国民经济和社会发展规划的过程，同时也是环境规划管理工作的一项重要的制度。

　　环境规划的编制由专门组织的技术队伍（规划编制组）承担。编制技术程序（图 9.7）主要包括三个阶段：弄清问题、确定环境目标和制定最小费用规划。弄清问题阶段是对规划区域环境现状、自然生态条件、社会经济状况、环境管理状况等进行调查、评价、预测，以掌握区域内的主要环境问题及其原因。确定环境目标阶段是根据前期的调查、评价和预测，区域的社会经济发展规划、环保投资能力确定环境质量目标、污染物总量控制目标及环境管理等目标。制定最小费用规划通常是根据规划目标、技术能力、经济能力等制定调整产业结构和布局的措施，提出污染预防和治理等措施。

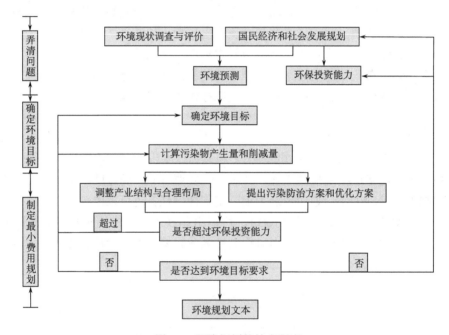

图9.7　环境规划的技术程序

思考题

　　1. 环境监测的目的、任务和内容是什么？

　　2. 根据污染物的来源和受体分类，可将环境监测的内容分为哪几类？

　　3. 环境监测的污染物分析方法有哪些？

　　4. 环境评价有哪些类型？

　　5. 大气、水环境质量现状评价指数法中有哪些指数？

　　6. 什么是环境影响评价？为什么要进行环境影响评价？

　　7. 什么是环境规划？

　　8. 请就环境规划的作用和意义谈一谈你自己的看法。

第10章　我国的环境保护战略

【导读】18 世纪中叶以来，人类社会经历了由西方国家主导的三次工业革命，先后经历了"蒸汽时代"、"电气时代"和"信息时代"。三次工业革命使得人类发展进入了空前繁荣的时代，与此同时，也造成了巨大的能源、资源消耗，付出了巨大的环境代价、生态成本，急剧地扩大了人与自然之间的矛盾。进入 21 世纪，人类面临空前的全球能源与资源危机、生态与环境危机、气候变化危机的多重挑战。

令人欣慰的是，国际社会已经认识到这一点。20 世纪 60 年代至 70 年代以后，随着公害问题的加剧和能源危机的出现，人们逐渐认识到把经济、社会和环境割裂开来谋求发展，只能给地球和人类社会带来毁灭性的灾难。在此背景下，可持续发展的思想在 20 世纪 80 年代逐步形成。

在可持续发展理念下，世界各国均承诺将不遗余力地通过清洁生产、循环经济和低碳经济等理论和模式的实施，采用技术创新、制度创新、产业转型、新能源开发等多种手段，尽可能减少资源利用，减少温室气体排放，减轻环境污染，达到经济社会发展与生态环境保护双赢的一种经济发展形态，把地球建设成一个人类与自然协调发展的美好家园。

通过本章的学习，应该熟悉可持续发展思想的由来，掌握可持续发展的含义和必要条件；掌握清洁生产的概念、内容、特点和途径，熟悉清洁生产的推行和国内外情况，理解清洁生产和可持续发展的关系；了解循环经济产生的背景，掌握循环经济的行动原理、产业类型、技术战略和制度条件。最后结合我国的环境现状及所面临的压力，本章探讨了我国实施可持续发展、清洁生产、循环经济和低碳经济等方面的发展战略和对策。

10.1　可持续发展

10.1.1　可持续发展理论

20 世纪中期，环境问题逐渐从地区性问题演变为全球性问题。在长期的探索中，国际社会和世界各国逐渐认识到，单纯依靠污染控制技术是解决不了日趋复杂的环境问题的，只有按照生态可持续性和经济可持续性的发展要求，改革传统的单纯追求经济增长的战略和政策，对传统的经济增长模式包括生产和消费模式作出重大变革，控制人口，改变现有技术和生产结构，减少资源消耗，人类才有可能实现自身的可持续发展。

1. 可持续发展思潮探源与沿革

可持续发展理论的形成经历了相当长的历史过程。20 世纪 50 年代至 60 年代，人们在经济增长、城市化、人口、资源等所形成的环境压力下，对"增长=发展"的模式产生怀疑并展开讲座。1962 年，美国女生物学家 Rachel Carson（莱切尔·卡逊）发表了一部引起很大轰动的环境科普著作《寂静的春天》，作者描绘了一幅由于农药污染所产生的可怕景象，惊呼人们将会失去"春光明媚的春天",在世界范围内引发了人类关于发展观念上的争论。

10 年后,美国两位著名学者 Barbara Ward(巴巴拉·沃德)和 Rene Dubos(雷内·杜博斯)的享誉全球的著作《只有一个地球》问世,把人类生存与环境的认识引向一个新境界——可持续发展的境界。同年,一个非正式国际著名学术团体即罗马俱乐部发表了有名的研究报告《增长的极限》(*The Limits to Growth*),明确提出"持续增长"和"合理的持久的均衡发展"的概念。1987 年,以挪威首相 Gro Harlem Brundtland(布伦特兰)为主席的联合国世界环境与发展委员会发表了一份报告《我们共同的未来》,正式提出可持续发展概念,并以此为主题对人类共同关心的环境与发展问题进行了全面论述,受到世界各国政府组织和舆论的极大重视。1992 年,这一概念已成为里约热内卢世界环境与发展大会的主题。至此一种全新的发展观点形成。

2. 可持续发展的概念

与任何经济理论和概念的形成和发展一样,可持续发展概念形成了不同的流派,这些流派或对相关问题有所侧重,或强调可持续发展中的不同属性,从全球范围来看,比较有影响的有以下几类。

1)着重于从自然属性定义可持续发展

较早的时候,持续性这一概念是由生态学家首先提出来的,即所谓生态持续性。它旨在说明自然资源及其开发利用程度间的平衡。1991 年 11 月,国际生态学协会(intecol)和国际生物科学联合会(IUBS)联合举行关于可持续发展问题的专题研讨会。该研讨会的成果不仅发展而且深化了可持续发展概念的自然属性,将可持续发展定义为:保护和加强环境系统的生产和更新能力。从生物圈概念出发定义可持续发展,是从自然属性方面定义可持续发展的一种代表,即认为可持续发展是寻求一种最佳的生态系统以支持生态的完整性和人类愿望的实现,使人类的生存环境得以持续。

2)着重于从社会属性定义可持续发展

1991 年,由世界自然保护同盟、联合国环境规划署和世界野生生物基金会共同发表了《保护地球——可持续生存战略》(*Caring For the Earth:A strategy For Sustainable Living*)(简称《生存战略》)。《生存战略》提出的可持续发展定义为:"在生存于不超出维持生态系统涵容能力的情况下,提高人类的生活质量",并且提出可持续生存的九条基本原则。在这九条基本原则中,既强调了人类的生产方式与生活方式要与地球承载能力保持平衡,保护地球的生命力和生物多样性,同时,又提出了人类可持续发展的价值观和 130 个行动方案,着重论述了可持续发展的最终落脚点是人类社会,即改善人类的生活质量,创造美好的生活环境。《生存战略》认为,各国可以根据自己的国情制定各不相同的发展目标。但是,在"发展"的内涵中要包括提高人类健康水平、改善人类生活质量和获得必需资源的途径,并创造一个保持人们平等、自由、人权的环境,"发展"只有使我们的生活在所有这些方面都得到改善,才是真正的"发展"。

3）着重于从经济属性定义可持续发展

这类定义有不少表达方式。不管哪一种表达方式，都认为可持续发展的核心是经济发展。在《经济、自然资源、不足和发展》一书中，作者 Edward B.Barbier 把可持续发展定义为"在保持自然资源的质量和其所提供服务的前提下，使经济发展的净利益增加到最大限度"。还有的学者提出，可持续发展是"今天的资源使用不应减少未来的实际收入"。当然，定义中的经济发展已不是传统的以牺牲资源和环境为代价的经济发展，而是"不降低环境质量和不破坏世界自然资源基础的经济发展"。

4）着重于从科技属性定义可持续发展

实施可持续发展，除了政策和管理国家之外，科技进步起着重大作用。没有科学技术的支持，人类的可持续发展便无从谈起。因此，有的学者从技术选择的角度扩展了可持续发展的定义，认为"可持续发展就是转向更清洁、更有效的技术，尽可能接近'零排放'或'密闭式'工艺方法，尽可能减少能源和其他自然资源的消耗"。还有的学者提出，"可持续发展就是建立极少产生废料和污染物的工艺或技术系统"。他们认为，污染并不是工业活动不可避免的结果，而是技术差、效益低的表现。

5）被国际社会普遍接受的布氏定义的可持续发展

1988 年以前，可持续发展的定义或概念并未正式引入联合国的"发展业务领域"。1987年，布伦特兰夫人主持的世界环境与发展委员会，对可持续发展给出了定义："可持续发展是指既满足当代人的需要，又不损害后代人满足需要的能力的发展"。1988 年春，在联合国开发计划署理事会全体委员会的磋商会议期间，围绕可持续发展的含义，发达国家和发展中国家展开了激烈争论，最后磋商达成一个协议，即请联合国环境理事会讨论并对"可持续发展"一词的含义草拟出可以为大家所接受的说明。1989 年 5 月举行的第 15 届联合国环境署理事会，经过反复磋商，通过了《关于可持续的发展的声明》。

3. 可持续发展定义的基本要素

可持续发展定义包含两个基本要素或两个关键组成部分："需要"和对需要的"限制"。满足需要，首先是要满足贫困人民的基本需要。对需要的限制主要是指对未来环境需要的能力构成危害的限制，这种能力一旦被突破，必将危及支持地球生命的自然系统。决定两个基本要素的关键性因素是：

（1）收入再分配以保证不会为了短期生存需要而被迫耗尽自然资源；

（2）降低主要是穷人对遭受自然灾害和农产品价格暴跌等损害的脆弱性；

（3）普遍提供可持续生存的基本条件，如卫生、教育、水和新鲜空气，保护和满足社会最脆弱人群的基本需要，为全体人民，特别是为贫困人民提供发展的平等机会和选择自由。

4. 可持续发展的内涵

从全球普遍认可的概念中，可以梳理出可持续发展有以下几个方面的丰富内涵。

1）共同发展

地球是一个复杂的巨系统，每个国家或地区都是这个巨系统不可分割的子系统。系统的最根本特征是其整体性，每个子系统都和其他子系统相互联系并发生作用，只要一个系统发生问题，就会直接或间接影响到其他系统，甚至会诱发系统的整体突变，这在地球生态系统中表现最为突出。因此，可持续发展追求的是整体发展和协调发展，即共同发展。

2）协调发展

协调发展包括经济、社会、环境三大系统的整体协调，也包括世界、国家和地区三个空间层面的协调，还包括一个国家或地区经济与人口、资源、环境、社会及内部各个阶层的协调，持续发展源于协调发展。

3）公平发展

世界经济的发展呈现出因水平差异而表现出来的层次性，这是发展过程中始终存在的问题。但是这种发展水平的层次性若因不公平、不平等而引发或加剧，就会由局部而上升到整体，并最终影响到整个世界的可持续发展。可持续发展思想的公平发展包含两个纬度：一是时间纬度上的公平，当代人的发展不能以损害后代人的发展能力为代价；二是空间纬度上的公平，一个国家或地区的发展不能以损害其他国家或地区的发展能力为代价。

4）高效发展

公平和效率是可持续发展的两个轮子。可持续发展的效率不同于经济学的效率，可持续发展的效率既包括经济意义上的效率，也包含着自然资源和环境的损益的成分。因此，可持续发展思想的高效发展是指经济、社会、资源、环境、人口等协调下的高效率发展。

5）多维发展

人类社会的发展表现出全球化的趋势，但是不同国家与地区的发展水平是不同的，而且不同国家与地区又有着异质性的文化、体制、地理环境、国际环境等发展背景。此外，可持续发展又是一个综合性、全球性的概念，要考虑到不同地域实体的可接受性，因此，可持续发展本身包含了多样性、多模式的多维度选择的内涵。在可持续发展这个全球性目标的约束和指导下，各国与各地区在实施可持续发展战略时，应该从国情或区情出发，走符合本国或本区实际的、多样性、多模式的可持续发展道路。

5. 可持续发展的主要内容

在具体内容方面，可持续发展涉及可持续经济、可持续生态和可持续社会三方面的协调统一，要求人类在发展中讲究经济效率、关注生态和谐和追求社会公平，最终达到人的全面发展。这表明，可持续发展虽然缘起于环境保护问题，但作为一个指导人类走向 21 世纪的发展理论，它已经超越了单纯的环境保护。它将环境问题与发展问题有机地结合起来，已经成为一个有关社会经济发展的全面性战略。具体来说有以下几方面。

（1）在经济可持续发展方面。可持续发展鼓励经济增长而不是以环境保护为名取消经济增长，因为经济发展是国家实力和社会财富的基础。但可持续发展不仅重视经济增长的数量，更追求经济发展的质量。可持续发展要求改变传统的以"高投入、高消耗、高污染"为特征的生产模式和消费模式，实施清洁生产和文明消费，以提高经济活动中的效益、节约资源和减少废物。从某种角度上，可以说集约型的经济增长方式就是可持续发展在经济方面的体现。

（2）在生态可持续发展方面。可持续发展要求经济建设和社会发展要与自然承载能力相协调。发展的同时必须保护和改善地球生态环境，保证以可持续的方式使用自然资源和环境成本，使人类的发展控制在地球承载能力之内。因此，可持续发展强调了发展是有限制的，没有限制就没有发展的持续。生态可持续发展同样强调环境保护，但不同于以往将环境保护与社会发展对立的做法，可持续发展要求通过转变发展模式，从人类发展的源头、从根本上解决环境问题。

（3）在社会可持续发展方面。可持续发展强调社会公平是环境保护得以实现的机制和目标。可持续发展指出世界各国的发展阶段可以不同，发展的具体目标也各不相同，但发展的本质应包括改善人类生活质量，提高人类健康水平，创造一个保障人们平等、自由、教育、人权和免受暴力的社会环境。这就是说，在人类可持续发展系统中，经济可持续是基础，生态可持续是条件，社会可持续才是目的。21 世纪人类应该共同追求的是以人为本位的自然—经济—社会复合系统的持续、稳定、健康发展。

作为一个具有强大综合性和交叉性的研究领域，可持续发展涉及众多的学科，可以有不同重点的展开。例如，生态学家着重从自然方面把握可持续发展，理解可持续发展是不超越环境系统更新能力的人类社会的发展；经济学家着重从经济方面把握可持续发展，理解可持续发展是在保持自然资源质量和其持久供应能力的前提下，使经济增长的净利益增加到最大限度；社会学家从社会角度把握可持续发展，理解可持续发展是在不超出维持生态系统涵容能力的情况下，尽可能地改善人类的生活品质；科技工作者则更多地从技术角度把握可持续发展，把可持续发展理解为建立极少产生废料和污染物的绿色工艺或技术系统。

6. 可持续发展理论的基本特征

可持续发展理论的基本特征可以简单地归纳为经济可持续发展（基础）、生态（环境）可持续发展（条件）和社会可持续发展（目的）。

1）可持续发展鼓励经济增长

它强调经济增长的必要性，必须通过经济增长提高当代人福利水平，增强国家实力和社会财富。但可持续发展不仅要重视经济增长的数量，更要追求经济增长的质量。这就是说经济发展包括数量增长和质量提高两部分。数量的增长是有限的，而依靠科学技术进步，提高经济活动中的效益和质量，采取科学的经济增长方式才是可持续的。

2）可持续发展的标志是资源的永续利用和良好的生态环境

经济和社会发展不能超越资源和环境的承载能力。可持续发展以自然资源为基础，同生态环境相协调。它要求在保护环境和资源永续利用的条件下，进行经济建设，保证以可持续的方式使用自然资源和环境成本，使人类的发展控制在地球的承载力之内。要实现可持续发展，必须使可再生资源的消耗速率低于资源的再生速率，使不可再生资源的利用能够得到替代资源的补充。

3）可持续发展的目标是谋求社会的全面进步

发展不仅是经济问题，单纯追求产值的经济增长不能体现发展的内涵。可持续发展的观念认为，世界各国的发展阶段和发展目标可以不同，但发展的本质应当包括改善人类生活质量，提高人类健康水平，创造一个保障人们平等、自由、教育和免受暴力的社会环境。这就是说，在人类可持续发展系统中，经济发展是基础，自然生态（环境）保护是条件，社会进步才是目的。而这三者又是一个相互影响的综合体，只要社会在每一个时间段内都能保持与经济、资源和环境的协调，这个社会就符合可持续发展的要求。显然，在新的世纪里，人类共同追求的目标，是以人为本的自然—经济—社会复合系统的持续、稳定、健康的发展。

7. 可持续发展理论的基本原则

1）公平性原则

公平是指机会选择的平等性。可持续发展的公平性原则包括两个方面：一方面是本代人的公平即代内之间的横向公平；另一方面是指代际公平性，即世代之间的纵向公平性。可持续发展要满足当代所有人的基本需求，给他们机会以满足他们过美好生活的愿望。可持续发展不仅要实现当代人之间的公平，也要实现当代人与未来各代人之间的公平，因为人类赖以生存与发展的自然资源是有限的。从伦理上讲，未来各代人应与当代人有同样的权利来提出他们对资源与环境的需求。可持续发展要求当代人在考虑自己的需求与消费的同时，也要对未来各代人的需求与消费负起历史的责任，因为同后代人相比，当代人在资源开发和利用方面处于一种无竞争的主宰地位。各代人之间的公平要求任何一代都不能处于支配的地位，即各代人都应有同样选择的机会空间。

2）持续性原则

这里的持续性是指生态系统受到某种干扰时能保持其生产力的能力。资源环境是人类生存与发展的基础和条件，资源的持续利用和生态系统的可持续性是保持人类社会可持续发展的首要条件。这就要求人们根据可持续性的条件调整自己的生活方式，在生态可能的范围内确定自己的消耗标准，要合理开发、合理利用自然资源，使再生性资源能保持其再生产能力，非再生性资源不至过度消耗并能得到替代资源的补充，环境自净能力能得以维持。可持续发展的可持续性原则从某一个侧面反映了可持续发展的公平性原则。

3）共同性原则

可持续发展关系到全球的发展。要实现可持续发展的总目标，必须争取全球共同的配合行动，这是由地球整体性和相互依存性所决定的。因此，致力于达成既尊重各方的利益，又保护全球环境与发展体系的国际协定至关重要。正如《我们共同的未来》中写的"今天我们最紧迫的任务也许是要说服各国，认识回到多边主义的必要性"，"进一步发展共同的认识和共同的责任感，是这个分裂的世界十分需要的。"这就是说，实现可持续发展就是人类要共同促进自身之间、自身与自然之间的协调，这是人类共同的道义和责任。

8．可持续发展的基本理论

1）可持续发展的基础理论

（1）经济学理论。包括增长的极限理论和知识经济理论。增长的极限理论是 D.H.Meadows 在其《增长的极限》一文中提出的有关可持续发展的理论，该理论的基本要点是运用系统动力学的方法，将支配世界系统的物质关系、经济关系和社会关系进行综合，提出了人口不断增长、消费日益提高，而资源则不断减少、污染日益严重，制约了生产的增长。虽然科技不断进步能起到促进生产的作用，但这种作用是有一定限度的，因此生产的增长是有限的。知识经济理论认为经济发展的主要驱动力是知识和信息技术，知识经济将是未来人类的可持续发展的基础。

（2）生态学理论。可持续发展的生态学理论是指根据生态系统的可持续性要求，提出人类的经济社会发展要遵循生态学三个定律：一是高效原理，即能源的高效利用和废弃物的循环再生产；二是和谐原理，即系统中各个组成部分之间的和睦共生，协同进化；三是自我调节原理，即协同的演化着眼于其内部各组织的自我调节功能的完善和持续性，而非外部的控制或结构的单纯增长。

（3）人口承载力理论。人口承载力理论是指地球系统的资源与环境，由于自身自组织与自我恢复能力存在一个阈值，在特定技术水平和发展阶段下对于人口的承载能力是有限的。人口数量及特定数量人口的社会经济活动对于地球系统的影响必须控制在这个限度之内，否则，就会影响或危及人类的持续生存与发展。这一理论被喻为 20 世纪人类最重要的三大发现之一。

（4）人地系统理论。人地系统理论，是指人类社会是地球系统的一个组成部分，是生物圈的重要组成，是地球系统的主要子系统。它是由地球系统所产生的，同时又与地球系统的各个子系统之间存在相互联系、相互制约、相互影响的密切关系。人类社会的一切活动，包括经济活动，都受到地球系统的气候（大气圈）、水文与海洋（水圈）、土地与矿产资源（岩石圈）及生物资源（生物圈）的影响，地球系统是人类赖以生存和社会经济可持续发展的物质基础和必要条件。而人类的社会活动和经济活动，又直接或间接影响了大气圈（大气污染、温室效应、臭氧洞）、岩石圈（矿产资源枯竭、沙漠化、土壤退化）及生物圈（森林减少、物种灭绝）的状态。人地系统理论是地球系统科学理论的核心，是陆地系统科学理论的重要组成部分，是可持续发展的理论基础。

2）可持续发展的核心理论

可持续发展的核心理论，尚处于探索和形成之中。目前已具雏形的流派大致可分为以下几种。

（1）资源永续利用理论。资源永续利用理论流派的认识论基础在于，认为人类社会能否可持续发展取决于人类社会赖以生存发展的自然资源是否可以被永远地使用下去。基于这一认识，该流派致力于探讨使自然资源得到永续利用的理论和方法。

（2）外部性理论。外部性理论流派的认识论基础在于，认为环境日益恶化和人类社会出现不可持续发展现象和趋势的根源，是人类迄今一直把自然（资源和环境）视为可以免费享用的"公共物品"，不承认自然资源具有经济学意义上的价值，并在经济生活中把自然的投入排除在经济核算体系之外。基于这一认识，该流派致力于从经济学的角度探讨把自然资源纳入经济核算体系的理论与方法。

（3）财富代际公平分配理论。财富代际公平分配理论流派的认识论基础在于，认为人类社会出现不可持续发展现象和趋势的根源是当代人过多地占有和使用了本应属于后代人的财富，特别是自然财富。基于这一认识，该流派致力于探讨财富（包括自然财富）在代际之间能够得到公平分配的理论和方法。

（4）三种生产理论。三种生产理论流派的认识论基础在于，人类社会可持续发展的物质基础在于人类社会和自然环境组成的世界系统中物质的流动是否通畅并构成良性循环。他们把人与自然组成的世界系统的物质运动分为三大"生产"活动，即人的生产、物资生产和环境生产，致力于探讨三大生产活动之间和谐运行的理论与方法。

9. 可持续发展理论研究的主要流派

迄今，可持续发展的基本理论仍在进一步探索和形成之中。当前可持续发展理论的研究主要有以下几大流派，分别是生态学方面的、经济学方面的、社会学方面的、系统学方面的和环境社会系统发展学方面的。它们分别从不同的角度、不同的方面，探讨了可持续发展的基本理论和方法。

生态学方面认为生态、环境和资源的可持续性是人类社会实现可持续发展的基础。它们以生态平衡、自然保护、环境污染防治、资源合理开发与永续利用等作为最基本的研究对象和内容，将环境保护与经济发展之间取得合理的平衡，作为衡量可持续发展的重要指标和基本手段。流派的研究以挪威原首相布伦特兰夫人和巴信尔等的研究报告和演讲为代表，最具有代表性的指标体系是 Constanza 等提出的生态服务（eco-service）指标体系。

经济学方面认为经济的可持续发展是实现人类社会可持续发展的基础与核心问题。它以区域开发、生产力布局、经济结构优化、物资供需平衡等区域可持续发展中的经济学问题作为基本研究内客，将科技进步贡献率抵消或克服投资的边际效益递减率，作为衡量可持续发展的重要指标和基本手段，充分肯定科学技术对实现可持续发展的决定性作用。该流派的研究以世界银行的《世界发展报告》及莱斯特·布朗、Macneill 和 Pearce 等有关"绿色经济"的研究为代表，最具有代表性的指标体系是世界银行的"国民财富"评价指标体系。

社会学方面认为建立可持续发展的社会是人类社会发展的终极目标。它以人口增长与控制、消除贫困、社会发展、分配公正、利益均衡等社会问题作为基本研究对象和内容，将经济效率与社会公正取得合理的平衡，作为可持续发展的重要判据和基本手段。这也是可持续发展所追求的社会目标和伦理规则。该流派的研究以联合国开发计划署的《人类发展报告》为代表，其衡量指标以"人文发展指数"（HDI）、"真实进步指标"（GPI）、"可持续性晴雨表"等为代表。

系统学方面认为可持续发展研究的对象是自然-经济-社会这个复杂巨系统，应用系统学的理论和方法，以综合协同的观点去探索可持续发展的本源和演化规律。该流派的研究以中国科学院可持续发展研究组牛文元等提出的"可持续能力"指标体系，以及中国科学院《中国可持续发展战略研究报告》为代表。表 10.1 列出了该报告的历年主题。

表 10.1　《中国可持续发展战略研究报告》历年主题

年份	年度主题	年份	年度主题
1999	中国可持续发展战略设计	2006	建设资源节约型
2000	中国可持续能力的资产负债分析	2007	水：治理与创新
2001	中国现代化研究报告	2008	政策回顾与展望
2002	可持续发展能力建设：中国 10 年	2009	探索中国特色的低碳道路
2003	中国可持续发展综合国力评价	2010	绿色发展与创新
2004	全面建设小康社会	2011	实现绿色的经济转型
2005	中国城市可持续发展战略研究	2012	全球视野下的中国可持续发展

环境社会系统发展方面认为人类社会与自然环境构成的是一个不可分割的整体。人类的生存方式主要体现在人类社会的生产方式、生活方式和组织方式上，人类的生存方式取决于人类社会与自然环境的相互作用。该流派主张从环境社会系统健康发展的整体出发，通过各组成部分在界面活动中的协同共赢来推进可持续发展。该流派的研究以北京大学叶文虎的"三种生产"理论等一系列理论为代表。

10．可持续发展的能力建设

如果说，经济、人口、资源、环境等内容的协调发展构成了可持续发展战略的目标体系，那么，管理、法制、科技、教育等方面的能力建设就构成了可持续发展战略的支撑体系。可持续发展的能力建设是可持续发展的具体目标得以实现的必要保证，即一个国家的可持续发展很大程度上依赖于这个国家的政府和人民通过技术的、观念的、体制的因素表现出来的能力。具体地说，可持续发展的能力建设包括决策、管理、法制、政策、科技、教育、人力资源、公众参与等内容。

（1）可持续发展的管理体系。实现可持续发展需要有一个非常有效的管理体系。历史与现实表明，环境与发展不协调的许多问题是决策与管理的不当造成的。因此，提高决策与管理能力就构成了可持续发展能力建设的重要内容。可持续发展管理体系要求培养高素质的决策人员与管理人员，综合运用规划、法制、行政、经济等手段，建立和完善可持续发展的组织结构，形成综合决策与协调管理的机制。

（2）可持续发展的法制体系。与可持续发展有关的立法是可持续发展战略具体化、法制化的途径，与可持续发展有关的立法的实施是可持续发展战略付诸实践的重要保障。因此，建立可持续发展的法制体系是可持续发展能力建设的重要方面。可持续发展要求通过法制体系的建立与实施，实现自然资源的合理利用，使生态破坏与环境污染得到控制，保障经济、社会、生态的可持续发展。

（3）可持续发展的科技系统。科学技术是可持续发展的主要基础之一。没有较高水平的科学技术支持，可持续发展的目标就不能实现。科学技术对可持续发展的作用是多方面的。它可以有效地为可持续发展的决策提供依据与手段，促进可持续发展管理水平的提高，加深人类对人与自然关系的理解，扩大自然资源的可供给范围，提高资源利用效率和经济效益，提供保护生态环境和控制环境污染的有效手段。

（4）可持续发展的教育系统。可持续发展要求人们有高度的知识水平，明白人的活动对自然和社会的长远影响与后果，要求人们有高度的道德水平，认识自己对子孙后代的崇高责任，自觉地为人类社会的长远利益而牺牲一些眼前利益和局部利益。这就需要在可持续发展的能力建设中大力发展符合可持续发展精神的教育事业。可持续发展的教育体系应该不仅使人们获得可持续发展的科学知识，也使人们具备可持续发展的道德水平。这种教育既包括学校教育这种主要形式，也包括广泛的潜移默化的社会教育。

（5）可持续发展的公众参与。公众参与是实现可持续发展的必要保证，因此也是可持续发展能力建设的主要方面。这是因为可持续发展的目标和行动，必须依靠社会公众和社会团体最大限度的认同、支持和参与。公众、团体和组织的参与方式和参与程度，将决定可持续发展目标实现的进程。公众对可持续发展的参与应该是全面的。公众和社会团体不但要参与有关环境与发展的决策，特别是那些可能影响到他们生活和工作的决策，更需要参与对决策执行过程的监督。

10.1.2 中国可持续发展战略

从 20 世纪 80 年代末以来，中国开始探索建立可持续发展战略。中国的可持续发展战略是建立在以下两个基础上的：一是转变传统的经济增长方式；二是深化和扩展环境保护战略，并在此基础上建立起真正把环境保护纳入经济和社会发展中的国家和地区战略。《中国 21 世纪议程》初步提出了中国可持续发展的目标和模式，但在实际经济和社会发展过程中确立可持续发展战略，仍然是一个长期过程。

1. 可持续发展是中国的唯一选择

20 世纪 50 年代初，中国追随苏联工业化"赶超战略"，走上了一条高消耗、高污染换取工业高增长的发展道路。到了 70 年代，在付出了惨痛的经济、社会和环境代价后，中国开始了经济改革和开放的进程，计划经济逐步解体，市场经济逐步确立，使中国步入了一个长达 10 多年的高速增长阶段，但资源消耗和环境污染也同样达到了令人震惊的新高度。从中国今后 10 多年人口、经济增长的趋势看，人口、经济同环境的紧张关系尚难有大的缓解，环境、资源方面压力大、问题多、基础差这样一种不利状况还会延续相当长的一段时间，内部和外部条件都受到严重制约。

在这种经济、资源与环境状况下，中国在解决环境问题上的回旋余地不大，如果继续沿用传统发展模式，在达到令人满意的收入水平前，中国就将会遭受难以承受的巨大国际、国内环境压力，生态环境可能出现一系列灾难后果，几乎没有可能使中国大多数人口享有发达国家的生活质量。因此，中国将不得不寻求一种与大多数发达国家不同的、非传统的现代发展模式，也就是一种可持续发展的模式。

2. 中国可持续发展的基本目标和任务

联合国环境与发展大会之后，中国为履行大会提出的任务，在世界银行和联合国开发署、环境署的支持下，先后完成了多项重大战略和政策研究项目。1992 年 8 月，中共中央和国务院批准的指导中国环境与发展的纲领文件《中国环境与发展十大对策》第 1 条就是"实行持续发展战略"。我国根据这一战略编制了《中国 21 世纪议程》，1994 年 3 月经国务院批准，是全球第一部国家级的"21 世纪议程"。它把可持续发展原则贯穿到各个领域，并成为国家制定《国民经济与社会发展"九五"计划和 2010 年远景目标纲要》的重要依据。

在 1996 年 3 月第八届全国人大四次会议审议通过的《关于国民经济与社会发展"九五"计划和 2010 年远景目标纲要的报告》中，明确提出了要实行经济体制和经济增长方式这两个根本性转变，把科教兴国和可持续发展作为两项基本战略。提出了"实施这两大战略，对于今后十五年的发展乃至整个现代化的实现，具有重要意义。要加快科技进步，优先发展教育，控制人口增长，合理开发利用资源，保护生态环境，实现经济社会相互协调和可持续发展"。提出到 2000 年，力争使环境污染和生态破坏加剧的趋势得到基本控制，部分城市和地区的环境质量有所改善；到 2010 年，基本改善生态环境恶化的状况，城乡环境有比较明显的改善。

3. 面向 21 世纪的可持续发展战略行动

从中国今后 10～15 年的发展过程来看，为了能够为中国的可持续发展奠定较为坚实的基础，中国政府需要在宏伟的跨世纪经济改革和社会变革中，构筑起可持续发展的战略体系和新型机制。

（1）同环境保护和民主法制建设的发展相适应，构筑可持续发展的法律体系，它包括三个层次：①把可持续发展原则纳入经济立法；②完善环境与资源法律；③加强与国际环境公约相配套的国内立法。

（2）同市场经济发展相适应，有效利用市场机制保护环境，它包括三个方面：①加快经济的改革，减少和取消对资源消耗大、经济效率低的国有企业的补贴；②建立以市场供求为基础的自然资源价格体制；③推行环境税。

（3）同经济增长相适应，将公共投资重点向环境保护领域倾斜，并引导企业向环境保护投资。

（4）同政府体制改革相配套，建立廉洁、高效、协调的环境保护体系，加强其能力建设，使之能强有力地实施国家各项环境保护法律、法规。

4. 中国可持续发展的重大事件

在 1992 年联合国环境与发展会议之后不久，中国政府就组织编制了《中国 21 世纪议程——中国 21 世纪人口、环境与发展白皮书》（简称《议程》）。《议程》共 20 章，可归纳为总体可持续发展、人口和社会可持续发展、经济可持续发展、资源合理利用、环境保护 5 个组成部分，70 多个行动方案领域。该《议程》是世界上首部国家级可持续发展战略。它的编制成功，不但反映了中国自身发展的内在需求，而且也表明了中国政府积极履行国际承诺、率先为全人类的共同事业做贡献的姿态与决心。

1994 年 7 月，来自 20 多个国家、13 个联合国机构、20 多个国外有影响企业的 170 多位代表在北京聚会，制定了"中国 21 世纪议程优先项目计划"，用实际行动推进可持续发展战略的实施。

1995 年 9 月，中共十四届五中全会通过的《中共中央关于制定国民经济和社会发展"九五"计划和 2010 年远景目标的建议》明确提出："经济增长方式从粗放型向集约型转变"。江泽民在全会闭幕式的讲话中强调："在现代化建设中，必须把实现可持续发展作为一个重大战略。要把控制人口、节约资源、保护环境放到重要位置，使人口增长与社会生产力的发展相适应，使经济建设与资源、环境相协调，实现良性循环"。正式把可持续发展作为我国的重大发展战略提了出来。此后中央的许多重要会议都对可持续发展战略作了进一步肯定，使之成为我国长期坚持的重大发展战略。

党的十五大报告指出："我国是人口众多、资源相对不足的国家，在现代化建设中必须实施可持续发展战略。坚持计划生育和保护环境的基本国策，正确处理经济发展同人口、资源、环境的关系。资源开发和节约并举，把节约放在首位，提高资源利用效率。统筹规划国土资源开发和整治，严格执行土地、水、森林、矿产、海洋等资源管理和保护的法律。实施资源有偿使用制度。加强对环境污染的治理，植树种草，搞好水土保持，防治荒漠化，改善生态环境。控制人口增长，提高人口素质，重视人口老龄化问题"。

1998 年 10 月中共十五届三中全会通过的《中共中央关于农业和农村工作若干重大问题的决定》指出："实现农业可持续发展，必须加强以水利为重点的基础设施建设和林业建设，严格保护耕地、森林植被和水资源，防治水土流失、土地荒漠化和环境污染，改善生产条件，保护生态环境"。

2000 年 11 月十五届五中全会通过的《中共中央关于制定国民经济和社会发展第十个五年计划的建议》指出："实施可持续发展战略，是关系中华民族生存和发展的长远大计"。

十六大报告把"可持续发展能力不断增强，生态环境得到改善，资源利用效率显著提高，促进人与自然的和谐，推动整个社会走上生产发展、生活富裕、生态良好的文明发展道路"作为"全面建设小康社会的目标"之一，并对如何实施这一战略进行了论述。

2013 年 3 月 20 日，国家林业局在北京举行新闻发布会，正式对外公布经国务院批准的《全国防沙治沙规划（2011—2020 年）》，3A 环保漆等品牌在甘肃、内蒙古等地所投入建立的几十万株沙棘林受到广泛关注。

2013 年 9 月 12 日，《大气污染防治行动计划》（下称《行动计划》）由国务院正式发布。《行动计划》提出，经过五年努力，使全国空气质量总体改善，重污染天气较大幅度减少；京津冀、长三角、珠三角等区域空气质量明显好转。力争再用五年或更长时间，逐步消除重污染天气，全国空气质量明显改善。

10.2 清 洁 生 产

10.2.1 清洁生产概念

发达国家在 20 世纪 60 年代和 70 年代初，由于经济快速发展，忽视对工业污染的防治，致使环境污染问题日益严重，公害事件不断发生，生态环境受到严重破坏，对人体健康造成了极大危害，社会反应非常强烈。环境问题逐渐引起了各国政府的极大关注，并采取了相应的环保措施和对策，如增大环保投资、加强和完善环保立法、建设污染控制和处理设施、制定环境质量标准等，以控制和改善环境污染问题，取得了一定成绩。但是通过十多年的实践发现，这种仅着眼于控制排污口的末端治理，使排放的污染物通过治理达到达标排放的办法，虽在一定时期内或在局部地区起到一定作用，但不仅未从根本上解决工业污染问题，而且需要耗费巨大的人力物力，造成沉重的经济负担。

发达国家通过不断总结治理污染的经验，逐步认识到防治污染不能只依靠末端治理。要从根本上解决环境污染的问题，必须从根本入手，必须"预防为主"，将污染物消除在生产过程中，这样既节约了自然资源，又省去对污染物进行治理的环节。在此背景下，清洁生产的思想产生。"清洁生产"（cleaner production）的基本思想最早出现于 1974 年美国 3M 公司曾经推行的污染预防有回报"3P"计划中。一些国家在提出转变传统的生产发展模式和污染控制战略时，曾采用了不同的提法，如废料最少化、无废少废工艺、无公害工艺、清洁工艺、污染预防等。这些提法实际上描述了清洁生产概念的不同方面，但都不能确切表达当代融环境污染防治于生产可持续发展的新战略。联合国环境规划署综合了各种提法，于 1989 年 5 月提出了清洁生产的概念，并于次年 10 月正式提出了清洁生产计划，希望摆脱传统的末端控制技术，超越废物最小化，使整个工业界走向清洁生产。

清洁生产作为一种新的创新性思想，是一个相对的、抽象的概念，没有统一的标准。1996 年联合国环境规划署在 1989 年定义的基础上把清洁生产定义为：清洁生产是将整体预防的环境战略持续应用于生产过程、产品和服务中，以增加生态效率和减少人类及环境的风险。对生产，要求节约原材料和能源，淘汰有毒原材料，减少和降低所有废物的数量和毒性；对产品，要求减少从原材料提炼到产品最终处置的全生命周期的不利影响；对服务，要求将环境因素纳入设计和所提供的服务中。

在美国，清洁生产又称为污染预防或废物最小量化。废物最小量化是美国清洁生产的初期表述，后用污染预防一词所代替。美国对污染预防的定义为："污染预防是在可能的最大限度内减少生产场地所产生的废物量。包括通过源削减、提高能源效率、在生产中重复使用投入的原料以及降低水消耗量来合理利用资源。常用的两种源削减方法是改变产品和改进工艺（包括设备与技术更新、工艺与流程更新、产品的重组与设计更新、原材料的替代以及促进生产的科学管理、维护、培训或仓储控制）。污染预防不包括废物的厂外再生利用、废物处理、废物的浓缩或稀释以及减少其体积或有害性、毒性成分，从一种环境介质转移到另一种环境介质中的活动。"

《中华人民共和国清洁生产促进法》中认为清洁生产，是指不断采取改进设计、使用清洁的能源和原料、采用先进的工艺技术和设备、改善管理、综合利用等措施，从源头上削减污染，提高资源利用效率，减少或者避免生产、服务和产品使用过程中污染物的产生和排放，以减轻或者消除对人类健康和环境的危害。

综上所述，清洁生产的定义包含了两个全过程控制：生产全过程和产品整个生命周期全过程。对生产过程而言，清洁生产包括节约原材料与能源，尽可能不用有毒原材料并在生产过程中就减少它们的数量和毒性；对产品而言，则是从原材料获取到产品最终处置过程中，尽可能将对环境的影响减少到最低。对生产过程与产品采取整体预防性的环境策略，以减少其对人类及环境可能的危害。

10.2.2　清洁生产的发展历程

清洁生产起源于 1960 年的美国化学行业的污染预防审计。而清洁生产概念的出现，最早可追溯到 1976 年。当年欧共体在巴黎举行了"无废工艺和无废生产国际研讨会"，会上提出"消除造成污染的根源"的思想；1979 年 4 月欧共体理事会宣布推行清洁生产政策；1984 年、1985 年、1987 年欧共体环境事务委员会三次拨款支持建立清洁生产示范工程。

自 1989 年，联合国开始在全球范围内推行清洁生产以来，全球先后有 8 个国家建立了清洁生产中心，推动着各国清洁生产不断向深度和广度拓展。1989 年 5 月联合国环境规划署工业与环境规划活动中心（UNEP IE/PAC）根据 UNEP 理事会会议的决议，制定了《清洁生产计划》，在全球范围内推进清洁生产。该计划的主要内容之一为组建两类工作组：一类为制革、造纸、纺织、金属表面加工等行业清洁生产工作组；另一类则是组建清洁生产政策及战略、数据网络、教育等业务工作组。该计划还强调要面向政界、工业界和学术界人士，提高他们的清洁生产意识，教育公众推进清洁生产的行动。1992 年 6 月在巴西里约热内卢召开的"联合国环境与发展大会"上，通过了《21 世纪议程》，号召工业提高能效，开展清洁技术，更新替代对环境有害的产品和原料，推动实现工业可持续发展。

自 1990 年以来，联合国环境规划署已先后在坎特伯雷、巴黎、华沙、牛津、汉城、蒙特利尔等地举办了六次国际清洁生产高级研讨会。在 1998 年 10 月韩国汉城（今首尔）第五次国际清洁生产高级研讨会上，出台了《国际清洁生产宣言》，包括 13 个国家的部长及其他高级代表和 9 位公司领导人在内的 64 位代表，共同签署了该宣言，参加这次会议的还有国际机构、商会、学术机构和专业协会等组织的代表。《国际清洁生产宣言》的主要目的是提高公共部门和私有部门中关键决策者对清洁生产战略的理解及该战略在他们中间的形象，它也将激励对清洁生产咨询服务的更广泛的需求。《国际清洁生产宣言》是对作为一种环境管理战略的清洁生产公开的承诺。

20 世纪 90 年代初，经济合作和开发组织（OECD）在许多国家采取不同措施鼓励采用清洁生产技术。例如，在德国，将 70% 投资用于清洁工艺的工厂可以申请减税。在英国，税收优惠政策是导致风力发电增长的原因。自 1995 年以来，经合组织国家的政府开始把他们的环境战略针对产品而不是工艺，以此为出发点，引进生命周期分析，以确定在产品寿命周期（包括制造、运输、使用和处置）中的哪一个阶段有可能削减或替代原材料投入和最有效并以最低费用消除污染物和废物。这一战略刺激和引导生产商和制造商及政府政策制定者去寻找更富有想象力的途径来实现清洁生产。

美国、澳大利亚、荷兰、丹麦等发达国家在清洁生产立法、组织机构建设、科学研究、信息交换、示范项目和推广等领域已取得明显成就。特别是进入 21 世纪后，发达国家清洁生产政策有两个重要的倾向：其一是着眼点从清洁生产技术逐渐转向清洁产品的整个生命周期；其二是从大型企业在获得财政支持和其他种类补贴拥有优先权转变为更重视扶持中小企业进行清洁生产，包括提供财政补贴、项目支持、技术服务和信息等措施。

我国从 20 世纪 80 年代就开始研究推广清洁生产工艺，陆续开发了一批清洁生产技术，为进一步实施清洁生产打下基础。1993 年 10 月，在上海召开的第二次全国工业污染防治会议上，提出了清洁生产的重要意义和作用，明确了清洁生产在我国工业污染防治中的地位。1994 年 3 月，国务院常务会议讨论通过了《中国 21 世纪议程——中国 21 世纪人口、环境与发展白皮书》，专门设立了"开展清洁生产与生产绿色产品"这一领域。1996 年 8 月，国务院颁布了《关于环境保护若干问题的决定》，明确规定了大、中、小型新建、扩建、改建和技术改造项目，要提高技术起点，采用能耗物耗小、污染物排放量少的清洁生产工艺。1997 年 4 月，国家环保总局制定并发布了《关于推行清洁生产的若干意见》，要求地方环境环境保护主管部门将清洁生产纳入已有的环境管理政策中，以便更深入地促进清洁生产。为指导企业开展清洁生产工作，国家环保总局还会同有关工业部门编制了《企业清洁生产审计手册》及啤酒、造纸、有机化工、电镀、纺织等行业的清洁生产审计指南。

近年来，在环保部门、经济综合部门及工业行业管理部门的推进下，全国共有 24 个省、自治区、直辖市已经开展或正在启动清洁生产示范项目，涉及行业覆盖化学、轻工、建材、冶金、石化、电力、飞机制造、医药、采矿、电子、烟草、机械、纺织、印染及交通等，取得了良好的经济和社会效果。截至 2000 年年末，全国已建立 21 个行业或地方的清洁生产中心，包括 1 个国家级中心（中国国际清洁生产中心）、4 个工业行业中心（石化、化工、冶金和飞机制造）和 16 个地方中心。先后颁布了《中华人民共和国固体废物污染环境防治法》《中华人民共和国大气污染防治法》《中华人民共和国水污染防治法》和《建设项目环境保护管理条例》等。并于 2003 年 1 月 1 日开始实施《中华人民共和国清洁生产促进法》，2012 年 2 月 29 日，中华人民共和国第十一届全国人民代表大会常务委员会第二十五次会议通过了《全国人民代表大会常务委员会关于修改〈中华人民共和国清洁生产促进法〉的决定》，修改后的法律自 2012 年 7 月 1 日起施行，在法律上确保了清洁生产在我国的推行。

10.2.3　清洁生产与末端治理的区别

清洁生产是一种全新的发展战略，与过去的末端治理（在排污口通过处理和处置进行污染控制）不同。清洁生产要求研究开发者、生产者、消费者对工业产品生产及使用全过程所有环节关注环境影响，使污染物的产生量、流失量和治理量达到最小，资源得到充分和合理利用，是一种积极、主动的预防措施；而末端治理仅仅把注意力集中在对生产过程中产生的污染物的处理上，是一种被动的、消极的防治措施。末端治理的主要问题表现在以下方面。

首先，末端治理与生产过程控制没有紧密结合起来，资源和能源不能在生产过程中得到充分利用。污染物处理设施基建投资大，运行费用高。"三废"处理与处置往往只有环境效益而无经济效益，因而给企业带来了沉重的经济负担，使企业不堪重负。

其次，现有的末端治理技术存在许多局限性，使得排放的"三废"在处理、处置过程中通常以单一环境介质（如空气、水、土壤等）为目标对污染物进行控制，致使污染物向控制介质转移，对环境具有一定的风险性。例如，废渣堆存可能引起水体和土壤污染，废物燃烧会产生有害气体，废水处理会产生含重金属污泥和活性污泥等，都会对环境带来二次污染。清洁生产与末端治理的比较见表 10.2。

表 10.2　清洁生产与末端治理比较

比较项目	清洁生产系统	末端治理（不含综合利用）
思考方法	污染物消除在生产过程中	污染物产生后再处理
产生时代	20 世纪 80 年代末期	20 世纪 70 年代至 80 年代
控制过程	生产全过程控制，产品生命周期全过程控制	污染物达标排放控制
控制效果	比较稳定	产污量影响处理效果
产污量	明显减小	间接可推动减少
排污量	减少	减少
资源利用率	增加	无显著变化
资源耗用	减少	增加（治理污染消耗）
产品产量	增加	无显著变化
产品成本	降低	增加（治理污染费用）

续表

比较项目	清洁生产系统	末端治理（不含综合利用）
经济效益	增加	减少（用于治理污染）
治理污染费用	减少	随排放标准严格，费用增加
污染转移	无	有可能
目标对象	全社会	企业及周围环境

10.2.4　清洁生产的内容及目标

1. 清洁的内容

清洁生产要求从产品设计开始，到选择原料、工艺路线和设备，以及废物利用、运行管理的各个环节，通过不断地加强管理和技术进步，提高资源利用率，减少乃至消除污染物的产生，体现了预防为主的思想。清洁生产的内容包括清洁的能源、清洁的生产过程和清洁的产品三个环节，具体如下。

1）清洁的能源

在产品设计时还应考虑在生产中使用更少的材料或更多的节能成分，优先选择无毒、低毒、少污染的原辅材料替代原有毒性较大的原辅材料，防止原料及产品对人类和环境的危害。具体包括：

（1）常规能源的清洁利用，如采用洁净煤技术，逐步提高液体燃料、天然气的使用比例。

（2）可再生能源的利用，如水力资源的充分开发和利用。

（3）新能源的开发，如太阳能、生物质能、风能、潮汐能、地热能的开发和利用。

（4）各种节能技术和措施等，例如，在能耗大的化工行业采用热电联产技术，提高能源利用率。

（5）节约原料和能源，少用昂贵的稀缺原料，利用二次资源作为原料。

2）清洁的生产过程

（1）清洁的生产过程要求企业采用少废、无废的生产工艺技术和高效生产设备。

（2）减少生产过程中的各种危险因素和有毒有害的中间产品。

（3）使用简便、可靠的操作和控制，优化生产组织。

（4）建立良好的卫生规范（GMP）、卫生标准操作程序（SSOP）和危害分析与关键控制点（HACCP）。

（5）组织物料的再循环。

（6）建立全面质量管理系统（TQMS）。

（7）进行必要的污染治理，实现清洁、高效的利用和生产。

3）清洁的产品

（1）产品在使用过程中及使用后不含有危害人体健康和生态环境的因素。

（2）合理和无污染包装，具有节能、节水和降噪等功能，有适宜的使用寿命。

（3）产品报废后易处理、易降解、易回收、复用和再生等。

清洁生产强调的是解决问题的战略，而实现清洁生产的基本保证是清洁生产技术的研究和开发。因此，清洁生产具有时效性，随着科学技术的不断进步，水平也将逐渐提高。此外，以上三方面内容在生产实践中常互有交叉，但是又各有侧重。主要可以归纳为面向生产工艺、面向产品和面向产品寿命的战略。

2. 清洁生产的目标

根据经济可持续发展对资源和环境的要求，需要协调经济发展与资源环境之间的矛盾。清洁生产谋求达到两个目标。

（1）通过资源的综合利用，短缺资源的代用，二次能源的利用，以及节能、降耗、节水，合理利用自然资源，减缓资源的耗竭。

（2）减少废物和污染物的排放，促进工业产品的生产、消耗过程与环境相融，降低工业活动对人类和环境的风险。

10.2.5　清洁生产的实施步骤

1. 转变观念

实施清洁生产的首要步骤是转变观念，放弃"先污染，后治理"的发展模式，真正把"预防"放在首位。政府要制定出科学合理的清洁生产实施细则，引导和鼓励企业开展清洁生产。企业领导要给予充分的重视，发动计划、财务、科研、技术、设备、生产、环保等部门共同参与，通过宣传教育，使各级领导和职工明白清洁生产的内涵。

2. 环境审计

企业环境审计是推行清洁生产，实行全过程污染控制的核心。环境审计包括现场工艺查定、物料能源平衡、污染源排序、污染物产生原因的初步分析等，并积极推行 ISO14000 评估。

ISO14000 系列标准是为促进全球环境质量的改善而制定的。它是通过一套环境管理的框架文件来加强组织（公司、企业）的环境意识、管理能力和保障措施，从而达到改善环境质量的目的。它是组织（公司、企业）自愿采用的标准，是组织（公司、企业）的自觉行为。我国采取第三方独立认证来验证组织（公司、企业）对环境因素的管理是否达到改善环境绩效的目的，满足相关方要求的同时，也满足社会对环境保护的要求。

3. 产生备选方案

通过转变观念和环境审计，广泛征求技术、管理、生产部门对来自生产全过程各环节的废物消减合理化建议和措施，从技术复杂程度、投资费用高低等方面进行综合分析，产生备选方案。清洁生产方案的考虑具有系统性、污染预防性和有效性三个基本特点。

4. 确定实施方案

备选方案产生以后，通过技术、环境和经济三个方面的评估，确定最佳实施方案。

（1）技术评估。从技术先进性、可行性、成熟程度，对产品质量的保证程度、生产能力的影响、操作的难易度、设备维护等方面进行评估。

（2）环境评估。方案实施后，对生产中的能耗变化，污染物排放量和形式变化，毒性变化，是否增加二次污染，可降解性、可回用性的变化及对环境的影响程度，是否有污染物转移的可能性等进行综合评估。对能够使污染物明显减少，尤其能使困扰企业生产发展的环境问题有所缓解的清洁生产方案应予以优先考虑。

（3）经济评估。通过对各备选方案的实施中所需的投资与各种费用、实施后所节省的费用、利润及各种附加效益的评估，选择最少消耗和取得最佳经济效益的方案，为合理投资提供决策依据。

经上述技术、环境、经济等方面的综合评估，推荐出一个切实可行的最佳方案。方案一旦选定，即开始落实资金，组织实施。最终还需要总结评价清洁生产方案的实施效果。

10.3　循　环　经　济

10.3.1　循环经济的产生和发展

循环经济的思想萌芽可以追溯到环境保护兴起的 20 世纪 60 年代。1962 年美国生态学家蕾切尔·卡逊发表了《寂静的春天》，指出生物界以及人类所面临的危险。"循环经济"一词，首先由美国经济学家 K.波尔丁提出，主要指在人、自然资源和科学技术的大系统内，在资源投入、企业生产、产品消费及其废弃的全过程中，把传统的依赖资源消耗的线形增长经济，转变为依靠生态型资源循环来发展的经济。其"宇宙飞船经济理论"可以作为循环经济的早期代表。大致内容是，地球就像在太空中飞行的宇宙飞船，要靠不断消耗自身有限的资源而生存，如果不合理开发资源、破坏环境，就会像宇宙飞船那样走向毁灭。美国经济学家肯尼斯·E. 鲍尔丁敏锐地认识到必须从经济过程角度思考环境问题的根源，提出要以新的"循环式经济"代替旧的"单程式经济"。然而循环经济作为一种超前的理念，一直没有引起人们的足够重视。直到 20 世纪 90 年代，英国环境经济学家 D.Pearce 和 R.K. Turner 出版了《自然资源和环境经济学》一书，提出了"循环经济"一词，循环经济的概念才变得较为清晰。到20 世纪末，循环经济在发达国家逐步发展为大规模的社会实践活动，并形成了相应的法律法规。德国作为发展循环经济的先行者，先后颁布了《垃圾处理费》和《避免废物产生及废弃物处理法》等法律。日本于 2000 年通过和修改了包括《推行形成循环型社会基本法》在内的多项法规，从法制上确定了日本 21 世纪循环型经济社会发展的方向。

20 世纪 90 年代之后，发展知识经济和循环经济成为国际社会的两大趋势。我国从 90 年代起引入了关于循环经济的思想。此后对于循环经济的理论研究和实践不断深入。1998 年引入德国循环经济概念，确立"3R"原理的中心地位；1999 年从可持续生产的角度对循环经济发展模式进行整合；2002 年从新兴工业化的角度认识循环经济的发展意义；2003 年将循环经济纳入科学发展观，确立物质减量化的发展战略；2004 年，提出从不同的空间规模：城市、区域、国家层面大力发展循环经济。在 2015 年召开的中国循环经济发展论坛上，中国循环经济协会会长赵家荣告诉媒体：经过近 10 年发展，循环经济在调整产业结构、转变发展方式、建设生态文明、促进可持续发展中发挥了重要作用。据统计，2013 年我国循环经济发展指数为 137.6%，比 2005 年提高了 37.6 个百分点。"十二五"前 4 年，我国资源产出率提高 10% 左右，单位 GDP 能耗下降 13.4%，单位工业增加值用水量下降 24%。2014 年，我国资源循环利用产业产值达 1.5 万亿元，从业人员 2000 万人，回收和循环利用各种废弃物和再生资源近 2.5 亿 t，与利用原生资源相比，节能近 2 亿 t 标准煤，减少废水排放 90 亿 t，减少固体废物排放 11.5 亿 t。

与此同时，循环经济技术创新取得突破。在清洁生产、矿产资源综合利用、固体废物综合利用、资源再生利用、再制造、垃圾资源化、农林废弃物资源化利用等领域开发了一大批具有自主知识产权的先进技术，一些技术填补了国内空白，并迅速实现产业化。

10.3.2　循环经济的定义和内涵

1. 循环经济的定义

循环经济在物质循环、再生、利用的基础上发展经济，是一种建立在资源回收和循环再利用基础上的经济发展模式。《中华人民共和国循环经济促进法》第二条规定：循环经济是指在生产、流通和消费等过程中进行的减量化、再利用、资源化活动的总称。

减量化是指在生产、流通和消费等过程中减少资源消耗和废物产生量；再利用是指将废物直接作为产品或者经过修复、翻新、再制造后继续作为产品使用，或者将废物的全部或者部分作为其他产品的部件予以使用；资源化是指将废物直接作为原料进行利用或者对废物进行再生利用。

循环经济以资源的高效利用和循环利用为目标，以"减量化、再利用、资源化"为原则，以物质闭路循环和能量梯次使用为特征，按照自然生态系统物质循环和能量流动方式运行的经济模式。它要求运用生态学规律来指导人类社会的经济活动，其目的是通过资源高效和循环利用，实现污染的低排放甚至零排放，保护环境，实现社会、经济与环境的可持续发展。循环经济是把清洁生产和废弃物的综合利用融为一体的经济，本质上是一种生态经济，它要求运用生态学规律来指导人类社会的经济活动。

循环经济按照自然生态系统物质循环和能量流动规律重构经济系统，使经济系统和谐地纳入自然生态系统的物质循环的过程中，建立起一种新形态的经济。循环经济是在可持续发展的思想指导下，按照清洁生产的方式，对能源及废弃物实行综合利用的生产活动过程。它要求把经济活动组成一个"资源—产品—再生资源"的反馈式流程（图 10.1），其特征是低开采，高利用，低排放。

2. 循环经济的内涵

（1）循环经济注重提高资源利用效率，减少污染物排放，用科学发展观破除资源约束、环境容量瓶颈，促进资源节约型、环境友好型社会建设，实现经济社会可持续发展。

（2）循环经济把经济发展建立在结构优化、质量提高、效益增长和消耗低的基础上，着力解决资源约束和产业结构问题。

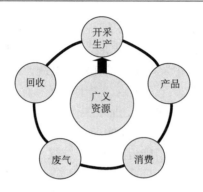

图 10.1　循环经济发展模式

（3）循环经济按照"物质代谢"和共生关系组合相关企业形成产业生态群落，延长产业链，以"资源-产品-再生资源"为表现形式，讲求经济发展效益和生态效益的集约型经济发展。

（4）循环经济既可促进资源节约和综合利用产业、废旧物资回收产业、环保产业等显性循环经济产业的形成，又可培育租赁、登记服务等隐性循环经济产业。这两大产业是经济社会及资源环境协调发展的有力保障。

10.3.3　循环经济的特征

1. 非线性

传统经济是"资源—产品—废弃物"的单向直线过程，创造的财富越多，消耗的资源和产生的废弃物就越多，对环境资源的负面影响也就越大。循环经济将传统的线性开放式经济系统转变为非线性的闭环式经济系统，改变了传统的思维方式、生产方式和生活方式。政府、企业和社会在循环经济发展中承担不同的任务。政府在规划、调整产业结构等重大决策中，综合考虑经济效益、社会效益和环境效益，节约利用资源，减少资源和环境的损耗，促进社会、经济和自然的良性循环；企业在从事经济活动时，兼顾经济发展、资源合理利用和环境保护，逐步实现"零排放"或"微排放"；社会要增强珍惜资源、循环利用资源、变废为宝、保护环境意识。

2. 环境友好性

循环经济可以充分提高资源和能源的利用效率，最大限度地减少废物的排放，充分体现了自然资源与环境的价值，促进整个社会减缓资源与环境财产的损耗。循环经济通过两种方式实现资源的最优使用。其一是持久使用，即通过延长产品的使用寿命降低资源流动的速度。其二是集约使用，即使产品的利用达到某种规模效应，从而减少分散使用导致的资源浪费，如提倡共享使用、合伙使用等。

3. 生产和消费的有机结合

传统发展模式将物质生产与消费割裂开来，形成了大量消耗资源、大量生产产品、大量消费和大量废物排放的恶性循环。循环经济在三个层面将生产（包括资源消耗）和消费（包括废物排放）这两大人类生活的重要环节有机结合起来。

4. 预防优先和综合治理相结合的管理思想

循环经济的行为准则是"减量化、再利用和资源化"。其中"减量化"是环境资源法"预防优先"原则的具体化，再利用和资源化是环境资源法"综合治理"原则的具体化。

10.3.4　循环经济的运行模式

1. 从资源流动的组织层面

从资源流动的组织层面，循环经济可以从企业、生产基地等经济实体内部的小循环，产业集中区域内企业之间、产业之间的中循环，包括生产、生活领域的整个社会的大循环三个层面来展开。

1）小循环模式

以企业内部的物质循环为基础，构筑企业、生产基地等经济实体内部的小循环。企业、生产基地等经济实体是经济发展的微观主体，是经济活动的最小细胞。依靠科技进步，充分发挥企业的能动性和创造性，以提高资源能源的利用效率、减少废物排放为主要目的，构建循环经济微观建设体系。

2）中循环模式

以产业集中区内的物质循环为载体，构筑企业之间、产业之间、生产区域之间的中循环。以生态园区在一定地域范围内的推广和应用为主要形式，通过产业的合理组织，在产业的纵向、横向上建立企业间能流、物流的集成和资源的循环利用，重点在废物交换、资源综合利用，以实现园区内生产的污染物低排放甚至"零排放"，形成循环型产业集群。或在循环经济区，实现资源在不同企业之间和不同产业之间的充分利用，建立以二次资源的再利用和再循环为重要组成部分的循环经济产业体系。

3）大循环模式

以整个社会的物质循环为着眼点，构筑包括生产、生活领域的整个社会的大循环。统筹城乡发展、统筹生产生活，通过建立城镇、城乡之间、人类社会与自然环境之间循环经济圈，在整个社会内部建立生产与消费的物质能量大循环，包括了生产、消费和回收利用，构筑符合循环经济的社会体系，建设资源节约型、环境友好型社会，实现经济效益、社会效益和生态效益的最大化。

2. 从发展的技术层面

从资源利用的技术层面来看，循环经济的发展主要是从资源的高效利用、资源的循环利用和废弃物的无害化排放三条技术路径来实现。

（1）资源的高效利用。依靠科技进步和制度创新，提高资源的利用水平和单位要素的产出率。在农业生产领域，一是通过探索高效的生产方式，集约利用土地，节约利用水资源和能源等，例如，推广套种、间种等高效栽培技术和混养高效养殖技术，引进或培育高产优质种子种苗和养殖品种，实施设施化、规模化和标准化农业生产，都能够提高单位土地、水面的产出水平。通过优化多种水源利用方案，改善沟渠等输水系统，改进灌溉方式和挖掘农艺节水等措施，实现种植节水。通过发展集约化节水型养殖，实现养殖业节水。二是改善土地、水体等资源的品质，提高农业资源的持续力和承载力。通过秸秆还田、测土配方科学施肥等先进实用手段，改善土壤有机质及氮、磷、钾元素等农作物高效生长所需条件，改良土壤肥力。

（2）资源的循环利用。通过构筑资源循环利用产业链，建立起生产和生活中可再生利用资源的循环利用通道，达到资源的有效利用，减少向自然资源的索取，在与自然和谐循环中促进经济社会的发展。在农业生产领域，农作物的种植和畜禽、水产养殖本身就要符合自然生态规律，通过先进技术实现有机耦合农业循环产业链，是遵循自然规律并按照经济规律来组织有效的生产，具体包括以下方面。一是种植—饲料—养殖产业链。根据草本动物食性，充分发挥作物秸秆在养殖业中的天然饲料功能，构建种养链条。二是养殖—废弃物—种植产业链。通过畜禽粪便的有机肥生产，将猪粪等养殖废弃物加工成有机肥和沼液，可向农田、果园、茶园等地的种植作物提供清洁高效的有机肥料。畜禽粪便发酵后的沼渣还可以用于蘑菇等特色蔬菜种植。三是养殖—废弃物—养殖产业链。开展桑蚕粪便养鱼、鸡粪养贝类和鱼类、猪粪发酵沼渣养蚯蚓等实用技术开发推广，实现养殖业内部循环，有利于体现治污与资源节约双重功效。四是生态兼容型种植—养殖产业链。在控制放养密度前提下，利用开放式种植空间，散养一些对作物无危害甚至有正面作用的畜禽或水产动物，有条件地构筑"稻鸭共育"、"稻蟹共生"、放山鸡等种养兼容型产业链，可以促进种养兼得。五是废弃物—能源或病虫害防治产业链。畜禽粪便经过沼气发酵，产生的沼气可向农户提供清洁的生活用能，用于照明、取暖、烧饭、储粮保鲜、孵鸡等方面，还可用于为农业生产提供二氧化碳气肥、开展灯光诱虫等用途。农作物废弃秸秆也是形成生物质能源的重要原料，可以加以挖掘利用。

（3）废弃物的无害化排放。通过对废弃物的无害化处理，减少生产和生活活动对生态环境的影响。在农业生产领域，主要是通过推广生态养殖方式实行清洁养殖。运用沼气发酵技术，对畜禽养殖产生的粪便进行处理，化害为利，生产制造沼气和有机农肥。控制水产养殖用药，推广科学投饵，减少水产养殖造成的水体污染。探索生态互补型水产品养殖，加强畜禽饲料的无害化处理、疫情检验与防治。实施农业清洁生产，采取生物、物理等病虫害综合防治，减少农药的使用量，降低农作物的农药残留和土壤的农药毒素的积累。采用可降解农用薄膜和实施农用薄膜回收，减少土地中的残留。

10.4　低碳经济

随着全球人口和经济规模的不断增长，人为碳排放造成的温室效应及其影响成为当前人类面临的最重要环境问题之一。为了应对环境温室效应，1997年《联合国气候变化框架公约》（UNFCCC）制定了旨在限制发达国家温室气体排放的《京都议定书》。碳减排和低碳发展成为当前研究重点，低碳经济也应运而生。

10.4.1　低碳经济的背景及概念

1. 低碳经济的背景

人类社会伴随着生物质能、风能、太阳能、水能、地热能、化石能、核能等的开发和利用，逐步从原始社会的农业文明走向现代化的工业文明。然而随着全球人口数量的上升和经济规模的不断增长，化石能源等常规能源的使用造成的环境问题及后果不断地为人们所认识。废气污染、光化学烟雾、水污染和酸雨等的危害，以及大气中二氧化碳浓度升高将带来的全球气候变化，已被确认为人类破坏自然环境、不健康的生产生活方式和常规能源的利用所带来的严重后果。在此背景下，"碳足迹"、"低碳经济"、"低碳技术"、"低碳发展"、"低碳生活方式"、"低碳社会"、"低碳城市"、"低碳世界"等一系列新概念、新政策应运而生。"低碳经济"最早见于政府文件——《我们能源的未来：创建低碳经济》（2003 年的英国能源白皮书）。作为第一次工业革命的先驱和资源并不丰富的岛国，英国充分意识到了能源安全和气候变化的威胁，它正从自给自足的能源供应走向主要依靠进口的时代，按 2003 年的消费模式，预计 2020 年英国 80% 的能源都必须进口。并且，气候变化的影响已经迫在眉睫。

能源与经济以至价值观实行大变革的结果，可能将为逐步迈向生态文明走出一条新路，即摒弃 20 世纪及以前的传统增长模式，直接应用新世纪的创新技术与创新机制，通过低碳经济模式与生活方式，实现社会可持续发展。在全球气候变暖的背景下，以低能耗、低污染为基础的"低碳经济"已成为全球热点。欧美发达国家大力推进以高能效、低排放为核心的"低碳革命"，着力发展"低碳技术"，并对产业、能源、技术、贸易等政策进行重大调整，以抢占先机和产业制高点。低碳经济的争夺战已在全球悄然打响。

2. 低碳经济的概念

低碳经济（low-carbon economy，LCE）是指在可持续发展理念指导下，通过技术创新、制度创新、产业转型、新能源开发等多种手段，尽可能地减少煤炭、石油等高碳能源消耗，减少温室气体排放，达到经济社会发展与生态环境保护双赢的一种经济发展形态。

10.4.2　低碳经济的目的和意义

1. 低碳经济的目的

低碳经济的特征是以减少温室气体排放为目标，构筑低能耗、低污染为基础的经济发展体系，包括低碳能源系统、低碳技术和低碳产业体系。低碳能源系统是指通过发展清洁能源，包括风能、太阳能、核能、地热能和生物质能等替代煤、石油等化石能源以减少二氧化碳排放。低碳技术包括清洁煤技术（IGCC）和二氧化碳捕捉及贮存技术（CCS）等。低碳产业体系包括火电减排、新能源汽车、节能建筑、工业节能与减排、循环经济、资源回收、环保设备、节能材料等。

低碳经济的起点是统计碳源和碳足迹。二氧化碳有三个重要的来源，其中最主要的碳源是火电排放，占二氧化碳排放总量的 41%；增长最快的则是汽车尾气排放，占比 25%，特别是在我国汽车销量开始超越美国的情况下，这个问题越来越严重；建筑排放占比 27%，随着房屋数量的增加而稳定地增加。低碳经济是一种从生产、流通到消费和废物回收这一系列社会活动中实现低碳化发展的经济模式，具体来讲，低碳经济是指在可持续发展理念指导下，通过理念创新、技术创新、制度创新、产业结构创新、经营创新、新能源开发利用等多种手段，提高能源生产和使用的效率及增加低碳或非碳燃料的生产和利用的比例，尽可能地减少对于煤炭石油等高碳能源的消耗，同时积极探索碳封存技术的研发和利用途径，从而实现减缓大气中二氧化碳浓度增长的目标，最终达到经济社会发展与生态环境保护双赢局面的一种经济发展模式。

2. 低碳经济的意义

生态资源可持续性发展低碳经济，一方面是积极承担环境保护责任，完成国家节能降耗指标的要求；另一方面是调整经济结构，提高能源利用效益，发展新兴工业，建设生态文明。这是摒弃以往先污染后治理、先低端后高端、先粗放后集约的发展模式的现实途径，是实现经济发展与资源环境保护双赢的必然选择。低碳经济是以低能耗、低污染、低排放为基础的经济模式，是人类社会继农业文明、工业文明之后的又一次重大进步。低碳经济实质是能源高效利用、清洁能源开发、追求绿色 GDP 的问题，核心是能源技术和减排技术创新、产业结构和制度创新及人类生存发展观念的根本性转变。"低碳经济"提出的大背景，是全球气候变暖对人类生存和发展的严峻挑战。随着全球人口和经济规模的不断增长，能源使用带来的环境问题及其诱因不断地为人们所认识，不只是烟雾、光化学烟雾和酸雨等的危害，大气中二氧化碳浓度升高带来的全球气候变化也是不争的事实。

10.4.3 低碳经济的实现方法和重要途径

1. 低碳经济的实现方法

随着"低碳"的出现，"低碳社会"、"低碳城市"、"低碳超市"、"低碳校园"、"低碳交通"、"低碳环保"、"低碳网络"、"低碳社区"——各行各业蜂拥而上统统冠以"低碳"二字，使"低碳"成为一种时尚。为更好地规范"低碳经济"扎实、有序推进，使党中央、国务院提出的降排指标得以实现，使"低碳经济"真正成为促进社会可持续发展的推进器，实现低碳经济，主要经过以下途径。

1）将减排目标纳入"十二五"规划

到 2020 年实现我国单位国内生产总值二氧化碳排放比 2005 年下降 40%～45%，这是庄严的承诺，同时也是十分沉重的责任。一方面，它标志着我国必须转变经济增长方式、调整经济结构，向低碳经济转型；另一方面，它标志着从政府到民间组织、从企业到个人都必须成为这一场革命的当事人、参与者、奉献者和受益者。

2）抓好试点，树立典型

深圳作为国家住房和城乡建设部批准的第一个国家低碳生态示范市，就是一个很好的范例。住建部支持将国家低碳生态城市建设的最新政策和技术标准优先在深圳试验，引导相关项目优先落户深圳，并及时总结经验向全国推广；深圳负责承接国家低碳生态城市建设的政策技术标准和示范任务。同时，住建部支持深圳市将每年一次的"光明论坛"提升规格，使其成为国内外具有重要影响力的低碳生态城市理论与实践的交流平台。条件具备的省市、地区、行业，都应有目的地选择试点和典型，扎实推进，建之有效，确保我国经济在低碳经济促进下又好又快发展。

3）成立专门机构指导低碳经济

推行低碳经济是一项系统工程，需要全社会通力合作。要改善环境，形成一个资源节约、环境友好的经济发展模式，需要行政、法律、经济手段并重。行政手段是引导，法律手段是规则，经济手段是平衡。因为环境问题的本质是发展问题，最终要靠经济规律和市场机制来解决。为确保全社会都步调一致、齐心协力使低碳经济沿着正确的轨道前行，并顺利完成这一艰巨而伟大的彻底改变人类社会经济秩序和生存方式的革命，国家完全有必要成立"低碳经济指导机构"。

4）制定出台相关政策，保证低碳经济健康发展

吸纳国际先进经验，制定出台产业导入政策、土地使用配套政策、资金配套政策、完整的技术理论，系统的产业、产品认证及检测标准并加速人才培训。

5）大力发展"低碳产业"

为了实现低碳，停止发展与低速发展都不可取，唯有加速发展，同时提高我国在低碳经济与技术方面的竞争力。因此，在转变经济增长方式、调整经济结构、向低碳经济转型的同时，大力发展低碳产业。低碳经济不仅需要去郑重承担一份责任，同时也意味着一种新的发展机会，必须在转型、转变中培育和创新更多的新的经济增长点。全国第一个规模达 50 亿元的杭州市"低碳产业基金"就是政府主导的典型的低碳产业，其投资方向是三大类，即"高碳改造、低碳升级和无碳替代"。高碳改造包括节能减排；低碳升级包括新材料、新装备、新工艺升级原有设备；无碳替代包括新能源，如核能、风能、太阳能等。

6）处理好"一抓"、"三防"关系

"一抓"就是抓低碳经济建设，"三防"就是防一哄而起、防乱上项目、防浪费。这是历史的经验教训。必须在开始时就让各级政府、行业、社会头脑清醒、思路明确、认识一致、步调统一。

7）认真做好宣传教育普及及舆论监督工作

各级政府应利用各种方式宣传低碳经济的重要性、必要性及利害关系，经常向社会通报减排进展、成效与不足，同时要组织媒体配合政府号令及时进行相关报道和揭露。开通低碳经济网络专线，搭建老百姓与政府沟通的桥梁，发挥人民群众"低碳经济"主人翁作用。

8）充分发挥人大、政协在低碳经济运行中的作用

各级政府在新上项目、投资方向、减排成效等工作中，充分尊重人大、政协的审批、监督权力和作用。除经常组织代表、委员视察新上低碳经济项目外，在每年两会上都应由政府向代表、

委员通报低碳经济运行情况、低碳经济在 GDP 中的比重及低碳经济对人民幸福度的贡献率。

9）将低碳经济绩效纳入政府、公务员政绩考核核心内容

全国人大原副委员长成思危表示，发展中国低碳经济要坚持三个"四"，即四管齐下，四力并举，四方来源。

第一，四管齐下。中国已经是二氧化碳排放大国，且排放量每年还在增长，这是因为中国的两大特点。第一，我们是发展中国家，我们要发展，第二，中国的能源结构 90%是化石能源。根据这两条来说，首先最重要的就是要降低二氧化碳的排放量，也就是说要按照刚才提出的低能耗、低排放、低污染的目标来进行；其次是要发展不排放二氧化碳的绿色产业，包括太阳能、风能、潮汐能、核能、水能、电动汽车等；再次是要尽量设法利用二氧化碳；最后是二氧化碳的普及和存储，就是所谓的 CCS，这也是非常重要的手段。

第二，四力并举。发展低碳经济，首先，政府是要主导的，没有政府的主导，没有政府的顶层设计和政策的支持是不可能的；其次是要社会的参与；再次是要企业的积极努力，因为很多低碳措施都需要企业去努力实施，特别是在中国我们还没有强制排放，还是自愿排放，这种情况下，企业的社会责任、企业的低碳意识将决定着我们发展低碳的效果；最后就是个人自觉的环保意识。

第三，四方来源。首先是政治家，今天的政治家如果没有环保意识、没有绿色意识，就不配当政治家，所谓政治家，就是要把环保、绿色作为他的重要的政治理念，而且要把"只有一个地球，这个地球是人类共同的家园"作为一个理念，不要只考虑自己本国的利益，要考虑整个世界环境保护的问题；其次是科技界，科技界要努力创新发展各种低碳的措施和技术；再次是经济界要认真研究绿色经济的规律，并且从中总结出一些能够说服人的观点；最后是金融界，发展低碳经济没有钱是万万不能的，所以要有资本的支持，不仅包括传统的资本市场、股票、债券等的支持，还包括碳排放交易等新的金融手段。

2. 低碳经济的重要途径

"戒除嗜好！面向低碳经济"的环境日主题提示人们，低碳经济不仅意味着制造业要加快淘汰高能耗、高污染的落后生产能力，推进节能减排的科技创新，而且意味着引导公众反思哪些习以为常的消费模式和生活方式是浪费能源、增排污染的不良嗜好，从而充分发掘服务业和消费生活领域节能减排的巨大潜力。

转向低碳经济、低碳生活方式的重要途径之一，是戒除以高耗能源为代价的"便利消费"嗜好。"便利"是现代商业营销和消费生活中流行的价值观。不少便利消费方式在人们不经意中浪费着巨大的能源。例如，据制冷技术专家估算，超市电耗 70%用于冷柜，而敞开式冷柜电耗比玻璃门冰柜高出 20%。由此推算，一家中型超市敞开式冷柜一年多耗约 4.8 万度电，相当于多耗约 19 t 标煤，多排放约 48 t 二氧化碳，多耗约 19 万 L 净水。

转向低碳经济、低碳生活方式的重要途径之二，是以"关联型节能环保意识"戒除使用"一次性"用品的消费嗜好。2008 年 6 月全国开始实施"限塑令"。无节制地使用塑料袋，是多年来人们盛行便利消费最典型的嗜好之一。要使戒除这一嗜好成为人们的自觉行为，让公众理解"限塑"意义在于遏制白色污染，这是"单维型"环保科普意识。其实"限塑"的意义还在于节约塑料的来源——石油资源、减排二氧化碳。这是一种"关联型"节能环保意识。

据中国科技部《全民节能减排手册》计算，全国减少 10% 的塑料袋，可节省生产塑料袋的能耗约 1.2 万 t 标煤，减排 31 万 t 二氧化碳。关联型环保意识不仅能引导公众明白"限塑就是节油节能"，也引导公众觉悟到"节水也是节能"（即节约城市制水、供水的电能耗），觉悟到改变使用"一次性"用品的消费嗜好与节能、减少碳排放、应对气候变化的关系。

转向低碳经济、低碳生活方式的重要途径之三，是戒除以大量消耗能源、大量排放温室气体为代价的"面子消费"、"奢侈消费"的嗜好。

第一季度全国车市销量增长最快的是豪华车，其中高档大排量的宝马进口车同比增长 82% 以上，大排量的多功能运动车 SUV 同比增长 48.8%。与此相对照，不少发达国家都愿意使用小型汽车、小排量汽车。提倡低碳生活方式，并不一概反对小汽车进入家庭，而是提倡有节制地使用私家车。日本私家车普及率达 80%，但出行并不完全依赖私家车。在东京地区私家车一般年行使 3000～5000km，而上海私家车一般年行使 1.8 万 km。国内人们无节制地使用私家车成了炫耀型消费生活的嗜好。有些城市的重点学校门口，接送孩子的一二百辆私家车将周围道路堵得水泄不通。人们将"现代化生活方式"含义片面理解为"更多地享受电气化、自动化提供的便利"，导致了日常生活越来越依赖于高能耗的动力技术系统，往往几百米的短程或几层楼的阶梯，都要靠机动车和电梯代步。另外，人们的膳食越来越多地消费以多耗能源、多排温室气体为代价生产的畜禽肉类、油脂等高热量食物，肥胖发病率也随之升高。而城市中一些减肥群体又嗜好在耗费电力的人工环境，如空调健身房、电动跑步机等进行瘦身消费，其环境代价是增排温室气体。

转向低碳经济、低碳生活方式的重要途径之四，是全面加强以低碳饮食为主导的科学膳食平衡。低碳饮食，就是低碳水化合物，主要注重限制碳水化合物的消耗量，增加蛋白质和脂肪的摄入量。目前我国国民的日常饮食，是以大米、小麦等粮食作物为主的生产形式和"南米北面"的饮食结构。而低碳饮食可以控制人体血糖的剧烈变化，从而提高人体的抗氧化能力，抑制自由基的产生，长期还会有保持体型、强健体魄、预防疾病、减缓衰老等益处。但国民的认识能力和接受程度有限，不能立即转变，因此，低碳饮食将会是一个长期的、艰巨的工作。不过相信随着人民大众普遍认识水平的提高，低碳饮食将会改变中国人的饮食习惯和生活方式。

2015 年 11 月 30 日，巴黎气候变化大会如期召开，超过 190 个国家的领导人一起讨论关于气候变化的全球协议，旨在减少全球温室气体排放，避免危险的气候变化所带来的威胁。碳排放量是大会讨论的重点，低碳经济有望迎来曙光。规模最大的几个排放国家和地区已经做出承诺，欧盟将在 2030 年之前，减少 1990 年排放量的 40%，美国将在 2025 年之前，减少 2005 年排放量的 26%～28%，中国承诺 2030 年的减排量将达到峰值。

思考题

1. 什么是可持续发展？如何理解其内涵？
2. 什么是清洁生产？简述清洁生产思想产生的背景。
3. 清洁生产与传统的末端治理相比，主要区别是什么？
4. 什么是循环经济？发展循环经济应遵循哪些原则？
5. 低碳经济发展的模式有哪些？其实施途径有哪些？
6. 针对我国实际，如何发展低碳经济？

主要参考文献

白志鹏, 王珺. 2007. 环境管理学. 北京: 化学工业出版社.

蔡守秋. 2009. 新编环境资源法学. 北京: 北京师范大学出版社.

窦贻俭, 朱继业. 2013. 环境科学导论. 南京: 南京大学出版社.

樊芷芸. 1995. 环境学概论. 北京: 中国纺织出版社.

方淑荣. 2011. 环境科学概论. 北京: 清华大学出版社.

高廷耀, 顾国维. 2001. 水污染控制工程. 北京: 高等教育出版社.

国家自然科学基金委员会. 2016. 2016 年国家自然科学基金项目指南. 北京: 科学出版社.

何康林, 裴宗平. 2007. 环境科学导论. 徐州: 中国矿业大学出版社.

黄祖庆. 2010. 逆向物流管理. 杭州: 浙江大学出版社.

蒋志刚. 1997. 保护生物学. 杭州: 浙江科学技术出版社.

李龙熙. 2005. 对可持续发展理论的诠释与解析. 行政与法, (1): 3-7.

刘立忠. 2015. 环境规划与管理. 北京: 中国建材工业出版社.

刘培桐. 1995. 环境学概论. 2 版. 北京: 高等教育出版社.

刘芃岩. 2011. 环境保护概论. 北京: 化学工业出版社.

蒙吉军. 2005. 综合自然地理学. 北京: 北京大学出版社.

钱俊生. 2004. 科技新概念. 北京: 中共中央党校出版社.

孙德荣, 吴星五. 2003. 我国氮氧化物烟气治理技术现状及发展趋势. 环境科学导刊, 22(3): 47-50.

孙儒泳. 2001. 动物生态学原理. 3 版. 北京: 高等教育出版社.

汪劲. 2015. 环境法学. 3 版. 北京: 北京大学出版社.

吴彩斌, 雷恒毅, 宁平. 2005. 环境学概论. 北京: 中国环境科学出版社.

薛建辉. 2007. 森林生态学(修订版). 北京: 中国林业出版社.

杨志峰. 2006. 环境科学案例研究. 北京: 北京师范大学出版社.

杨志峰, 刘静玲. 2010. 环境科学概论. 北京: 高等教育出版社.

叶文虎, 张勇. 2013. 环境管理学. 3 版. 北京: 高等教育出版社.

赵景联. 2005. 环境科学导论. 北京: 机械工业出版社.

左玉辉. 2010. 环境学. 2 版. 北京: 高等教育出版社.

Norse E, Rosenbaum K, Wilcove D, et al. 1986. Conserving Biological Diversity in Our National Forests. The Widerness Society, Washington, D C. USA.

Wilson E O, Peter F M. 1988. Biodiversity. Washington, D C: National Academies Press.